U0754565

中华孝文化研究集成（十二）

历代孝行类编·正孝篇

丛书主编：骆承烈
副 主 编：周海生 骆 明
本册主编：骆 明
文献整理：王连生

光明日报出版社

图书在版编目（CIP）数据

　　历代孝行类编．正孝篇／骆明主编；王连生文献整理．
--北京：光明日报出版社，2016.9
　　（中华孝文化研究集成：12）
　　ISBN 978-7-5194-1874-8

　　Ⅰ．①历… Ⅱ．①骆… ②王… Ⅲ．①孝－文化研究－中国
Ⅳ.①B823.1

　　中国版本图书馆CIP数据核字(2016)第216534号

历代孝行类编·正孝篇

丛书主编：骆承烈	副 主 编：周海生 骆 明	
本册主编：骆 明	文献整理：王连生	
责任编辑：毛文丽	责任校对：刘成聪	
装帧设计：苗向伟工作室	责任印制：曹 诤	

出版发行：光明日报出版社

地　　址：北京市东城区珠市口东大街5号，100062

电　　话：010-67078247（咨询），67078870（发行），67019571（邮购）

传　　真：010-67078227，67078255

网　　址：http://book.gmw.cn

E－mail：gmcbs@gmw.cn　maowenli@gmw.cn

法律顾问：北京德恒律师事务所龚柳方律师

印　　刷：北京世汉凌云印刷有限公司

装　　订：北京世汉凌云印刷有限公司

本书如有破损、缺页、装订错误，请与本社联系调换

开　　本：710×1000　1/16

字　　数：410千字　　　　　　　　　印　　张：24.5

版　　次：2016年9月第1版　　　　　印　　次：2016年9月第1次印刷

书　　号：ISBN 978-7-5194-1874-8

定　　价：86.00元

总　序

　　我国是世界上老年人口最多的国家，占亚洲的一半，占世界的1/5。2013年，我国老年人口将突破2亿大关。到本世纪中叶，老年人口将达到4亿，每三个人当中就有一个老年人。家家有老人，人人都要老，养老问题成为政府与人民共同关注的重大社会问题。

　　党的十八大报告指出："全面提高公民道德素质。""加强社会公德、职业道德、家庭美德和个人品德教育，弘扬中华传统美德，弘扬时代新风。"伦理道德与"孝"密切相关。孔子说："夫孝，德之本也，教之所由生也。"孟子说："老吾老，以及人之老。"意思是说，孝是一切伦理道德的基础，教育应当从孝开始；一个人只有孝敬自己的父母才能更好地爱国家、爱人民。因此，弘扬中华传统美德，提高公民道德素质，应当从孝开始。我国的养老格局是："居家养老为基础，社区养老为依托，机构养老为支撑。"目前，我国城镇98%以上的老年人在家中养老，农村则几乎是100%。试想，如果子女不孝，老年人如何能安享晚年？值得注意的是，由于"文化大革命"大批孔孟之道、市场经济下一些人重利轻义和"四二一"家庭对子女的娇惯等，我国孝道的传承出了问题。一些人不懂得孝道和感恩，家庭中不敬老、不养老甚至虐待老人的现象屡有发生。孝道，成为除发展经济、完善制度之外，解决我国养老问题必不可少的道德保障。

　　近年来，按照党的十七大、十八大精神，在多位中央领导同志的亲切关怀和大力支持下，全国敬老爱老助老主题教育活动组委会和中国老龄事业发展基金会，在全国范围内大力弘扬中华传统美德孝道，编辑孝道书籍，创作孝道戏剧歌曲，举办世界华人孝道论坛，评选"中华孝亲敬老楷模"和"孝亲敬老之星"，受到广大人民群众的热情欢迎，产生了巨大的示范效应。很多中小学校把孝文化引入课堂；很多企业把孝道作为企业文化；很多学术研究单位把传统孝道和时代特点的结合作为重要研究课题。弘扬传统美德孝道，在中华大地上渐成风气。

　　正是在这样的背景下，山东省曲阜师范大学著名儒学专家骆承烈教授，带领一批年轻人，不辞辛苦，经过七年认真细致的工作，从古代经、史、子、集中，收集了近千万字的资料，本着"去粗取精"的原则，编成了这部《中华孝文化研究集成》的大书。这批从古籍中广泛撷取的孝文化资料，按照《历代〈孝经〉序跋题识》《历代孝亲敬老诏令律例辑释》《历代孝论辑释》《历代养老礼、乡饮酒礼辑释》《历代家训、童蒙、学约中的孝亲敬老资料辑释》《历代孝行类编》的序列进行编排，并以《天经地义论孝道》的今人文章为开篇，共十二册，洋洋洒洒，蔚为大观。

此书的编成，是弘扬传统文化的一件盛事，为学习、研究、传承中华孝道，提供了重要的文献资料。在这些资料中，难免有一些过时的、今天不再适用的内容，但那正是当年历史的真实写照。人们通过这些历史资料，可以看到几千年来中华民族孝亲敬老的优秀传统是怎样传承的，许多具体事例对今人也会有启发和借鉴。总之，通过批判地继承，沙里淘金，从传统文化中找出孝文化的合理内容，我想，对当今的社会主义精神文明与和谐社会的建设，定会起到积极作用。

李宝库

2013年4月10日

前　言

　　本册是"孝行编"的"正孝"部分，即从"培孝""养敬""关护""谏正""思承"几个不同的角度，较全面地对倡孝、培孝、行孝、承孝几个方面的内容，以134条具体史实予以展示。又在一些古籍中搜集了大量有关"孝"的地名，以彰显中华传统文明中"孝"的传统。最后又采以正史、方志中有关孝《列传》中的序、跋，及历代部分经典《孝子传》列于文后。以大量具体的史实证明我国历代对孝文化的重视、提倡和利用。

一

　　"培孝卷"二十八个故事，以历史年代为线索，展示了历代帝王、名贤对人们培养孝德、奉行孝道的论述。

　　对"孝德"的培养，早在我国原始社会末期、国家初成时期，华夏的先祖就已相当重视。商的先祖简狄、周的先祖姜嫄，史传在对她们的记述中，都可以找到她们教子的内容，从这些记述中可以找到子女对父母孝敬的依据。周文王之母太任重胎教，为孝子成才打下了基础，她们以孝为修身之基，令子女从小养成善行之习，孝行之德，也使周文王一族成为我国历史上较早的孝悌之家。

　　三代如此，春秋以降同样重视孝德的养成。齐国名相晏婴主张"礼之可以为国也久矣"，从对一个打柴老人的怜悯入手，劝齐景公培孝德、行善政，在先秦诸子中较早提出和施行了敬老政策。孔子更是把孝亲、敬老具体化。《论语》及《孔子家语》中记下了孔子对弟子们讲了许多关于孝的思想和主张。如对父母奉养、敬重、关怀及用各种形式培养孝德、反对愚孝等。孔子指导弟子曾子作《孝经》，更把多年来人们奉行的孝行发展为理论，形成了具体的孝道观念。在孔子高足仲由问孝时，孔子明确地说子女对父母仅仅做到奉养是不够的，还要发自内心地对父母尊敬，更要无微不至地关爱他们。战国时孟轲之母仉氏对孟子的"三迁""断机"之教，千百年来被人们奉为培养子女的典范案例，孟母一方面用正确的方法教育儿子，一方面在夫殁家贫的窘况下培养儿子，良好的教育注定了孟子对母亲特别孝敬。在《孟子》一书中，对人间孝道又作了不少发挥，提出"老吾老以及人之老"的观点，摆正孝亲与敬老的关系。齐国田稷母拒金的做法，对儿子而言是廉政方面的教育，田稷谨奉母命见王退金并且认罪，也是遵母命的一种表现。作为人间伦理的孝道，在春秋、战国时期，在诸子百家的理论中均被认可，战国末年以杂家著称的《吕氏春秋》中，对孝道的理论与行为又作了较多发挥，主张一个人立于世间要养身、养行、养志，要树孝德，进而强己身、忠于国。

西汉初年，号称"万石君"的石奋父子，父慈子孝，是西汉初孝亲的榜样。司马迁承父志完成了司马谈的未竟之业，在十分艰苦、屈辱的条件下写出了千古名著《史记》，是历史上承继父业、光显亲人的典范。韩延寿任冯翊太守，对百姓进行教化时特别提倡孝道，他告诫百姓"孝"不仅是家事，更是国事，开一时孝悌之风。赵咨则主张"节葬"，他遗诫子孙，如果树立起正确的孝悌之风，益于家亦益于社会。王昶的《诫子书》对培植孝德，提倡孝道起到了积极作用。皇甫谧在婶母任氏的教育下，洗心革面，励学成才，树立了浪子回头的榜样，其行为也是孝心的表现。被誉为"千秋家训"的《颜氏家训》，是颜之推在培孝、倡孝方面立下的一大功。此书二十篇，每篇都有关于孝的表述，从培孝、培德的角度看，无论是熏陶、端正，还是养习、风操，都给后世家庭教育中孝德的培养，指出了一些较为完整的思路与方法。

及至唐宋，孝道复兴。唐初名相房玄龄为了教育子女行孝，将历代有关孝的家训书于室内屏风上，让子孙们朝夕揣摩，其意非浅。南宋郑奕教子弟读《孝经》等书籍时，主张不要学那些嘲风弄月、污人行止的东西，要从踏实基础的言行做起，才能将弟子培养出好的德行。刘清之的《戒子通录》教人立志，主张先"立宅心（修身立德）"，再"立身（以孝养德）"，然后再以此法教子，以延续孝道，让子女以孝立德，以德修身。陈淳编《启蒙初诵》用平常百姓喜闻乐见的通俗笔法，寓以孝文化的高深理论，起到在社会上广泛推广孝文化的积极作用。南宋地方志《嘉定赤城志》的《劝学》《劝俗》文，是宋代政府以孝移风的倡导性作品，这一做法不但地方上有，国家办的学校、私人办的书院，乃至全国的法令、皇帝的诏旨都有。政府及学术团体对孝德的提倡，显然效果更大。

宋元之际学者程端礼著《读书分年日程》，名为指导读书的日程，实则为培植孝德的过程。日后一些学者编的《省心杂言》《明心宝鉴》，明代黄佐编的《泰泉乡礼》等，都充满倡孝的内容。明清以来，社会上流传着许多通俗读物，如《事亲诗》《教儿经》《传家宝》《劝报亲恩篇》等，在培养人们孝德方面都起到了一定的作用。这些内容有的进入学校，如《姚江书院院训》《小学日程》《大学日程》，有的进入家庭，如《温氏母训》，甚至进入到人们天天所接触的山、水、地名之中。在社会的各个层面用各种方式宣传孝道，从而希望社会形成好的风尚。

二

"养敬卷"五十二个实例，亦以历史年代为线索，从不同角度将历朝历代孝子孝女对父母养、敬的内容，真实、形象地予以展示。

孔门高足仲由（子路）为亲负米的孝行，人们传诵已久，但对其另一方面大多数人却不熟悉，子路拜孔子为师后"南游于楚，从车千乘"，以至"粟米千钟"，此时他的父母已经故去，子路在此时已不能再尽孝心，这种"死事尽思"的情感，与后世孝亲之人出现共鸣。孔子的另一弟子高柴也以孝行感动过世人，他的嫡传弟子曾参更是古代孝亲的典范。曾参不但在养亲、关亲、思亲方面竭尽心力，为世人做榜样，还在孔子指导下作《孝经》，使人们从一般本能的孝行提升为目的明确、作用巨大、形式不同、方法多样的孝道。依照《孝经》中"身体发肤，受之父母，不敢损伤"的精神，曾子的弟子乐正子春曾为一次伤足而感到对不起父母，形象地展示了孝道。

董永卖身葬父的事迹，不但千百年来为人所传颂，后世还在故事中添加了七仙女的从嫁，夜织百匹缣，为其赎身的内容，在这位孝子身上体现出了他因孝而具备的养、敬、志、信等优秀品德。孔子十五代孙孔奋，谨遵母命，为官清廉、治政爱民，南阳人孔嵩不但身怀孝道，又重信守诺，被人称作"善士"。鲁恭以孝母、悌弟而成德望，因修德、积识而成学名，集孝、忠、诚、信于一身，可谓大孝。东汉安陆人黄香，幼时为父扇枕温衾，行为虽不大，但持之以恒，幼年即体现出孝德，当时人称"孝德无双"。自古忠孝一体，颍川人李昙，夫妻事母恭谨，史称"纯孝"，又能保持气节，不与宦官同流合污。四川南部僰道县的隗叔通，母亲喜饮江水，他每天挑着担子到江中担水供母，日久天长，人们把他担水时常站的石头称作"孝子石"，可知两汉之际孝德在西南边陲便广为传播。

　　三国时的盛彦的母亲患眼疾，常训斥婢女，盛彦便自己照顾，经常因母亲失明而流泪，为照顾母亲不应征诏，直到母病痊愈才外出做官。晋人王祥冬日求鲤孝母的故事尽人皆知，宋代人为夸大其事，将其记为"卧冰求鲤"，其实在晋、唐古籍中均记为"剖冰"或"扣冰"。尽管说法不同，但王祥在其父母不慈的困境下，仍对父母尽心孝敬，实在难得。三国时孙晷夫妻孝亲一事，其事虽小，小中亦见大德。晋人刘琦长期寻母，体现出子女的孝思。南朝萧齐时陈氏三女采菱孝父，更体现出子女对父母长辈的责任心。北魏房景伯父亲亡于军中，他不但自己衷心孝母，还以身示范，对其所居之地的不孝子予以感化，以自己的行为教育别人，从行为上看，是对当时社会上的不孝等不良作风的一种反击，北魏时的赳赳武夫雷绍辞军职南下求学，通过对《孝经》的学习，深悔自己早年对母亲未尽到孝道，中年以后为官时行孝养德、清正待人，以自己的行动表现出对父母亲人的敬爱。南北朝时的名医许道幼时为了给母亲治病，潜心学习医术，成为当时的名医，他的母亲也因此受到了更多的关心，更因此延寿多年。因孝而医的孝德，不仅能行孝于亲，更回报于社会，是一种大爱。

　　唐初宋兴贵，一家四代同堂，雍雍穆穆，以孝悌传家，以耕读为事，为当世做出了榜样，唐初武德年间，首先对他旌表，也体现出唐代对孝道的重视。隋朝虞部侍郎薛浚，事母至孝，母病时心忧不止，母逝后更"毁瘠过甚，为之改容"，赤足冒雪五百里，抚灵回乡。其孝行虽有些过，但其精神可嘉，也受到国家的嘉奖。隋末刘审礼，父亲外出征战，他代父孝祖，日后更是奉继母如母，家中奉行孝悌之道，二百余口的大家族举家和睦。其子刘易成继承父德，以孝修德，承父懿行，居官仁恕，父子均受到国家表彰，人称"孝义刘家"。北魏皇族后裔元让，唐初以明经擢第，却因母疾，遂不求仕，甚至为照顾母亲，数十年不出闾里，母逝后离家任职，被誉为"孝道辅弼"。初唐名相崔玄暐，唐中宗时因功被封为博陵郡王，他是初唐著名的廉吏、谏臣、孝子，他谨遵母训、立身从政，家庭和睦、兄弟诒让、亲友和合，三世不异居，被誉为"孝悌之家"。唐人李景让，自幼母亲便教导他要廉洁自守、修德行孝，甚至在他出仕后犯了错，母亲更是当众责打，让他俯首请罪，遵母命、去错漏的李景让也因此成为当时著名的孝子，并以其行教育子女尽忠尽孝，成为世人的榜样。

　　唐自安史之乱后，中国的封建社会开始走下坡路，社会情况日益复杂，封建统治亟待加强，倡孝移忠的做法更被各朝代不同时期所重视，千年传承，民间孝亲敬老的风俗，没有因时代的变化而减衰，仍在继续传承。五代时期黄岩的一个平民郭琮，事母至孝，虽无惊人之举，但他对母亲无微不至的关爱，却为乡人所敬佩，其母享年104岁，宋初国家对他予以褒奖，当时的名人更为此作《郭孝子传》，郭琮的家乡还被改名为"仁风里"。北宋彭乘，登科中试后，未被仕途所惑，坚辞回乡侍奉母亲。宋真宗感其孝行命他还乡，几年后召还他担任馆阁校勘，不久又升职。彭乘不恋仕途仍请求返乡侍母，国家爱惜人才，特批他在离家不远的普州任职，他将父母接至衙署，以孝行事亲为民表率，便普州大化。姚明宗是《宋史·孝义传》中的人物，以他为代表的姚氏家族，代代孝悌，多次被国家旌表，他也因有此美德，进入了当地的乡贤祠，被家乡人岁时奉祀。北宋申积中，自幼被人抱养，长大后才知道缘由，却不在养父母家中提起，依旧努力攻读，登科中试后，对养父母孝事如初，帮助弟妹成家后才返回申家。这种对生、养父母都负责任、都孝敬的行为，充分体现出了他的孝德。南宋程掌，是被当时一些大儒称道的人物，他的家族行孝的特点是代代行孝，祖孙四代无不如此，虽无惊人之处，却因数代相承，养敬不衰，体现出人间真情。

儒家伦理中的孝道是人间至理，汉族奉行，少数民族依然奉行，辽国的耶律隆绪就是一例，他的母亲萧太后在北方推行汉化政策，使辽国强盛起来，耶律隆绪在萧太后的谆谆教导之下，即位后依制服丧承继母命，推行汉化政策，采取措施完善国法体系，将辽王国推向了极盛，为中华民族的大融合做出了贡献，他去世后被谥为"圣宗文武大孝皇帝"，以"大孝"为谥更说明辽王朝对他的赞誉。辽国君主弘孝，百姓也因之兴孝，营州邢简妻陈氏重视孝道，尽力孝敬公婆，以儒家的孝德教育六个儿子，使他们个个成才，《辽史》一书中其母子三人均入传。日后大同城内有一古迹，名为"一经楼"，即陈氏教子读书处。辽金之际名相耶律安礼，早年护母避乱，稳定下来后细心照顾母亲，母亲去世后，他以名宦之身与平常百姓一样长途护柩归葬，在养、敬、关、护方面做出了榜样，体现出少数民族高尚的孝德。《金史》记有一位名为女奚烈守愚的男子，六岁时就接受儒家教育，性"至孝"，自幼就以儒家的孝道要求自己，父亲去世后他"营葬如礼，治家有法"，更事继母至孝。长大从政后，立身从政，施政仁德，由孝而忠，因忠而正，成为金王国的孝德典范。

元代维吾尔人布鲁海牙，以汉礼、维吾尔礼孝敬母亲，不记叔父在自己幼时的不慈，对老年的叔父安置照顾，儿子出生时他出任廉访使，更定下了子孙以"廉"为姓的家规，既孝又廉，在元代黑暗的政治环境下，作为一名少数民族官员，此举实在难得。元代名将李德祥，早年父亲去世，家境困苦，不得不辍学奉亲，父亲在世时教育他节俭、爱民，日后为官他谨遵父命，成为一代良吏。元代訾汝道遵母命、不贪财，友爱兄弟，和合邻里，受到国家旌表。同时期的孙辙幼年丧父，在母亲的教导下，实现了先祖及母亲忠、孝的教导，当时的大儒吴澄说他："以仁义之心得此仁义之言，以仁义之言发此仁义之心，充之不可胜用也，何往而不达！"元末明初葛守德、倪昌年，前者以孝修德，事亲孝奉兄敬，以仁德之行带动一方，后者以"贱役"之身事母尽孝、制花灯娱母，也都体现出对父母的至诚。

明初张毅、刘敏持守孝道，养敬关爱，清廉守正，以孝养德，都做到了勤政爱民惠及一方。又有萨琅以孝敬立德，秦镗放弃科举照顾患病的母亲二十年，"不知书"的康锦力行忠孝，为抗鞑靼，征战疆场二十年，回乡事母恪尽孝心，达到了忠孝两全。万历时人朱陛宣清正廉直，不与奸宦为伍，居家孝亲数十年如一日，好义持正不惧阉党，有孝节、怀正气，被人们称为"孝介先生"。清康熙年间大儒陆陇其，有一篇《崇明老人传》，记载了崇明地区的一户吴姓人家，早年家贫，四子都典给富户为佣，四子成年分别赎身后，共同将父母接至家中，子孙数代孝敬和睦，与父母共享天伦之乐，《清史稿》记吴家父母安享晚年，均活了近百岁，被称为"齐眉五世"。明清之际的潘天成，自小就有重民的思想，十一岁时家中遇难，父母为避仇远行。潘与父母失散，他在两年中行程万里，历经苏、浙、赣三省，方与父母团聚。为养双亲，他典佣为业，极尽孝道，又历五六年方给父母赎身，身为一个普通百姓，家境不好，仍孝亲不辍，勤学不止，感动了当时的儒林，于是名人为之作传。

"养敬卷"的大量事例证明，中华孝道深入人心，历朝历代，各种阶层，各个民族都在用不同的方式履行孝道，正所谓"孝行天下"，人间伦常第一。

三

"关护卷"二十二个事例，从不同角度显现子女对父母的关爱，这种"关爱、护翼"也是子女行孝的内容。

西汉名医淳于意，遭人构陷，被押送京师问罪。其女缇萦为父雪冤，千里远赴京都为父辩诬，汉文帝被她的孝行感动，又在她的建议下废除了肉刑，十五岁的缇萦不但关护老父，她的行为也使天下人受益。同为临淄人的江革，在离乱中负母逃难，稳定后行佣供母，对老人关爱备至，被人称作"江巨孝"。蔡邕的母亲生病时，他多方关护，无论寒暑，衣不解带的侍奉，以致三十岁时早生华发，母亲去世后依礼安葬，静心守墓，与叔父、堂兄弟三世不分家财，孝悌之行时人称颂。新丰人鲍出，家园遭强盗劫掠，他杀盗救母、护翼乡邻，举家避难时与兄弟一起孝事母亲，返乡时因母不能远行，便做了一个网兜背母返乡，其勇烈孝行，被载入《魏略》之《勇烈传》中。

晋代以及隋代的五家《孝子传》中，均记南乡杨丰的女儿杨香与虎搏斗勇求父亲的故事，救父之行感动天下，朝廷对她进行了表彰。晋代殷仲堪的父亲患病，他不但侍奉父亲于榻前，还学医术为父治病养身，所用的药方，一直传到后世。颍川人庾衮不仅事母至孝，在家乡爆发疠疫，兄长染病，别人躲之不及时，他却设法医治兄长，不离不弃，使父母少受丧子之痛，他的行为也是关爱的一种方式。阳夏人谢瞻自小就主动照顾生病的母亲，长大后，事母更为勤谨，家中仆婢也为他的行为所感动，时人在文章中以"纳履以行""勤容戚戚"来形容他。南朝萧齐时的庾道远赴海南寻母，萧梁时少年吉翂为父申冤勇滚钉板，初唐名相岑文本为救父而作《莲花赋》以表志节、陈志向辨冤情等孝事，对后世都有教益。史学家刘知几之孙刘敦儒的母亲有疯病，性情暴烈动辄打人，他对母亲不离不弃、不止不歇，照顾了她二十六年，亲情浓郁，实在难得。晚唐赵隽少年时寻得酒醉的父亲，解衣护父，在动乱年代护母避难，虽为平常百姓，点滴孝行体现出了孝心。男子如此，女亦相同，初唐郑崇义妻卢氏在强盗入室时，冒刃护婆，大义凛然，更被人称之为"孝妇"。

宋代赵伯琛，身逢靖康变乱之际，与母亲失散，他苦寻生母历经三十年，可称为真孝子。南宋学者吕皓之父兄被人构陷，他仿缇萦四处奔走，为父兄辩诬终获成功。元代羊仁，七岁丧家被卖给汴梁人为奴，他为寻找母亲兄弟历二十年不止不息，主人被感动，释籍从良后，他又历六年多方筹集钱财，终将母亲及兄弟赎回，合家团聚。元末危贞昉，其父被牵连而获罪，依制"官服劳役"，他请求代父从役，被允后，去儒服着短衣，在长江边服役，不堪劳苦，七月而卒，其行为亦是孝心的表现。

明代大同广昌农户子弟谢定柱，与母亲一起抱幼弟寻牛，偶遇猛虎，谢定柱与虎搏斗，救下母弟，他的事迹受到朝廷表彰。明朝名宦李侃在北方的瓦剌威胁国家时、在任山西巡抚时，守土安民，打击豪强，有清正廉明、安贫乐道、孝敬老人的品行，他忠于职守、忠于国家的风骨，正是遵母命、行大孝的行为。明代嘉靖时期孝子徐亿在躲避倭寇之乱时，为卫护父母奋力于倭寇争斗，苦战得脱后与父母团聚，之后在家精心奉养父母，父母生病，四处采药，居家护持在他们身边，人称"徐孝子"。明代卢必升，生于大族之中，九岁时父亲患病，方子中有"蟛蜞"一味，他去江边寻找，遇大风潮被卷走，被渔夫所救时，仍手抓竹筐不放，终于得到"蟛蜞"，并用找到的"蟛蜞"，回家为父治病。明末大乱时，他又护养父、孝养母，甚至养父之女派人加害他，他也以德报怨，被人们称作忠孝之人。

二十二则故事所谈的是子女对父母的关爱，养在"诚"，关在"爱"，护在"心"，实际上孝不仅是一种道貌风俗的延习，更是人们在心性上的升华。

四

"谏正卷"收录的故事不多，《孝经》一书中虽有"谏诤章"，但二千多年的封建时代，儒家学说被曲解、被异化几达二千年，"为尊者讳"成为封建时代的传统，史书上对此类事例的记录不多。五四时期鲁迅先生曾批判"天下无有不是的父母"，依照被异化的封建礼法，似乎父母永远正确，子女永远错误。父母有错，子女不能提出不同意见，实际上类似的理论是我国封建时代后期的说教。孔子并不这样认为，他说"事父母几谏"，在对父母多次谏阻诤后，如不接受，再婉言相劝。《孝经》第十六章《谏诤章》，更明确地说，不同地位的人接受不同的劝谏后，会产生不同的积极效果。

孔门高足闵子骞的"芦衣谏亲"就是典型的一例。闵子骞的继母以芦花给他做了寒衣，被闵父发现，要休继母时，闵子骞向父求情时说："母在一子单，母去三子寒。"他的谏诤保全了家庭，感动了后母，照顾了幼弟，因而孔子赞许他"人不间于其父母昆弟之言"。两晋时原穀"异舆传代"的故事，记录了少年原穀谏父孝祖一事，少年原穀捡回弃祖父时所用的异舆，使父母受到震动，从而易行孝亲，事虽不大却传之千古。汉代薛包在父母厌弃的情况下，以自己的行为坚持孝行，日后又惠及幼弟，体现出孝悌的诚心。王祥之弟王览年龄不大，却时时保护兄长，多次流涕谏诤，有孝悌诚笃之心。晋人吴祐伐木作简，谏父慎独；全琮身处乱世赈赡谏父，都显现出子谏父失、父采子言，使家业隆兴的佳话。

唐宋之后，儒学被异化的渐为严重，谏诤一事在史传中较前更为少见。

初唐名宦韦承庆、韦嗣立兄弟谏母纠错，以孝养身终成大器。宋代张吉、元代高达父亲出走，在他们找到父亲后，以至诚感动他们，谏父归家，亦成一段佳话。明代曹端的父亲迷信佛道，常有不当的举动，曹端著《夜行烛》，劝父亲重视儒家伦理，以正确的孝行立于社会，破除了迷信。韦起宗的母亲重受明代理学荼毒，在韦起宗的父亲去世后，常有轻生的念头，韦起宗尽力孝敬，以孝心打消了母亲轻生之念，使她生活得愉快。

以上事例虽然十分平凡，但在平凡中却体现出了子女的孝心。人们在孝亲时，能做到谏亲，对父母、对家庭、对自己良好品性的养成都是有益的。

五

《思承卷》二十则故事，所展现的是子女对父母的各种思念，以及对父母志节的继承。《孝经》第十八章《丧亲章》即告诉人们，父母死后，子女应当怀念他们、同时更要继承、发扬他们良好的品行、志节。终生孝亲不单指父母见在时，而是子女终身不要忘记父母之恩。

大禹治水的功勋载于史册，他用疏导的方式获得成功，却是在接受前人教训的基础上做到的，禹父鲧这位治水的悲壮英雄，治水虽然失败，却为禹提供了教训、指明了方向，禹承志节终成大功。东汉孝子范显，父母去世后，自己外出劳作，挣钱还债，保住了父母生前的诚信，是一难得的孝思。邴原的父亲去世后，他心怀悲思，努力读书，名显于后世，也显扬了父母。北朝崔宏、南朝刘善明为官清廉，他们以自己的行为表达了对父母志节的承继之情。北朝殷不害兄弟孝敬之行、忠孝之义，对父母的思慕之心，居乱世而不移，在南北朝世风浇薄时期尤为难得。同时代的秦荣先祖孙四代，北朝杨庆历北齐、北周、隋数代，因孝被旌史不多见。隋代李德饶以日常生活中的实际行为孝亲，感动了乡里，其村被更名为"孝敬村"，所居之乡易名为"和顺里"，因孝而使地名更易，是对孝子极大的褒扬。在封建时代战乱频发的时期，孝子往往成为一家、一族乃至一乡的护持。如隋末华秋，以孝名声动远近，当时的起义军及隋朝军队路过其家，纷纷绕道，以示对"孝"的尊奉。

唐宋之后类似的事例更为多见。中唐杨牢的父亲战殁于军中，他千里寻亲，得父尸骨，护送回家，其孝思令世人叹服。任敬臣表达孝思的方法，则是努力攻读，文坛成名，以光显父祖。辽国贵族子弟萧蒲离不，依汉人伦理、礼法，对孝敬父祖，依礼丧葬，自己则修身培德，不辱父祖，成为辽王国孝思的榜样。多年来人们用各种方式表彰的朱寿昌弃官寻母，更是思亲的一个典范，朱寿昌五十年寻亲之旅，所表现出的仁爱之必、孝悌之行，可谓大矣！金末元初董俊父子、祖孙忠孝相承，源于父母示范，一家人所展现的孝德荣载史册。元代祖浩然、赵铉的寻母之行，比于朱寿昌，懿行传之四方。明代麹祥更为典型，倭寇扰华时，他被掳到日本，事隔多年在日本娶妻生子担任官职，二十年后方以日本使团代表的身份出使明朝，回到故国后他提出归国、孝母的请求，却因身份问题未能办到。再归日本后，一再要求，终归故国，归国后三年不离于母亲身侧，全忠全孝，不愧孝子之称。之后的杨成章以剖开的半枚铜钱，历尽艰辛寻找生母，给世人做出了孝悌的榜样。明末十七岁的夏完淳，反清被俘英勇就义，就义前写出《狱中上母书》，孝思之心溢于纸上，家国不能两全之情泣于笔端，其孝思不绝，忠贞之念，在史书中写下了一个大写的"孝"字。

本册又有《地名篇》及《序传篇》。地名篇采《太平寰宇记》《明一统志》《清一统志》《清雍正通志》以及其他史书中有关孝的地名，集而成篇。历代许多地方以孝为地名，观名而知孝是我国自古以来的传统，许多被冠以"孝"的地名，本身便有孝悌的故事，是当地人的骄傲。同时也是当地人"见贤思齐"，学习、仿效的榜样。《序传篇》则从大量正史、方志、通志中的《孝友》《孝感》《孝行》传中，选录了其中的序跋部分，内容涉及面广，大大丰富了孝文化的内容，体现出我国历代、各地、各个阶层对孝的高度重视。

"正孝"所示：在培，养行培德善俗正风；在养，孝亲有敬方显真情；在爱，关护有情孝思在胸；在谏，指正不足家和方兴；在承，继志显扬孝有始终。

骆承烈
乙未年春于孔子故里

凡 例

1．本《集成》共十二册，除第一册为今人论文外，其他十一册均依古代孝亲、敬老等内容分类选录，所录文章均剔除愚孝内容。每册所列古籍一般依出现时间的先后排列。每一类中选录的文献亦按照类别和时间顺序排列。第二册《历代〈孝经〉序跋题识》同一书下的序跋归于一书，并依书中前后顺序排列。

2．为使内容简明，所录文章多有删节，前、后文及其间未选录的内容以"……"表示。

3．为方便阅读，编者将正文略加分节。

4．除第一、二册外，其余各册所引古文，每段原文后均附白话译文，译时基本为直译，不好译出的内容适当意译。

5．选录文章所涉书目及原书作者，在书中第一次出现时，对其进行必要的介绍。

6．原文中所遇难解字句、专有名词，多在其后加简明注释。

7．原文缺字或存疑者以"□"表示。

8．原书中的异体字、避讳字、讹字均改为规范汉字，不出校，仅有极个别必要的异体字予以保留。

9．全书均用简化汉字。

目 录

第一卷　培孝卷（上）

一、娀（简狄）嫄（姜嫄）教子[1]

简狄是传说中商朝始祖契的母亲，又被称作"简易、简逷"。姜嫄是周朝祖先后稷的母亲，也被称作"姜原"。两人都生活在我国上古时期，一为商部族的始祖，一为周部族的始祖，生活的年代大约在尧舜之际。

《史记·商本纪》载："殷契，母曰简狄，有娀氏之女，为帝喾次妃。三人行浴，见玄鸟堕其卵，简狄取吞之，因孕生契。"从文中的记录可以知道，简狄出生于当时的有娀氏部落。《史记·周本纪》载："周后稷，名弃。其母有邰氏女，曰姜原。姜原为帝喾元妃。姜原出野，见巨人迹，心忻然说，欲践之，践之而身动如孕者。居期而生子，以为不祥，弃之隘巷，马牛过者皆辟不践；徙置之林中，适会山林多人，迁之；而弃渠中冰上，飞鸟以其翼覆荐之。姜原以为神，遂收养长之。初欲弃之，因名曰弃。"可以知道姜嫄出生于当时的有邰氏部落。西汉末的《列女传》也如是记录。有娀氏部落的活动区域大体在现在山西南部和河南北部，有邰氏部落大体活动在陕西中部地区。山西、河南、陕西是我国上古时期先民的主要活动区域之一，同时也是我国黄河文明的发源地。

在史传和文献记录中，商和周两个部族是我国文明早期时的两个部族，部族的传说与我国其他部族的传说大体相似，部落的始祖为女性，这些女性依照史传都可上推到黄帝一系。与其他部族不同的是，在记录二位始祖的事迹时，或许是两个部族都曾建立过强大的奴隶制王朝，对始祖的记录都有着浓重的文化、教育色彩。

《列女传》载，商始祖契的母亲简狄："性好人事之治，上知天文，乐于施惠。及契长而教之理顺之序。契之性聪明而仁，能育其教，卒致其名。"同书载，周始祖后稷的母亲姜嫄："性清静专一，好种稼穑。及弃长而教之种树、桑、麻。弃之性明而仁，能育其教，卒致其名。尧使弃居稷官，更国邰地，遂封弃于邰，号曰后稷。"上述两段记录都有教子的内容，无论是简狄对契的"教之理顺之序"，还是姜嫄教育后稷，使后稷养成了"明而仁"的性格，两人都成功地教育了子女，最终"育其教，卒致其名"。

1．文献支持：《尚书·舜典》《诗经·鲁颂》《周礼·地官司徒》《史记·商本纪》《史记·周本纪》《列女传·卷一·母仪传》。

契生活在舜执政的时期，舜是我国上古时期著名的孝悌之君，无论尧禅让舜的过程中发生过什么样的事情，舜以孝作为治国的手段，这点是被后世所公认的。舜承帝位后看到"百姓不亲，五品不逊"，即世间的百姓不能相亲，父母兄弟之间不能和顺的现象之后，任命契为"司徒"并且告诉他"敬敷五教，在宽"，即要求契在施政时要谨慎地施行父义、母慈、子孝、兄友、弟恭之类的道德教化，一定要注意施政时对百姓要宽厚。"司徒"一职依《周礼 · 地官司徒》解为"地官之长"，《后汉书 · 百官一》记："掌人民事。凡教民孝悌、逊顺、谦俭，养生送死之事，则议其制，建其度。"即可以理解为职掌国家民政的官员。汉礼沿袭了周礼，周因于商，商因于夏，虞在夏前，"司徒"一职是与民政和教育相关的。从管理职能上讲，职掌此事的官员，首先要自己有此类德行，人们才能服从。事实上也是如此，契有此德或者说契的早期教育是怎样的，很难从古史中找到相关的内容，但从《列女传》中的记录上看契母简狄教契"理顺之序"，何谓"理顺"？简单说，就是使契能理顺长幼之间的排序、上下之间的次序，原始的孝观念是在所理顺的"序"之中的。

弃或者说后稷的情况与契相似。《诗经 · 鲁颂 · 閟宫》中说："閟宫有侐，实实枚枚。赫赫姜嫄，其德不回。"意思是说："祖庙深闭真是静谧肃穆，殿堂阔大屋宇结构紧密。名声赫赫圣母姜嫄就在这里被奉祀，她的德行端正专一是后世的榜样。"在先秦古籍的记录中，姜嫄不仅教给弃农耕方面的知识，同时也对弃进行了道德方面的教育。周部族的兴起与此不无关系，周王朝的兴孝养老之策也是由此传承下来的。

简狄和姜嫄分别是商、周二族的始祖，两个部族所生活的时间段，是由母系氏族向父系氏族过渡的时期，同时也是两个部族父权制建立的时期，更是孝观念或者说伦理道德观念逐步加深的时期，两人对契和稷的教育是成功的，她们的教育对后世伦理道德观念的形成，或者说孝观念的确立、敬老尊贤观念的确立有着很深的影响。因此西汉末出现的《列女传》将其收入到《母仪篇》之首，为万世所模范。从这层意义上说，简狄和姜嫄可以说是上古育子的典范，足为后世所尊奉。

《列女传》评价简狄"教以事理，推恩有德，契为帝辅，盖母有力"，评价姜嫄"思文后稷，克配彼天，立我烝民"，足见汉代对两人的尊奉。她们所教的"事理"，所立的"烝民"与德是分不开的，孝观念也蕴于其中，并且传承了下来。

二、大任之颂（周文王母）[1]

大任，《列女传》载："大任者，文王之母，挚任氏中女也。王季娶为妃。大任之性，端一诚庄，惟德之行。及其有娠，目不视恶色，耳不听淫声，口不出敖言，能以胎教。"从文中看，《列女传》记"大任"是周文王的母亲，是一个有德有才的女子。她是一位十分注重自己的形象、注重对孩子教育的女性，是自古以来被世人所推重的女性之一。

周文王是商朝末年商王朝西部的诸侯，也是周王朝的奠基者之一，历代对周文王的尊奉有许多，"大孝"是其中的一种，周文王兴孝养老、推行仁政，以孝治国奠定了周王朝富强的基石，为开国做了人才、道德方面的准备（周文王事可参见《兴孝卷》之"三代养老""周王兴孝""文王有声"诸节）。《礼记·文王世子》篇记录了周文王未即位前在周国做世子时孝敬父亲王季、母亲大（太）任的事迹，十分形象地刻画了周文王孝敬父母的形象。汉代之后的诸多文献在记载周文王事迹时，所记多为周文王对父亲的孝行，对母亲的孝行却很少提到，先秦文献的记录却是如此。《诗经·大雅·大明》曾吟诵："挚仲氏任，自彼殷商，来嫁于周，曰嫔于京。乃及王季，维德之行。大任有身，生此文王。维此文王，小心翼翼。昭事上帝，聿怀多福。厥德不回，以受方国。"意思是说："大任是挚国任家的姑娘，是从殷商地域远嫁而来的。她来到了周原的丰京，成为周国君主王季的新娘。大任与王季一起，在周国内推行德政，推行的德政有着惠施于民的主张。大任有孕，生下的就是周文王。这位伟大英明的君主，行为慎独恭敬而且谦让。他勤勉地侍奉上帝，带给臣民们无数的福祥。他的德行光明磊落，承受了祖业承继为国王。"《大明》诗中大任与王季并列，一起被尊奉，周王朝虽然在当时已经建立父权的统治，但母系氏族的遗存依然不少，女性在家庭、国家中的地位依然很高，《大明》一诗的流传，体现了周部族在王季统治时依然存留着母系氏族观念的残余，大任正因为与王季共治天下，使周部族强大起来，周的后人才会在《大雅》中称颂她。

大任如何教育周文王，由于先秦典籍的缺失，所存的记录不多。《汉

1．文献支持：《诗经·大雅·大明》《诗经·大雅·思齐》、汉·贾谊《新书·卷十·胎教》《史记·周本纪》《列女传·卷一·母仪传·周室三母》《大戴礼记·保傅》《礼记·文王世子》《汉书·礼乐志二》。

书·礼乐志二》记："然诗乐施于后嗣，犹得有所祖述。昔殷周之《雅》《颂》，乃上本有娀、姜原……公刘、古公、大伯、王季、姜女、大任、太姒之德。"文中所列举的都是商、周时期的著名人物，从文字中看，大任"诗乐施于后嗣""犹得有所祖述"的情况与其他诸贤相同，也就是说大任曾经用诗和乐去教育文王，并且教导文王敬奉祖先、培养周文王的孝亲行为，大任的教育显然是对文王及其兄弟进行了有关伦理、德行方面的培养。王季与大任对周文王的教育是成功的，其成功也是周王朝对她尊奉的原因。《诗经·大雅》中另有一首诗歌《思齐》，开篇也赞咏大任："思齐大任。文王之母。思媚周姜。京室之妇。大姒嗣徽音。则百斯男。"意思是说，雍容典雅的大任，是周文王的好母亲。贤淑美好是王季之妃大任，居住在周的都城丰京。显然作为王季的贤内助，大任慈爱、教育子女，是被当时所认可的。

大任教子从现有文献中看大体有两个方面，一是胎教，一是文王之行。《列女传》载，大任孕文王时："目不视恶色，耳不听淫声，口不出敖言。"即不看丑恶的东西，不听淫乱的声音，不说不合礼法的言语。之后又说："夜则令瞽诵诗，道正事。如此，则生子形容端正，才德必过人矣。故妊子之时，必慎所感。"谨慎地对待所面对的事情，读诵好的诗歌，端正自己的行为，多做善的事情，保持心情舒畅，在胎儿未出生时就注重对孩子进行先天感知的培养。虽然《列女传》中的记录有些绝对，但从效果上看，"文王生而明圣，大任教之，以一而识百，卒为周宗"，周文王的"生而明圣"，虽说有些夸大，但胎教中母亲所行的善事，所守的德义，心情、心境的舒畅，不能说对胎儿没有影响，大任此行为也成为古代胎教的典范。

贾谊的《新书》在《胎教》篇中补充说："谨为子孙婚妻嫁女，必择孝悌世世有行义者，如是则其子孙慈孝，不敢淫暴，党无不善，三族辅之。"意思是说，要谨慎地为子女娶妻、嫁女，婚嫁的对象一定要选择世代有品行、有道义的孝悌之家，这样子孙就会孝敬、仁慈，不敢去做淫荡的事情，亲族之中也就没有不良善的人，父、母、妻三族之中的人都会辅助他。贾谊此说是对将要婚嫁的男女，对将要有子女的父母，提出的在家庭生活中的要求，类似的要求，是对周代礼法的一种补充，在我国几千年的文明长河中，一直被延续下来。《大戴礼记·保傅》篇也持此说。注重胎儿在母腹中的感受，从孩子未出生时就对子女进行善和孝悌的影响，早在商朝末年之前，胎教观念和方法就已经出现。事实上也是如此，最早提出胎教观念的是我国，胎教成功且录于史册的也是我国，这对母子就是大任和周文王。

周文王的孝行，在历史上是被人称颂的，《礼记·文王世子》中对此有着详细的记录。从记录上看，此时周文王尚未成为周国的王。周文王承继君位后兴孝养老，使四方贤才奔周，为周所用，延续了周的强大。周文王因其德行在奴隶、封建时代被称为完人，结合《列女传》及先秦典籍的记录，文王优异的德行是与家庭教育分不开的。《列女传》记大任："感于善则善，感于恶则恶。"之后评价周文王之所以有如此好的德行时，继续说，"人生而肖万物者，皆其母感于物，故形音肖之。文王母可谓知肖化矣！"即大任给文王做出了好的榜样，文王依从这样的榜样行事，久而久之，养成了好的品行。《礼记》中记录的是母亲对子女的影响，点明了在此影响下所产生的作用。大任之后的大姒，是周武王的母亲，也如此教育武王，延续了周王朝的孝悌家风，也使周王朝成为我国第一个明确以孝治国的王朝。

大任之颂，颂在大任为周培养了贤能的君主；大任之颂，更颂在明确了以胎教方式教子的方法，以善行、孝德为榜样教子的方式，强化了周的治国之道。可以说大任与王季一样，对代商而立的周王朝来说，是奠基者。她所行之道、育子之方法更为后世所传诵。

三、晏子说礼[1]

在齐国的历史中，齐景公和晏婴是一对著名的君臣。齐景公励志强齐，晏婴巧言劝谏，在先秦文献中留下了许多脍炙人口的故事，在培养人们孝德、孝行方面也有些记载。

《春秋左氏传·昭公》记，昭公二十六年（前515）冬十月，齐国有彗星出现，齐景公下令祭祀祖灵，以禳除灾祸。晏子对齐景公说："祈灵禳灾是没有什么用处的，天地的运行规律是不会因为人们的祭祀而出现改变的。对于一个国家来说，君主或者说国家行政如果没有缺失，何必担心灾祸的发生；有缺失却没有被纠正，祈祷又有什么用处？"齐景公下令停止了禳灾的活动，并且

1．文献支持：《左传·昭公二十六年》《晏子春秋·卷七·外篇第七》、汉·贾谊《新书·杂事第四》、汉·王充《论衡·变虚篇》。

问晏子怎么办。《左传》中晏子从修德于身、施惠政于民、建立良好规范方面对齐景公进行了劝谏。

在谈到培养人们日常行为规范时，晏婴主张"礼之可以为国也久矣"，即在国家中建立良好的道德、行为规范，社会中能形成良好的风气，人们能养成良好的心性，是一个国家能长治久安的基础。之后他进一步说："君令臣共，父慈子孝，兄爱弟敬，夫和妻柔，姑慈妇听，礼也。君令而不违，臣共而不贰，父慈而教，子孝而箴，兄爱而友，弟敬而顺，夫和而义，妻柔而正，姑慈而从，妇听而婉，礼之善物也。"意思是说：君主或者说国家要求臣子们尽忠，父亲慈爱要求儿女孝顺；兄长仁爱要求幼弟恭敬；丈夫和蔼要求妻子温柔，婆婆慈善要求媳妇顺从，这都是礼法中要求人们遵守的法则。臣子不违逆国家的号令，忠诚于国家没有二心，父亲慈爱子女且教育他们，子女孝顺父母并能正道劝谏父母，兄长亲爱地与兄弟和睦相处，幼弟恭敬兄长并且和顺地对待长上，丈夫和气地对待妻子且有情义，妻子温柔地对待丈夫且能端正丈夫的行止，婆婆慈爱及善待媳妇以自己的言行让媳妇跟从自己，媳妇孝敬能温婉地待人接物，这是礼法之所以被称能迁善的原因。齐景公听后称善，并且说："寡人今而后闻此，礼之上也。"即齐景公说：我现在听到了你的解释，才知道礼作为规范，是培养、树立良好风尚的上选。

《晏子春秋·卷七》有相似的记录。贾谊的《新书》记录了此事，晏子的劝谏之语较少，却一语而概"若德之回，乱民将流亡。祝史之无能补也"，意思是说如果君主不能修德，国家不施德政，人不能培养出良好的品行，使风俗迁善，百姓将会出现流亡的现象，出现了这种情况，就算是再盛大的祭祀也没有用处。王充在《论衡》中评论此事时说："有善行，必有善政。政善，则嘉瑞臻，福祥至，荧惑之星，无为守心也。"指出对一个国家来说，施政时要有善行，要施以善政，政善则国安，嘉瑞之类的事情就会出现，彗星之类的"天象"只是自然现象，没必要大惊小怪。

晏子口中的"礼"，指的是良好的规范、秩序，他认为"礼"之所以能成为国家所遵行的规范，是因为礼可以给社会带来良好的秩序。要想建立良好的秩序，就要从根本抓起，培养人们的孝悌思想和行为，让人们居于家中时就能养成良好的习性是其基础。因此他在劝谏齐景公时从忠、孝、悌、敬等方面去劝谏，强调的是良好社会风气的养成。认为国家的稳定是以家庭的稳定为基础的，主张通过培养人们养成良好的孝悌之俗进而稳定国家的秩序。

《说苑》记载了晏子的另一则故事。一天，齐景公游于寿宫，看到有一位打柴的老年人背柴而过，齐景公十分感伤，对随从官员说，要恩养这位老人。晏子随之进谏说："今君爱老而恩无不逮，治国之本也。"即君上爱老将爱老之心推而广之，这是治理国家的根本。齐景公纳谏后在齐国内推行养老之政。故事的本身与《左传》中的故事之意是相同的，无论是通过教育让人们养成孝亲的观念，以促成良好社会风气的形成，还是在国家推行养老之政，都是在社会中培养人们"孝观念"的方法。培养社会中形成好的孝德观念，其方法不局限于一家一户，而是要求在社会范围内形成一种氛围，通过国家的提倡，家庭的教育，以影响民风，迁移风俗，再通过良好的道德风俗去改变人们日常不当的行止。由家而国，由国而家，形成一个良性循环。

实际上，晏子的培孝主张在夏、商、周时期已经出现，明确提出并施行这些观点，在先秦诸子中晏子是比较早的，他的"孝观念"也为同时期的先秦哲人所接受。

四、夫子（孔丘）理讼[1]

孔子是儒家学派创始人，也是传统中华孝道的奠基者，他在整理《春秋》之前就有许多有关孝的理论，他向曾子陈述《孝经》，形成了完备的孝德体系。孔子崇孝、讲孝、行孝，主张以孝作为培养人们心性，使之养成良好品性的基础，《孝经》中"夫孝，德之本"是他对孝的基础认知。

在培养人们孝德、孝行方面，孔子除了主张通过教育和个人修养来提高孝德外，还主张国家或者说统治者要以身作则，以国家的力量推行教化。《论语·为政》中记，鲁国家宰季康子问孔子："使民敬、忠以劝，如之何？"即要让百姓尊敬执政者、尽心忠诚地为国家服务，执政者应该如何去做呢？孔子回答："对于执政者来说，要用庄重的态度对待百姓，百姓就会尊敬你；执政者在家如果有对父母孝顺、对子弟慈祥的品行，那么百姓就会对你尽忠；执政者在执政时要选用善良的人来帮助，去教育那些能力差的人，这样百姓就会互

1．文献支持：《诗经·小雅·节南山》《论语·为政》《论语·颜渊》《孔子家语·相鲁第一》《尚书·康诰》《孔子家语·卷一·始诛第二》《荀子·宥坐第二十八》《韩诗外传·卷三》《说苑·卷三》。

相勉励，加倍努力。"所说的就是执政者以身作则，以实际行动教育世人的主张。因此在孔子的法律意识中，孔子认为教化是执政者在执政时首先要做的事情，不对人们进行教化，只是用强权法制去威慑、压迫世人，是不会有好的效果的。《论语·颜渊》中孔子说："听讼，吾犹人也。必也使无讼乎！"意思是说："审理诉讼案件，我和其他的官员是一样的。（对于这类事情）最为重要的是必须（推行教化，让）诉讼的案件不发生！"听起来，孔子主张人治的意味大于法治，实质上，培养人们养成良好的道德习俗，是减少犯罪、减少纠纷的良方，同样是保障法治能更好运行的方法。

《孔子家语·相鲁第一》记，鲁定公十一年（前499），五十二岁的孔子担任鲁国的大司寇。大司寇一职，西周始置，其职位次于太师、太傅、太保，与司马（掌军政、财赋）、司空（掌水利、营建）、司士（掌审讯、刑罚）、司徒（掌民政）并称五官，司寇掌管刑狱、纠察等事。

一天，有父子二人前来诉讼，孔子把父子二人关在同一个牢房里，三个月不予审理。狱中的父亲请求中止诉讼，孔子放了他们。季孙氏听说了这件事，不高兴地说："司寇欺骗我。从前他告诉我说：'治理国家，管理家族，必须先提倡孝道。'现在杀掉一个不孝的人来教导民众严守孝道，所体现的不正是国家对孝的提倡吗？孔子却把他们赦免了，为什么要这样去做呢？"

孔子听后感叹道："处在执政高位的人不去推行治国大道，却要杀掉有过失的老百姓，是不合理的。不能教育民众遵行孝道却审理他们违反孝道的案子，是屠杀无辜的人。军队争战失败，是不能将兵士全部杀掉的；刑罚监狱管理不善，不能轻易动用刑罚，为什么呢？这是因为居于上位的人推行教化不力，罪责不在老百姓的缘故呀……《尚书·康诰》中说：'国家的刑罚要以义为根本，执政者不可随心所欲地去施行，要谨慎地去刑罚。'说的就是国家要以教化为先，刑罚为后。即先要以道德教化去教育世人，自己更要身体力行；再尊崇贤人，让他们的德行能广布世间，以此勉励百姓；再废黜无能之辈，以保障教化的通畅；之后，人们依然不遵从，才可以用律令的威势让百姓有所忌惮，不去做不合法的事情……对于那些不听从教化的人，辅之以刑罚，百姓就都知道什么是犯罪行为了。《诗经·小雅·节南山》中说：'臣子要尽力辅佐天子，教化百姓使人们心明通畅。'如此去施政，不须威势惮压，也不须施加刑罚，教化到位了，违法的事情也就减少了。如今的世道是教化淆乱，刑法繁多，百姓迷惑不知所从，于是便有大量的人触犯刑法，如果不对人们加以教化，人们被刑罚的现象就会越来越多，犯罪的人也会越来越多，如今的社会风气败坏已久，虽然有刑法的存在，百姓又怎能不违反呢？"

这段文字写出了孔子的施政思想，以及孔子施政的理念，即孔子反对"不教而诛"的施政方法。孝是孔子所提倡的优良道德理念，他在施政过程中，主张以孝作为培养人们道德行谊的手段，主张施政者以身作则，主张在国内推行教化，至少要让人们知道什么样的事情该做，什么样的事情不该做，要遵守什么样的道德理念。国家订立制度、颁布律法的目的是为了保障和预防，而不单是为惩处。不同的时间段、不同环境下要采用不同的方法施政，决不能一概而论。对于孝德、孝行的培养同样如此，执政者自身不能为世人榜样，不去教导人们去遵行孝德、沿袭孝行，只是用刑罚去威慑，短时间或许会让人以为警诫，但时间是在流动的，人如果养不成良好的习性，没有一个好的环境，执政者不去教化世间的百姓，不能在社会中形成良好的风俗，即便国家有法令去威慑、去约束，也往往会使好的法令被人渐渐淡忘，渐渐不被遵循。

《荀子·宥坐》在记这则故事时，引用的《诗经·小雅·节南山》中的诗句，多出了一些："尹氏大师，维周之氏；秉国之均，四方是维。"与后一句"天子是庳，卑民不迷"相连，借赞咏周宣王时的史尹、太师二人，强调了施政者以身为范和推行教化的作用。

《韩诗外传》在记录这则故事时多了一些感叹。孔子退朝后，弟子仲由因此事问孔子："父子相讼一事，合乎夫子的道吗？"孔子回答说："对世人而言，不去教导他们、引导他们遵行良好的德行，却要高标准地去要求他们，这种施政方法本身便是错误的；延误、怠慢政令，使得人们不知道国家的法令，本身便是一种暴行；不去教化人们，人们不知道什么事情该做，什么事情不该做，就去惩处犯了错的人，本身便是对人的伤害。执政者施政时，要避免这三种情况发生。"孔子的这段话点出了他在"父子相讼"一事上的认知，即教化、培养、告知是国家推行律令的前提，"不教而诛"是对政令的伤害，对孝德的培养如此，对其他德行、习俗的养成也是如此。

《说苑》记录此事时最后写道："昔者君子导其百姓不使迷，是以威厉而不至，刑错而不用。"文中的"导"指引导、教导，"迷"指迷惑，人们知道了、明白了，一般情况下就不会犯这样的错误或罪责，没有此类事情自然"刑错而不用"。当然这是孔子理想社会中的形态，当政者如果大力推行以孝为基础的教化，让人们明孝、知耻，遵从良好的道德规范，违法犯罪之类的事情就会大量减少，《说苑》此段文字的意思与前面所述的内容是相似的。文中最后陈述孔子之言时，有"乃请无讼"一句，显然"无讼"是一种理想状态，现实生活中是很难出现的，但可以通过教育、培养向这个方向努力。

良好的社会风气、道德行谊的形成，要从根本抓起，"孝"是其中重要的一环，以孔子为代表的儒家推崇孝道，反对愚孝，不排斥律法，主张先孝而后刑，许多后儒曲解孔子之意，许多主张是与孔子的主张相悖的。实际上，孔子主张国家在施政时要培养、教化人们，让人们养成孝德有所感恩，行有基础的仁德之行，人有此德、此行，就会明白什么是规范，如何立身处世，并以此带动社会风气向好的方向转移。

五、子路问孝[1]

子路，即孔子的弟子仲由，是一位著名的孝子，元时编的《二十四孝》中"为亲负米"的主人公。在孔门弟子中被列入政事科。《论语·先进》中孔子评价他"由也喭"，即性格直率，为人武勇。在先秦两汉古籍中记载了许多与子路有关的孝行故事。

《荀子·子道》《孔子家语·困誓第二十二》及《韩诗外传》中记：

子路问孔子："世上有一种人，早起晚睡，耕地除草种植庄稼，手脚都磨出了老茧，来奉养父母。却没有得到孝的美称，为什么会如此呢？"

孔子说："想必是这样的人对父母的举止不恭敬吧？面对父母时言辞不柔顺吧？和父母相处时表情不和悦吧？古人说：'别人所做的事情和自己的一些行为是相通的，世间的事实是不会欺骗人的。'"

子路又问："假若竭尽全力奉养父母，没有前面三种过错，为什么还没有孝子的名声呢？"

孔子说："仲由，你要记住！我告诉你，一个人即使有全国闻名的勇士的力气，也不能把自己举起来，这不是力气大小的问题，而是形势不可能啊！一个人不注重培养内在品质，是自己的过错啊！品行好却名声不显著，是朋友的

1．文献支持：《论语·先进》《荀子·子道》《孔子家语·好生第十》《孔子家语·困誓第二十二》《韩诗外传·卷九》《礼记·檀弓下》《史记·仲尼弟子列传》《论语·为政》。

过错啊！品行好了，名声自然也就会树立起来。所以君子居于家时要笃实地践履道德的要求，在外要结交有道德、有才能的朋友，（如果这样）怎么会没有孝的名声呢？"

故事中，孔子讲到了人立身于世间，什么样的行为才是真正的孝。为人子女，努力劳作奉养父母，是子女对父母应尽的义务，也是一种感恩的表现；子女只是养父母，却不敬父母，是不能称之为孝的。《论语·为政》中孔子的弟子言偃问孝时，孔子回答："今之孝者，是谓能养。至于犬马，皆能有养，不敬，何以别乎？"说的就是这个意思。敬父母要发自内心，要笃诚地去做，不要对父母呼来喝去，老年人身体渐衰，子女对父母没有耐心也不是孝的表现。孔子如是回答子路的提问，从另一个角度点出一个人孝德的培养，不仅要看是否有养的行动，还要看是否有敬的心态，这种敬是要以笃诚的心去做的。

《礼记·檀弓下》记，子路曾对孔子感叹："伤哉贫也！生无以为养，死无以为礼也。"意思是说，贫穷，是令人伤悲的事情呀！父母在世时子女因为贫穷不能好好奉养他们，父母去世以后又无法为他们举行体面的葬礼。孔子回答说："啜菽饮水，尽其欢也，斯谓之孝。敛手足形，旋葬而无椁，称其财，斯谓之礼，贫何伤乎？"告诉子路：子女贫穷，煮豆为食，以水为饮，虽然清苦，如果能使父母欢心，让他们安康地生活，就可以称得上是孝顺。父母去世后，衣被能够遮盖住肢体，仅用薄棺收殓而没有套棺，随即对父母加以安葬，丧葬的花费与自己的财力相称，就可以称为礼了，贫穷又有什么使人伤悲的呢？每个人的生活境遇不同、家庭环境不同，对父母的孝不能一概而论，财力不足不能攀比，家境不好所求的是父母能安心舒适，礼的要求不是繁文缛节，孝的要求也不是衣食锦绣，有孝心、能笃诚地对待父母，依照自己的能力奉养、照顾父母就是孝。培养孝德所培在于孝心，有了孝心，即便是在困厄的状况下，也可以行孝。

一个人的德行修养是在点滴中养成的，家庭是其中重要的一环，良友可以督促人们好的习性养成。子路问孝，孔子作答，关于问孝的环节除上面所提的内容外，孔子还特别提到一个人在居于家中时要笃实地践履道德的要求，家中所践履的道德要求，显然孝是其中最基础的一环，这就要求人们在居于家中时，不仅要有孝行，还要有孝心，两者结合才能养成孝德。人总是要立于世间、走出家庭的，结交良友才能督促自己、提醒自己、指正自己的不足之处，孝行、孝德显然也在其列。从文中的记录上看，孔子认为孝德的培养、修正，是一个长期的过程，是贯穿于人一生的。

《史记·仲尼弟子列传》记：

求问曰："闻斯行诸？"子曰："行之。"子路问："闻斯行诸？"子曰："有父兄在，如之何其闻斯行之！"子华怪之："敢问问同而答异？"孔子曰："求也退，故进之。由也兼人，故退之。"

故事的对象是仲由和孔子的另一个弟子冉求，孔子对两人有不同的要求：冉求性格谦退，孔子鼓励他勇于任事；仲由性格直率，孔子对他的要求是多听不同的意见，寻求最佳的方法去做事。故事体现的是孔子的慎独思想和因材施教的教育思想。实际上，在孝德的培养上也应如此。对于性格谦退的子女，要培养他们勇于任事的心性，对待父母时不要一味地唯唯诺诺，对父母不当的行止要敢于谏诤；对于性格直率且鲁莽的子女，要听从父母的不同意见，不要莽撞地去做事。对不同人有不同的要求，在不同的要求下，能笃诚地敬爱父母却是基础。

子路成为孝子，除了自己对父母的敬爱之外，孔子对他在德行方面的培养也是重要原因。子路问孝反映出孔子在培养孝德、孝行方面的观点，孝德、孝行的养成在于培养人们敬爱父母之心。

六、三迁之教[1]

孟子名轲字子舆，是继孔子之后儒家在战国时期的代表人物之一。《史记·孟子荀卿列传》记："孟轲，邹人也。受业子思之门人。"从师承关系上看，孟子是孔子的孙子述圣孔伋的再传弟子。孟子的成才离不开孟子母亲的教育，后世所传的"贤良三母"之一即指孟子之母。

孟母，仉（音zhǎng）氏，战国前期生活在鲁国、邹国地域，因教子成才，被尊为"母教一人"。孟母教子的故事脍炙人口，三迁之教也为后世所传颂，西汉末成书的《列女传》中对此事详细记述。孟母教子的三迁：因居住

1．文献支持：《孟子·梁惠王上》《韩诗外传·卷九》《孟子·万章上》《春秋繁露·卷十》《史记·孟子荀卿列传》《大戴礼记·曾子疾病第五十七》《列女传·卷一·母仪·邹孟轲母》。

于林墓之侧，孟轲嬉游于林墓之间，一迁；再居于集市之中，因孟轲嬉戏于商贾之间，二迁；终居于学舍附近，孟轲读书习礼，三迁。之后又因孟轲废学游玩，孟母"断机"，让孟轲知道学习和成才贵在坚持，之后又通过种种教育方法育子，使其终成大儒。

培养一个人成才的因素有许多方面，环境是其中重要的一环，人在幼年时期心性不稳，善于模仿，居住在不同的环境中会沾染上不同的习气。孟母一迁林墓，是因为孟子在那里模仿林墓间丧亡之家的丧祭行为；二迁集市，是因为孟子在那里容易沾染上市井、市侩之气；终迁学宫，因为那里有良好的学习氛围，有助于孩子成才，于是落户于此。故事表现出孟母对子女成长环境的重视，对子女成才的期望。《列女传》中在谈到三迁之地时说："复徙舍学宫之傍，其嬉游乃设俎豆，揖让进退。"这里的"设俎豆，揖让进退"明显是演习、学习礼仪的一种表述。

礼是什么？简单地说，即是人们在社会生活中，由于道德观念和风俗习惯而形成的仪节，通俗点说，礼可以让人明上下、通礼仪、知廉耻，辨是非，是人们在日常生活中所应遵循的规范。自周公旦制礼作乐后，整合夏商时期的礼法，使"礼"成为"礼法"，被冠上了政治等方面的色彩，但礼的本质并没有太大变化。鲁国是孔子生活、著述、开创儒家学派之地，这里在孟子出生时便是战国时期文化中心，礼乐文化较中国当时其他地域昌明许多，讲求礼仪在鲁国蔚然成风。孝是礼法的根本之一，或者说是一个人养成良好社会行为规范的根本之一，儒家倡孝，孟子在这种环境下所接受的也是礼乐文明方面的教育。

孟母为什么会选择此处居住？除了上述望子成才的原因之外，《韩诗外传》中也给我们一个启示。书中记孟子幼时读书不专心，废读游玩，孟母于是断机教子，之后见到邻家杀猪，孟子问母亲，邻家为什么杀猪，孟母回答："想让你吃猪肉。"不久孟母后悔失言，不该欺骗孩子，于是到邻家买肉给孟子吃。故事很简单，说明的是孟母教子注重诚信育人的方面，值得注意的是文中孟母的感叹："吾怀妊是子，席不止，不坐；割不正，不食；胎教之也。今适有知而欺之，是教之不信也。"文中的句子无论是"席不正，不坐；割不正，不食"，还是"胎教之也"，都有着浓重的"礼"的色彩，从中我们可以看出孟母其人也是接受过礼法教育的，是一位有知识的女性，这也从另一方面说明了孟母之所以终迁于学宫之侧的原因。

先秦两汉的文献中很少记录有关孟母是如何培养孟子孝德的，但从《韩诗外传》《春秋繁露》《列女传》等古籍的记述中可以看出，孟母教子从慎始、励志、敦品、勉学以至约礼等诸多方面对孟子进行培养，终使孟子成才。《春秋繁露·卷十》中曾评价孟子："天生民有六经，言性者不当异，然其或曰性也善，或曰性未善，则所谓善者，各异意也。性有善端，动之爱父母，善于禽兽，则谓之善，此孟子之善。"文中极言孟子哲学思想的"性善"说，评价孟子爱父母，将孟子之善评述为建立在爱父母的基础上，而爱父母的本身就是孝的表现。从当时儒家的教育和礼法的要求上来说，孝德的培养正是其中最基本的一环。孟母作为一位当时的有知识的女性，教子时采用了慎始、励志、敦厚品行等方式以培养孟子，这些好的德行建立在传统的儒家思想中，本身便是孝行的延伸。

《孟子》是孟轲及其弟子的言论集。与孔子一样，孟子也有自己的治世理想，《梁惠王上》中孟子说："五亩之宅，树之以桑，五十者可以衣帛矣；鸡豚狗彘之畜，无失其时，七十者可以食肉矣；百亩之田，勿夺其时，八口之家可以无饥矣；谨庠序之教，申之以孝悌之义，颁白者不负戴于道路矣。老者衣帛食肉，黎民不饥不寒，然而不王者，未之有也。"孟子的此种提法，是建立在孝亲敬老的基础上的。《离娄下》中孟子评论孝行说："世俗所谓不孝者五：惰其四支，不顾父母之养，一不孝也；博弈好饮酒，不顾父母之养，二不孝也；好货财，私妻子，不顾父母之养，三不孝也；从耳目之欲，以为父母戮，四不孝也；好勇斗狠，以危父母，五不孝也。"可以看出养、顾、爱、敬等孟子的孝德观念。《万章上》中孟子更是发出了"孝子之至，莫大乎尊亲；尊亲之至，莫大乎以天下养"的呼声。《史记》中记述孟子是孔伋的再传弟子，孔伋师从孔子的弟子曾参，孔伋、孟轲开创了战国时儒家的思孟学派。以上种种都离不开"孟母三迁"居于学宫之侧的前提。

孟母三迁的启示在培孝、育德、成才方面，给人的启示在于良好的环境，环境不是育人过程中最重要的，但对人却有着潜移默化的作用。培孝育德的环境在人的幼年时期大体有两个方面，一是家庭教育，为人父母的人要知道、要明辨如何才能让子女健康成长，以身为范地教育子女；一是外部环境，要让子女能接触到良好的环境，有条件的话能生活于良好的环境之中。通过家庭和外部环境的熏陶去教育、培养孩子。《大戴礼记》中说："与君子游，苾乎如入兰芷之室，久而不闻，则与之化矣；与小人游，贷乎如入鲍鱼之肆，则与之化矣；是故，君子慎其所去就。"说的就是这个道理。孟母其行在培孝、育德、成才方面所诠释的正在于此。

七、田母（田稷子母）拒金[1]

田稷是战国时齐宣王的相，《列女传》中有一则名为"齐田稷母"的故事，文中明确地说田稷是齐宣王时的相，《韩诗外传·卷九》更记"田子为相，三年休归"。

齐国，尤其是"田氏代齐"之后被尊称为"田子"且曾为齐国的相的，有田忌、田骈二人。田忌为齐威王时人，战国时兵家的代表人物，生活年代与齐宣王时代不符。田骈为齐国稷下道家学派的代表人物，曾主讲于齐国的稷下学宫，当时在稷下学宫主讲的人被人称为"稷下先生"。《战国策》《庄子》《尹文子》《吕氏春秋》等古籍中记录了他与齐宣王之间的许多故事。《庄子·天下篇》评价他"选则不遍，教则不至，道则无遗者矣"，即说他具有公正而不偏党、平易而无私欲等品质。从先秦文献看，田骈是当时齐国的著名学者，《韩诗外传》《列女传》所记人物均为先秦、西汉的著名人物，田稷虽然在历代史书中出现不多，从记录上看，田稷应为田骈。

《韩诗外传》记：田子在齐宣王时曾担任相三年，三年后将要离开相位时，有人送给他金百镒，田子将金交给他的母亲。田母问他："这些金从何处来？"田子回答说："是我的俸禄。"田母说："你担任相三年，难道没有食禄吗？担任国家的官员却收受贿赂，不是我希望看到的。孝子侍奉父母亲人，在极尽心力、笃诚以待，不义之财、不义之物，是不可以收受的。为人子女不可不孝，更不可用这种方法行孝，这是陷父母于不义呀！你可以离开了。"田子听后十分羞愧，离开家将金交于朝堂，向齐宣王请罪。齐宣王知道后，认为田母是贤德之人，免去田子的罪责，又任命田子为相，将金赐还给田母以示褒奖。这就是历史上著名的"田母退金"的故事。

故事的本身，说明了田母之廉，以及田母对田子从政的要求，田母训诫田子的始发点在"孝"字上。符合先秦时期出现的孝道观念。《孝经·纪孝行章》中说："孝子之事亲也，居则致其敬，养则致其乐，病则致其忧，丧则致其哀，祭则致其严，五者备矣！"田子受金，以赂金奉母，田母认为田子的做法不是真正孝敬父母的行为；对父母真正的孝敬，是子女要用自己的劳动所得

1．文献支持：《诗经·国风·周南》《孝经·纪孝行章》《庄子·天下篇》《尹文子》《吕氏春秋》《韩诗外传·卷九》《战国策·齐策》《列女传·卷一·母仪·齐田稷母》、宋·司马光《家范·卷三》、宋·刘清《戒子通录·卷八》、清《御定内则衍义·卷四》。

去奉养，如此才可以让父母心安，才可以让父母舒服地接受，他们心中也才会因子女的成才而欢乐，才能让父母真正得到快乐。田子的行为违反了孝道的这项原则，因此田母说田子"为人子不可不孝也"，意思是指出田子此行是不孝的行为。更深一层说，为政需立德、守德，一个德行不著的人，一个不能坚持原则的人，是不能很好地为国家服务的，不能立德、不能守德，有私心，也会给自己、给家庭带来忧患。田子正是明白了这个道理，于是"愧惭"，齐宣王在田子将金交于朝堂请罪，知道了原因后，才会"贤其母"，才会认为田子有知错能改的品性，才会"舍田子罪，令复为相"。

《韩诗外传》的最后用《诗经·国风·周南》的《螽斯》中的诗句"宜尔子孙，绳绳兮"，结束全文。此句的全文是"螽斯羽，薨薨兮。宜尔子孙，绳绳兮"，意思是说："蝈蝈张开着翅膀，群飞而起嗡嗡地响。你的子孙多又多，世代绵延长啊。"以蝈蝈起兴，比喻田母此行宜子宜孙，子孙绵长，诗中的表述显然是对田母的赞颂。田母的宜子宜孙所表现的正是她对子女以孝德为基础的培养方面，她所认知的孝是人的立身之本，是其他良好德行树立的基础。《列女传》在讲述这则故事之后，赞田母"廉而有化"。意思是说，田母有廉的品行且能以此教育儿子。之后引用《诗经·魏风·伐檀》诗中的"彼君子兮，不素餐兮"说明廉德的重要。文中所提到的"君子"指品行高洁、道德高尚的人，从诗文的角度来说，此句本是讽刺不劳而获的贵族，此处反用它是来说明，执政者要有良好的品性，不要去做不劳而获的事情。《列女传》中田母对田子说："士修身洁行不为苟得，竭情尽实不行诈伪，非义之事不计于心，非理之利不入于家，言行若一情貌相副。"所说的正是廉的道理，这些道理是建立在"尽力竭能忠信不欺，务在效忠必死，奉命廉洁公正，故遂而无患"的基础之上的。再进一步，"为人臣不忠是为人子不孝也，不义之财非吾有也，不孝之子非吾子也"，落足点在"孝"上，实际上田母此言是培孝结果的一种倒推。同时也表明了汉代对"孝"的重视。

"田母退金"的故事，对后世影响很大，尤其是在孝德培养方面，宋代之后许多家训、蒙书将此故事作为培养孝德、孝行的样板。比如宋代司马光的《家范》、宋代刘清的《戒子通录》、清代《御定内则衍义》。《戒子通录·卷八》在评述此事时说："吾闻士修身洁行不为苟得，竭情尽实不行诈伪，非义之事不计于心，非理之利不入于家。"《戒子通录》中的评价是围绕着"敬""诚""义""礼"展开的，这些品质都可以通过培"孝"而得。

《御定内则衍义·卷四》中更为直接地说："君子之事其亲也，以道义养不以货利养。"将培养出的孝德、孝行抬到了道义的高度。

"田母退金"一事在培孝方面的启示在于，将孝德作为人立身处世时德行修养的基础，作为立身之本看待。故事虽简单，却可让后人长久品味。

八、吕氏"孝纪"（《吕氏春秋》）[1]

《吕氏春秋》是由战国晚期秦国丞相吕不韦主持编订的一部著作，内容包含了儒、道、墨、法等诸家思想，《四库全书》将其定为杂家。

吕不韦（前292—前235），姜姓，吕氏，名不韦，战国中期卫国濮阳（今河南省安阳市滑县）人，著名商人、政治家、思想家。秦孝文王时始任秦国丞相，后辅佐秦王政，为秦统一六国打下坚实的基础。《史记·吕不韦列传》记吕不韦本为"阳翟大贾"，他执政秦国后，为统一秦人思想，主持《吕氏春秋》的编订，其目的是为秦国的统一做思想上的准备。

《吕氏春秋》一书思想很杂，可以说糅合了春秋战国时期的诸家思想，偏重于儒、法两家，在对儒家思想陈述方面继承了儒家的孝道思想。在孝德、孝行方面，《吕氏春秋·孝行览》中主张："凡为天下，治国家，必务本而后末。所谓本者，非耕耘种植之谓，务其人也。务其人，非贫而富之，寡而众之，务其本也。务本莫贵于孝。"认为孝是国家的立国之本，是人们立身于世的德行基础，国家要想长治久安，要想强盛，"必务本而后末"，意思是说，国家一定要在国内培孝养德，以促使人们养成孝德、具备孝行，只有这样才能"人臣孝，则事君忠，处官廉，临难死"。上述观念与战国时儒家的孝德观念是相同的。

培养孝德、孝行是吕不韦治国的理念之一，《孟春纪·劝学》篇中说："先王之教，莫荣于孝，莫显于忠。"《吕氏春秋》借先王之口，将孝在社会生活中的作用进行了表述，国家要培养人们孝这样的德行，使人们能明白并养成遵守规范的习惯，人们立身于世时以孝为基础，步入社会时以孝德衍

1．文献支持：《商君书》《吕氏春秋·孟春纪·劝学》《吕氏春秋·孟夏纪·尊师》《吕氏春秋·孟秋纪·荡兵》《吕氏春秋·孟冬季·节丧》《吕氏春秋·孝行览》《史记·秦本纪》《史记·吕不韦列传》。

而成忠。《孟夏纪 · 尊师》中说："义之大者，莫大于利人，利人莫大于教。知之盛者，莫大于成身，成身莫大于学。"将人们的正确义利观的养成归结到教育之中，指出一个人能立身成名于世间的基础在于需要接受良好的教育，之后又说"身成则为人子弗使而孝矣"，接受什么样的教育？显然是以孝为基础的教育。

《孟夏纪 · 荡兵》记："家无怒笞，则竖子婴儿之有过也立见；国无刑罚，则百姓之悟相侵也立见。"教育仅靠说理有时是很难达到效果的。人总是会犯错的，培养一个人以孝为基础的德行，不是给对方讲讲道理就可以完成，社会规范和道德规范毕竟弹性较大，因此在培孝育德方面也应立规、立法，在家中，子女犯错父母长辈"怒笞"，是为了让子女明白自己什么地方做错了，也就是文中所说的"有过也立见"。一家如此，一国则要立法，让人们明白什么样的事情不可以做。《荡兵》一篇的思想主旨与法家思想是相近的，这种相近并不排斥孝。《孝行览》中引的《商君书》中的一句话"刑三百，罪莫重于不孝"，更说明法家讲孝，是以法令的形式规范人们的行为。

《孟冬纪 · 节丧》主张："先王之所恶，惟死者之辱也。发则必辱，俭则不发，故先王之葬，必俭、必合、必同。何谓合？何谓同？葬于山林则合乎山林，葬于阪隰则同乎阪隰，此之谓爱人。"意思是说："先王最厌恶人死后又遭到侮辱，被人盗掘了坟墓，是对丧者和子孙最大的侮辱。坟墓中俭约，就不会遭到盗掘那样的侮辱，因此先王安葬死者，一定要做到俭，一定要做到合，一定要做到同。什么叫合、同？葬于山林就与山林合为一体，葬干山坡或低湿之地，就与山坡或低温之地环境相同。这就叫作爱人。"此段有典型的节丧观点，主张子女要依礼安丧亡逝的父母亲人，不可追求奢华，人死则"藏"本身便是对父母大孝，如果亡逝的父母亲人，因子女的"奢"丧而不能安"藏"，不仅是对丧者的侮辱，同时也对在世子孙的嘲讽。

《吕氏春秋》十二纪中的孟春、孟夏、孟秋、孟冬四季都谈到了孝，将这四篇合起来，会发现这一个连贯的培孝养德的过程。春生则育、夏长则教、秋收则威、冬藏则安。符合我国传统的四季轮回观念，杂用了儒、道、墨、法思想以陈述如何培孝、养孝、维孝的过程。

后人在评述战国时秦国思想时，多强调秦国以法治国，而忽视伦理道德，实际上从秦孝公商鞅变法开始，秦国并不排斥孝道（可参见《广孝卷 · 商君之思》），战国后期的法家代表人物李斯、韩非更是战国时儒家代表人物荀况的弟子，只是秦国培孝的方式与众不同，更为先进，这对于相对落后的东方六国而言是先进的。吕不韦的《吕氏春秋》介于二者之中，杂用儒、法，在战国后期的秦国，为秦国在思想上的统一奠定了基础。书中的孝道思想也影响着秦国。千古一帝秦始皇是在吕不韦的辅助下成长的，也是读着《吕氏春秋》成长的，秦始皇本身便是战国后期的著名的孝子，不能不说是受到此书的影响，只是由于秦仅二世而亡，很少有人关注秦始皇有孝行。

在具体的孝行要求上，《孝行览》主张要培养子孙奉养父母的"五道"：第一是"安床第，节饮食"，称之为养体；第二是"树五色，施五采，列文章"，称之为养目；第三是"正六律，和五声，杂八音"，称之为养耳；第四是"熟五谷，烹六畜，和煎调"，称之为养口；第五是"和颜色，说言语，敬进退"，称之为养志。这些培孝的要求显然是对儒家思想的一种继承。此篇结尾更进一步地说："民之本教曰孝，其行孝曰养。养可能也，敬为难。敬可能也，安为难。安可能也，卒为难。父母既没，敬行其身，无遗父母恶名，可谓能终矣。仁者仁此者也，礼者履此者也，义者宜此者也，信者信此者也，强者强此者也。乐自顺此生也，刑自逆此作也。"以孝为本，以孝为法，培孝讲求养、敬、安、终，更进一步地说出了人生在世要贯穿一生地修养孝德，也只有如此才可以取信于人，才可使强者更强，才可以乐生去刑。其主张虽有些理想化，但在现实生活中，无论是哪个时期都有借鉴意义。

纵观《吕氏春秋》的培孝方法，以教育为基础，用四季轮回为例证，主张养身、养行、养志，树孝德进而推衍至强己身，进而忠于国，可以说是继承了先秦孝道的主旨，开启汉代"移孝为忠"观念的先河。

九、父作子范 [1] （西汉万石君石奋）

石奋，生于公元前220年左右，卒于公元前124年，字天威，秦朝时河内温县（今河南温县西南）人。"万石君"是西汉景帝时对石奋的雅称。《史记·万石张叔列传》载："高祖东击项籍，过河内，时奋年十五，为小吏，侍高祖。

1．文献支持：《史记·万石张叔列传》、汉·扬雄《法言·孝至十三》《汉书·石奋列传》、晋·华峤《汉后书·孝子传》、宋·晁补之《鸡肋集·卷四十二》、宋·郑至道《琴堂谕俗编·卷上》。

高祖与语，爱其恭敬……官至孝文时，积功劳至太中大夫。无文学，恭谨无与比……奋长子建，次子甲，次子乙，次子庆皆以驯行孝谨，官皆至二千石。于是景帝曰：'石君及四子皆二千石，人臣尊宠乃集其门。'号奋为万石君。"仅从史志记录上看，石奋父子以孝谨恭敬传家，自汉高祖时石奋入仕以来，至汉景帝时父子兄弟受汉初诸帝信任，石奋及其四子都成为汉初的高级官员。

石奋初从汉高祖时，并没有多少才识，也没有多少名气，《史记》中说他"无文学，恭谨无与比"，意思是说，他并不是名门子弟，也未曾师从名师，但他的家教甚严，家风严谨，在汉初是相当有名的，其子孙秉承家风，以孝谨传家，这是石奋一家在汉初为诸帝认可的原因之一。

在《史记》和《汉书》列传的记录中，有一段文字专门描写石奋恭谨和石家训诫的文字："孝景帝季年，万石君以上大夫禄归老于家，以岁时为朝臣，过宫门阙，万石君必下车趋，见路马必式焉。子孙为小吏，来归谒，万石君必朝服见之，不名。子孙有过失，不谯让，为便坐，对案不食。然后诸子相责，因长老肉袒固谢罪，改之，乃许。子孙胜冠者在侧，虽燕居必冠。申申如也，僮仆欣欣如也，唯谨。上时赐食于家，必稽首俯伏而食之，如在上前。其执丧，哀戚甚悼。子孙遵教，亦如之。万石君家以孝谨闻乎郡国，虽齐鲁诸儒质行，皆自以为不及也。"意思是说："汉景帝晚年，石奋以上大夫的爵禄致仕，因为曾担任过朝臣，每次经过宫门时，他都下车步行，见到君主的车驾一定扶车轼行礼。子孙担任小吏，回家拜谒时必定身穿朝服见他们，称呼他们的职务而不叫他们的名字。子孙有过失，不去大声呵斥，让犯错的子孙跪坐在面前，即便是将饭食摆在面前也不吃。然后让诸子相互指正对方的缺失在何处，由长者而下因责任的大小肉袒谢罪，改正了错误才放过。子孙如果有戴冠冕的在身侧，就算是在家闲居时也必定加冠。这时要有舒缓安适的样子，童仆的神情也要有欢欣的样子，行动、神态都要恭谨。君主赐食于家中，必定要俯首拜谢而食，如同君主在面前一样，遇到丧事，哀戚悼念持礼甚恭。石奋的子孙遵奉他的教导，也如此行事，石奋一家以孝谨闻于郡国之中，齐、鲁之地虽然是诸儒的故乡，那里的士人也认为其行事不及石奋一家。"

从文字上看，石奋此行很难为现代人所理解，其行为有诸多教条，但在封建的君臣父子观念下，在汉代移孝为忠的大背景下，他的行为虽有糟粕的一面却是可以让人理解的。文字表述中我们还可以看到他对子孙德行，尤其是孝行的培养。首先是以身为范，培养子孙感恩之念，去除封建的君臣之念，石奋向子孙表率，尊重并感恩自己曾出仕的地方，其行为已不是一种怀旧，而是发自内心的一种尊重。结合史书中对他性格"恭谨"的评价，可以看出石奋本身便是一个能遵守规范的人。其次史书评论石氏子孙"皆以驯行孝谨"，意思是说石奋对子孙的要求严格，用孝这样的德行去培养子孙，让他们养成了孝谨的品性。石奋采用的方法有两种，一是让子孙有错"诸子相责"，让子孙自己发现错在那里，让他们明白错在何处，相互启发，使其改正，这比直接告知的方法灵活得多；二是执丧、哀戚执礼甚恭，以身为子孙表率。史书中说石奋早年丧父，有母失明，关于他如何孝母之事，没有过多说明。但从他所培养的子孙中还是可以看出一些。

石奋长子石建，曾担任郎中令，每五天才休息一次，坚持每次休息都要回到家中亲自为父母洗涤衣物、向父亲问安，不让侍者告诉石奋自己在家中为父亲做了什么事情，即便是皓首白发也没有停止，孝谨地侍奉父亲，为子女做出表率。两汉之际的文学家扬雄在他《法言》中评论："石奋、石建，父子之美也。无是父，无是子；无是子，无是父。"意思是说，石奋父子的行为具备了世间美好的品性，这样的美行没有父亲的教导、模范，子女很难养成这样的品行，没有子女的孝谨笃诚，显现不出父亲良好的家教。西晋史学家华峤在他的《汉后书·孝子传》中引石奋父子之事，评论说："存诚以尽行，孝积而禄厚者，此能以义养也。"点出石建此行继承了其父恭谨的品性、对父母的孝从小事上做起，有笃诚之风，尤其是他的行为，为后代所模范，可称之为"义养"。宋代郑至道为了端正民俗曾做《琴堂谕俗篇》，采信此故事作为范例，教育人们孝是一生的事情，无论父母是否健在都要持之以恒地孝敬。并且感叹地说："夫贵者之事亲犹如此，况于贱者乎！"感叹中虽有不当的贵、贱之分，但其主旨依然是在劝孝。从这层意义上说，培孝不是仅靠说教就可以达成的，要想让子女能孝敬父母，为人父者先要做出表率，潜移默化，用自己的实际行动去影响、熏陶子女，让他们在日常生活中能看到、能体会到、能模仿到，久而久之，再通过正确的引导，才可以让子女养成良好的孝行，进而培养出良好的德行。

石奋父子、子孙正是如此做的，《史记》更记，石奋幼子石庆时"诸子孙为吏更至二千石者十三人"，不能不说是因为石氏家风的延续，才会有如此结果，虽然《列传》的最后说："及庆死后，稍以罪去，孝谨益衰矣！"显然是因为数世富贵，放松了对子孙的教育才导致了如此结果，深为可叹！

二十五史中，自《宋书》开始明确地有了专载孝子的《孝子传》或《孝义传》《孝友传》，司马迁的《史记》没有明确此类列传，但从《万石张叔列传》中看所列人物石奋、石建、石庆、卫绾、直不疑、周文，所记人物或孝或友或忠，都有着孝友的事迹，可以说是开了正史中《孝子（义、友）》传的先河，也可见司马迁对孝及培养孝德的重视。因此宋代学者晁补之在《鸡肋集》中感叹："奋之出于至诚恭谨，不知名之为可近，则此所以当世不谤，后人尊之。不然父子一切不知学问，徒厪厪不为过而已！何以隐然为汉忠臣孝子，古今仰之若此哉！"可为培孝修德的过程中，父为子榜，子诚孝亲的点评。

十、司马相承（司马谈、司马迁）[1]

司马谈，西汉史学家司马迁之父。西汉时夏阳（今陕西韩城）人。生活于西汉文帝、景帝、武帝时期，卒于公元前110年。汉武帝时出任太史令，是当时著名的学者，所传典籍存留不多，多已散佚，唯《论六家要旨》经司马迁和东汉史学家班固记录流传下来。

《史记·太史公自序》及《汉书·司马迁传》都记载，司马迁的先祖"世典周史"，《史记索引》记："按：司马，夏官卿，不掌国，自是先代兼为史。"从文中看，"司马"此姓应是司马迁先祖的官职名，"兼为史"应是司马氏祖先在担任"司马"一职时，曾负责掌管国家的史册记录。司马谈十分看重先祖曾担任过的这一职位，看重自己所任的太史令，此职所掌管的是国家的图书典籍是其中的原因之一，对先祖事业的敬奉也是其中的原因："予先，周室之太史也。自上世尝显功名虞夏，典天官事。后世中衰，绝于予乎？汝复为太史，则续吾祖矣！"这种看重表达了他对能延续先祖而为太史的荣耀感，换句话说，表明了司马谈继祖业、扬祖志的心态。

史书中有关司马谈如何对司马迁进行培养没有多少表述，从司马谈的经历中看，至少司马迁在少年时是有着良好家庭氛围和教育的。《自序》及《司马迁传》中记，司马谈"学天官于唐都，受《易》于杨何，习道论于黄子"。

1．文献支持：《论语·里仁》《史记·太史公自序》《汉书·司马迁传》《史记索引·卷二十八·太史公自序传》。

唐都是西汉时的天文学家、杨何是西汉初著名的儒家学者，黄子是西汉初研习黄老学说的学者。司马谈求学于三人，奠定了他的学识基础，开阔了眼界，之后所写的《论六家要旨》，除因接触国家典藏得以广博知识外，与其所学不无关系。《论六家要旨》谈到了阴阳、儒、墨、名、法、道六家的不同，他对儒家的理解："以六艺为法，六艺经传以千万数，累世不能通其学，当年不能究其礼。"极言儒学的博大，并且认为"君臣父子之礼，序夫妇长幼之别，虽百家弗能易也"，很明显表明司马谈是赞同儒家的孝道思想的，并且认为儒家的"孝"思想是各家各派的思想都不能更易的，是人们立身处世的根本。父有此思，在家庭中自然也会有此行，史传中虽未记司马谈家教之事，但其对子女潜移默化是必然的。

司马谈对司马迁的教育，最值得关注的是司马谈去世时对司马迁说的话。公元前110年，司马谈将卒，对司马迁："余死，汝必为太史，为太史无忘吾所欲论著矣。且夫孝始于事亲，中于事君，终于立身。扬名于后世，以显父母，此孝之大者。夫天下称颂周公，言其能论歌文武之德，宣周邵之风，达太王王季之思虑，爰及公刘，以尊后稷也。幽厉之后王道缺，礼乐衰，孔子修旧起废，论《诗》《书》，作《春秋》，则学者至今则之……余为太史而弗论载，废天下之史文，余甚惧焉，汝其念哉！"可以看出司马谈对儒家思想，尤其是孝道思想的认知。他引用了《孝经》中的话，去说明为人子女要继事承志，"承志"的本身便是孝的表现。在谈到历代之治、历代文事、历代典籍之事后，他为自己不能完成对历史的记载而感叹，对司马迁提出了自己的要求"汝其念哉"，意思是说，你一定要谨记父亲的话呀！这正是他所说的"余死，汝必为太史"的基础。

司马谈之临终语显得有些霸道，却不是突兀而言的。实际上从司马迁青少年时期的经历可以看出，为了培养司马迁，司马谈做出了许多努力。司马谈为太史令时，二十岁的司马迁开始"南游江、淮。上会稽，探禹穴，窥九嶷，浮于沅湘；北涉汶、泗，讲业齐、鲁之都，观孔子之遗风，乡射邹、峄；厄困鄱、彭城，过梁、楚以归。"司马谈是一名传统的汉朝士大夫，他尊奉儒学、深受汉初孝德观念影响，依照儒家的理论"父母在，不远游，游必有方"，司马迁畅游南北，本身所违反的便是这一要求，我们可以说司马迁此行是游学，但从根本上说是司马谈为了培养司马迁的史学意识，在家传的熏陶之下对史事的实地考察，司马迁也由此积累了大量一手资料，考证、考察出许多与当时文献不符或已流散的史事、史实，为写出《史记》打下了坚实的基础。这也正是司马谈所说的"余死，汝必为太史，为太史无忘吾所欲论著矣"的基础。司马迁此行本身带有了继祖志、承祖业的想法。

司马相承一事，可以让人品味到，对子女的培养是一个长期的过程，不仅在良好的家庭教育方面，在培养子女志节方面，父母也要有所注重。子女有各种各样的理想，这些理想未必是父母所希望的，但显扬父母的"孝"意识却是要从小去培养的，子女对父母的孝行当中，能让父母以己为荣、以己为傲本身便是一种大孝，能继志承业完成父母未竟之事，更可以让父母得以欣慰。对一个人来说，"孝"观念的培养，不是告诉他就可以了，需要长时间地去关注，从生活中去潜移默化，孝不是一种口号，而是一种踏踏实实的行动、一种存于心中的感恩之思，为人父母能培养出子女此行、此思，子女之"孝"也就不远了。

十一、延寿修治 （韩延寿） [1]

韩延寿，生年不详，西汉中后期名臣，西汉士大夫君子之行的代表人物。汉宣帝时曾任淮阳、颍川、东郡、冯翊太守，政绩斐然，仕至御史大夫，公元前57年被冤杀。《汉书·韩延寿传》中载，韩延寿被杀时："吏民数千人送至渭城，老小扶持车毂，争奏酒炙。延寿不忍拒逆，人人为饮，计饮酒石余。"宋代钱时在《两汉笔记》中评价他治理颍川、东郡、冯翊时说，由于他的施政公平，教化得力，"百姓遵用其教"。

吕祖谦在《考古论》中有一篇文章专写韩延寿，文章结尾评论说："风俗古不必厚，今不必薄，古不必易，今不必难，惟其人而已！"意思是说："对于世间的风俗来说，旧有不良的风俗习性不必去遵奉，当代好的习性不要去鄙薄，古时不良的风俗习性的改变未必容易，如今良好习性的养成未必艰难，这就要看推动者是否有好的方法，以及是否能坚持。"

韩延寿以谏大夫初任颍川太守时，此地"多豪强，难治"。《汉书·地

1．文献支持：《汉书·地理志下》《汉书·韩延寿传》《汉书·循吏·文翁传》、汉·应劭《汉官仪》、宋·钱时《两汉笔记·卷六·宣帝》、宋·吕祖谦《考古论·韩延寿》。

理志》在谈到颍川时说："颍川，韩都。士有申子、韩非刻害余烈，高仕宦，好文法，民以贪遴争讼生分为失。"意思是说颍川是战国时韩国的都城，这里是战国时法家申不害、韩非实践法家思想的地方，多豪强，谈论律法条文是当地社会的风俗，百姓间往往因细小的事情诉讼于官府，人与人之间的关系相当生分、淡漠。现实社会中，知法并不是一件坏事，但一味地用法去解决世间之事，忽略人与人之间的关系，往往过犹不及。当时颍川号为"难治"，韩延寿作为"良吏"被派守此地。东郡的情况也大体相似，颍川初治后他又被派到东郡为太守。

韩延寿的施政很有特色。无论是在颍川，还是东郡，"树道德"都是他重要的施政方法。治颍川时："教以礼让，恐百姓不从，乃历召郡中长老为乡里所信向者数十人，设酒具食，亲与相对，接以礼意。"治东郡时："上礼义，好古教化，所至必聘其贤士，以礼待用，广谋议，纳谏争；举行丧让财，表孝弟有行；修治学官。"也就是说他施政时用礼去规范人们的行为，换句话说就是在社会上树立道德规范。礼本身便是社会生活中人们的道德观念和社会中良好的风俗习惯养成后而形成的仪节，有着规范人们行为的特性。韩延寿施教以礼让入手，先从敬老尊贤开始，在社会上推行敬老尊贤之仪，向人们表明敬老尊贤是社会上的基本规范。

之后"表孝弟有行"，即在社会上推行孝悌观念，结合礼法中所含的道德观念，让人们明白孝悌的重要性。一次韩延寿出门早行，随从不知道韩延寿要出行，来晚了，执法功曹要惩罚他。随从解释说：我并不知道太守早行，而且我的父亲在这个时间来到，不敢进入府门，于是我去见我的父亲，因此来晚。《孝经》中说："用侍奉父亲的心态去侍奉母亲，侍奉父母的爱心是相同的；用侍奉父亲的心态去侍奉国君，崇敬之心也是相同的。所以侍奉母亲要用爱心，侍奉国君要用敬奉之心，两者兼而有之的是对待父亲。"现在我因敬父而受罚，不是有亏于圣人教化吗？韩延寿听后释放了随从，并认为此人是孝悌之人。这是一件小事，史传中却详细地记录了下来，所要申明的是韩延寿在进行道德培养时，是以孝悌之道作为根本的。史传中说："延寿遂待用之，其纳善听谏，皆此类也。"即这样的事情很多，亦可见他对孝悌之道的重视程度和推行力度。

社会上"表孝弟有行"，培养人们的孝德、孝行以改变民风，是端正社会风气的良方。但官员是流动的，许多好的事情、方法往往会因为人走而荼凉，出现政随人息的状况。为解决这一问题，他"修治学宫"，也就是说在地方上建立学校，加强教化的力度、深度，以期能长久地推行教化之策。在学校中推行孝德教育，是汉代的传统，早在汉文帝时，国家就在学校中置"孝经博士"，《汉书·文翁传》记当时蜀地的学校："高者以补郡县吏，次为孝弟力田。"《汉官仪》更记："武帝初置五经博士……通《易》《尚书》《孝经》《论语》……行应四科，经任博士。"到了汉宣帝时，在学校中修习孝悌之道已经成为社会的常态。韩延寿在施政时大力推动学校教育，推行孝德、广扬孝行、广教孝道、树立规范是其目的之一。学校中的生员在汉代能被举荐的毕竟是少数，绝大多数生员还是要回到家乡，在学校中所养成的孝悌品性，在学校中所学到的知识技能，回到家乡本身便是一种宣传、一种榜样。

他在冯翊任太守时曾感叹："幸得备位，为郡表率，不能宣明教化，至令民有骨肉争讼，既伤风化，重使贤长吏、啬夫、三老、孝弟受其耻，咎在冯翊，当先退。"意思是说："幸亏来到了此地，发现冯翊的令长不能成为县郡的表率，不能向百姓宣明教化，以致出现父子骨肉争讼的现象，这是有伤风化的事情，也是各地的令长、啬夫、三老、孝悌力田等各级官员应以为耻的事情，错在郡守，应当反思。"他的这种态度，以及之后的施政方法，使冯翊孝悌之风大盛。出现了"郡中歙然，莫不传相敕厉"的现象，继治颍川、东郡后又治冯翊。

观察韩延寿的施政方法，有一个重点，就是树立道德规范，确切点说，树立以孝为基础的德行规范，是他施政的主要方法之一，是他迁移民风向善的方法之一。实际上孝德的本身便有着让人遵从规范的含义在内，从孝父母到敬父母，从有孝思到有孝行，从无孝观念或孝观念淡薄到树立良好敬老尊贤之风，家庭的培养是一个方面，如果社会上或者说人们所生活的范围内没有此种风尚，也是很难形成习俗的，因此这就要求国家在制度上提倡、在教育上推广。家庭的培养是由内而外的，国家的提倡、推广是由外而内的，在社会中养成良好的孝习俗，不仅是家事，更是国事。

十二、赵咨遗诫[1]

赵咨，生卒年不详，约生活于东汉桓帝、灵帝时期，东汉末名臣，东郡燕（今河南延津）人。按《后汉书·赵咨列传》记，汉桓帝延熹元年（158）因孝被举荐为孝廉，曾仕为敦煌太守、东海相。史书中评价他"至孝有道""在官清简"，是东汉末为数不多的廉吏。

三国时吴人谢承的《后汉书》记："咨为东海相，人遗其双枯鱼，啖之，二岁不尽，以俭化俗。"意思是说：赵咨在担任东海相时，有人送给他两条干鱼，赵咨两年没有吃尽，以此向东海宣示反奢侈的决心。这个故事让现代人听起来十分难理解，赵咨是否真的如此作为，在现存南北朝之前的有关东汉的史书中，仅谢承的《后汉书》有此记录，其他诸书不载此事。如范晔的《后汉书》记："在官清简，计日受奉，豪党畏其俭节。""畏其俭节"和"以俭化俗"都说明赵咨此人是反对奢侈浪费、是反对奢靡之风的。因孝而被举荐，因廉而被称颂，赵咨以此形象被载于史传之中。

身为孝子的赵咨，家教很严，《后汉书》中记有他的《诫子文》，其主要内容是戒奢葬。赵咨临终前对身前属史说，他死之后："薄敛素棺，籍以黄壤，欲令速朽，早归后土，不听子孙改之。"意思是说，薄丧就可以了，不要听从子孙的意见厚丧。并且遗书于其子。这篇文章全文载于《后汉书》中。文章以节丧为孝作为主题，以遵从天地之道为基础展开，分四个层次。

开篇说"夫含气之伦，有生必终，盖天地之常期，自然之至数"，指出人的生死是天地间的自然规律，之后说："生也不为娱，亡也不知戚。夫亡者，元气去体，贞魂游散，反素复始，归于无端。"生于世间并不是为了娱乐，要有自己的抱负、作为，去世后无知无识，就不会对尘世有所感。人去世后，回归自然，是符合自然规律的，既然人的生死合乎自然规律，人死之后自然"既已消仆，还合粪土"。在上古时期开始对死者丧葬，是因为"以生者之情，不忍见形之毁，乃有掩骸埋窆之制"，这里的"生者"，应指子孙，此段陈述显然借鉴了《孟子》一书中孟子与夷子的对白："盖上世尝有不葬其亲者。其亲死，则举而委之于壑。他日过之，狐狸食之，蝇蚋姑嘬之。其颡有泚，睨而不

1．文献支持：《论语·八佾》《孟子·滕文公上》、汉《东观汉纪·卷十五》、三国·吴·谢承《后汉书·卷三》、南北朝·刘宋·范晔《后汉书·赵咨列传》。

视。夫泄也，非为人泄，中心达于面目。盖归反虆梩而掩之。掩之诚是也，则孝子仁人之掩其亲，亦必有道矣。"意思是说，子女丧葬其亲，是因为心中有对父母的爱意，不忍父母遗骸暴露于外，因此丧葬，其中心点在于丧葬父母是孝的行为。

第二个层次以《易》一书中的"古之葬者，衣以薪，藏之中野"为开始，点出丧葬的初始并不是如同后世那样讲求奢华。虞、夏二代"犹尚简朴，或瓦或木"，商、周之始礼法完备，等级森严，丧葬成了一种形式，对外讲求形式以彰"道德"，实际上敬爱父母之心已经淡了许多。西周中期之后"其典稍乖"，至战国之后更是"渐至颓陵，法度衰毁"，奢葬成风，奢葬以秦始皇为最，甚至"国赀靡于三泉，人力单于郦墓"，厚葬之风，甚至影响到了家国。流于形式的厚葬，子女能对父母有多少孝敬之心在内，如此行为所废的是家国的资财，所养的是奢靡、攀比之风。

第三个层次以儒家孝悌丧葬观念去说明正确的丧葬观念。文中引入《论语》中林放向夫子问礼的话语，即："丧，与其易也，宁戚。"意思是说，丧葬这类事情，与其形式上置办完备周详，不如有丧事的人内心真正哀伤。之后列出当时厚葬现象种种，没有真正的孝思，不能真正的哀伤，只具备形式上的东西，如何算是孝？

第四个层次即是以自己对儒家之道的理解，强调节葬，告诫子孙："令容棺椁，棺归即葬，平地无坟。勿卜时日，葬无设奠，勿留墓侧，无起封树。"不要作形式上的东西，戒除奢华，依从自然规律，自己去世后，子女只要心怀孝思，薄葬即可。

《赵咨列传》中说，赵咨亡后，他的属员送丧到家，他的儿子赵胤不忍简葬，在读赵咨遗训后，遵其父遗嘱简葬之。史书中对此事的评价为"时称咨明达"。

赵咨的"明达"，是建立在他的孝悌观念基础上的。赵咨本人是汉代有名的孝子，其行为虽有些迂腐，但在汉代以孝为道德修养中心的大环境下，他的孝行向世人展现的是一种诚心。《东观汉纪》记：赵咨居于家中时曾遇盗劫掠，没有多少武力的赵咨，害怕母亲被惊扰，于是开门迎盗，为盗准备了酒食，并且对盗说，家中有八十老母在家因病休养，且家无余物，请盗不要惊扰老人，盗因感佩其孝行，称赵咨为贤者，未劫掠赵家。这种现象在汉晋史传中，在多人的传记中出现，不是个例，现代人读此事例，可以明显感受到汉代孝悌教育的深入，即便是盗也要遵从最基本的德义"孝"。

赵咨有孝行、好节俭，对属员、对其辖地、对子孙，也是以孝悌为基础进行教导的，赵咨的遗文中可以很明显地看出。由简入奢易，由奢化简难，赵咨以自己为榜样，告诉子孙真正的孝在于道德的传承，在于子孙对先辈的诚心敬意，一箪食、一瓢饮，子女有诚心，所用、所奉是自己正当所得，都可以称之为孝，比较攀比、奢华大丧，形式的东西多过实在的东西，如此孝亲，更多的是向他人展示、炫耀，不仅劳心累体、耗财伤身，又能体现出多少真正的诚心？他以"丧，与其易也，宁戚"去说明孝的本质在于诚心，以战国墨翟、西汉贤者杨王孙、东汉梁鸿等贤者为例，去说明对父母诚心敬意才是真正的孝。

赵咨的遗书反对奢华、主张节葬，在对孝德的养成上主张诚心敬意地养成，对父母诚心敬意，不要作形式上的东西，以自己为榜样，在家中树立简朴诚敬的孝悌家风，是相当难得的。

十三、王昶诫子 [1]

谈到培孝，有几位历史人物，几篇文章是很难绕开的，三国时的王昶及其《诫子书》是其中之一。王昶，生年不详，卒于259年，字文舒，东汉末太原郡晋阳（今山西太原）人。三国时曹魏名臣，仕至司空、骠骑将军，爵至京陵侯，卒谥"穆侯"。有《治论》《兵书》等著作，多散佚。

王昶的《诫子书》载于《三国志·王昶传》中，《王昶传》中没有明确记录王昶的孝行，但从《诫子书》中可以看出他的孝德观念，他的《诫子书》为后世许多家训所模范。

《诫子书》论孝，首先是从孝的根本要求谈起。"夫人为子之道，莫大于宝身全行，以显父母。"是说为人子女孝敬父母，首先在行为上要做到爱护自己的身体，"全身宝行"即指保全身体、谨慎行事，开篇就指出敬身即孝行，反对损身行孝。子女如何做到敬身，《孝经》中说："夫孝，德之本也，教之所由生也。"王昶沿用此说，所说却更加明确："孝敬仁义，百行之首，行之

1．文献支持：《论语·学而》《孝经·开宗明义章》《孝经·纪孝行章》《孝经·广要道章》《三国志·魏书·王昶传》。

而立，身之本也。"即一个人有了孝德、能持守孝行，就可以立身于世、取信于人。做到了这些，就会"宗族安之""乡党重之"，才会"行成于内、名著于外"，上述说法的基础是要求为人子孙去主动地修养孝德。之后解释说"人不笃于至行"，则会"陷浮华""成朋党"，所谓的"至行"，即指卓越的品行，结合开篇言孝之语，王昶显然将"至行"的根本建立在孝德的养成上。

要维护父母的声名，是此文的另一关注点。王昶引东汉名将马援的话说："闻人之恶，当如闻父母之名；耳可得而闻，口不可得而言也。"意思是说听到他人的恶行，犹如听到此人父母的不足之处，耳中可以听，但是口中却不可以说。这句话很绕，明面上说的是他人的父母，实际上是警示为人子女的人。所表达的意思却很明显，即子女如果有恶行，人们会从子女的恶行中感受到其父母教育的不足，对此人的父母就会有不好的印象。一个人可以听他人说这样的话，却不可以附和，因为如果附和了，也会体现出自己教养不足，从而影响到父母声名。《孝经》中主张："礼者，敬而已矣。故敬其父，则子悦。"礼的根本在于敬，因此一个人如果敬对方的父母，那么对方的子女心中就会愉悦。对他人的父母要敬，对自己的父母则更要"居则致其敬""立身行道，扬名于后世，以显父母"，也就是说，为人子女要以笃诚的心去敬自己的父母，要以诚敬之心去显扬父母，让父母因为自己而骄傲。这就要求为人子女的人要时刻去修养自己，用自己修养而成的良好的德行去维护父母，不要让父母的声名受到损伤，也不要因自己的行为不当，使父母被人看轻。《孝经》中说："爱亲者，不敢恶于人。敬亲者，不敢慢于人。"王昶的主张与《孝经》中的类似主张相似，是此观点的另类表述。

在子女具体的行为上，更主张："仁义为名，守慎为称，孝悌于闺门，务学于师友。"即要持守仁德信义，并以之作为立身处世的原则，要谨慎地对待世间万事万物，居于家中要有孝悌之行、孝悌之德，立于世间要向不同的人去求教、学习。对于"仁义"，儒家自古就有自己的解释，《论语》中说："入则孝，出则弟，谨而信，泛爱众，而亲仁。"即要求人们，要首先在家中养成孝的德行，要审慎地对待世间的事物，要以诚信去面对世人，要有博爱的心胸，要去亲近那些有仁爱之心的人，只有如此才可以养成仁爱之心。显然传统儒家的这一主张，有理想化色彩，要求世间的人都要如此，对平常的人来说是很高的，但却并不妨碍人们持守"仁爱"原则，向"仁爱"方向努力。自身的表现在于慎独，也就是曾子所说"吾日三省吾身"，同时还要取信于人。如此种种是一个人立身于世时的外在表现，从德行的基础上说，要时刻持有孝悌这种德行，有了孝德才能更好地培养出其他好的德行。文中的"闺门"是指人们居于家中的时候，要不断地提高自己、充实自己、修养自己的德行，弥补自己的不足。

王昶的《诫子书》中还谈到了许多问题，所谈问题都是围绕着"孝"而阐发的，当然，由于时代关系，用现代的观点来看，许多语句并不适合现代的社会，但从他对孝德、孝行的重视方面来说，却对后人有所启迪。

王昶培孝，主张子孙有孝德、孝行后要"知足之足常足矣"，即面对任何事情不要做过，过犹不及。主张"君子不自称，非以让人，恶其盖人也"，不要过多地夸耀自己，贬低他人，同时指出"毁誉，爱恶之原而祸福之机也，是以圣人慎之"；主张"财先九族，其施舍务周急，其出入存故老"，即和睦亲戚，有爱心，敬奉老年。

王昶培孝，是将孝当成人们立身处世的基础之德进行培养，培孝不局限于家中，而是将孝德广衍到修身、处世、行仁、敬老等许多方面。虽然言辞之中不乏空洞之语，其文却为后世培孝、后世家训提供了一种范例、一种方法。

十四、任氏教子（皇甫谧养母）[1]

皇甫谧，生于215年，卒于282年，东汉末安定郡朝县（今甘肃省平凉市灵台县）人，三国、西晋时著名学者、史学家、医学家，在中医学界被尊为"针灸鼻祖"。有《历代帝王世纪》《高士传》《逸士传》《列女传》《元晏先生集》《针灸甲乙经》等传世。

皇甫谧幼年丧母，家道中衰，幼年时被过继给叔父，他的幼年、青年时期一直生活在叔父家中。《晋书·皇甫谧传》载，他青少年时期相当顽劣，史书中用"不好学、游荡无度"来形容他当时的状态。他的改变，跟养母任氏有很大关系。《列传》中记：一天，皇甫谧得到了一种很好的瓜果，孝敬母亲任氏。任氏对他说："《孝经》中说：'为人子女骄、乱、争三种习性不戒除，

1．文献支持：《孝经·纪孝行章》《孟子·离娄下》《晋书·皇甫谧列传》、北齐·颜之推《颜氏家训·卷上·勉学第八》。

就算是每天用猪、牛、羊三牲这样的好东西敬奉父母，也是不孝。'你现在已经二十岁了，不去修习德义，行为没有规矩，不能遵从世间的道德行事，如何能让我高兴呢？以往孟母为了让孟子成才，三迁而教，使孟子终成贤才；曾子为了让其子明白什么是诚信，杀猪以维诚信，以此教育儿子。难道父母培养你没有给你好的环境吗？还是教育你的力度不够？为什么你不听从教诲一味顽劣！修养身心、笃诚于学以便立身处世，这些都是你自己的事情，成才与否与父母有多大关系呀！"说完之后流涕不止，皇甫谧因此深受触动。于是拜师于席坦，读书、躬耕不止，手不辍卷，号为"书淫"，终成大家。

皇甫谧的故事是一个典型的浪子回头的故事，养母任氏的教育更如晨钟大鼓惊醒了皇甫谧，任氏的教育以孝为根基，延及立德、立身，从效果上看是一次成功的教育。

任氏的话从三个方面对皇甫谧进行了教育。一是培孝养敬。史书中任氏所说的"《孝经》云"，原句采自《孝经·纪孝行章》。《纪孝行章》谈到子女要做到孝时主张，子女要敬奉父母，要让父母心中愉悦，要从内心深处去关心父母，父母丧亡要真心的哀伤，祭祀父母要如同父母健在时一样，立身处世还要做到居上不骄、为下不乱、在丑不争，如此才能做到孝。奉养父母更要有诚心，有诚心则能让父母心中愉悦，子女如果不好学、游荡无度，如何会让父母愉悦？又如何称得上是诚心孝敬？因此培养孝德，首先要从内心深处认识到自己应该去做什么。

二是遵从教诲。父母给子女良好的生长环境，教育子女，子女要遵从父母师长的教导，孟子论"五不孝"时说："从耳目之欲，以为父母戮，四不孝也；好勇斗狠，以危父母，五不孝也。"也就是说，子女不顾父母的教导，任性妄为，便会使父母的声名受损，即便是对父母有孝行，也不能称之为孝，子女遵从父母的正确教导，纠正自己身上的不良习性，培养良好的德行，不无视父母的期望，为人讲诚、守信，珍惜父母给自己创造的环境，才能时刻地修德、修身。

三是修身益己，回馈生养。《列传》中任氏最后说："修身笃学，自汝得之，于我何有！"即一个人修身立德，能立身于世，首先得益的是自己；自己不努力，自己不自爱，受到损害最大的也是自己。父母养育子女，能从子女身上损益多少？子女对父母的孝，不能仅表现在奉养父母上，子女成才，能回馈父母、能有益于世道，才是真正的孝行，才可以真正地立身于世。

任氏教子，没有谈什么大的道理，只是从简单的、平常的道理中教育皇甫谧，从极为平常的语句中教导他立身从修德始，修德从培孝始，一个人要想立身于世，在生活中的细节中就要加以注意，要从点滴的学习中积累，要从感恩中明白什么是爱。而这些道理都可以从培孝德、养孝行的过程中步步增益。

《颜氏家训》在谈到如何修养、增进德行时说："皇甫谧二十始授《孝经》《论语》，皆终成大儒，此并早迷而晚寤也。"意思是说，子女走了弯路，只要认识到自己的错误，改过迁善，修孝养德，增益品行，就算是"早迷"，只要明白了、去努力纠正了，终会"晚寤"。语虽不长，对任氏之教却褒扬不已。

十五、千秋《家训》（《颜氏家训》）[1]

《颜氏家训》是一部训诫子孙，端正子孙言行，以求立身、兴业、继志的书，是一部封建时代较为完备的家庭训诫类书籍，对后世影响很大。宋代陈振孙称此书"古今家训，以此为祖"，明代学者陆深称"门范可行者，条列以示来轨"。此书有着丰富的文化内蕴，在家庭伦理的端正、道德行宜的养成方面，对后世有着重要的借鉴作用。

作者颜之推，生活于南北朝末期，流离于南朝萧梁、北朝北齐、北周，终仕于隋，曾感叹"予一生而三化"，即三为亡国之人，饱尝离乱之苦。魏晋之时门阀大兴，国家离乱，道德沦丧，重家甚于重国。士大夫阶层以孝悌德义为表，行靡费奢侈之事；平常百姓，流离颠沛，汉代以来原有的制度被打破，社会间的德义传承往往是依长久以来的习俗维持，国家对百姓的教化流于形式，《宋书·孝义传》感叹"晋、宋以来，风衰义缺"，大量不良的习俗，成为社会的痼疾。颜之推的《颜氏家训》，立教培德、养孝正行，对我国传统以孝培德的社会风尚的延续起了重要作用。

《颜氏家训》作为我国传统社会的典范伦理教育读本，有着丰富的文化内涵，所谈主要是家庭伦理方面的内容。封建时代的孝德教育培养，其方式主要

1．文献支持：《孝经·纪孝行章》《孟子·离娄下》《晋书·皇甫谧列传》、北齐·颜之推《颜氏家训·卷上·勉学第八》。

有国家提倡、家庭培养两个方面，《孝经》中说："君子之教以孝也，非家至而日见之也。"即孝悌这样的德行培养，不是天天、时时到百姓的家中提醒，孝悌之俗就可以养成的。魏晋乱世，及至不同的时代孝德的培养，国家提倡只是一个方面，培孝的初始多以家庭培养的模式出现。《家训》一书表述了家庭培养的模式，从长辈的慎终开始讲起，从胎教、慈孝、友爱、戒奢、修身等方面培养子孙的孝德。

在《序致》中，《家训》首先点明为什么要写此家训："夫圣贤之书，教人诚孝，慎言检迹，立身扬名，亦已备矣……吾今所以复为此者，非敢轨物范世也，业以整齐门内，提撕子孙。"指出写作训诫的目的是"整齐门内，提撕子孙"，所用的方法是沿袭圣人之教，《孝经》中说"夫孝，德之本也，教之所由生也。"沿袭圣人之教，要"教人诚孝"，要修养德行，要三省己身，以"慎言检迹"的处世方式去立身于世，以最终达到"立身扬名"的状态。儒家所讲求的"立身"，指立身于世要建立功业，对社会有所贡献，所"扬"之名，很大程度上有着不辜负父母期望的意思，即要让父母为自己感到骄傲。这就要求为人子女要培养真正的孝德，要真正做到笃诚地行孝，要有良好的德行基础，上述要求最为根本之处在于，首先要修养基本的德行"孝"。

培孝的方法，《教子》章中谈到了胎教、慈孝，讲到了培德的过程。以"目不邪视，耳不妄听"胎教开始，在子女未出生时，父母给胎儿以良好的生长环境；在孩子尚是幼儿时，则要让孩子们"识人颜色，知人喜怒，便加教诲，使为则为，使止则止"，告诉他们什么样的事情该做，什么样的事情不该做，在幼年时期就让子女明白什么是规范；等到子女渐长，则要去除他们身上不好的习性，"父母威严而有慈，则子女畏慎而生孝"，是说父母要教导子女，子女有错误要纠正，父母要以身为范，慈爱子女是父母应该做的，光有慈爱是不行的，要配合以严，让子女"畏惧"的并不是父母，而是"规范"，因"畏"而不去做不合适的事情，因"惧"而远离不当的言行，养成好的习性，为父母所喜、为世人所喜，使父母心中愉悦，如此种种，本身便是孝。父母教育子女时"不可以狎"，父母对待子女更"不可以简"，即父母要以身为范，在子女面前不要有轻慢的行为，要重视子女，让子女感受到父母的关爱。古语中说"父不父，子不子"，即父母没有父母的样子，子女又如何能有子女的样子？如此孝也就更谈不上了。

兄弟间要友爱。《兄弟》章中说："兄弟者，分形连气之人也，方其幼也，父母左提右挈，前襟后裾，食则同案，衣则传服，学则连业，游则共方，虽有悖乱之人，不能不相爱也。"兄弟间友爱，可以让父母心中愉悦，犹如同气连枝的兄弟，是父母感情上的寄托。一个人不仅要爱惜自己的身体，同时还要"惜己身之分气"，这是《孝经》中"身体发肤受之父母，不敢损伤"的扩大，同样也是对父母敬爱的表现。

治家讲求俭。《治家》章中引孔子所说："奢则不孙，俭则固；与其不孙也，宁固。"有奢侈习性的人，在逊让的方面就会不足，有勤俭习性的人，就能时刻注重巩固、增进自己的德行，立身于世时与其不知逊让被人指责，不如养成勤俭的习性被人称赞。这里的勤俭显然是以孝为德行基础的。要想做到这些，为人父母的人则要以身作则。《治家》开篇说："夫风化者，自上而行于下者也，自先而施于后者也。"说的就是这个意思。修身方面，《家训》讲《风操》，书中风操的养成首先在家中要孝亲、要敬老，其次在这一基础上要尊敬其他的老人，这种表述的方法是对孟子"老吾老以及人之老"理论的强化。

实际上《颜氏家训》训诫的对象，是培养以孝德为基础的子孙。所主张采用的方法是，父母以身为范，端正己行以榜样子孙，从细微处渐次养成子孙好的品性，旨在熏陶；及时纠正子孙所犯的错误，加强对子孙的教育，让子孙明白立身处世要遵守规范，以孝德为基础，养成子孙好的习性，旨在端正；要求兄弟间友爱，主张和睦家庭，旨在敬奉；要求子孙养成好的品行，讲求勤俭，及时反省自己，旨在逊让和勤俭；要求子孙在处世时能时刻地端正自己的言行，在家要孝亲敬老，处世要尊老奉贤，旨在谨慎；主张子孙能养成良好的品性，以维护家声、扬名显亲，旨在传承。

翻看《家训》二十篇，每篇都有孝的表述，这些表述虽然有其时代的局限，从培孝、培德的方法上看，无论是熏陶、端正还是养习、风操，都给后世家庭教育中孝德培养，提供了一个较为完整的思路和方法，从这个意义上说，"古今家训，以此为祖"的评价，实不为过。

十六、玄龄书屏（房玄龄）[1]

家庭教育是培养孝德、孝行的主要方面，两汉之后世家大族的出现，对家风的要求、对传承延续的希冀不断加强，于是出现了许多不同的家诫、诫子书、诫子弟书等，这些类似于后世家训的书，对孝道的传承起了重要作用，也加重了在家庭或家族中培孝养德的分量。

除前文所录的赵咨的《敕子书》、王昶的《诫子书》，颜之推的《颜氏家训》外，魏晋南北朝较为出名的还有：王肃的《家诫》、皇甫谧的《笃终论》、嵇康的《家诫》、萧绎的《戒子篇》。种种家训、家诫大多突出了孝德在人生修养和道德行宜中的作用，要求人们养孝德、遵孝义、行孝行，维孝道。《隋书·经籍志》中更载："梁有《诫林》三卷，綦毋邃撰；《四帝诫》三卷，王诞撰；《杂家诫》七卷，《诸家杂诫》九卷，《集诫》二十二卷……《诸葛武侯诫》一卷、《女诫》一卷、《女诫》一卷（曹大家撰）、《女鉴》一卷（梁有《女训》十六卷）、《妇人训诫集》十一卷（并录，梁十卷，宋司空徐湛之撰）、《娣姒训》。"由国至家、由男至女、由上至下，著录成文字，撰修成书籍，表现出当时对孝德培养的重视，显现出以孝培德方式、方法成为传统的模式，国家有规范、家庭有训诫，成为当时的一种培孝的模式。

《旧唐书·房玄龄传》记："玄龄尝诫诸子以骄奢沉溺，必不可以地望凌人，故集古今圣贤家诫，书于屏风，令各取一具，谓曰：'若能留意，足以保身成名。'"意思是说，房玄龄在家中时训诫子孙，要求他们不要沉溺于骄奢之中，不要因为自己的家世而盛气凌人。因此他收集了古今家诫，并将其书写在屏风上，令子孙各取一具，对他们说："如果能时刻留意，注意以此鉴戒，就可以保身成名。"从史传的文字中找不到房玄龄培孝的字、句，但实际上房玄龄话语中的"保身成名"就可以说明一些问题。

传统的孝，不仅是奉养父母亲人，以笃诚之心去敬奉他们，能建立功业使父母为之骄傲，能延续祖业不断传承等，都可以称得上是孝。文中的"保身"可以理解成保全身体，也可以理解为保全声名，《孝经》中说"身体发肤受之父母，不敢损伤"，能保全身体不使父母所遗的身体受到伤害，本身便是对父

1．文献支持：三国·嵇康《嵇中散集·卷十·家诫》《晋书·皇甫谧传》《艺文类聚·卷二十三·人事部·鉴诫》《隋书·经籍志》《旧唐书·房玄龄传》、宋·苏辙《栾城集·卷二十五·古今家诫序》、清《湖广通志·卷六十三·孝子志》。

母的敬，看似简单，要做到却不容易，至少不能行愚孝之事，至少要具有谨慎的心态，至少能明辨是非不去做不合德义的事，这样才能保全己身。保全声名，其基础是要有德操，即能修养出良好的德行，其行为不使父母为之蒙羞，能建立功业延续家声，做到了以后才可以称得上是"保全声名"，这种要求与《孝经》中的"立身行道，扬名于后世，以显父母，孝之终也"是相合的，《孝经》中的子女孝的极点在于"终于立身"，说的也是这个道理。

　　房玄龄作为初唐时期的名相，史传中没有他的家训传世，他的培孝方法也和唐之前的方法大体相似，采用了家庭的方式。与前代不同的是，前代将训诫著录于书卷，他书写于屏风；交代训诫多根据自己的生活经历而成训诫，多适于一家或者说范围不大，他则录之前历代家训书之于屏风，让子孙能参照比较，从适用范围上说，他的这种方法适用面更广一些。类似的情况在宋代也曾出现，《湖广通志·孝子志》载："孙景修，少孤而教于母，母能就其业，既老而念母之心不忘为贤……集古今家诫，得四十九人以示。"苏辙有一篇文章《古今家诫序》记录此事，文中说："父母之于子也，爱之深故其为之虑事也，精以深爱而行精虑，故其为之避害也速而就利也，果此慈之所以能勇也，非父母之贤于人，抛有所必至矣！"父母爱之深则对子女要求切，为子女深思、精虑，对子女的培养从古至今莫不如是。房玄龄书家诫的本心亦在于此。苏辙在文中说到"慈孝之心人皆有之，特患无以发之耳"，房玄龄书屏所激发的正是子女的孝悌之心。

　　家庭教育是培孝育德的主要方法之一，重在模范和熏陶，子女能谨慎地修养自身，重在养成和坚持，形式是一个方面，是否能真正做到是另一个方面。以家训和家诫的方式培孝，重在养成的过程，不可间断、不可轻视，不能抱以无所谓的态度，人们居于家中所养成的规范，从某种意义上说是可以影响人的一生的。这就需要家庭教育、社会影响、个人努力去共同完成。

第二卷 培孝卷（下）

十七、文止嘲咏（郑奕）1

　　南宋时人葛立方的《韵语阳秋》、潘自牧的《记纂渊海》、祝穆的《古今事文类聚》等书中都记载了一则故事："郑奕尝以《文选》教其子。其兄曰：'何不教他读《孝经》《论语》，免他学沈谢嘲风咏月，污人行止。'"意思是说：郑奕曾以《文选》作为教材，教导他的儿子。郑奕的兄长对郑奕说："教育子弟为什么不用《孝经》《论语》这类书籍，教育子弟首先培养子弟的德行，让他们养成良好的德行，以为立身的基础，不要让他们过多地学习沈约、谢灵运的吟风弄月的习性，踏踏实实地从育德开始，立身处世如果没有好的德行，只会吟风弄月，于立身处世无益，反而会污没自己的行止。"

　　清初《御定佩文韵府》则记，此则故事始出现于东晋王嘉的《拾遗记》中，但依据不详。上文所记的几部书和元明诸书中记此文均采自《外史梼杌》，即《蜀梼杌》。《蜀梼杌》是宋神宗时殿中御史张唐英所著，大多已散佚，现存二卷。此书仿荀悦《汉纪》体，编年排次，对五代时期王建、孟知祥割据蜀地的事迹，记录颇为详备，所记多为唐末、五代时前、后蜀的史事。《逸文》一书也曾记录，由此可知郑奕应为唐末、五代时蜀地人。

　　唐末、五代时期，是起自东汉的门阀世族最后辉煌时期，唐中期以后藩镇割据，战乱纷起，平民百姓生活日益困苦，居于上层的世家大族却骄奢靡费，以浮华于表面文采风流为美，多不注重以德修身。魏晋之风在隋唐初期被打击后，又重新行于世间。救时、立志、立德的文章鲜见，诗、词、文、曲却多以花间、山水的形式出现，风行当时的四六骈文对救世多无益处，颓废、饮乐反成风尚。魏晋之时的"家重国轻"的社会现象再现于世。蜀人郑奕"以《文选》教其子"，不培其德，正是当时教育的写照。

　　明代学者刘宗周在《人谱》中对此事大发感慨："童子亦趋时，人心何由得。古不急以庄严格语薰育初心，徒以华饰丽句发其风藻，吾恐巧慧日开，淳庞日薄也。"针对郑奕教子事评论说，孩子对世事的认知是简单的，容易被世间的事物所迷惑，培养孩子良好的德行修养应该从何处入手，是父母师长应该考虑的问题。郑奕教子只是从语言、文字、格律等方面对孩子进行教育，只

1．文献支持：宋·张唐英《蜀梼杌》、宋·葛立方《韵语阳秋·卷三》、宋·潘自牧《记纂渊海·卷四十一·人道部》、宋·祝穆《古今事文类聚·别集·卷五·文章部》、明·刘宗周《人谱·人谱类记·卷上·孝旋篇》、清《御定佩文韵府·卷九十五之一·入声》。

是想着让孩子能写出华丽的文章，以表现出华美，这种教育方法恐怕会使孩子更多地增进巧慧，对德行的修养，对立身处世的根本把握将会日益浅薄。刘宗周的感慨也是郑奕兄长的忧虑。郑奕兄长主张教育孩子要先从修德开始，启蒙的教材应是《孝经》《论语》之类的书籍。即要从人们的根本德行"孝"德开始修养，"孝"是一个很简单的字，也是一个很复杂的字。简单在于，为人子女只要能敬奉父母、知道关心父母，有这样的行为，一般情况下就可以被人称之为孝；复杂在于，孝行在于持之以恒，通过不断地用孝行去修养自己的德，通过不断地学习、修养以增进自己的德行，能做到立身于世，能让父母为之安心，能使自己有所成就等，才可以被称之为孝。简单可以体现在一言一行、一时一事方面，复杂可以体现在一生一世、生生世世的过程中，无论是简单还是复杂，都要求人们去遵守一些规范，有所敬畏，有所遵循。只是去讲求辞章华美，不注重以孝修德，不从根本上养成规范的习性，德行"日薄"也就可以忧虑了。

刘宗周之后说："父兄但思荣其身，不思葆其心。盖心者箕裘万叶之根本，聪明泄心则所延必促，朴茂维心则所祚必长，果能培养此心以迄老成，则递相告诫，绵延有不可胜言者！"父兄对子弟的教育，只是想着培养他们通过不同的方法去荣耀己身，而不是考虑树德立身，培根维心，就如同树木没有枝叶，江河没有源头一样，也许会使子弟头脑聪明却没有根基。要想让子弟能立言、立行，则孝行为基，德行必修，才能真正培养出子弟。从这方面说，培孝的目的在于培德，培德的基础在于养孝，教育一个人要从一个人的德开始培养，以孝为范，可以明进退，知礼让，可以有敬畏、晓廉耻，可以守规范、讲原则……这些正是刘宗周发表此感叹的原因。

培养孝德的教育是长期的，父母师长以身型范是一种熏陶，可以使子弟模仿，可以起到潜移默化的作用，这是知其然。习读《孝经》，知道并且懂得孝的含义、意旨，是知其所以然。学习的目的在于养成，养成的过程在于修养，一个人德行修养的提高，只是用华文美句去填充，而不注重踏踏实实地去规范自己，不明白或者养成了不屑于遵守良好德行的习性，各种不良的习性在自己身上增多的可能将会加大，因此培孝要有型范，要有默化，要有学习，方能养成。

十八、清之《通录》 （《戒子通录》）¹

刘清之，生年不详，卒于1090年。两宋之际江西临江人，字子澄，南宋初著名学者，世称"静春先生"。宋高宗绍兴二十七年（1157）登进士第，曾知衡州、袁州。有孝悌之行。《宋史·刘清之传》载："母不逮养，每展阅手泽，涕泗交颐。从兄肃流落新吴，族父晔寓丹阳、艾寓临川，皆迎养之。"所著多有童蒙、训诫类书籍，史载"本之家法，参取先儒礼书，定为祭礼行之"，有《曾子内外杂篇》《训蒙新书外书》《戒子通录》《墨庄总录》《祭仪》《时令书》《续说苑》及文集、农书传世，因为政清廉、关心农民，善于发蒙、规矩，《宋史》称其为"善人"。

他的孝悌思想多存于《戒子通录》中。《戒子通录》共八卷：列女、胎教为卷一，家训为卷二，幼训为卷三，陶潜命子诗疏为卷四，苏丞相训子孙诗为卷五，家戒为卷六，辨志录为卷七，母训、戒子言为卷八。《四库全书总目提要》评价此书："是编采撷繁富，或不免于冗集。然其随事示教，不惮于委曲详明，虽琐语碎事莫非功戒之资，固不以过多为患也。"

在培孝育德的思想上，刘清之上承宋之前的传统教育思想，从母亲孕子开始说起，从幼至长层层教育。元人虞集在此书的序言中说："爱之至则虑之深，知之明则言之切，或因其材，或因其事，或抑其过，或勉其不及，或正其偏，或定其是，以启迪其所未知，而增益其所可进。虽人品不同，而立言远近、浅深、顿异要其指归，皆爱其子而已。"意思是说父母教育子女、培养子女良好的德行，是因为父母对子女的爱。反之，溺爱子女对他们不加以规矩，表面上是爱，实际上对子女的成长是不利的，此书前后则贯穿了这一思想。

此书卷一以《胎教》始，涉及《礼记》《仪礼》及宋之前胎教的记述，说明父母在子女孕育时，就要注重自己的言行，培养胎儿良好的心性。孩子出生后要用德教去培养他，以孔子教子的庭训"不学诗，无以言，不学礼，无以立"为始，谈到了有宋之前的许多名人的戒子之言。"礼"的本身便有用规范养成德行的方法这层意思，其中孝从古至今便被认为是礼的基础。在他选录的戒子言中，将培孝作为重点。如选录三国时羊耽的妻子辛宪英的戒子言："行

---

1. 文献支持：宋·刘清之《戒子通录》、宋·李幼武《宋名臣言行录·外集卷十四·刘清之》《宋史·儒林七·刘清之传》、清《四库全书总目提要·卷九十二》。

矣戒之！古之君子入则致孝于亲，出则致节于国，在职思其所司，在义思其所立，不遗父母忧患而已！"将孝当成修身的基础，居家孝，之后才有忠于国的基础，才能在任职的时候为国所思，才可以信义立于世间，才能让父母为之安心、骄傲，实际上则是养德修身起于孝，终德立身亦于孝。又举三国王祥的戒子言："言行可覆，信之至也；推美引恶，德之至也；扬名显亲，孝之至也。兄弟怡怡、宗族欣欣，悌之至也；临财莫过乎让。此五者立身之本。"有诚信的人让人信服，有德行的人推美去恶，有悌行的人兄弟怡怡，有廉德的人临财不取，这些德行基础是孝，做到了则可以扬名显亲，才能达到孝之至，五者既立才是立身之本。实际上刘清之主张在对子女的教育上，父母要有正确的思虑和行为，要有意识地去培养子女的孝德，并以此为基础推衍到其他的德行之中。

培孝育德的方法上，刘清之秉承宋之前家庭教育为始的方法。整部《通录》中有关家训的内容几乎充满全篇，第三卷更题为《幼训》。文中选录曾参告诫其子曾元的话："亲戚不悦，不敢外交。近者不亲，不敢求远，小者不审，不敢言大。"意思是说：一个人在家中都不能使父母亲人快乐，又如何能养成正确的处世态度；连身边的人都不能亲近，如何能亲近远方的人，立身于世不能从小的方面培养德行，是不敢言有大志的。之后又说："君子思其不复者而先施焉。亲戚既殆，虽欲孝谁为孝？年既耆艾，虽欲弟谁为弟？"主张子女要在父母健在的时候孝敬他们。父母去世后，子女则欲孝不能；年纪大了，就算是想友爱兄弟，也往往力不能及。刘清之引曾子训诫则主张，培孝育德要从人们的幼时抓起，让子女首先在家中养成尊老孝亲的习性，树立良好的道德基础。

在修孝修德方面，刘清之又引东晋司马越语："夫学之所益者浅，体之所安者深。闲习礼度不如式瞻仪型，讽味遗言不若亲承音旨。"主张学习能让人明白世间的道理，如果不去体验，所悟的道理就会浅近；要身体力行地去修养、实践，就会有更清晰的体会。因此只是学习礼法，不如实际地依礼法的要求行事，与其在父母去世前遗言懊悔，不如在父母健在时孝敬他们。实际上这段话是说，对子女培孝育德的过程中，不仅要告诉、教育子女什么事情该做，如何去做事情，更要身体力行地去实践，通过亲身的行动去养成良好的德行。

刘清之培孝育德的方法主张教育与模范相结合。在《通录》的第四、第五卷也表明了他这方面的主张。他引南北朝刘宋时颜延之的《庭诰》："欲求子孝，必先慈；将责弟悌，务为友。虽孝不待慈，而慈固植孝；悌非期友，而友能立悌。夫和之不备或应以不和，犹信不足焉，必有不信。傥知恩意相生、情理相出，可使家有参、柴，人皆由、损。"父母慈爱子女，兄长友爱兄弟，这里的"慈"与"友"不是指溺爱，而是有教育的意味在内，结合下文的"和"，可以看出父母以慈爱育子，子女以孝敬待父母，其中的关键点在于使家庭和睦，要想使家庭和睦，就要解决家庭内部矛盾，由上而下是教育、是模范；由下而上是敬爱、孝悌，实际上这里说出了一个父母模范的问题，说出了在父母模范的状态下，子女被熏陶的问题。

卷五更引北宋名臣张商英的《戒子弟诗》："父孝子必孝，不教亦须孝。自己身不孝，养子谩劳教。慈乌本来孝，何曾得人教。孝是种子法，不由教不教。"其诗显然对父母模范的作用有所夸大，但父母型范的意思却说得明明白白，尤其是"孝是种子法"一句，"种子"实际上培养孕育的意思，父母的型范，本质上就是在无形中对子女进行教育，"教不教"之言虽过，但在实际生活中，父母孝，子女就算做不到父母的样子，心中也有孝的观念，如果再进一步对子女进行教育，则效果更好。

元代学者曾福生在元成宗大德四年（1300）得到此书后，为此书写序，开篇说："立三极、备万物者人也，而所以为人之道，其要有三重焉：一曰宅心，二曰立身，三曰教子。然能宅则能立，能立则能教，君子不谓三也。"他所说的"宅心"即指修身立德，其基础便是以孝养德，并在此基础上立身处世，同时还要教育子弟，延续大德。以孝立德，以德立身，立身教子，形成了一个循环，这个循环恰是传统文明之所以能传承下来的原因之一。

十九、北溪初诵（陈淳《启蒙初诵》）[1]

陈淳，生于1159年，卒于1223年，字安卿，南宋时漳州龙溪人，生性至孝，师从朱熹，是朱熹理学思想的重要继承者和阐发者，人称"北溪先生"，南宋理学家。南宋孝宗淳熙十六年（1189）登进士第，有《北溪大全集》五十

---

1. 文献支持：宋·陈淳《北溪字义·卷上》《北溪字义·卷下》《北溪大全集》，《宋史·卷四百三·道学四·陈淳》。

卷等传世。

《宋史·陈淳传》载："朱熹来守其乡，淳请受教，熹曰：'凡阅义理，必穷其原，如为人父何故止于慈，为人子何故止于孝，其他可类推也。'淳闻而为学益力，日求其所未至。熹数语人以'南来，吾道喜得陈淳'，门人有疑问不合者，则称淳善问。"其语寥寥，却点出了陈淳的德行的基础为孝，并以孝为"阅义理、穷其原"的根本，也因此得到了朱熹的认可，陈淳善问、喜思，《宋史》载他"无书不读，无物不格，日积月累，义理贯通"，成为继朱熹之后的南宋理学名家。

陈淳对如何培养孝德有自己的理解，《北溪字义·卷上》记："孝弟便是个仁之实，但到那事亲从兄处，方始目之曰孝弟。"意思是说：一个人具有孝悌之德，是仁落于实处的表现，是一种大德，要具备此德首先应从自己身边的事情做起，要做到能侍奉父母亲人、友悌兄弟，有此行、此义才可以称得上有孝悌之行。在孝德培养方面他认为："己欲孝人亦欲孝，己欲弟人亦欲弟，必推己之所欲孝、欲弟者以及人，使人得以遂其欲孝、欲弟之心。己欲立人亦欲立，己欲达人亦欲达，必欲推己之欲立、欲达者以及人，使人亦得以遂其欲立、欲达之心。"即他认为每个人都有孝悌之心，自己想孝敬父母、友悌兄弟，别人也会有如此想法。要想推广孝悌之德，自己首先要做到孝悌，之后再去教育、影响他人。每个人都有着能立身达世的心思，自己修养出好的德行，之后再去教育、影响他人，育人成才，使他人也能达成自己的理想。陈淳此语说出了他育人培德的方法，即以身型范，教学育德。《卷下》在谈到"理"时，他说："为父止于慈，为子止于孝，孝慈便是父子当然之则。"说明他在培孝育德方面注重家庭教育，主张为人父母者在教育子女时要做到以身型范，父母教育子女，子女孝敬父母是促使家庭和谐的重要原因。正因为有此想法，他的著作中有着大量童蒙、义理方面的著作，《宋史》载："所著有《语孟大学中庸口义》《字义详讲》《礼》《诗》《女学》等书，门人录其语，号《筠谷瀨口金山所闻》。"这些书现存于陈淳的著作集《北溪大全集》之中，《启蒙初诵》《训童雅言》正在其中。

《启蒙初诵》和《训童雅言》被收存到《北溪大全集·卷十六》中，《初诵》序言中说："人自婴孩圣人之质已具，皆可以为尧舜。如其禁之以豫而养之以正，无交俚谈邪语，日专以格言至论薰聒于前，使盈耳充腹，久焉安习自与中情融贯。"陈淳认为：人初生时是没有什么不好的习性的，是没有受到世间不良习气污染的，就犹如圣人一样品性真挚。为人父母从这时起对孩子进行教育，用正气去教育他们、熏陶他们，教他们经义，让他们养成良好的习性，不让他们养成嬉戏、享乐的习性，久而久之自然能让孩子安习经义，养成良好的脾性。陈淳此论是儒家传统的"人之初，性本善"理论的再陈述。在讲到为什么要作《启蒙初诵》时他说："予得子今三岁，近略学语，将以教之而无其书，因集《易》《书》《诗》《礼》《语》《孟》《孝经》中明白切要四字句协之以韵，名曰《训童雅言》……又以其初未能长语也，则以三字先之，名曰《启蒙初诵》。"《训童雅言》1248字，78章；《启蒙初诵》228字，19章。实际上他做此类文章，其旨意便在于培孝育德，在修德方面他主张从孩子抓起，两部书稿是以自己的孩子为测试对象，进行实验的，可谓有的放矢，切合孩子实际。

《启蒙初诵》开篇说："天地性，人为贵。无不善，万物备。"是告诉世间的父母，初生的子女可塑性强，没有什么不好的习性，对人的培养要从人们婴幼时抓起。培养什么样的品性，从人们的初始认知开始，于是有了"学为己，明人伦。君臣义，父子亲，夫妇别，男女正，长幼序，朋友信"的论述，要通过"日孜孜，敏以求。愤忘食，乐忘忧。讷于言，敏于行"的习性培养，养成"言忠信，行笃敬。思毋邪，居处恭。执事敬，与人忠。入则孝，出则悌"的德行，要有"敬无失，恭有礼，足容重，手容恭，目容端，色容庄。口容止，头容直，气容肃，立容德"等表现，之后列举出许多应遵守的习性和需养成的德行，诸多好的德行，是为了培养人们初始的良好品性而提出的，孩子在父母身边，父母对子女进行教育是"慈"，子女有了这些好的品性，可以让父母为之欣悦，本身便是对父母的孝，居家孝并不只是敬奉父母，能在人生之初，便养成有礼、知耻、有节、有德等品性，是更大、更实在的孝。

《启蒙初诵》之后便是《训童雅言》，如果说《启蒙初诵》是为了培养孩子们明规知德，那么《训童雅言》便给出了培孝育德的路径。在心境培养上，陈淳主张："毋意毋必，毋固毋我。"在教育方法上主张："教以礼乐，教以诗书。教以人伦，皆复其初。蒙以养正，常视毋诳。"行为规范上要求："朝夕幼仪，请肄简谅。洒扫应对，威仪迟迟。折旋中矩，周旋中规。"立志明道方面主张："大学之道，在明明德。十五而志，自强不息。请问其目，先致其知。诚意正心，以公灭私。"从上述主张来看，陈淳是沿用了宋之前儒家学者的育人观念，并将其整合在一起，如此做的目的，是为了培养出具有良好德行基础的人。好的德行不是一蹴而就的，要想拥有如此德行，能明达志向，就需要："仁实事亲，义实从兄。智知礼节，乐乐则生。入孝出弟，体信达顺。强恕而行，求仁莫近。忠信笃敬，参前倚衡。"孝与道、孝与德是不相冲突的，是相辅为基的，以孝行育孝德，以修识、志向现良行，是一而二，二而一的问题。有了如此基础，人们才能明白，明白后才能做到："养而无害。中而不倚，和而不流。勇者不惧，仁者不忧。君子务本，亲亲为大。居致其敬，夙夜匪懈。事亲如天，事天如亲。全而归之，不辱其身。"才能更进一步地养成"老者安之，少者怀之"敬老扶幼的仁德之习。

《北溪大全集 · 卷一》中收存了陈淳的《居间杂咏二十三首》，其中有一首名曰《孝》的诗，其文为："孝以事其亲，斯须不离身，始终惟爱敬，二者在书绅。"居家事亲养孝行，学习修养培孝德，坚守德义维心志，最后的落足点在于不断地修养、不停地自省。这正是陈淳培孝方法的写照。

《三字经》一书始作者是南宋时的王应麟，较陈淳晚六十年，陈淳的《启蒙初诵》《训童雅言》开其先河，以平白易懂的方式将经文德义整理成篇，既可开蒙亦可警示，既适于蒙童，又迁于成人，去掉了许多晦涩难明的大道理，让人一目了然，可以说是一种培孝育德、立志修身的善本，其方法也为后人所借鉴、学习。

二十、赤城劝学 （《赤城志》劝学、劝俗文）[1]

"风土"，语出《国语 · 周语上》："是日也，瞽帅、音官以（省）风土。廪于籍东南，钟而藏之，而时布之于农。"大意是指一个地方的气候和土地。词义扩大后，也指一个地方的风俗习惯和地理环境。《后汉书 · 张堪传》："帝尝召见诸郡计吏，问其风土及前后守令能否。"意思是说皇帝曾经召见各郡负责典簿和考核的官员，询问他们各地的风俗，以及前后的守令是否称职。

"以孝治国"是汉代的国策，地方守令的职责之一就是教化百姓，让他们

1．文献支持：《汉书 · 循吏 · 文翁传》《后汉书 · 张湛传》、宋 · 陈耆卿《赤城志 · 卷三十六 · 风土门二》、宋 · 叶适《习学记言 · 卷三》、宋 · 潜说友《咸淳临安志 · 卷四十二 · 御制》、元 · 佚名《马陵道 · 楔子》。

遵从国家的法令，遵守国家的礼制。我国的封建时代自从汉景帝时的蜀郡守文翁"修起学官于成都市中，招下县子弟以为学官弟子，为除更繇，高者以补郡县吏，次为孝弟力田。常选学官僮子，使在便坐受事"之后，国家在各地提倡办学，官学、私学、家学、书院、社学、义学等相继出现，在这些学校中，除了修习文法、礼仪之外，德行素养的培养也是其中重要的内容。元杂剧《马陵道》中说的"学成文武艺，货于帝王家"，其言有糟粕之处，其实这里的"帝王家"未尝不可以理解成"国家"，但在实际生活当中，封建时代要想建功立业，修德习业、服务国家成为人们进身的主要途径之一，即使不能进身出仕，修习良好的德艺，影响周边的人群，实现人生价值，也是不同时期的学校教育生员的主旨之一，而这些都离不开对基本德行"孝德"的修养。

　　东汉时《越绝书》出现后，方志作为史籍的一种登上历史舞台，南宋之后这类的别于正史的史书在全国大量出现。作为记录各地不同地理、沿革、风俗、教育、物产、人物、名胜、古迹、诗文、著作等方面的史志，风土、学校等内容成为其中较为固定的部分，从中后人可以看到许多当时有关培孝育德的要求，以及当时培孝移风的论述。南宋·陈耆卿的《赤城志·风土门》中的一些记录，便有类似的记录。

　　《风土门》中记录了《仙居令陈密学襄劝学文》《劝俗文》《天台令郑至道谕俗七篇》等几篇文章，其中《谕俗七篇》即《琴堂谕俗编》（全文可参见《兴孝卷·附录》）。《劝学文》，是宋仁宗皇祐二年（1050）仙居令陈密为兴教培德所作的一篇文章。《赤城志》在此文后录有宋人李守谦的跋，跋中说："初，海邦僻左，人未知学，及是风俗翕然丕变，诗书理义之泽迄今百余年，渐渍深矣！"李守谦此说是有感于陈密作《劝孝文》而发，陈密所采用的方法即是以培孝为方式，培养辖地百姓善的德行，以更易其风俗。

　　《劝学文》开篇说："咨汝邑父老，夫人之为善莫善于读书为学，学然后知礼仪孝悌之教。"指出一个地方要想迁移恶俗，就要在这里大力推广知识，让人们能知书明礼，有了知识的人，才会明白、才能遵行礼仪规范，才能知道孝悌这样的德行在人世间的重要。明白了孝悌的重要，才会出现"一子为学则父母有养，一弟为学则兄姊有爱，一家为学则宗族和睦，一乡为学则闾里康宁，一邑为学则风俗美厚，虽有恶人将变而为善矣！"这是用递进的方式说明习学修孝的重要性。"有养"是孝的表现；"兄姊有爱"可以让父母心中愉悦、安心，是孝的表现；"宗族和睦"的基础，是宗族内部成员能互敬互爱，每家无孝德、孝行，是不可能和睦的；"闾里康宁"则要求各个闾里的各家各户，能互谅互让，其间有着孝悌之风的作用；一邑之中"风俗美厚"，则要求邑中人都做到敬老爱幼，显然是孝德作用于社会的表现。人人为学，人人知孝，则会明耻远恶，良好的风俗也就会形成了。此开篇语显然有其理想成分在内，却很实在地说出了孝德在社会中的作用。如何做到，对个人来说自然是通过学习去修养、养成孝德，然后推而广之，形成良好社会风气的原动力。

有了开篇的立论，陈密又列举了仙居县当时的不良之风："父子兄弟不相孝友，乡党邻里不相存恤，其心汲汲惟争财竞利为事，以至身冒刑宪鞭笞流血而不知止。"很明显这些恶俗在陈密看来，是因为不修孝德、不知孝友、不行孝事而发生的。因此他再次劝学，劝导邑中人读书"令遣子弟入学"，并"择明师教诲之"，所学内容自然是以修孝培德为初始目的。《咸淳临安志》中记，宋真宗曾颁《文臣七条》，其中的第三条为"修德，谓以德化人不专猛威"，第六条为"劝课，谓劝谕下民勤于孝弟之行、农桑之务"，从这两条文臣职责中可以看出，宋代对地方官员施政的要求，有以教育的方式培德移风的要求，有劝孝端俗的施政要求，国家有要求，陈密劝学兴孝以移风俗的做法，也就很好理解了。劝学兴孝是封建时代培养、影响社会孝德风气的方法之一由此也可见一斑。

《劝俗文》的作者不详，录在《仙居令陈密学襄劝学文》后。其文为：

> 为吾民者，父义、母慈、兄友、弟恭、子孝，夫妇有恩，男女有别，子弟有学，乡闾有礼，贫穷患难亲戚相救，婚姻死丧邻保相助。无作盗贼，无学赌博，无好争讼，无以恶凌善，无以富吞贫。行者逊路，耕者逊畔，颁白者不负戴于道路，则为礼仪之俗矣！

培孝兴俗的意味贯于全篇。其中释"父义"时，注释说"能正其家"；释"母慈"时，注释说"能养其下"；释"子孝"时，注释说"能事父母"；释"子弟有学"时，注释说"能知礼义廉耻"；释"乡闾有礼"时，注释说"岁时寒暄有以思，意往来燕饮序老少坐立拜起"。最后的"颁（斑）白"之说，更是借用《孟子·梁惠王上》中的"谨庠序之教，申之以孝悌之养，颁白者不负戴于道路矣"，用以教培孝、以孝移风的劝导结束全文。

　　两篇文字，是宋代地方政府以孝移风的倡导性文字，这样的文字不仅地方政府有，国家旌孝褒德类的诏旨，国家所办的学校、私人所办的书院，也有许多类似的文章。例如：宋代叶适的《习学记言》记有北朝大臣穆亮《劝孝文》，朱熹有《劝学文》，明代黄佐有《劝孝文》……宋之前的劝孝、培孝类的文字多为国家旌表类、诏令类，宋之后除了这两种形式外，地方政府及学有所成的人也写下许多劝孝、劝学之类的文章，这些文章是对国家孝悌法令的一种补充，同时也表明了封建时代培养一个人的孝德、孝行，养成社会良好风气，家庭教育是一个方面，国家的提倡和社会督促也是培孝移风的重要方面。

　　以上种种所表明的是，至少由汉至宋，培养人们的孝德是一种国家的行为。在家中修孝修德父母师长应以为范；立身于世，国家倡导、风俗影响也是人们养成孝德、拥有孝行的重要方面。

二十一、分年日程（程端礼《读书分年日程》）[1]

　　《读书分年日程》是宋元之际学者程端礼所著。程端礼，生于1271年，卒于1345年，字敬叔、敬礼，号畏斋，南宋末庆元(今浙江鄞县)人。仕元累任建平、建德县教谕，台州路、衢州路教授，朱熹的再传弟子。所著《读书分年日程》，因其重视德行、文学功底的培养，强调复习及日常查考，并按不同的年龄提出不同的学习、修养计划，为明清所重，多将其书奉为学校培养生员的准绳，对明清各级各类学校教学、德育均有重要影响。

　　《四库全书总目提要》中记，此书："萃朱子读书法修之。考朱子读书法六条：一曰居敬持志，二曰循序渐进，三曰熟读精思，四曰虚心涵泳，五曰切己体察，六曰著紧用力。端礼本其法而推广之，虽每年月日读书程限不同，而一以六条为纲领。"即此书是程端礼以朱熹的读书法为纲，扩而编订的一部教育学典籍。《元史》称此书为《读书工程》，从其名称上来看，也能看出这方面的问题。

　　程端礼在此书的原序中说："今父兄之爱其子弟，非不知教，要其有成十

1．文献支持：《元史·儒学二·程端礼》、元·程端礼《读书分年日程》、清·陆陇其《三鱼堂文集·卷四·杂著·跋读书分年日程后》《三鱼堂文集·卷六·尺牍·又与曾叔祖蒿庵翁》《三鱼堂文集·卷七·尺牍·寄赵生鱼裳旂公》《四库全书总目提要·卷九十三》。

不能二三，此岂特子弟与其师之过？为父兄者自无一定可久之见，曾未读书明理，遽使之学文；为师者虽明知其未可，亦欲以文墨自见，不免于阿意曲徇、失序无本、欲速不达。不特文不足以言文，而书无一种精熟，坐失岁月悔则已老。且始学既差，先入为主，终身陷于务外，为人而不自知弊宜然也！"大意是说：现在的父母、兄长爱自己的子弟，不是不知道要教育他们，只是十户之中成功的却达不到二三成，这种情况出现难道都是子弟的错？为人父兄本身学识不足、德行修养不足，即便是教育子弟，如何能成为子弟的模范？为人师长的人，面对地位高、富足的人曲意奉从，教学无序，于是子弟们立德、为学没有学到一种能真正立身的东西，成人之后德行修养、学识不足，陷于外界事务中自然不能自拔。又强调人在年轻时，不抓紧时间修养德义，老来则会后悔少时努力的不足，人们立身于世间不可以不知道其中的弊病呀！强调教育、强调培养，强调个人坚持不懈地去修养。

《读书分年日程》的总纲借用了朱熹在白鹿洞书院的《教条》："父子有亲，君臣有义，夫妇有别，长幼有序，朋友有信。"分析这句话，去除封建糟粕的含义，能明显看出《读书分年日程》是以孝悌之德作为人们修学、成人的基础的。"父子有亲"指父母慈爱、子女孝敬；"夫妇有别"有让父母为之欢欣的内涵在内；"长幼有序"是在孝的基础上加以扩衍，由孝亲至敬老，由慈子到爱幼，是孝的一种扩大；"朋友有信"是建立在自己养成的良好规范的基础上的，孝悌之德的修养，从某种意义上说是养成良好规范的过程。纲领如此，书中其他的内容也可见一斑。在"修身之教"的表述中，程端礼更是承续了朱熹的"言忠信，行笃敬，惩忿窒欲，迁善改过"的思想，四句话中"行笃敬"一句，所笃的对象、所敬的对象，在人生之初自然是自己的父母师长。要想做到这些就需要培孝德、养孝行，并以此为基础立身成业。

家教方面，程端礼列举了《白鹿洞书院条规》和南宋大儒真德秀的《教子斋规》。《教子斋规》分"学礼""学坐""学行""学立""学言""学揖""学咏""学书"八条。"学礼"主张"识道理，识礼数，在家庭事父母，入书院事先生"，实际上即是要求在培养子弟时，要让他们养成有所敬奉的德行，由居敬父母的孝扩展至入学敬尊长的"恭"。之后的条目通过培养子弟坐、行、立、言的规范，让子弟养成良好的习性，这些习性都是在当时社会中需要学习的规范，虽然用现代的眼光去看有些烦琐或者说束缚性大一些，但通过养成良好的习惯，去培养人们遵守规范的习性，进而更好地明孝知德、立德修身，本身便是数千年来被证实的有效方法。这些方法并不是要去束缚人们在思想上的创造性，而是以端行去正己，以正己去守范，以守范而养心性，以达到养成良好德行的目的。从所选规范中，可以看出《读书分年日程·卷首》首先谈到家庭教育的重要，认为家庭教育在培教育德方面，是树立人们基本德行规范的基础。

《卷一》开篇谈到人们八岁以前的教育，这一时间段的教育，可以称之为童蒙教育。教育时要让孩子们读《蒙求》《千字文》等书，可以称之为开蒙，并且给出一个方法，"童子须知贴壁，于饭使之记说一段"，以加深孩子的记忆。之后谈到八岁以后，这个年龄段以上的孩子，应是入学的孩子，通过八岁前所学的字，让孩子们习读书籍。在读什么书的问题上，程端礼主张让孩子们读《论语》《孟子》《中庸》《孝经刊误》等书，老师也要解读文义、检查功课，具体的方法有每日一检、隔日一检、学生隔日讲读、抄写文义等，方法多种多样，其目的就是要让孩子能明通经义，并借以修德。程端礼所列的四本书中都有着大量"孝"的内容，都以孝作为德行修养的基础，习读这些书便有了以"修孝德而正行止"的目的。

学习七年之后，依照宋之后的要求，十五岁时基础的学业就完成了，这时的学子"不以一毫计功谋利之心乱之，则敬义立而存养省察之功密，学者终身之大本植矣！"也就是说，通过七年的学习修养，要让孩子们养成正心诚意的品性，要树立敬、义的品性。所谓的"敬"，其根本是居家时有笃诚的孝心，入学时有恭敬师长的诚心。所谓的"义"，并不指义气，而是指信义。"存养省察之功"中的"存"指养成良好的习性，包括爱惜自己的身体，这与传统孝道观念中的"身体发肤受之父母，不敢损伤"是一致的；"养"指祭祀、奉祀，是孝德的一种扩展；"省"指时常反省自己，想一想自己在思想上有什么不足；"察"并不单指检查，还有修正的含义，即纠正自己的错失和不足。四者既成，就可以说是有一定的德行修养了，可以说是树立了良好的德行基础，根本的德行也就可以说是树立了。

《卷二》继续阐述。十五岁后的继续学习，对于学子来说，依然要修孝培德，通过学习史传类文章，以期达到："经明行修，乡党称其孝弟，朋友服其信义之实，庶乎其贤材盛而治教兴也，岂曰小补？"意思是说，要通明圣贤的经义，拥有良好的德行，要在乡里之中有孝悌的名声，要在朋友之间有信义之实。如果学子们都能达到这种高度，那么国家的贤才就会涌现，国家的文教之盛也就会大兴，这对国家和社会都会有很大的增益。

《读书分年日程》的培孝修德的方法有浓重的理学色彩，也有着一些不适合现代社会的需被舍弃的内容，但书中培孝的方法却可为后人所借鉴。人生之初的家庭教育可以养成孩子们好的德行基础，让孩子们明长幼、知善恶、行孝敬、养规范。开蒙学习之后，学校的教育和家庭的教育要相互结合，让孩子们明白为什么要孝，并通过学习明白孝德的真意。如果说开蒙前的家庭教育阶段，孩子们所行的规范多为模范，那么这一时期就要培养孩子们笃诚的感恩父母的心态，有此心态作为基础，再加以扩展、自省、纠正，再加上父母、师长的教育培养，以树其德，以励其行。第三个阶段，蒙学结束后，继续学习时要坚守其德、诚笃孝亲、取信于人，无论是否成为有用之才，均能通过自己的德行去影响周围的人群。

清代学者陆陇其曾为其书作跋，跋中说："当时曾颁行学校，明初诸儒读书大抵奉为准绳。故一时人才虽未及汉宋之隆，而经明行修彬彬盛焉！及乎中叶学校废弛，家自为教、人自为学，则此书虽存而由之者鲜矣！"点出了此书在明代的地位，说出了此书的教学、育人方法及对后世的影响。并且推荐此书用于族学之中，《三鱼堂文集·卷六》中记，陆陇其的曾祖："细读古人读书之法，使之循序渐进，勿随世俗之见方妙。"《卷七》中更评价此书"可为学者法"，《四库全书总目提要》也有类似的言语，亦可见继明代之后清代对此书的推崇。

二十二、俗语言孝（《省心杂言》《明心宝鉴》等）[1]

培孝修德从来不仅是一个家庭的事，培孝的方法有许多，家庭教育是一方面，学校教育是一个方面，国家提倡可以起到推动作用，良好的社会道德习俗可以加速社会上孝德风尚的形成。俗语作为人们日常生活中约定俗成的一种语言，对人们的生活有着很大的影响，孝作为我国固有的道德风尚，数千年来出现了许多孝德箴言。随着历代孝德箴言的传播，许多言语经过社会的加工打

---

1. 文献支持：宋·李心传《建炎以来系年要录》、元·许名奎《劝忍百箴》、明·范立本《明心宝鉴》、明·吕坤《呻吟语》、清·山阴金氏《格言联璧》《四库全书总目提要·卷一百五十二》、清·石成金《传家宝》。

磨，变成了人们日常生活中的俗语，这些有益于社会道德习俗、风尚的句子，以及历代对孝德的树立，对孝行的褒扬，对不孝等丑恶现象的抨击起到了重要作用，不同时代的人也用其作为人们立身处世的警句，作为培孝育德的方法。

　　秦汉至隋唐，圣贤之语，多作为警世之言，国家扬孝褒德成为一种风尚，当时的俗语由于文字所限流传下来的很少，两汉时传入的佛教和中华本土形成的道教，却为了争取信众和在国家社会上的地位，吸取了大量儒家的思想，推出了许多经文。佛教有《父母恩重经》《父母恩重难报经》《佛说盂兰盆经》等陆续出现，道教有《太上真一报父母恩重经》《太上老君说报父母恩重经》等陆续出现。早期宗教的经文多用俚语，大多通俗易懂，但许多文辞言语粗鄙，弘教的宗旨大于弘孝的意旨，多不被当时的主流社会和传统儒家士子所接受。两宋之后，随着印刷术的出现，教育普及率较前代大为提高，平常的百姓对圣贤的警世之言的接触也随之增多，正身厉行的俗语随之大量出现，培孝正德的俗语也随之被录入、被传播。

　　两宋之际出现了一部名为《省心杂言》的书，作者李邦献。李邦献，字士举，北宋末河阳人。北宋末入仕，南宋孝宗时仕至直敷文阁，是当时的著名学者。他将当时的俗语整理成册，《四库全书总目提要》称"是书共二百余条，盖依宋时椠本全帙录入"。南宋时人沈潗为其书作序时说："仲尼之学至今光明硕大者，曾子传之于无穷也。"仲尼之学、曾子所传之学实际上是以孝德为立身基础的，沈潗此言说出了此书的宗旨。元代的兴元军劝学、劝农事使马藻在跋中赞此书："《杂言》一编以贻训子孙，始终不离乎孝弟忠信仁义道德之说，践履至到，发而为言，简而有法，与《大学》篇相表里。"此说虽有所夸大，却说出了此书的特点。

　　《省心杂言》中有许多孝德箴言。

　　谈到孝在社会上的功用时说："无瑕之玉可以为国器，孝悌之子可以为家瑞……宝货用之有尽，忠孝享之无穷。"

　　谈到父母以孝范时说："孝于亲则子孝，钦于人则众钦。"

　　谈到孝悌的立身成人作用时说："舍孝悌不足以为人，移孝悌为忠，则立身行己之道当然世或可称。"

　　批驳不孝的借口时说："父慈子孝、兄友弟恭相须之理也。然子不可待父慈而后孝，弟不可待兄友而后恭。譬犹责人以信，然后报之以诚，尽己之当为。君子所以立身之道，非求备于人也。"

在谈到孝德、孝行在人们社会生活中的作用时说："出则忠，入则孝，用则智，舍则愚。"

人在未成年时生活在父母身边，这时孝敬父母是容易做到的，成人以至成家后，社会诱惑增多，工作压力增大，自己的小家庭中也会有这样那样的事情，这时对父母的孝敬往往会较幼时淡许多，针对这个问题，《杂言》中说："以爱妻子之心事亲则曲尽其孝……以责人之心责己则寡过，以恕己之心恕人则全交。"比喻虽不算恰当，但所说的事情却切近实际生活。

世间万象，不可能所有的人都能建功立业，平常的人如何去孝？并不是说只有富贵的、成功的人，能以精美之物敬奉父母的人，他们的行为才可以称之为孝。对于大多数人来说，如果不能做到这些，那么"苟有违于亲，不若贫贱养志之孝也"，也是孝的表现。

德行传承、家业相继方面，《杂言》中记："以忠孝子孙者昌，以智术遗子孙者亡，以谦接物者强，以善自卫者良。"更是点出孝德、孝行是人们立身承业的根本。

《省心杂言》中还有许多类似的俗语，这些俗语取材于当时的社会中，是当时的人们口口相传、代代相袭的言语，这些言语不以时代的变更而减衰，对社会中孝德、孝行的促进是有极大功效的，也同时督促、规范着人们的道德行止。

宋代的俗语如此，元明之后类似的俗语更为丰富。元代人许名奎，号"梓碧山人"，作《劝忍百箴》，其中第十九忍为"孝之忍"，采以俗语，加以编定，所说即是如何孝的问题。元末明初传为范立本所作的《明心宝鉴》，更是集元明时期的俗语大成。此书在明神宗万历年间敕令重辑，也是我国最早被翻译成西班牙文的典籍之一，并风行于日本、韩国、东南亚，成为当地蒙学教育以及励志的读本。

《明心宝鉴》一书语言十分通俗，易于人们接受和理解。"千经万典，孝义为先"，是说孝为立学、立身之本。"皇天不负道心人，皇天不负孝心人，皇天不负好心人，皇天不负善心人"，是说孝为善行，孝心、孝行是为社会和国家认可的行为。"孝顺还生孝顺子，忤逆还生忤逆儿。不信但看檐头水，点点滴滴不差移"，是说孝这种德行，是家庭教育中相当重要的一项内容，父母师长要以身为范。"市间卖药肆，惟有肥儿丸，未有壮亲者，何故两般看？儿亦病，亲亦病，医儿不比医亲症。割股还是亲的肉，劝君亟保双亲命"，既点出父母对子女的慈爱，又反对子女孝亲时的愚行。"不孝谩烧千束纸，亏心枉焚万炉香。神明本是正直做，岂受人间枉法赃"，借古时人们对神灵的敬畏，要求子女养成孝德、拥有孝行。"子孝双亲乐，家和万事成"，更是明确点出家庭的和谐是建立在慈孝和合基础上的。

《明心宝鉴》多用俗语，间用明之前圣贤训诫，采录语句多为当时的俗语，俗语作为直接贴近人们生活的语言，其培孝功能是显而易见的。此后明代吕坤的《好人歌》《呻吟语》《小儿语》，郭萌的《郭氏教儿经》，清代石成金的《传家宝》、山阴金氏的《格言联璧》都是此类书。

由宋至清，及至民国，民间俗语随着时代的推移大多失传，当时的俗语，现在可以从当时的典籍中看到，众多兴孝培德的俗语，表明了当时孝悌为本的社会观念，表明了社会上以孝励俗的民风。培孝说起来简单，实质上由家庭至学校，由个人至社会，由地方至全国，传统上便是一种被世人重视的工程，衡量一个国家文明与否，良好的民风是重要指标，民风的迁善，固有的、优良的道德习俗也不可或缺，同时传承的、优良的俗语对培孝立德也起到了积极作用。

二十三、黄佐《乡礼》（《泰泉乡礼》）[1]

黄佐生于1490年，卒于1566年。明代中期广东香山人，字才伯，号希斋，晚号"泰泉"，世称"粤洲先生"，一代儒宗。明武宗正德十五年（1520）登进士第，晚年执掌南京翰林院，卒谥"文裕"。

《四库全书总目提要》记，《泰泉乡礼》是黄佐在明世宗嘉靖二十五年（1546）左右"家居时所著"，其书："首举乡礼纲以立教明伦，敬身为主；次则冠婚以下四礼，皆略为条教……深寓端本厚俗之意。"主要讲的是明代乡间的礼法，从书中内容上看，黄佐对培孝育德之事极为重视，有许多如何培孝育德、以礼修身的论述。

名为《乡礼》，在育德方面自然不是针对每家每户，而是针对局部的社

1．文献支持：《孝经·广至德章十三》、明·黄佐《泰泉乡礼》《明史·文苑三·黄佐传》《四库全书总目提要·卷二十二》。

会环境。黄佐在谈礼、培礼的时候，注重学校的教育，首卷为《乡礼总纲》，《总纲》首论《小学之教》。开篇即说："凡小儿八岁以上出就外傅从学，乡校或延师家塾，教以正容体、齐颜色、顺辞令，务在朴厚醇谨，事事循规蹈矩必先孝弟。内事父母，外事师长，侍立终日，不命之坐不敢坐。平居虽甚热，在父母长者之侧不得去巾、袜缚、绔衣，服惟谨。行步出入，毋得入茶酒店肆，市井里巷之语，郑卫之音毋经于耳，不正之书、非礼之色毋经于目，其或有纳于邪者，罚其父兄。"条目很多，要求甚严，其中心目的是为了在人们幼时就培养人们孝悌之德，树立一种良好的心性，文中"循规蹈矩必先孝弟"实质是主张孝为人们立身根本的表述，"内事父母、外事师长"以及居、行、衣等规定，是对人们德行修养的要求，看似苛刻，所养成的却是行孝悌、知长幼、尊老者、端性情的习惯。也就是说黄佐认为一个人孝悌之德，或者说好的德行的养成，要从人们的幼时抓起，严格的要求是为了去除少年人身上躁动的心性，虽然这样的方法对人性的发展有所压制，但对于养成良好的品性是有帮助的。在订立乡里之教的主旨上，黄佐明确指出是为了："修立社学，教子弟以孝、弟、忠、信之行，使毋流于恶。"即培孝养德，端正民风。

孝的问题谈了数千年，如何"孝"始终是中国传统社会中的一个大问题。仅仅养是不够的，养中有敬可以称之为孝，但具体到每个人、每个家庭而言，社会上的个人、家庭是不同的，孝的方法也呈现多种形式，因此黄佐在这一问题上主张："凡居家务尽孝养，必薄于自奉而厚于事亲，又推事亲之心以厚于追远。"即在培养人们孝德的时候，不仅要培养人们的孝敬父母的心态，同时还要培养人们对父母的敬爱，简单点说就是反哺。父母对己薄对子女厚，这是慈；子女在奉养父母时同样也要薄于对己厚于对父母，这是孝、是感恩、是回报，更是养德的重要方式，因此在《卷二》的《乡约》中说："德谓孝于父母，友于兄弟，肃于闺门，和于亲党，言必忠信，行必笃敬，见善必行，闻过必改。"意思是说：世间的德行其根本之处在于孝敬父母、友爱兄弟等。行止笃敬之习的养成，见善而行的情操，闻过必改的习性，没有好的道德习性是很难想象的。而在黄佐看来，孝是人们道德的根本，对于这种根本，除了幼时在家庭、学校中对人们进行教育、培养之外，社会上的督促也是人们沿袭此种道德标准的方法。

依照明初的规定，明代一乡、一村、一里，每年的春秋之际都要举行乡饮酒礼，乡饮酒礼的目的是为了在社会中培养尊老敬贤的习俗，《卷三·乡校》

中谈到了这个问题。关于乡饮酒礼，在《兴孝卷》中多有谈及，不复赘述。乡饮酒礼的举办地点一般设在乡校之中，乡校是一乡之中明通德义、学习知识的地方。乡校里的学子要组成会社，每到行乡饮酒礼之前，乡校学子都要誓神社，这时社祝，也就是相礼，或者说主持礼法的人员要致辞说："凡预此会者以孝悌忠信为本，其不顺于父母、不友于兄弟、不睦于宗族、不诚于朋友、言行相反文过遂非者，不在此位教读。"很明显此程仪只是一种形式，即表明了乡中学子有担负端正乡间孝德义的职责。这是因为学子誓于神社之后，乡间就要行乡饮酒礼，学校的学子担负了乡饮酒礼的执事、宣赞，行乡饮礼让百姓观看，可以端正民风。很大程度上，乡饮酒礼的举办，其目的是为了敬老尊贤，更确切点说是为在乡中培养孝悌之德、尊让之仪的民风而推行的礼法。学校所担负的责任有了宣扬、教化的方面，所针对的不再仅是直接面对学子，而是面对社会中的人群。

乡校中学习的人员不仅有学子，还有平常的百姓，学生在校学习、在校演习礼仪，可以宏孝培德，平常的百姓在乡校中读书，用黄佐的话说"诵读贵熟不贵多"，每个人的资质、经历、年龄等各不相同，黄佐主张："资性能记千字以上者，只读六七百字，不得书其聪明。年小者只教一二句而止，勿强其多记。或用《孝经》《三字经》，不许先用《千字文》《百家姓》《幼学诗》《神童诗》《吏家文移》等书。以次读《大学》《中庸》《论语》《孟子》，然后治经，句读少差，必一一正之。"实际上，不用《千字文》等书，是为了更好地推广孝德，孝行，借以培孝立德，无论是《孝经》也好、《三字经》也罢，因为文义简单明了，易于让人们接受，接受后更易于实践，对良好民风、民俗的养成是有助益的。乡校中学子修习德义、演习礼义，百姓们习孝、明德，延至社会形成孝德风尚，这是黄佐在《乡礼》中谈乡校的目的之一。

在人们的日常生产生活方面，黄佐也提出了培孝育德的方法。此书《卷三》《卷六》中分别有《谕俗文》《劝农文》《劝孝文》之类的文章。在《卷三》的《谕俗文》中，他主张执掌一方教化的人"劝民二事，一曰劝农，二曰劝孝"，实质上与现代社会的一手抓物质文明、一手抓精神文明的理念是相同的，在黄佐看来，道德理念的根本之处在于孝德观念的养成，孝悌行为的常态化。因此他在《劝农文》中说："查笃实父老以耕读为事者，量加赏劳，以广子弟孝友务本之心。"对那些能以耕读为常态，并且做得很好的人，地方上要酌情加以褒奖，如此做的目的，是为了让社会中的人养成以孝友为本的心性。

而孝友为本的习俗养成后，在传统社会中，本身便是社会稳定的基础表现，这是被中国社会千百年所证实的。因此他在《劝孝文》的文后，用通俗的语言编写了《劝孝诗》，旨在培孝劝善端正民风。同样是用俗语编写而成的文字，因有前文的铺垫，再加上语言生动、简洁明了，更容易被人接受。如：开篇有"世有不孝子，浮生空碌碌。不念父母恩，何殊生枯木"是说为人子女不孝则没有生活的根基；"百骸未成人，十月居母腹。儿身将欲生，母身如杀戮。父为母悲辛，妻对夫啼哭"谈父母生育子女时的辛苦，以及得到子女的欣喜；"世间如此人，不异禽与畜。慈乌能反哺，羊羔犹跪足。"批不孝之人、不孝之行的恶劣不如禽兽等。种种形式所为旨在劝孝、培孝，其方式和方法走出了家庭，走进了社会，将培孝行为作为社会教育的一种，很实在，也十分必要。

《孝经·广至德章》中说："君子之教以孝也，非家至而日见之也。"实际的社会生活的确如此，如何督促的问题上，除了形成好的社会风尚，以道德力量促进，以礼法来约束，对触及律法的责以刑法外，《卷六·保甲》中提出："戒谕者置于社：一钦奉太祖高皇帝戒谕，立牌一面，长一尺二寸，广如之。大书六语于上，置于乡社或乡校行乡约，则社祝读之。不必家至户到，皆立此牌，徒为文具。戒谕牌式：钦：孝顺父母，尊敬长上；奉：和睦乡里，教训子孙；戒：各安生理。莫作非为。"古时的乡中，乡社、乡校是人们公共的活动场所，在这里置《戒谕牌》，具有了提示、约束的作用，毕竟在封建君权制时代，开国君主的告谕有"祖宗成法"之说，劝孝、培德的成法与其他的成法不同，大多与社会制度、经济发展状况等是不相冲突的，培孝之念正在此列。

黄佐与明代许多文人一样，有其理想化的一面，《四库全书总目提要》中称："佐之学虽恪守程朱，然不以聚徒讲学名，故所论述多切实际。"从《泰泉乡礼》和他的其他著述中可以明显看出这一特点。黄佐是《嘉靖香山县志》的主要编撰者，他在书中的《学校志》延续了其培孝修德的主张。他的另一本书《小学古训》的《入孝第十一》中，更为详尽地列出了学子入学应持守哪些礼仪，并通过所持守的礼仪去养孝培德。

《泰泉乡礼》实质上提出了一个培孝的过程和方法，学子入学修习知识的过程中，严格规范，并用严格的规范养成孝德，通过修习礼仪，让学子明白孝悌之德的含义，去主动地养孝修德，学子们再通过所学的知识，所修养的德行去影响周边的人群。国家的基层管理机构要利用乡校、乡社去宣传、教育百姓，让乡中的百姓能明晓孝的含义，主动行孝以养良风、善俗。使家庭、学校、社会出现联动的现象，以此去培孝德、养孝风。虽然在他的论述中，由于时代的局限，有这样或者那样与现代社会不合的规定，总体上来说，所描绘出的培孝方法、过程对现代社会是有很大助益的。

二十四、劝孝歌辞[1]

劝孝是我国千百年来，固有的一种风尚。上古孝悌观念产生后，孝这种优秀的传统道德理念，一代代被传承、被发扬，春秋战国之际，孔子、曾子言孝道后，孝德规范便成了我国固有的传统美德。两汉以孝为立国之本，更使孝的观念深入到了人们的日常生活中。我国传统的政治体制当中，国家一般作为劝孝、培孝主体的存在，劝孝、培孝的方法也因此多种多样。随着孝德观念的普及，以孝开蒙，也渐渐成为传统的开蒙方法。开蒙的"蒙"字，所针对的对象并不仅是童子，也针对社会上不明德义的人，针对知识水平不高的人群。

"孝"对于有学识、读过书的人不难理解，对于未曾接受过教育的人群、对于迷失于纷纭社会的人群、有陋风恶习的人群而言，则需要普及、需要养成，养成和普及的目的在于净化社会风气，在于保持社会的稳定。国家和社会大的氛围是扬孝，多种多样的形式中，劝孝歌辞是一种效果显著的方式。

劝孝歌辞从古籍中看，两汉时期就曾经出现，唐代的《艺文类聚》中的现存较早的《孝经诗》，作者是晋代傅咸，全文为："立身行道始于事亲，上下无怨不恶于人。孝德终始不离其身，三者备矣以临其身。"此诗取材于《孝经》经义，以韵律的形式言孝，是较早的劝孝诗作。《玉海》也记，宋真宗大中祥符八年（1015）三月："崇文检讨冯元讲《论语》首篇，赐绯，又作《孝经诗》三章。"书中未记诗文内容。类似的记载在两宋及两宋之前的史志、笔记中多有记载，实质上以《孝经》或者以孝为韵，写诗填词，是当时士人、贵族唱和的一种形式，在文人圈子里有影响，对普通百姓影响不大。北宋中期情况出现了变化，王安石变法后，《孝经》退出了科举策试，类似的唱和相对减

1．文献支持：唐《艺文类聚·卷五十五·杂文部一·经典》、宋·陈淳《小学诗礼》、宋·王应麟《玉海·卷二十六·帝学》、明·郭萌《教儿经》、明·朱用纯《劝孝歌》、清·钱曾《劝孝歌》、清·管潀《家常语》、清·佚名《劝报亲恩篇》。

少，但国家培孝正风却并没有因此减弱，《孝经》或孝悌经义、孝德规范的传播，大多以开蒙的形式存在，接触的人群也因之扩大，平白如话、略有韵律、朗朗上口，易于被不同知识程度的人所接受的劝孝歌辞，也随之大量出现，成了培养社会孝德风尚的一种手段。

南宋学者陈淳对童蒙读物的贡献很大，除早于同时期的王应麟编制了"三字""四字"经典外，在劝孝歌辞的创作上也十分突出。两宋是一个文采风流的时代，同时也是儒学发展的黄金时期之一，两宋既疑古又考古，亦传承亦发扬。陈淳的《小学诗礼》采《礼记》等先秦两汉典籍的经义而作，是此类作品的一种，书中的《事亲诗》《事长诗》都可以看成他所作的劝孝歌辞。

《事亲诗》从子女早起向父母问平安说起："凡子事父母，鸡鸣咸盥漱。栉总冠绅屦，以适父母所。"即为人子女早上起来就要到父母的居室问安，问安之后，又有父母寒暖、洒扫庭院、侍奉饮食、养至其乐、敬奉尊言、谏行其事、行走扶持、不损肌肤等十余首，将一个人一生当中应该注意到的孝悌之行，以韵文的方式讲述出来，语不晦涩，没有谈什么大道理，用平易的文风谈孝论德，易于让人接受。之后的《事长诗》继续了这一特点，表达一个人立身于世不仅在家中要孝敬父母，以孝为基，更是扩散到敬老这个方面，以此修德、修身。文中的"尊年不敢问，长赐不敢辞。燕见不将命，道不请所之"，是说要将孝敬父母之心扩展到敬奉老年人上来；"年倍事以父，年长事以兄。父之齿随行，兄之齿雁行"是说要依从孝德，明白长幼之序："侍坐于长者，必安执而颜。有问让而对，不及毋僬言"等，是说要依从孝德去养成良好的规范。事亲、事长两组诗，基本概括了封建时代人们应该遵守的孝行规范，是培养孝德、孝行的诗作。诗以韵文的形式，用平易的语言陈述如何养成孝行习惯，对社会上孝德、孝行的培养是有好处的。文虽通俗，陈淳毕竟是南宋时的文人，所言、所述距平常的百姓依然较远，流传的范围有其局限。

元代，文人的地位落至历史的最低点，动荡的社会也使社会上的道德伦理观念减弱。明初，国家初定，急需建立新的社会秩序，但由于国家普遍的低文化状况，普及道德规范、弘扬文化成为国家的必需，传为郭萌所作的《教儿经》等作品因此陆续出现。

《教儿经》在明、清以至民国时流传很广，从文中的述事内容上看，最初应为家教读本。所面对的对象是家族中的普通人群，因此文字简约，极为通俗，没有什么令人难以理解的语句，通篇文字大多用白话的方式陈述。此文开篇"居家一本教儿经，万古传流到如今"，提请读此经的人注意，之后谈父母养育子女如何辛劳，子女要认真求学、修身，以诚敬之心去敬奉父母，不要欺瞒父母，如果不能做到孝敬父母且欺瞒父母师长则会："父母先生被他哄，长大后悔怨谁人。自古常言说得好，一无成来百无成。"再列举古来孝子孝敬之事，作为人生行为的典范，谈到孝时主张养、敬、翼、谏，要友爱兄弟、和睦亲朋，要勤于耕读，承续祖业，要让父母生活得安心，还要求去影响家人、模范子女，将孝德、孝行代代传承。更提到："凡事要好问三老，年老之人阅历深。任凭后生多伶俐，不识不知枉劳心。"老年人丰富的人生经历，可以使年轻人少走许多弯路，因此孝亲的同时也要敬老，因此要做到"教训儿孙敬老者，老者安之圣人心"。要勤于修养自身，养成好的德行，做到"朋友信之千个好，少者怀之爱要真。齐家治国平天下，势大不可压乡邻"。最后以"男男女女都一样，兴家立业比才能。兄弟同心家必兴，妯娌孝顺奉双亲。若是不把父母敬，后来子孙照样行……奉劝传承教儿经，子子孙孙万年青"结尾，点出有孝悌之德、之行才可以兴家立业。

《教儿经》中间杂有许多不适于现代的封建思想，但总体上来说是一部宣扬孝德、孝行的文字，语言的平白、平易，即便是不识字的人听来也能记于心头，是一部不错的教孝读本。也正因为此文具有如此特点，明清之际广为流传，成为当时的人们借以培孝的读物。明代学者朱用纯的《劝孝歌》也是此类作品，《劝孝歌》结尾说"孝顺理当然，不孝不如禽"，以人与动物作为比较，点出孝悌是一个人立身处世的基本德行。明末的藏书家钱曾也有《劝孝歌》，只不过他的《劝孝歌》，将神鬼之说纳入歌辞，比如："百行之先，万善之妙。孝者成仙，孝者了道。勿畏人讥，勿畏人笑。"其目的是为了让人有所敬畏，神鬼之说虽无稽，在当时的时代，如此培孝也算是一种方法。

清代的医学家石成金有《传家宝》，书中有《正字歌·孝亲》一篇，歌中说："借问缘何得此身，一毛一骨是双亲。但看养子殷勤意，便见当初鞠育恩。常仰昊天思一本，难将寸草报三春。试于反哺观乌鸟，敢背劬劳愧此禽。"劝孝之言殷殷切切，从人生根本处开始说起，借乌鸟为喻批驳不孝。又有《敬长》歌辞，以孝为基敬老敬长。清末出现的《家常语》，是清代陕西学者管涝所著，以四字为韵说孝谈德，用人们日常生活的语言说父母恩、论子女孝，强调"孝通天地"，告诫人们"莫忘根本"。

清末民初流传的《劝报亲恩篇》（全文可参见《历代家训、童蒙、学约选辑》中的《劝报亲恩篇》条目），作者无可考，全文皆以白话写成，此文因大力宣传孝敬父母、友爱兄弟等良好美德，因此广泛流传。全文五个部分：第一部分是孝行总论，从理论上述说孝的重要性；第二、三部分言父母恩重，子女应尽孝道；第四部分谈兄弟要友爱、和睦相处，如此才会使父母和乐；第五部分是总述前文，说明孝亲的重要。这篇文字继承了明清两代劝孝歌辞的传统，文字更加平白，论说更为直接。

良好的家庭教育可以使人初步形成道德意识，学校教育可以让人明白世间的德义，国家的提倡、推广，以及律法维护可以约束人们的行为，好的民风则可以形成良好的社会氛围。培孝不是哪个人的事情，需要家庭、社会、国家共同去维护、去培养，劝孝歌辞的出现，使不同文化程度的人，在培孝育德时可以依此言说，歌此类歌辞的人本身便是一种学习，听此类歌辞的人则可以对比自身的不足，记此类歌辞的则会影响自己的行为。劝孝歌辞在培养社会孝德的方面有其独到的作用。

二十五、序庠孝旨[1]

《说文解字》在解释"序"和"庠"时记："礼官养老，夏曰校，殷曰庠，周曰序。"所代指的是商、周时期的学校。《孟子·滕文公上》记："设为庠序学校以教之。庠者，养也；校者，教也；序者，射也。夏曰校，殷曰庠，周曰序，学则三代共之，皆所以明人伦也。"文中的"养、教、射"，都是指学校的功能在于传播知识技能；"明人伦"是指，在人们学习知识、技能的基础上，要修养出良好的品性。如何修养良好的品性，从我国历代的传统上看，培孝德以为根基，养敬让以为规范，是我国历代学校道德教育的基础。

清末学者王筠有一篇《教童子法》，文中说："功名、学问、德行本三事也，今人以功名为学问，几竟以为德行。教子者当别出手眼，应对进退事事教

1．文献支持：《说文解字·卷九下》《孟子·滕文公上》《唐会要·卷七十七·论经义》、宋·朱熹《晦庵集·卷七十四·杂著·白鹿洞书院学规》、宋·王应麟《玉海·卷一百一十六·选举》、元·徐硕《至元嘉和志·卷二十三·碑碣》《明会典·卷七十六·礼部三十五》、明·章潢《图书编·卷三十四·三经五常总叙》、明·邵廷采《姚江书院志·卷上》、明·顾宪成《东林书院志》、清《皇朝文献考·卷二十一》、清·王筠《教童子法》。

之，孝悌忠信时时教之。"意思是说：世间的功名、学问、德行，本来是三件与人密切相关的事情，如今许多人误以为有了功名，学问自然也就高深了，对自己的德行不注重修养。教育子弟时不能让子弟养成此种习性，因此育人要先从进退、礼让这样的事情去规范，时常用孝、悌、忠、信这样的基本德行去培养、去教育，让子弟养成好的习性。王筠所处的时代距今不远，所考虑的问题是传统学校教育中极为重视的问题，即培孝立德、养规行范。

实际上在我国传统学校教育中，以学校为阵地去推广孝德、孝行，是一种传统（可参见《兴孝篇》中的《文武习经》《科举为题》《明伦堂谕》等篇），无论是国立的太学、四门学、国子监、武学、州学、县学，还是书院、乡校、家塾，都将培孝当成德行修养的基础。先秦如此，两汉如此，历代沿袭。《唐会要》载唐玄宗天元七年（719）三月，唐玄宗亲注《孝经》并下明诏："《孝经》者，德教所先，自顷已来，独宗郑氏，孔氏遗旨，今则无闻。又《子夏易传》，近无习者，辅嗣注《老子》，亦甚甄明，诸家所传，互有得失，独据一说，能无短长？其令儒官详定所长，令明经者习读，若将理等，亦可并行。"更是将培孝育德列为学校办学的宗旨。《玉海》记北宋徽宗大观元年（1107）三月十八日制《大观御制碑》，碑文明确将"设学校、置师儒所以敦孝悌，孝悌兴则人伦明，人伦明则风俗厚，而人才成刑罚措"列入学规。碑首宋徽宗亲题："立之宫学、雍、天下郡邑……"实际上依宋制，全国当时的各级各类学校的主殿（一般为"明伦堂"之类）都立有此碑，惜此碑大多毁于金宋、宋元战争之中。现在此碑碑文在清代山东《夏津县志》《古今图书集成》中尚有记录。

明清之际沿袭宋制。明太祖开国后即发布大诰，明代章潢的《图书编》中记下了此文："孝顺父母，尊敬长上，和睦乡里，教训子孙，各安生理，毋作非为。"清代顺治入关后，于顺治九年（1652）颁行六谕："孝顺父母、恭敬长上、和睦乡里、教训子孙，各安生理、无作非为。"之后康熙九年（1670）再颁《圣谕十六条》，雍正时更将"十六条扩展成《圣谕广训》"（可参见《兴孝篇》中的《顺熙乡约》《广训谕孝》）。明清两代的学宫、书院，由时代推演，一般都在学宫的门内、主殿之前立分别立卧碑，写明清两代的"圣谕"，宋代末毁于战火的《大观圣作碑》同样也立于此。由此可见明清两代对培孝德的重视程度，将孝列入学规，让学子日见而明思。《孝经》中说："君子之教以孝也，非家至而日见之也。"关于培孝，实际情况也是如此，并不是每天都有人去不厌其烦地告知，实际上，路过、读过、思过、常常见过，在人们心中终究会留下一丝印象，这丝印象本身便是好的习性养成的基础和前提，就如同现在各级各类学校里，在学校的显著位置写明校训，是一个道理。

学校的培孝是有基础和理论的，远的不说，宋代出自朱熹之手的《白鹿洞学规》就很能说明问题，学规言："父子有亲。君臣有义。夫妇有别。长幼有序。朋友有信。"有封建纲常蕴于其中，但不可否认的是，文中以孝培德、以孝立范的宗旨是有其积极意义的。宋之后元、明、清多沿用朱氏理论。元代的《至元嘉和志》中有《县学讲堂铭》，铭中说："仁为道远，行莫能至。究其本原，在孝与弟。孝弟之性，诚矣无伪。扩而充之，为仁甚易。"谈孝论仁，实际上是对朱熹学规的再叙述。明清两代的书院中，许多书院也将朱氏学规奉为圭臬以养孝德。

培孝立德既然作为当时学校的培养宗旨之一，在操作方面有严格的要求。各地的学校一般都设有训导、教谕之类的学官，学官由国家派出，一般为有功名的读书人，明清之际大多由举人或新科进士担任，以显示国家对教育的重视。这些学官除了教授学子知识外，还有一个重要职能，促进学子们孝德的养成。清初的《云程林氏家乘》载了一篇明代弘治皇帝的《敕书》，《敕书》中弘治皇帝要求时任直隶提督学校监察御史的林瑭巡视学校，巡视时务须注意各学校的"敦孝、弟、忠、信、礼、义、廉、耻之行"，严格规范，"不许徒务口耳之学"，国家如此，各地学校也遵行督察之制。这样的督察政治意义大于实际功效，却从制度上要求各级各类学校，重视学子们的德行培养，要求学子们不要读死书，养好的德行要从对待自己身边的人开始，从自己身边的人开始关爱，即从细小的敬奉父母之事中开始修养自己的德行，从而达到被国家所用的目标，方法虽然功利，实际效果却培养出了许多孝德、品行、能力兼优的人。

督促是由上而下的，规范是由外而内的，由习惯的养成到心中的认可，需要一个过程，大多学子在家中已知孝义，也有些人未能明白其中的意义，因此学校的学规在这方面所加深的、所巩固的，便是学子们身上的这种好习惯、善品性。《明会典》载，明洪武二年（1369）国家定制学规，明诏天下学校，其中有一条："生员之家父母贤智者少愚痴者多。其父母贤智者子自外入必有家教之方，子当受而无违斯孝行矣，何愁不贤者哉！其父母愚痴者作为多非，子既读书得圣贤知觉，虽不精通实愚痴父母之幸独生是子，若父母欲行非为，子自外入或就内知，则当再三恳告……使不陷父母于危亡，斯孝行矣！"从明孝义到知孝德，从知孝德至行孝事，从行孝事到养孝习，由养孝习到端孝行，明白无误地将明初有关学子孝德、孝行培养的过程诏示出来。不仅如此，国家对那些不遵其道的生员，则用律法去约束，《国子监通志》载："在学生员当以孝、悌、忠、信、礼、义、廉、耻为先，隆师亲友，养成忠厚之心，为他日之用。敢有毁辱师长生事告讦者，即系干犯名义，有伤风化，定将犯人杖一百，发云南充军。"其中的"名义"一词，代指"名教德义"，封建时代的名教虽然现在看来有许多需要扬弃的地方，但其中所提倡的孝、悌、信、义、廉等方面，至今依然有借鉴之处，明代用律法维护，本身就标志着国家对孝德、孝行的重视。

官办学校如此，民间所办的学校也是这样。明代《姚江书院院训》中有记："三代之学，所以明人伦。人伦之本，首重孝悌。如筑室之有基，如立苗之有根。吾辈未膺民社，晨夕出入，但有爱亲敬长两事，此处不立根基，无论异日服官、临民，无所取资。"明人伦然后"重孝悌"，"重孝悌"则会"立苗有根"，学校的校训是一个学校学规的基础，明训如此，更是明确了在此学习，习孝德以立根本的目的。书院作为明清时国家的一种普遍现象，几乎各家都有类似的规定。圣人家乡曲阜有一部《阙里志》，其中有学规一章记："在学生员，当以孝、悌、忠、信、礼、义、廉、耻为本。必隆师亲友，养成忠厚之心，以为他日之用。敢有毁师长及生事告讦者，即系干犯名义，有伤风化，定将犯者依律拟问。"所论与明代相似，如同我国这样将孝德写进学规，规范学子的行为，在世界上是鲜见的，所表明的不仅是对传统道德的认可，同时也是对孝德观念的认同，对培孝重要性的认知。

清代承继了明代的制度，国家及地方所定的学规大体与明代相似，所体现的是培孝育德的传承性，甚至有些学校的规定更为明确，清光绪年间重建的明道书院，在其《志》书的学规中明确说："处家之善：一曰能孝父母；一曰能和兄弟；一曰能敬尊长；一曰能教妻子；一曰能御家众；一曰能理家务，一曰能尊师道，一曰能笃友谊。"将修身厉行、培孝树德等列于一处，体现了书院对孝德培养的重视。

封建时代的士子并不是都能进入仕途，能通过科举策试的人很少，绝大多数人经过学校学习后，又回到了社会，承担起了净化社会、推动社会进步的责任。明代的东林书院是比较典型的书院，这里毕业的学子只有很小一部分进入仕途，大部分学子在结业后回乡，结成了名为"东林系"的利益共同体。在"东林系"的共同体下，东林的学子结成不同形式的会社。这些会社有自己的会约，《东林书院志》记有此类"会约"，强调会社成员"父子亲""长幼序""朋友信"，实质上就是要求会社成员持孝德以广孝道，利用自己读书人的身份去影响、培养社会孝悌习俗。安徽泾县以赤麓书院讲得更明确，《志》中的"会约"记："父母生我，恩同天地，无能为报。人少时，何曾一刻离得父母？后来情欲日深，孝心渐衰。富厚者享用现在，不念父母辛苦所致，争多嫌少；贫者不肯将无做有，竭力奉养。羊跪乳，鸦反哺，禽兽尚然，人反弗如，宁不愧死？顺字要细心体贴，就使奉养十分，周旋言语欠婉，颜色欠和，纵有三牲五鼎，亲心乐乎？曰孝，顺德也，百行之原。"将孝道的方方面面加以重述，强调会社成员遵行其道。明清两代的书院"会社"及其他学人"会社"的成员，并不局限于在学生员，其范围达及社会的诸多层面。在这些层面中，学子或者说读书人用自己所学、所遵、所行影响着周边的人群，无形中也为社会中孝德的培养添一了把柴，效果是显著的。

　　学校（书院）作为历代培养各级各类人才的地方，是历代培孝育德的主要场所，在此处学习、走出去的学子所负有的责任，除了自己养成孝德、孝行，同时也可以将自己所修养的孝德推及四方。

二十六、母训微言（《温氏母训》）[1]

　　温璜，生于1585年，卒于1645年，名以介，字于石，号宝忠，明末南浔人（今浙江省湖州市南浔区），崇祯五年（1632）中举，崇祯十六年（1643）二甲及第，任徽州府推官。明亡后，在徽州组织抵抗，誓不为亡国之奴，历时四个月，城破全家死难。清代的《明史考证》载，清高宗乾隆四十一年（1776）追谥为"忠烈"，乾隆四十年成书的《钦定胜朝殉节诸臣录》将他的事迹收录于内。

　　《四库全书》中收录了《温氏母训》，此书是温璜记录的由他的母亲陆氏陈述的训诫。《四库全书总目提要》中记："璜有遗集十二卷，此书其卷末所

1．文献支持：明·温璜《温氏母训》《明史·温璜传》、清《明史·卷二百七十七考证后》、清《钦定胜朝殉节诸臣录·卷二》、清·朱彝尊《明诗综·卷七十六》《四库全书总目提要·卷九十三》《清史稿·汤斌传》。

附录，语虽质直而颇切事理。末有跋语，不著名氏，称原集繁重不便单行乃录出，再付之梓。案：璜于顺治乙酉起兵与金声相应以拒王师，凡四阅月，城破抗节以死，其气节震耀一世，可谓不愧于母。"反映了有清一代对温璜气节的褒扬，对温母陆氏教育的认可。

翻开《温氏母训》，阅读其书可以很明显地看出，全书的叙述风格是半白话的形式，语言平易，多为家常语，文字且大都短小，没有什么惊世、骇世之语，十分贴近生活。从中也可以看出陆氏在对温璜培养时的风格，以及她对孝德、孝行的认知及传授。

用日常的语言教导子女是《温氏母训》一书中显著的特点。比如："贫人不肯祭祀，不通庆吊，斯贫而不可返者矣！祭祀绝是与祖宗不相往来，庆吊绝是与亲友不相往来，名曰'独夫'，天人不祐。"此句陆氏没有谈一个孝字，却处处讲到了由孝成德。有些人为什么贫苦，除了现实的原因，更在于有些人不知道去努力，不知道显扬父母亲人，只是浑浑噩噩地活着，没有孝这种德行，养不成好的习性、规范，心性就会凉薄，就不会与人相处，不知道如何与人相处，自然也得不到许多帮助，似这样的"独夫"，是不会得到福佑的。说法虽然有些极端，但在现实生活中的确存在此类现象。又有：

世人眼赤赤只见黄铜、白铁，受了斗米串钱便声声叫大恩德，至如一乡一族有大宰官，当风抵浪的有博学雄才，开人胆智的有高年先辈，道貌诚心后生小子步其孝弟，长厚终身、受用不穷的这等大济益处，人却埋没不提，才是阴德。

以一个居家之妇的语言，指出不要贪受小惠，做人要有骨气，对于那些能教导人的人、能护佑人的人，博学多思的人，要敬重他们，向他们学习，修养自己的德行，从基础的孝悌之德开始修习，如此成长起来的人才是对社会有益的人。而世间往往对此类人不重视、不提起，做人不能如此，只有具备了文中所提的德行，才算是有了"阴德"。语言十分朴素，讲明了一个道理，从养孝德开始修德，以培骨气、增傲骨，修养身心以至惠及社会，此种提法对孝德、孝行而言，虽未明说，但实际上符合以孝德修养的根本原则。

《温氏母训》中还有许多类似的语言，从温璜所录的母训中可以看出，陆氏培孝，重在细节，不谈什么大道理，而是让子女从身边细微的小事做起。"贫家儿女无甚享用，只有早上一揖，高叫深恭大是恩至。每见汝，一勺便走，慌张张有何情味！"子女对父母的孝，要做到心有敬意，心怀感恩，不能认为父母照顾子女，就无视父母的辛劳，如此不是孝更谈不上敬，家各有贫富，贫苦之家即便是早上子女恭敬地称呼父母，尊重父母的劳动，就算是父母没有什么享用，也是孝的表现。如果无视父母的辛苦，心中不存敬意，不是好习惯，更谈不上人情味，对父母如此，对他人又会如何？朴素的语言，细微的生活细节，生活中的注重，都会养成好的习性。

陆氏教子讲求言传身教，不主张体罚。《母训》中在谈到教育子女时说："儿子是天生的，不是打成的。古云：'棒头出肖子。'不知是铜打就铜器，是铁打就铁器？若把驴头打作马面，有是理否。"以诙谐的语言指出，教育子女，体罚不是成功的办法，子女在未成年时心性不定，善于模仿，许多孩子在家庭的严苛教育下，在没有父母垂范的状态下，容易产生抵触情绪，这种情况下，打不是办法，不能使子女在心中产生敬畏之心，如文中所说"驴头打作马面"，人心是肉长的，人身也是肉长的，这种打往往会适得其反。正确的行为是以身垂范，讲明道理。《母训》中许多条目谈到了垂范子女时，父母应该如何做，但由于陆氏早寡，辛苦持家，没有谈及太多温璜的父亲如何去做事的，所说的大多是自己如何做的。书中有一句话很有意思："凡父子姑息积成嫌隙，毕竟上人要认一半过失，其胸中横竖道，卑幼奈我不得。"父母、子女、婆媳之间的矛盾，长辈不要只是强横地认为，有错是晚辈的错，父母也应考虑自己哪些地方做得不合适，自己做得不足不要迁怒于子女，强横往往不能解决问题，强横不是垂范子女晚辈的方法，父母想着让子女孝，慈爱子女是父母要做到的，用正确的方法去垂范，更是父母应该考虑的问题。

陆氏培孝主张培养子女对父母的"敬"。《母训》中有一段温璜问母亲"犬马皆能有养，不敬何以别乎"文字，陆氏的回答："这个'敬'字不要文绉绉说许多道理，但是人子肯把犬马二字常在心里省觉，便是恭敬孝顺。你看世上儿子，凡日间任劳任重的都推与父母去做，明明养父母直比养马了。凡夜间晏眠早起的都付与父母去守，明明养父母直比养犬了。将人比畜怪其不伦，况把爹娘禽兽看待？此心何忍？禽兽，父母谁肯承认，却不知不觉日置父母于禽兽中也。一念及此，通身汗下，只消人子将父母禽兽分别出来，够恭敬了，够孝顺了。"陆氏反对用文绉绉的语言去教育子女，主张从日常生活的行为中教育子女。对于"敬"字的理解，她认为，要让子女时常警于心中，在日常生活中首先要做到不让父母过多操劳，要在心中生出照顾父母的心思，而不是将父母当成犬马使唤。奉养父母只知道以食物去养，而没有敬意，从《论语》原意中看，与养家畜没有什么分别；陆氏更进一步指出，子女不能失去恭谨，不能没有敬意、爱心地"使唤"父母，更不能呼之即来、挥之即去、劳累由他、疾病由他，培养子女的孝要从家庭小事上做起，应从帮助父母、照顾父母做起。

有了孝敬的心思，父母还要树立子女的规范，陆氏说："贫家无门禁，然童女倚帘窥幕，邻儿穿房入闼，各以幼小不禁，此家教不可为训处。"意思是说，人自小以严格的家教让子女养成好的习惯，再配合德行教育，父母垂范，培养子女好的品性、好的规范。好的习性，并不一定非要用烦琐的礼仪去要求子女，陆氏认为："家庭礼数贵简而安，不欲烦而勉。富贵一层，烦琐一层，烦琐一分，疏阔一分。"意思是说家庭中对子女的要求要适当，不要烦琐，不要让子女因烦琐的要求而产生抵触情绪，要勉励子女去做好的事情。不能因为富贵了，就以烦琐的礼法去要求子女、束缚子女，过分的烦琐只能让亲人之间的关系疏远，不利于子女德行的养成。

仅在家中养成孝行是不够的，还要将孝行养成规范，养成孝德，推而广之修成其他的德行。温璜问母亲："世间何者最乐？"陆氏说："不放债、不欠债的人家，不大丰、不大歉的年时，不奢华、不盗贼的地方，此最难得。免饥寒的贫士，学孝悌的秀才，通文义的商贾，知稼穑的公子，旧面目的宰官，此尤难得也。"陆氏在回答时没有明说到底什么是乐，却谈了理想生活中和谐、平衡的社会生活；没有明说希望子女养成什么德行，却谈了人要有进取心，要有孝悌之思，要明善恶，要知劳苦，保持从幼时养成的善的品性。文中提到和谐、平衡，是为人父母对子女日后生活的愿望，提到的"免、学、通、知、旧"，是要求子女无论何时都要保有一颗自警之心，因孝而修成善的本性。子女未必都能闻达，但要有进取心；子女未必都能建功，但要循孝德规范；子女未必都能富足，但要有骨气。陆氏教子可见一斑。

陆氏的教育是成功的，以身垂范也是陆氏教子的方法。《明诗综》记录："温公少孤，母陆孺人鞠之。破屋一间无帏帐，姑沈病且死，同坐卧一板箱，种火煨粥以为食。教其子读书，姑卒孺人哀毁如子。天启七年公请于有司，闻于朝，诏旌其节孝。"温璜居家事母以孝闻于世，为宦尽忠报于国，明末乱世，誓不降顺清政权，破家为国以成大孝，全家蒙难以全节烈，其惨烈、忠贞为后世所敬仰。

清顺治年间议修《明史》时，大臣汤斌谏言："前明诸臣有抗节不屈、临危致命者，不可概以叛书。宜命纂修诸臣勿事瞻顾。"实际上是对孝于家、忠于国的忠孝之士的肯定，因此在清乾隆年间，大量的明末忠贞诚孝的人被旌表、被追谥，温璜也因此被追谥为"忠烈"，《四库总目》中的感叹"气节震耀一世，可谓不愧于母"，正是对陆氏的肯定。

二十七、陈瑚之论（陈瑚《圣学入门》）[1]

陈瑚，生于1613年，卒于1675年，字言夏，号"确庵""无闷道人"，明末太仓（今江苏太仓市）人。明清之际著名学者，"太仓四先生"之一，门人私谥为"安道先生"。明毅宗崇祯十六年（1643）中举，明亡后不求仕进，以治学著述为乐。有《安道遗书》五十八卷、《离忧集》《从游集》《顽潭诗话》等传世。

清顺治九年（1652）《圣学入门》书成。《四库全书总目提要》中称："是书分《大学日程》《小学日程》二种。《大学日程》曰：格致之学、诚意之学、正心之学、修身之学、齐家之学、治平之学，于八条目之中复分条目，各为疏解。《小学日程》曰：入孝之学、出弟之学、谨行之学、信言之学、亲爱之学、文艺之学，其条目较之《大学》为简。其用功之要曰：日省敬怠、日省善过。"对书中培养学子知识、德行的方式、方法十分推崇。在清代许多志书有陈瑚的传略，这些传略中大都记录了陈瑚著有《圣学入门》一书。《清史稿》载陈瑚去世后，当时的江宁巡抚汤斌，在他故居处建有"安道书院"（《陈安道先生年谱》记其时为康熙二十四年，即1685年），可见对其教学、培养之功的认可。

孩子们刚刚入学时的教育，属于基础教育，基础教育时期，不仅要让孩子认字，还要让孩子学习知识，同时更要让孩子们明白什么样的行为是好的行为，要养成什么样的习惯，借以培养孩子们的德行基础，《圣学入门》中的《小学日程》有许多内容谈到了这个问题。陈瑚论孝培德的方式与前人有相同

1．文献支持：《论语·学而》、清·汤斌《汤子遗书·卷一·语录·志学会约》、清《雍正湖广通志·卷八十九·艺文志·五言绝句》、清·陈溥述《陈安道先生年谱》《清史稿·陈瑚传》。

之处，他将入孝之学列于首位，之后是出弟之学，谨行之学等，明显他的此种排列方式是继承了传统的"弟子：入则孝，出则弟；谨而信，泛爱众而亲仁；行有余力，则以学文"的观念。实际上，孔子有如此观点，想要做到是不容易的，这就需要人们从年幼时开始培养，人的一生中要时时刻刻地去注意修养。

　　培孝的方法上，陈瑚在基础教育的德行培养中，有突出的方面。在"入孝之学"中，他并不是单纯地去宣讲、去要求刚入学的人养成孝德、遵行孝规，而是有比较地去培养。孝与不孝相对而列，如："愉色婉容"对应"不愉色婉容"，"亲召无诺"对应"亲召诺"，"顺亲教令"对应"不顺亲教令"，"视亲寒暖抚亲疾痛"对应"不视亲寒暖抚亲疾痛"等。两两相对，这种类似于现代板书形式的教育方式，为历代鲜见，虽然书中没有记录两两相对的条目下要讲什么样的内容，但可以想见，在实际教学中，是需要举出不同的例证去说明的。在教学过程中可以如此操作，在检查环节更是如此，学生上学时对以所列条目，比自己在家中的行为，可以明显看出自己哪些做得好，哪些做得不好，好则勉之，差则改之。在《小学日程》的序中，陈瑚说："简则可守，明则易从，所以便幼学也。使用为师者以此教，而为弟子者以此学焉。亦可以养正，而为作圣之基矣！"将采用如此教育方式的原因、益处及培养过程说得十分清楚。正因为方法简单，才可以让孩子们在学习时更容易明白；因为简单则容易遵从，十分适合好习惯的养成。老师用此法教学培养，更容易养成学生好的习性，借以端正自己的行为，为成长之后立身于世间打好基础。

　　陈瑚主张的心性或者说习惯的好基础是指孝德，传统上孝为德之基础，是世间一切好德行的基础，此说虽有夸大，却在实际生活中为历代所认可。之所以认可，在于以孝培德，可以养成好的规范，养成好的遵守规范的习性，在人的社会生活中是十分重要的。因此他在论述"入孝之学"后又论述"出弟之学"，方式和方法是一样的。内容与前代有所不同，却更为明确。以往明确兄弟和睦是家庭和谐的保障，这种明确成为社会的认知，因此形成习俗或者说风尚，一般来说习俗、风尚的养成教育，是通过家庭和学校的教育完成的，国家往往用法律进行约束。只是表述此类德行的文字往往出现在经籍之中，以及国家的律法之中，与平常的百姓距离稍远。陈瑚则不同，他直接以对比的形式在教学中列出了"敬伯叔"和"不敬伯叔"，"兄弟相让"和"兄弟相犹"，"徐行后长"和"疾行先长"，"言不先长"和"言先长者"，"敬父之执"和"不敬父执"几个命题，将兄弟和睦所表达出的孝，扩展到敬长、尊长的方面，让学生在学习时思考、对比，如何去做才能养成好的习惯，如何才能让父母因自己具有好的行止而感到高兴。

尊长敬长是孝的要求，同时也是礼的要求，在这一基础上还要敬师长、亲益友，养成类似的习惯，有了孝德为基础则会事半功倍。陈瑚在《小学日程》中所表述的培养方法，显然采用了参照、对比的方式，以教学让学生明道理，以对比让学生知差距，以比照自身让学生明白自己什么地方做得不足，在对比、参照中养成好的习惯，在对比、参照中使自己的德行修养螺旋式上升，以达到培孝养德、修身明礼的目标。

《小学日程》如此，《大学日程》同样如此。陈瑚所言的"大学"是发蒙之后所进的学堂，所学的知识、所修的德行显然比发蒙时期所学的、所修要深一层。在他的《大学日程·齐家之学》的《序》中，他说："家难而天下易非以情胜理，即以义断恩、过与不及，皆非也。齐家之道，正伦理、笃恩义而已。"前面一句显然是感慨，重点在后一句，要想让家庭和谐，需做到"正伦理、笃恩义"，所谓的"正伦理"，自然含有孝敬父母敬奉长上的内涵，"笃恩义"的基础是做人要学会感恩，一个在家中都不能孝敬父母的人，如何能要求他笃于恩、感于义，于是就要求人们在日常生活、学习中养孝修德、明规行范。

《大学日程》所用方法依然是参比、对照。将"善事父母谕亲于道"称为"皆善也"。将"不善事父母不能谕亲于道"称为"皆过也"，通过"冬温夏清、昏定晨省、愉色婉容、服劳奉食、出告反面、承颜顺志、体亲劳逸、抚亲疾痛、无私货、无私畜、亲爱亦爱亲、敬亦敬之"之类的行为，彰显"顺亲"，顺亲并不等于无辨别地、无原则地听从，陈瑚要求在培养孝德的过程中，要养成"谕亲"的习性，即"赞亲行善、劝亲改过、下气怡声、柔声以谏"，即以父母的善行为美，劝谏父母有过失的行为，父母有错不要言辞激烈地去指正，要语气和缓地去谏诤。虽然后一句"三谏不听号泣而随之"有封建父权专制的思想在内，但从总体上说，子女孝敬父母时不盲从，才是真正笃诚地行孝。

反之，子女有"定省失节、唯诺不谨、奔走不恪、汤药不尝、私财私货、不定成业、狎恩恃爱、径行自遂"之类的行为，不仅子女自己养不成好的习惯，还会给自己带来许多不确定的危难。同时子女有如此行为，本身更是给父母带来极大的困扰，养谈不上，敬谈不上，安心更是谈不上，因子女的劣行反而会使父母声名、生活等方面受到牵累，显然不是孝行，同样也养不成孝德，家之困子女无行，正在于此。有些人表面上孝敬却不懂什么是真正的孝，于是出现了"亲善不能赞成、亲过不能谏止、阿意曲从陷亲不义，或责善而离，或激成亲过，以至于徒知禄仕不能义养"之类的行为，不能认可、赞同父母善的行为，不能谏止父母的过失，只知曲从让父母处于不义之中，对父母言辞激烈，借口在外地生活、工作，尽不到孝敬父母的义务，就算是在父母身边时展现出孝的一面，也是假孝或者说不足，不是真正的孝。

两者相较，前面的"谕亲于道"是真正的孝，是"善之大者也"，后面的"不能谕亲于道"是不孝的行为，是"过之大者也"。培养一个人，要培养一个人的善恶观念，虽然当时的人没有现代的先进理念，但基本的何为正、何为过与现代许多地方是相同的，至少在"孝"的方面，去除封建的、等级的因素，子女至少要知道并遵行"感恩"，"感恩"不能盲目，要有笃诚之心。这也许就是陈瑚用比照的方法培孝的初衷。

陈瑚对人德行的培养，特别是孝德的培养，关注的重点在于心性的培养，他通过对比式教学，让学生明白每天自己应该去做什么事情，习惯成自然，在积累的基础上培养好的心性。《湖广通志·艺文志》中收存了他的一首《孝子诗·题董孝子墓》："孝子行佣为老亲，到今双冢傍湖滨。休将织绢疑天女，好与千秋感路人。"意思是说董子孝行为古今模范，如今人们所要学习和比照的是自己与董永的差距，不要去找寻是否有天女这样的末节，要想着通过董永孝亲一事，世人能够学到什么。清代学者汤斌谈到《圣学入门》时说："敬者，不苟之谓也。敬无他攻击此心之苟而已，故苟则不敬，敬则不苟。戒慎恐惧心，本不苟也。"点出了陈瑚的培孝养德方法在于培养人们有"所敬"的心态，要做到有所敬则需要认真、专注对待自己的行为，养成良好的习惯，培养良好的心性。

对比、参照这样的培孝修德方法，运用在学习上是一种好的方法，运用在德行修养上更可以让人明白自己的不足，知道如何修正自己，即便是对现代社会，也是有借鉴作用的。

二十八、孝铭山河[1]

地名，顾名思义是指一个地方的地理名词，是一个地方的名称。我国历史悠久，全国各地的地名多种多样，各地的地名有许多既有历史性又有知识性，有所褒扬，有所纪念，有所传承。在诸多地名中，以孝命名或者说有孝德故事的地名不可计数。大量地包含着孝的地名反映了历代对孝这种德行的肯定，是国家、社会广培孝德的一个缩影。

《水经注》中记："莘亭，《春秋·桓公十六年》：'卫宣公使伋使诸齐，令盗待于莘，伋、寿继殒于此亭……平原、阳平县北十里有故莘亭。陜限蹊要自卫适齐之道也……今县东有二子庙，犹谓之为孝祠矣！"文中记载的伋、寿都是卫宣公的儿子，卫宣公信谗言，假意派伋出使，中途派人劫杀，他的弟子寿知道后，为不使卫宣公背负不慈之名，去通知兄长伋，兄弟二人同死于莘亭。《水经注》所记的二孝祠所指"二孝"即为伋和寿。这是我国史传中较早记录的有关孝的地名。

《汉书·帝纪一》载，刘邦登基后，其父思乡，想回到家乡"丰"，刘邦不忍其父远离，于是在都城的长安旁边建"新丰"，东汉应劭在他所集解的《汉书》中对"新丰"一地的注释为："太上皇思东归，于是高祖改筑城寺街里以象丰，徙丰民以实之，故号新丰。"上一则故事的地名是为纪念而定的地名，下一则故事则是为彰显孝行、孝德而定的。实际上以孝为名的地方遍布全国各地，不同的时代都在倡孝，国家、社会、地方以及不同的阶层、阶级，为彰孝德、培孝行，用了许多方法，勒石、旌表或许能传于一时，但地名的传承，在许多地方却不会因时代的变迁、风雨的侵蚀而被磨灭。

唐之后许多记载着地理的书籍记载了这些地名。唐人陆广微的《吴地记》中载："百口桥：后汉郡人顾训，家有百口，五世同居，乡人效之，共议近宅造'百口桥'，以彰孝义也。"五世同居，家中百口，是封建时代聚族而居的现象之一，既然乡人效之，显然顾训一家是和谐的，是有孝悌之行的。《旧唐书·地理二》中有清丰县，县名来历记为："县界有孝子张清丰门阙，魏州田

---

1. 文献支持：《周礼·地官司徒》《史记·帝纪十·孝文》《汉书·帝纪一》、魏·郦道元《水经注·卷五·河水》、唐·陆广微《吴地记》《旧唐书·志十九·地理二》、宋·乐史《太平寰宇记》、元·潜曰友《咸淳临安志·卷四十二·御制》《大明一统志》《明会典·卷一百六十五·都察院·宪纲》《清一统志》、清·雍正间各省《通志》。

承嗣请为县名。"又有孝感、孝昌等地名。宋代的《太平寰宇记》记有孝水、孝堂山、孝水、孝感水、孝义县、五孝城、孝义里等。在"雍邱县妇姑城"条的记录中记："梁东百里古有妇人寡居养姑孝谨，乡人义之为筑此城，故名曰妇姑城。后人因讹为妇固城。"在"江都县孝义里"条的记录中，写道："刘宗，武阳村人也……宋文帝时为上党太守，少有志操，居世清谨。元嘉二年魏大武兵至广陵，宗母为军所害，遂蔬食不尝五味以终世。其所住村因改为孝义里。"其他的诸如宋代王存的《元丰九域志》、欧阳忞《舆地广记》、祝穆《方舆胜览》、叶廷珪《海录碎事》等书中也有大量此类记录。

这些记录表明，孝德风尚是当时的国家所提倡的一种风尚，也是被社会中的人群所认可的风尚，家有孝子而家名，乡有孝子而乡望，县有孝子而县荣，山水有孝名则山水常青。孝作为传统的优良道德在被人们认可的同时，孝也因是村名、乡名、县名、山名、水名而被广播，这种广播使身处于此的人与有荣焉，也使闻此地名的人，在探究其名来历后，受到教育。可以这样说，以孝为地名，以孝子（女、妇）的孝行为地名，本身便是国家培孝、社会倡孝的方法之一。

宋之后出现的史书、笔记、地理类书籍，继承了传统，更是大量收录了因"孝"而有的地名。《大明一统志》更收录了六十余条与孝有关的地名，这些地名共同的特点都有孝德、孝行的故事在内，或历史久远，或声名远扬，或历代典范，既成地名，百世不迁，这是一些大的、或者说著名的地名，其他小的地名更是不胜枚举。《清一统志》中所记的地名，无论是在人物事件上、还是在地名来历上，记录更为详细。清雍正时期，国家大规模修地方志，全国各行省都有《通志》出现，在这些《通志》中更为详尽地列出了因"孝"而名的地名。

以孝为地名并不是偶然，类似现象的出现与我国传统的统治理念是相通的。我国自两汉后历朝历代便定下了"孝为国本"的国策，儒家倡孝，察举选孝、科举策孝、军队学孝……孝被国家、社会提倡并成为一种社会公德。国家为了稳定统治大力倡孝，对有孝德、孝行之人大力褒奖。《史记·帝纪十》记，汉文帝时有一少女，名为缇萦，她为了救父，随父亲到长安，愿以身代父，汉文帝受到感动，因缇萦孝行而免肉刑。真实的历史事实或许会有其他的原因，但缇萦孝父成为其中的导引，以致律法因孝则变，历史上此种事情还有很多。《明一统志·德安府》载，孝感县得名便是南朝刘宋王朝为董永孝母事，由汉代的安陆县改为今名，凡此种种多不可举。

由汉至清，历代、历朝、历国大多有旌表制度，"孝"是旌表的主要对象之一。清雍正《江南通志·舆地志·古迹六·徽州府》记："黄孝子宅：在府西九里黄屯园，唐孝子黄芮故居。贞元中诏旌其门，今称孝仁里。"唐代如此，其他的朝代也是如此，只不过有些地名随着朝代的变化，战乱的纷扰、人口的迁徙，许多古地名现已不存，但在旌表孝悌的制度上，历代没有放松，并形成了一个完备的体系。《明会典》载，明洪武二十六年（1393）国家明文诏令："凡孝子顺孙、义夫节妇、忠臣烈女，志行卓异可励民风者，所在有司举申监察御史，按察司覆实，移文所司以凭奏闻旌表。"明代的旌表孝悌的体系是传承于明之前，到了清代除承袭明代制度外，顺治时还下旨对所旌表的孝子，国家拨银建节孝坊，雍正年间更是在全国各地建"节孝之祠"，各地的孝子也因此得到了国家认可，而被乡里尊敬，以他们的名字、行为所定的地名更在全国范围内大量出现。

我国古代的国家对官员的任职表现，是定期给予考课的，官员的考课，所考的是官员在任内的施政效果。因此国家对官员的行政有着明确的要求。《周礼》一书中就记载着各级各类官员的职责，其中的"司徒"一任明确写道："以乡三物教万民，而宾兴之。一曰六德……二曰六行。孝、友、睦、姻、任、恤。三曰六艺……""族师各掌其族之戒令政事。月吉，则属民而读邦法，书其孝弟睦姻有学者，春秋祭酺。"历代对此沿袭遵行。到了宋代，《咸淳临安志》载，宋真宗定"文臣七条"，其中"三曰修德，谓以德化人不专猛威……六曰劝课，谓劝谕下民勤于孝弟之行、农桑之务"，更明确地将地方官员在行政时的培孝、立德之功，作为考课的重要内容。宋之前如是，宋之后亦如是，这就使得各级各类官员在行政时，以辖境内出孝子为荣，以树孝子为政绩。向国家提请旌表是一种方式，方式虽隆但过后易被人忘记，于是建坊立石以求永久；却往往会因政治、战争等原因被毁，于是更易地名以求长存。此种方式不仅能使孝德被地方上因有"孝"字而常被人提起，起到了宣传、培养的效果，也可以使当地人能长久地以有此孝子为荣，更可以列入史传，就算是朝代变迁，也会因被列入史书而成为不灭的记忆。

孝德、孝行在两汉后成为国家的基本道德风尚，社会上敬孝子、传孝行，对其中行止卓越的人，民间把他们的故居、孝行发生的地点以其人、其事、其行命名，形成了新的地名，也是以"孝"为地名出现的原因。

　　实际上孝德、孝行的培养是全社会的事情。家庭教育可以让人们因孝而成习，因习而成规；学校教育可以让人们明白为什么要有孝行，学会感恩，知道回馈；社会习俗可以约束人们的行为，进一步加深孝德、孝行的培养，形成良好的社会道德风尚，再通过良好的社会道德风尚去影响更多的人。如此种种是与法律不相冲突的，是与法律相辅相成的。将"孝"这样的德行铭于地名之中，正是自古以来国家、社会倡孝、培孝理念的展现，现代的人可以从这些地名之中品味悠远的历史，品味传承久远的美德，培孝之功也因之显现。

第三卷　养敬卷（上）

一、子路事亲 [1]

仲由，字子路，孔子的弟子，常伴于孔子左右，《孔子家语》载，孔子评价子路"由也事亲，可谓生事尽力。"意思是说，子路奉养自己的母亲，可谓尽心尽力。《二十四孝》中的"子路负米"的主人公即是仲由。

史志记载和民间传说中，仲由十分孝敬自己的父母，他在形容与父母相处的时间时说，犹如"枯鱼衔索，几何不蠹，二亲之寿，忽若过隙"。意思是说：晒干的鱼，用绳索穿起，可以长时间地放置而不变质；父母的寿命，却如同时光那样匆匆，如果不能在他们健在的时候孝养他们，他们去世后子女将会后悔终生。仲由父母健在的时候，他自己经常吃粗粝的食物，史传中说他负米百里，到远处购买粮食，背负回家以奉养父母。实际上"百里"是个虚数，极言里程之远，所反映的是子路的养亲之诚。

子路的家在孔门弟子中并不富裕，为了让父母生活得好一些，他"家贫亲老，不择禄而仕"。经过了各种各样的锤炼，再加上自己艰苦的努力，子路由于德行和政事能力在孔门弟子中凸现出来。父母去世后，他先后在鲁国、卫国担任过一些显要的官职。用他的话说，这时的他"南游于楚，从车百乘"，自己的俸禄也达到了"积粟百钟"，日常生活更是能"累茵而坐，列鼎而食"。从字面意思上看，无论是富贵、地位，都达到了一定的高度，但此时的子路依然思念着自己的父母。他自己说："愿欲食藜藿，为亲负米，不可复得也。"富足的生活，并没有改变他对父母的思念，还愿意如同年轻时那样，吃着粗粝的食物，为亲负米，只是父母已逝，心中十分忧伤。

《孔子家语》的记录中，孔子听到子路的感叹后说："死事尽思者。"意思是说，子路的父母去世后，子路尽到了对父母的思念。结合前句孔子对子路的评价，可以看出孔子对子路的孝行，是持肯定态度的。

1．文献支持：《史记·仲尼弟子列传》《孔子家语·致思第八》、元·郭守敬《二十四孝》。

二、高柴敬亲[1]

高柴，孔子弟子，《史记·仲尼弟子列传》记："高柴字子羔。少孔子三十岁。子羔长不盈五尺，受业孔子，孔子以为愚。"《论语·先进》也记载了孔子对高柴的评价"柴也愚"。实际上，"愚"在先秦的字义中并非只是"笨"或者"呆"的意思，《孔子家语》对此字的释义为"敦厚"。高柴即列孔门七十二贤，用"笨"或者说"呆"显然不合适，最合理的解释应是"敦厚"或者说为人朴实。

在《孔子家语》的《大戴礼记》中都记有这样一则故事。

高柴自从拜孔子为师后，进出门户，未从违背过礼节；行走在路上，面对往来经过的人群，行走在道路上，他的双脚从未踩到别人的身影上；春分时节惊蛰的动物从来不杀害它们，草木生长时从不折断它们；为亲人守孝时，从未见他开口笑过。上述有关高柴日常品行的陈述，使得孔子也评价说："高柴为父母守孝的诚心，是一般人很难做到的；动物启蛰出来活动时不杀害它们，是顺应天道的行为；草木生长时不去折断它们，是推己及物、讲仁爱的行为。成汤因为谦恭且推己及人，人们敬服他，因而能日渐发展起来。"

史传中对高柴孝亲的记录不多见，但从有限的记录中可以看出，高柴的敬亲之行是得到孔子赞叹的。同书的《七十二弟子解》中称高柴"为人笃孝而有法正"。"笃孝"是说高柴对待自己的父母有诚心。《论衡》在谈到高柴之孝时，将《大戴礼记》中高柴为父母守孝时的"执亲之丧，未尝见齿"，更为扩大，记录说："《传》记言：高子羔之丧亲，泣血，三年未尝见齿，君子以为难。"这里的《传》指《礼记》，此说出自《礼记·檀弓》，意思是说，高柴的父母去世后，他悲伤得哭泣出血来，当时的人无不为他的孝心所感动。

世人的感动，体现出了高柴的孝心之诚，敬亲之切。他的敬诚之心不仅表现在他为父母守孝的上面，还表现在他学习礼法、应用礼法，或者说修养德义、运用德义方面。他将对父母的孝思、将所修习的德行运用到了生活之中，以礼处世、仁爱待人，孔子评价他"法正"，是对他以孝修德、敬亲行仁的肯定。

1．文献支持：《论语·先进》《孔子家语·卷三·弟子行第十二》《孔子家语·卷九·七十二弟子解第三十八》《史记·仲尼弟子列传》《大戴礼记·卫将军文子第六十》。

三、曾子之孝[1]

曾子，名参，字子舆，孔子的弟子。是孔子传承儒家孝道思想的代表人物，所著录的《孝经》为千古经典。《战国策·燕策一》中，多处有"孝如曾参"的记录。战国时人已把曾参当作孝行最佳者的代表之一。

曾子孝亲首在养。在如何养的问题上，《孔子家语》记："齐尝聘（曾子）欲以为卿，而不就，曰：'吾父母老，食人之禄，则忧人之事。吾不忍远亲而为人役。'"大意是说："齐国曾经想聘曾子在齐出仕，曾子没有答应，对齐国的使者说：'我的父母已年迈，出仕任职，就要专心政事，对父母的奉养自然会减弱。因此我不忍远离父母，去远方出仕。'"曾子的意思很简单：即生活要有基本的收入，不能啃老本，或者说啃老，这是养亲的基础。父母年迈，子女要尽力孝养，这是子女孝敬父母所应做到的根本。

《孟子》记："曾子养曾皙，必有酒肉。将彻，必请所与。问有余，必曰'有'。"即曾子主张子女在奉养父母时，在保持父母正常生活水平的前提下，应使他们的生活更优裕一些，以使他们生活得更安适、更舒心。

《新语》记："曾子孝于父母，昏定晨省，调寒温，适轻重。勉之于麋粥之间，行之于衽席之上。而德美重于后者。"奉养父母时，子女更要对父母的生活细心照料，从早到晚，从食到宿，要做到仔细周详，神情颜色更要诚恳恭谨。

曾子孝亲更在敬。《孝经》中言："曾子曰：'身也者，父母之遗体也。行父母之遗体，敢不敬乎？'"主张为人子女要尊重父母所赐的做人的基础"身体"，在处理要面对的事情时，要对自己高度负责，如此态度更是对父母的高度负责。

《吕氏春秋》记："曾子曰：'父母生之，子弗敢杀；父母置之，子弗敢废；父母全之，子弗敢阙。故舟而不游，道而不径。能全支体，以守宗庙，可谓孝矣。'"不仅在生活中要尊重父母的意愿，同时还要时常为父母考虑，想父母所想，急父母所急。

《礼记》记："曾子曰：'孝子养老也，乐其心，不违其志。乐其耳目，

1．文献支持：《孝经·开宗明义章》《孟子·卷七·离娄上》《孔子家语·卷九·七十二弟子解》《吕氏春秋·孝行览》《礼记·内则》《战国策·燕策一》。

安其寝处,以其饮食忠养之。'"要让父母生活得愉悦,日常生活中的琐事不要违逆他们,要让他们生活得舒心,要用笃诚的心态去敬爱他们。

曾子孝敬父母在先秦时是十分有名的,他对父母的孝敬观念至今仍可为后世模范,人对事物的理解不可能一蹴而就,孝亲时也曾经有迂腐的时候,前文所说的"曾子耘瓜"的故事,其做法显然是迂腐的,他也因此受到了孔子的批评。史书、经籍中说"曾子大孝",他的孝敬观念,许多可为后世模范、借鉴。

四、伤身之叹[1]

乐正子春是曾子的弟子,是战国初期的儒家代表人物之一,他传承了曾子的孝道,在孝德的传承上为历代推崇。后世将其配祀于祭祀曾子的宗圣庙。

《孝经·开宗明义章》记:"身体发肤受之父母,不敢损伤,孝之始也。"意思是说:"一个的人身体、精血是始于父母,为人子女要爱惜自己的身体,不敢损伤,是孝的始发点。"此句的重点在于敬,所体现的更是对父母本身的敬爱。史传中说,曾子去世前"启予手,启予足",看看自己的手足是否完整,实际上正是此种思想的表现。乐正子春身为曾子的弟子,也是如此做的。

《礼记》记,乐正子春的母亲去世后,乐正子春十分伤心,五天没有吃东西。事后,他十分后悔,说:"我只是伤心母亲去世,却没有体会母亲对我深切的情感,母亲在世一定不会让我如此伤身,我如此亏耗自己的身体,实在是有违母亲对我的爱意。对父母的孝和敬是不能以伤身为代价的。乐正子春的事后之叹,所说的正是这个问题。

《吕氏春秋·孝行览》还记了一则故事。一天,乐正子春下厅堂时伤了脚,几个月不能出门,面有忧色,弟子们十分奇怪。乐正子春告诉弟子们说:"你们问得好呀!我听我的老师曾子说,曾子听他的老师孔子说:父母生下健全的子女,子女健全地回归天地之间,不亏耗其身,不损伤形体,才能称得上是孝。对于有德行、有气节的人来说,时刻不要忘记孝德,我行走时,忘形而走,以至于伤足,因此伤心。"

---

1. 文献支持:《孝经·开宗明义章》《吕氏春秋·孝行览》《礼记·檀弓下》、宋·林同《孝诗》。

儒家孝亲讲求诚、敬，诚敬的基础，首先要对父母有发自内心的敬爱，保全父母所给予的身体是其中重要的一个环节，如果连自己的身体都不能尊重，何谈对父母的孝，如何能表现出对父母的敬？宋代学者林同的《孝诗》中赞乐正子春说："向非亲在念，念念每精专。未必饭加损，能令疾脱然。"其因正在于此。

五、绛吏孝母 [1]

春秋是一个战乱的时代，晋国作为春秋五霸之一，更没有避开战乱的困扰。晋文公称霸后，晋国出现了一个相对稳定的时期，赵衰、赵盾相继执政晋国。赵盾时更是延续了晋国在春秋时的霸主地位，国内政治相对平稳，这与他在国内修齐政治、推行德化是分不开的。

《吕氏春秋》载：赵盾执政晋国时，有一天他去绛地，路过一株弯曲的桑树边时，看到有个人饿倒在树下，赵盾停车，用清洁的食物救助了此人，问道："你因何饿倒于此，遇到了什么样的事情？"饿倒者回答说："我本来是绛地的官员，外出归来粮食吃尽，盘缠用尽，羞于行乞，憎恶强夺他人的财物，因此才会到如此地步。"赵盾听后又给了他一些食物，饿倒者却不肯再吃，赵盾十分奇怪，问其缘故，饿倒者回答说："我家中还有老母，想将这些食物给她带去。"赵盾听后赞赏他的行为，又拿出一些买食物的钱财给他，才离开了。

故事很简单，却反映出赵盾的仁爱之心，以及绛吏的自尊、自爱和孝敬父母之心。赵盾执政时在赵国修齐政治、推行德化，晋国在他的治理下，与同时期其他的诸侯国相比较为昌明，人们的道德观念也相对敦厚。绛吏是这一时期晋国的官员，显然受到了影响。同时更具有了孝敬之心，明白什么样的行为才称得上是孝，人前人后不做使父母声名受污的事情，是修德有成的表现。因为有孝这一德行为基础，进而有了羞耻观念，陷于困厄却不做强夺之事，虽然在此种情况下不去行乞有些迂腐，但从总体上说，其为人还是正直的，尤其是最后，自己得救后，并不是只想着自己，还在心中念念不忘母

1．文献支持：《吕氏春秋·报更》《史记·赵世家》、宋·林同《孝诗》。

亲，更是体现出养敬父母的孝心。

宋人林同的《孝诗》记此事后，写道："翳桑一饿者，念念母之存。赖有赵宣子，能为别具飧。"一句"念念"写出了子女对父母的孝思，一句"赖有"写出了赵宣子的"仁德之心"。

六、汉文侍母 [1] （汉文帝刘恒）

汉文帝刘恒，生于公元前202年，崩于公元前157年，汉高祖刘邦的第四子，母亲薄姬，是西汉王朝的第三位君主。与其子汉景帝开创了我国封建王朝第一个盛世"文景之治"，是我国历史上一位有作为的帝王，也是我国封建时代著名的孝子。

元代郭居敬的《二十四孝》中有一则故事"亲尝汤药"，故事的主人公即为汉文帝。公元前196年，据《史记·文帝本纪》载："高祖十一年春，已破陈豨军，定代地，立为代王，都中都（今山西省平遥县西南）。"这一年，时为代王的刘恒，与其母薄姬赴代地，建代国，并居住于此。汉高祖去世，汉惠帝即位，不久也去世，之后吕后专权八年。由于居于代国的刘恒为人宽容平和，行事低调，吕氏专权的几年中，没有受到大的影响。与母亲薄姬居于代，相依相助，《二十四孝》中的故事所记之事大体就发生在这一时期。

《史记·袁盎传》记：汉文帝在位时，淮南王骄横，触犯国法，被削地易爵，迁于四川一带，骄横刚暴的淮南王，想不开抑郁而亡。事情传到长安，汉文帝十分伤心，大臣袁盎对孝文帝说："上自宽，此往事，岂可悔哉！且陛下有高世之行者三，此不足以毁名。"劝说汉文帝宽心，不要对淮南王事过于自责，淮南王骄横刚暴、处事不理智已成往事，没有什么可以后悔的。而且陛下有三种高于世间的品行，为端正国家的法制，不得已而伤亲，是不足损伤陛下声名的。汉文帝不解，问袁盎，是哪三种品行，袁盎说："陛下居代时，太后尝病，三年，陛下不交睫，不解衣，汤药非陛下口所尝弗进。夫曾参以布衣犹难之，今陛下亲以王者修之，过曾参孝远矣！"袁盎的这句话即是汉文帝"亲

1．文南支持：《史纪·孝文本纪》《史记·袁盎传》《汉书·文帝纪》、汉·荀悦《前汉纪·卷七·孝文皇帝纪上》、明·彭大翼《山堂肆孝·卷三十三·君道》、清《御定孝经衍义·卷二十一·天子之孝·爱亲》。

尝荡药"典故的由来。显然，他的这一行为是一种典型的孝行。以此行、此德为基础，得到了当时朝中士大夫的认可，推其为帝，制止了吕氏专权的国乱，是勇的行为；被人劝登帝位，五让帝位，是谦的表现。明代彭大翼的《山堂肆考》记录以"进药先尝"为题，记录了此事，并且评论说，当时的代王刘恒也因此"仁孝闻于天下"。

儒家的"仁"讲求济世、惠民，当然这是一个大的概念，或者说一种理想化的德操。儒家主张，一个人仁德之行的养成，要从日常生活中的小事做起，确切点说就是要从孝这种德行开始养成。孝亲可以培养人们爱的情怀，有了爱心、爱意，才有了行仁的基础。汉文帝侍奉母亲显然做到了这些，作为诸侯王，日常生活自然是不匮乏的，养亲对于居于高位的人来说，显然很容易就能做到。孝不仅要奉养，同时更要敬爱，汉文帝当代王时，侍奉母亲薄姬所体现的正是敬爱。袁盎所说的"不交睫，不解衣"，实际上是赞扬他在薄姬生病时，时刻关注母亲的病情；所说的"汤药非陛下口所尝弗进"，在当时吕氏专权的情况下，身为代王的刘恒，虽然身处封国，依然害怕危险的来临，他的亲尝汤药，除了细心照顾母亲之外，关爱、警醒的因素未尝不在其中。

侍父母疾病这样的事情，对许多子女来说短时期还能坚持，时间一长许多人往往懈怠。俗语说"久病床前无孝子"，汉文帝侍母疾坚持了三年之久，本身便说明了他的敬心之笃诚、爱亲之切切。这也是袁盎在说了这件事后感叹"曾参以布衣犹难之……过曾参孝远矣"的原因。

汉孝文帝即位，继续了汉初的"与民休息"的黄老之治，积蓄国力，废止肉刑，提倡俭朴，做了许多有益于国家的事情，其仁政、德行为后世所传颂。清代《御定孝经衍义》记录了这则故事后发了一通感慨，最后说："诚跬步而弗敢忘孝者矣！其致治之盛也宜哉！"所说的"跬步"指孝行、孝德向大德高行的积累，所言的"致治之盛"，其基础也离不开以孝为根基的养敬，以及关爱的笃诚。

七、伯俞泣杖[1]

《说苑·卷三》记："伯俞有过，其母笞之，泣。其母曰：'他日笞子未尝见泣，今泣何也？'对曰：'他日俞得罪笞尝痛，今母力不能使痛，是以泣。'"

意思是说：有一位叫伯俞的人，做了错事，他的母亲用杖责打他，他在受杖的时候哭泣。母亲说："以往你有错受责打，没有哭泣，如今为何而哭？"伯俞回答说："以往我受责打，杖打在身上感到很痛，那时我能感觉到您的身体健康，我还可以长久地侍奉母亲。如今您责打我，身体上却感受不到疼痛，是因为您的筋骨已经衰老，心中伤痛，由此哭泣。"

伯俞其人生活在两汉的哪个时代已不可考，宋代祝穆的《古今文事类聚》中记，伯俞姓"韩"。明代凌迪知的《万姓统谱》中有关于他的记录，在汉代人韩延年、韩延寿之间，出生地记为"梁人"，从记录上看应为西汉时人。伯俞的故事很简单，所记是子女有感于母亲年老体衰，不能长久地孝敬，因而心痛的事，故事所体现的是一个"敬"字。

伯俞是当时著名的孝子，他的孝心在南北朝时与曾参并称。晋代葛洪的《抱朴子》，曾以伯俞、曾参之行批驳不孝之人："夫为人子而举其所生捐之山谷，而取他人养之，而云：'我能为伯俞、曾参之孝，但吾亲不中奉事，故弃去。'人虽享三牲，昏定晨省，岂能见怜信邪！"意思是说：为人子女的人不顾自己的父母隐于山林，父母让他人奉养，自己却说："我能效伯俞、曾参孝父母之行那样，去孝敬他们，只是父母年事已高，不堪侍奉，因此才抛弃他们，隐于山林。"子女不去奉养父母，就算是他们每天都能丰衣足食，没有子女的关心，心中也是不会愉悦的，子女如此作为，又如何能以孝心、孝行取信于世人呢？

葛洪所谈是养与敬的问题，伯俞孝母其行在养，其心在敬，其情在爱。清代学者李文耕在解"伯俞泣杖"这一成语时说："人子之身，父母所育之使日强者也。父母之力，人子所累之使日弱者也。况驹隙之景频催，风烛之膏易殒，天伦聚乐，有能至百年外者乎！"重点强调的也是在对父母的"敬""爱"方面。

1．文两支持：《说苑·卷三》、宋·祝穆《古今文事类聚·后集卷三·古今事实》、明·凌迪知《万姓统谱·卷二十四·上平声》。

八、彫胡奉亲 [1]（顾翱）

唐代虞世南在他的《北堂书抄》中，转引《西京杂记》记载了一种食物，食物的名字为"彫胡"，并且说："菰之有米者，长安人谓为'彫胡'。"宋代曾慥在《类说》写作"凋胡"，明清之际写作"雕胡"。"菰"即茭白，禾本科，菰属，是一种多年水生高秆的禾草类植物，因茎中有寄生菌的原因，所结的果实成笋状，因此又被称为"茭白笋"。菰秋季结实，古时这种植物所结的米称为"彫胡米"，是古时的六谷（稻、黍、稷、粱、麦、苽，苽即为菰）之一。

刘歆是《西京杂记》作者，约生活于西汉至新莽时（即公元元年前后），书中记录了当时都城长安的一些风物、人文。也记载了一则用彫胡养亲的故事。从书中的记录上看，故事的主人公顾翱应为西汉时人。

顾翱，生卒年不详，西汉末会稽（今浙江省绍兴市）人，明代王鏊的《姑苏志》和清代的《雍正江南通志》记为"苏州人"。按《西京杂记》载：顾翱少年时期丧父，侍奉母亲极孝。顾母喜欢吃用彫胡做成的饭，于是他便经常带着子女去水边采摘，"菰"这种植物生长在水边，和稻谷不一样，可人工种植，多为野生，而且产量低，由于生长在水边或浅水中，采摘相对困难，古时虽为"六谷"之一，但食用者不多。

顾母喜欢吃，如果仅靠采摘，则费时费力，且很难保证经常吃到。江南水多，居于其中的顾翱于是引水凿川，将水引到自己家附近，想办法自己种植。成功后，家中的彫胡渐有盈余。太湖中原来是没有"菰"的，依《杂记》中的说法，由于顾翱的种植，"菰"始在太湖中生长起来。他去太湖采摘，并且将采摘地区的菰照顾得很好："湖中后自生彫胡，无复余草，虫鸟不敢至焉！"菰种植、生长范围也渐渐增多，为顾翱养母提供了丰富的资源，无形中也为江南地区增加了一种粮食作物。顾翱诚心孝母的事迹传扬开来，成为远近闻名的孝子，当时的郡县也上表国家，旌表其门闾。

元代的陶宗仪也在他的《说郛》中记录了此事，并以"山家清供"为题

1．文献支持：汉·刘歆撰、晋·葛洪辑《西京杂记·卷五》，唐·虞世南《北堂书抄·卷一百四十四·酒食部·饭篇二》、宋·曾慥《类说·卷四》、元·陶宗仪《说郛·卷七十四上·山家清供》、明·王鏊《姑苏志·卷五十三·人物十一·孝友》、清《雍正江南通志·卷一百五十七·人物志·孝义·苏州府》。

写了许多这类的食物。《说郛》中记："彫胡饭：彫胡叶似芦，其米黑。杜甫故有'波翻菰米沉云黑'之句。"是一种类似于黑米的作物。既可作为粮食食用，又有清热除烦、止渴、利大小便等药用价值。顾母喜食，顾翱采摘，他或许没有这方面的知识，但顾翱奉亲的诚敬之心却表露无遗。

奉养、孝敬父母，自古以来讲求诚顺，诚指诚笃，顺指顺承。顾翱苦心劳力，不仅表现出孝的顺亲中的一面，同时凿川引水，种植彫胡，更表现出身为子女对父母的感恩之情、敬诚之意。

九、董永孝事[1]

《宋书·乐志》载，三国时建安七子之一的曹植所作的《鼙舞歌·灵芝篇》中记："董永遭家贫，父老财无遗，举假以供养，佣作致甘肥。责家填门至，不知何用归。天灵感至德，神女为秉机。"此文在曹植的文集中已散佚，《宋书》中留下了记录。在此之前，晋代干宝的《搜神记》中也有二百四十余字的记录。

南北朝之前有关董永的记录，有史事、有神话，给后人留下了一个美丽的传说。宋代的《太平御览》记，董永事最早记于汉代刘向的《孝子传》，《孝子传》与《列女传》同为刘向所作，惜已散佚。从史传中可以看出，历史上确有董永其人，其孝行在汉代是为世人所褒扬的。

《搜神记》载：董永汉代千乘（今山东博兴县）人，少年丧母，独养其父，"肆力田亩，鹿车载自"，即努力耕作，用自己的劳动奉养父亲，出行时用鹿车载着父亲出行，由此可见董永确如史志所载"家贫，无遗财"。父亲去世后，他无力丧葬，于是行佣葬父，所侍奉的主家知道董永贤德有孝行，于是给了他一万钱。董永葬父后，守孝三年，又回到了主家，以自己的劳动还上了主家所借的万钱。后世的神话中有"神女"或"七仙女"之说，实际上是后世附会，目的是宣扬"孝感动天"，并借此褒扬、宏大孝德、孝行。

董永其人其事，在孝行上的突出表现在于"养""敬""志""信"四

---

1. 文献支持：晋·干宝《搜神记·卷一》《宋书·乐志》、宋·《太平御览·卷四百一十一·人事部五十二·孝感》《太平御览·卷八百十一七·布帛部四》、宋·吕祖谦《宋文鉴·卷十五·五言古诗》、元·郭居敬《二十四孝》。

个方面。"养"指董永母亲去世后，家贫无以奉养，于是他躬耕于田，车载其父，与其父不离不弃。"敬"指父亲去世时，他给父亲以充分的尊重，不仅依礼安葬，同时还守孝三年，完成了传统孝道的守丧之仪。"志"指父亲去世后，他行佣于人之事，以行佣的方式借钱葬父，不白拿他人的钱，表现出了他的志节，更维护了其父正常人，或者说国家普通编户，而不是他人奴仆的地位，维护了父亲的尊严。"信"是指主家给他钱去葬父，表达了主家对他孝父一事的认可，有志节的董永不白拿他人的钱财，以行佣的方式还上主家的钱财，维护了诚信，保有了气节。

董永的孝行对后世影响很大，《二十四孝》中"卖身葬父"的主人公即为董永，实际上《二十四孝》在此事上虽也宣扬孝行，但神鬼之说不足为凭。宋代吕祖谦整理的《宋文鉴》中记有宋代学者叶清臣的一首"咏董永"诗，或可为后人借鉴：

> 董生少失母，老父鳏且贫。无田事耕稼，客作奉晨昏。
> 朝推鹿车去，大树为庭藩。农家乏甘旨，糠籺苟自存。
> 父死不得藏，粥身奉九原。人道孝为本，眇昧知所尊。
> 伤嗟世教薄，至行岂足论。廪禄厚妻子，楄柎遗其亲。
> 靳吝一抔土，因循三尺坟。空令丘壑间，凛凛惭英魂。

十、孝母廉守[1]（孔奋）

孔奋，字君鱼，孔子的第十五世孙，两汉之际扶风茂陵（今陕西西安西北）人。东汉初著名的孝子、廉吏，汉光武帝多次下诏褒奖，仕至武都（今甘肃省陇南市武都区）太守。《后汉书》赞他从政时"为政明断，甄善疾非，见有美德，爱之如亲，其无行者，忿之若仇，郡中称为清平。"其孝行也为人所称道。

晋代史学家司马彪的《续汉书》中记录了他的几则事迹：

1．文献支持：《东观汉纪·卷十四》、晋·司马彪《续汉书·卷三》《后汉书·孔奋传》、宋·林同《孝诗》、明·张溥《汉魏六朝百三家集·卷六十二·陶渊明集》。

孔奋守姑臧长，治有异道。时天下扰乱，河西独安，而姑臧市日四合，为河西富县。每前长居官数月，辄致赏产。奋在姑臧积四岁，财产不增。奋素孝，自来为长时，供养至谨。在姑臧，惟母极膳，妻子饮食但葱韭。

孔奋守姑臧。时天下未定，或曰："置脂膏中，不能自润。"

孔奋守姑臧，天下知其清廉。

孔奋官姑臧（令）长，以仁义为治，抑强扶弱。

守姑臧令，太守梁统敬奋，每以事至府，不以官属礼之，常迎送，敬以师友。

《后汉书》中对孔奋的记录大体也是这几条。从史料中看，突出记录了孔奋清廉的操守和仁德施政、孝敬父母的德行。文中的姑臧，即现在的甘肃省武威市凉州区，在两汉之际属武都郡。在两汉之际战乱纷呈的时代受战争影响较小，是河西的富县，东汉初，孔奋在此任职四年。

孔奋的孝在史传中记录得十分突出，他在姑臧任职四年，没有为自己增加财物，家中日常所用皆为自己的俸禄所得。他用自己的俸禄去奉养母亲，不去贪占不应得的财物，侍奉母亲时更是至为恭谨，宁愿自己及妻子食用简单、生活简约，也要让母亲生活得舒适，《续汉书》中写"惟母极膳"，即指他用美好的衣物、食品供养母亲，时刻将母亲放在心里。《东观汉纪》中记，当时的人笑话他："置脂膏中，不能自润。"即身处富裕之地当官，孔奋却不改其行，不知用民之脂膏自养，显示出优良的操守，此行此志，不仅让母亲生活得更为安心，用自己的正当所得孝敬母亲，更让自己心中无愧，既全了自己的操守，又保全了父母的声名，在养的基础上，做到了真正的敬。

他的行为也为当时的士人所认可。《后汉·孔奋传》记："奋既立节，治贵仁平，太守梁统深相敬待，不以官属礼之，常迎于大门，引入见母。"他的品行，在等级制森严的封建王朝中是难得的，他也因孝、廉之行得到汉光武帝的褒奖。无论是当时的太守梁统，还是后来的汉光武帝，所敬、所褒的不仅是因为孔奋母培养出了好儿子，从而对孔母敬奉，更重要的是对孔奋孝行、廉德的认可，这种认可本身便会使为人母的人心中愉悦，以子为傲。养、敬达到如此境界，已可称大孝之行了。

明代张溥所编的《汉魏六朝百三家集》收录有陶渊明的《五孝赞》，其中的《士孝传赞》中评价孔奋说："夫人情莫不欲厚其亲，然亦有分焉。奢则难继，能致俭以全养者，鲜矣！”宋代林同赋诗而赞：“甘同妻菜茹，极奉母珍筐。一任时人笑，脂膏不自谋。”所记、所论可为后人学。

十一、孝亲守信[1] （孔嵩）

《后汉书》中没有专门的记录孝子的列传，东汉的孝子传多散见于《后汉书》中的各个列传中。两汉以孝治天下，即便是选官制度也是以举孝廉为主要内容的察举制，汉代国家、地方的提倡和较为健全的体制，也使两汉孝子迭出，许多一般的孝行，甚至无法列入史传。

孔嵩，字仲山，东汉时南阳（今河南省南阳市，《水经注》写作宛人）人，生卒年不详。《后汉书》记孔嵩与范式“游集帝学”，曾为同窗，范式与东汉初学者张邵少年时曾同为太学同学。张邵的生活年代是东汉初期，由此可见孔嵩也应为同时代人。

史书中对孔嵩求学太学的记录着墨不多，孔嵩的“传”也附于范式传中。晋代华峤的《汉后书》中记：“南阳孔嵩家贫亲老，乃变名姓，佣为新野阿里街卒。”从文字记录上看，孔嵩的家境在他未出仕前是十分贫苦的，家中有年老的双亲，他没有因家贫而降低对父母双亲奉养的诚笃。本身是当时太学的诸生的孔嵩，在当时应是一位文化水平较高的人，两汉之际战乱绵延，直至汉光武帝重建汉帝国后，国家才相对稳定。这种背景下的孔嵩生活无定，不得不变换姓名，在当时的家乡新野县的阿里街为“街卒”。

史书中说孔嵩“佣为新野阿里街卒”。汉代的乡镇体制中，里与乡是同级的，每乡（里）设三老，以掌管乡（里）的各项事宜。清代惠士奇在他的《礼说》一书中说：“街在里，里宰掌之，有正有卒。”即当时的“街”是里中的一个小的行政单位，由里宰管辖，相当于现在的村，街中有街正、街卒，负责街中日常管理。孔嵩当时“佣为街卒”，即是他与乡里在约定时间内负责阿里街的事务，其薪酬由“里”依约定支付。孔嵩用所得薪酬去奉养父母。由此可见孔嵩的家境在当时是不好的。孔嵩其人有学识、有德行，在家中孝敬父母，

1．文献支持：晋·华峤《汉后书·卷三》、晋·谢承《后汉书·卷五》《后汉书·独行传·范式》、北朝·北魏·郦道元《水经注·卷三十一·淯水》、唐·虞世南《北堂书抄·卷七十七》、宋·王钦若等《册府元龟·卷七百八十七·总录部·德》、清·惠士奇《礼说·卷五·地官三》。

"佣为街卒"时，也不是得过且过。《册府元龟》引《后汉书》载，孔嵩在此期间："正身厉行，街中子弟皆服其训化。"一个"正"字，点出了他具有清正的德行，有清正德行的人，不孝敬父母，在乡邻里显然是不会被认可的；一个"训"字，说明他在担负街里职责时，对街中的乡亲进行教化，以清正之行教导乡邻，因此乡邻才会"子弟皆服其训化"，《后汉书》中对孔嵩的记录着墨不多，却点出了他孝敬、清正、有责任心等德行。

当孔嵩的同学范式，负担国家官吏考核任务路过新野时，孔嵩被县里选为引导。范式看到孔嵩，与他把臂交谈，相对叹息，范式为孔嵩隐于街市而感叹，孔嵩却举历史上孔子、侯嬴事例，说明自己贫贱不移、不患困陋的处世风格。范式离开时，指令新野令让人取代孔嵩，并且重用他，孔嵩不同意，认为自己佣期未到，不肯离去，表现出重信守诺的风范。

唐代虞世南的《北堂书抄》，给这一故事起了个名字叫"怀道隐身"。孔嵩所怀的道，首先是孝道，无论生活多么困难，他都没有离开父母双亲，而是想方设法地去奉养他们，养在其中。其次，以其所学知识，教导周围的人群，以期移风俗、增德化，事虽小却使人敬服，从而使父母生活得安心，敬在其中。再次，重信守诺、洁身自好，不以乱世而变更自己的志向，信在其中。

有养、有敬、有信，孔嵩的孝行、孝德，可谓充足，他也因此名闻于国家。东汉初政治还是较为清明的，孔嵩也因此以"孝"被举荐，被人们称为"善士"，仕至南阳太守。

十二、鲁恭款款[1]

"款款"在《后汉书》的注中，唐代的章怀太子李贤注为"忠诚"，汉代以孝治国，对一个人评价为"忠诚"，首先要求这个人要有孝德，《后汉书·鲁恭传》的主人公鲁恭具备此种德行。

鲁恭，生于32年，卒于113年，字仲康，东汉初扶风平陵（今陕西省兴平县东北）人，春秋时鲁国公室的后人。父亲曾在东汉初仕为武陵太守，在鲁恭

---

1. 文献支持：晋·袁宏《后汉纪·卷十四·孝和皇帝纪下》、晋·谢承《后汉书·卷二》、北朝·北魏·郦道元《水经注·卷二十二》《后汉书·鲁恭传》、宋·林同《孝诗》《明一统志·卷二十六·河南布政司》。

十二岁时卒于任。《后汉书》载，当时鲁恭和七岁的弟弟鲁丕十分伤心，郡中因鲁父去世有许多人奉上赙仪吊唁鲁父，鲁恭兄弟辞而不受，兄弟两人依礼为父亲办丧，其孝思、孝行、仪法，比成年人还完备，乡中的父母以为奇事，兄弟二人孝悌的声名为乡里所敬服。

服满之后，鲁恭与其弟入偃师求学于太学，《鲁恭传》记："十五，与母及丕俱居太学。"父亲去世，母亲孤苦，兄弟求学，无人奉养，于是兄弟二人侍母求学于太学，一边求学，一边侍奉母亲。《后汉纪》载，此时的鲁恭："诣博士受业，闭门讲诵不随俦党，兄弟知名为学者所宗。"认真求学，不与洛阳城中的富贵子弟一起嬉玩，侍母修身，培养自己的德操；讲诵经书，以增进自己的学识。《后汉书》中称，此时的鲁氏兄弟"俱为诸儒所称，学士争归之"，无论是孝声、学名还是德操，在当时的洛阳都已闻名。宋代林同因此事赋诗说："可能来太学，即得誉诸儒。岂以习《诗》苦，应云与母俱。"

伴母求学，家道中衰，生活境况十分窘迫，当时的太尉赵憙欣赏他的志节，经常馈赠他以酒粮，鲁恭推辞不受，但奉养母亲却供养不缺。鲁恭也因孝德之声被举荐，他却以弟弟鲁丕年小，想培养弟弟先成才，以减轻母亲的压力为由推辞，郡中多次邀请，坚不肯行。鲁母知道后强遣鲁恭，方任新丰教授，其间继续奉养母亲、照顾弟弟。汉章帝建初元年（76）鲁丕出仕，他才正式出仕。已为太傅的赵憙知道后，十分高兴，于是向国家举荐，征辟鲁恭。建初四年（79），国家举行白虎观会议讨论经义，鲁恭因以德行、学识称于世，因此国家特诏他参加会议，奠定了他在当时儒学界的地位。

鲁恭以孝母、悌弟而成德望；因修身、积识而成学名；侍母求学，清正持家，不受馈赠。在养的方面，可以说尽其笃诚；在敬的方面，持身正不让父母受到恶名，亲爱幼弟减轻母亲的负担，让她生活得安心，以尽其孝思，孝敬之意已十分充足。

在他出仕后，据晋代谢承的《后汉书》残卷记："为中牟令，使民信者也。"司马彪的《续汉书》残卷记："为中牟令，导民以孝，推诚而治。"《后汉纪》记录了他任职中牟的一件事：中牟民李勉与母亲起了争执，鲁恭将李勉召来，从母亲对子女养育之德这一环节开始，教育李勉要感怀母亲对子女的恩德，李勉羞惭而返，回家后修正自己的言行孝敬父母。在中牟任职期间，鲁恭从政以德化为本移风易俗，不轻易动用刑罚，不久中牟大治。《水经注》记，中牟有鲁恭祠，并且在他担任国家高级官员后，说："车驾每出，恭常陪乘，上顾问民政，无所隐讳，故能遗爱，自古祠享来今矣！"《元和郡县志》记的则更为简单："汉鲁恭为县令，有善政，人为立祠。"此祠直至明代尚存，《明一统志》明确地说："鲁恭祠，在中牟县西。"以孝立身，以德理政，遗爱千年。

中牟如此任职，在其他地方也是如此。《后汉书》记汉章帝时，鲁恭仕至侍中，此时鲁母去世，他服丧去官，所属"吏人思之"。关于鲁恭的故事，除上述几件事外，还有"蝗不入境""化及禽兽""竖子仁心"三个故事，虽有灵异色彩，所表明的却是鲁恭高尚的道德风尚。

孝养在诚，敬亲在心，立身行道，扬名显亲，鲁恭之孝便在于此，《后汉书·鲁恭传》中除赞他"款款"之外，更赞"情悫德满"，孝、忠、诚、信集于一身，可谓大孝。

十三、侍亲"无双"[1]（黄香）

"扇枕温衾"是《二十四孝》中的一则故事，故事的主人公是汉代名儒黄香。

黄香，约生于68年，卒于122年，字文强，又作文疆，东汉明帝时江夏安陆（今湖北省孝感市云梦县）人，东汉时名宦，名儒、孝子，仕至尚书令、魏郡太守，《后汉书·文苑传》中有传。

《黄香传》载：黄香九岁时母亲去世，年幼的黄香因思慕母亲，以致形体憔悴，为母守丧如同成人，乡里中人十分赞赏他的孝行，称赞他有"至孝"之行。《东观汉纪》更载：黄香的父亲名为黄况，曾经在江夏郡中担任五官掾（即指郡中官员的佐吏，职位微小），家中生活不宽裕，没有奴仆。未成年的黄香在家中操持家务，勤苦耕作，尽心尽力地供养、侍奉父亲。家中因贫苦且无女主人，冬天甚至没有厚被和冬裤。父亲慈爱，儿子孝敬，父子二人生活得有滋有味。到了夏天，黄香为了让父亲安枕，用扇子给父亲驱蚊纳凉；秋冬之季，冷了则以身温席。当时的江夏太守刘护听闻了黄香的孝行，将他召至门

---

1. 文献支持：《东观汉纪·卷十七》、晋·谢承《后汉书·卷五》《后汉书·文苑传·黄香》、唐《艺文类聚·卷二十·人部四》《册府元龟·卷七百五十一·部录部》、宋·林同《孝诗》、元·郭居敬《二十四孝》。

下，十分喜爱他、看重他，于是黄香才得以系统地学习经籍。勤学之后，依史书中说："遂博学经典，究精道术，能文章。"他的孝行、学识传至京师。

汉章帝元和元年（84），国家征辟他入东观（东汉时国家储藏档案、典籍及校书、著述的地方）修习，黄香到达京师洛阳时，正值汉章帝给他的儿子千乘贞王刘伉行加冠礼，于是召黄香至中山王府邸，对参会诸王说："这位就是被称为'天下无双，江夏黄童'的黄香。"由此黄香以孝行名闻天下。

黄香入仕后，以孝修德，因孝达忠，勤于国事，一心为公，汉和帝因此对他十分敬重。永元四年（92）因黄香勤劳国事、清正孝悌，汉和帝又一次任用他为尚书令，史载当时汉和帝重用黄香的理由是他"祗勤物务，忧公如家"，即在肯定他具有孝德的基础上，认为他将孝于家的德行扩为忠于国。

晋代谢承的《后汉书》中又记，出仕后的黄香，因为父亲年老后曾请求归家侍养："除郎，以父老求归供养。征拜郎中，诏书召黄香在殿下，问：'父年几何？何故不入公府？'"黄香多次上表，终未成行，黄香提出请求时已仕为"郎中"，依《后汉书》，此时的黄香正值二十余岁，时为汉章帝元和年间（84），他却不恋官位，可见其养亲之念、孝思之深。黄香孝父，养、敬亲人在东汉中期是非常有名气的。《东观汉纪》又记，汉章帝时因黄香孝父黄况，于是"以香父在，赐卧几、灵寿杖"，既表国家敬老之意，又彰黄香孝敬之德。

黄香孝父没有什么大的行动，体现的是在日常生活中对父母的孝行，并以孝修德，衍孝为国，敬奉父亲，终身不止。《二十四孝》中所提的"扇枕温衾"是他幼时的行为，人在幼时亲慕于父母，不难做到，难就难在一生如此，并以孝德为根基，修身养德，并以自己的成功显扬父母，不仅自己敬父母，同时也使他人，以至国家敬自己的父母。《后汉书》及其他汉代史传，以及后世许多史传诸如《艺文类聚》《册府元龟》都以"孝义无双"褒扬他，所赞扬的不仅是他在幼时的行为，更是对他一生孝行的肯定。

宋代林同的《孝诗》赞他："冬月常温席，炎天每扇床，如何汉天下，只有一黄香？"以问句结尾，所提请人们注意的是对父母，子女要孝慕终生。

十四、养亲乐道 [1] （李昙）

李昙，字子云，生活于东汉末年汉桓帝时期，颍川（今河南省许昌市）人。是当时著名的隐士；因其德行高超，被列为东汉"五处士"之一。

《后汉书》称他"德行纯备，著于人听"。晋代谢承的《后汉书》有其传，传中称："昙少丧父，躬事继母。继母酷烈，昙性纯孝，定有恪勤，妻子恭奉，寒苦执劳，不以为怨。得四时珍玩，先以进母。与徐孺子等海内列名五处士焉。"意思是说："李昙少年丧父，他十分恭谨地侍奉继母。继母性格比较暴躁，李昙天性纯孝，生活中恪守孝德勤谨地侍奉继母，他的妻子也受他影响孝敬婆婆，夫妻二人无论寒暑侍奉继母任劳任怨，从不以孝母为苦。在生活中无论什么时候得到好的东西，都奉呈给母亲，他的孝行被广为传扬，与豫章郡的徐稚、彭城郡的姜肱、汝南郡的袁闳、京兆的韦著并称为'五处士'。"

《后汉书·徐稚传》载，汉桓帝延熹二年（159），当时的尚书令陈蕃、仆射胡广向皇帝举荐了"五处士"，赞称五人德行高洁，汉桓帝于是"安车玄纁，备礼征之"，所谓"安车"一般指坐乘的马车，国家征辟有德望的士人，高官致仕，为显示国家的尊奉，多用四马所驾的安车迎送。"玄纁"指黑、红两色布帛，是当时的帝王迎接、延请贤士所用的礼品。对李昙征辟的规格不可谓不高。史书载五人"并不至"。

史传中记，李昙的德行主要体现在孝德和气节方面。在孝德方面，李昙事母恭谨，夫妻二人无论何时何地都能想着母亲。人的品性多种多样，父母长辈同样如此，子女不能强求，有些父母对子女慈爱、温婉，对于脾气性格暴躁的父母，子女更多的则是体谅，而不是与之针锋相对，李昙事母做到了恭谨、体谅，史书中称他"纯孝"。所谓的"纯"已不单是养和简单的敬，而是在更深层次上想父母之所想、急父母之所急，将父母的事情放在心上，尤为难得的是，他所侍奉的是他的继母，李昙父母早亡，唯继母在世，侍奉继母本身便是对父亲的敬，史书中有"恪勤"二字，是指他恪守孝德、勤谨行事，他也因孝行被"乡里所称法"，称指称赞，法指效法，也就是说，由于他的孝行感动乡人，乡人以他为榜样孝敬父母。

1．文献支持：《论语·公治长》、晋·谢承《后汉书·卷三·李昙传》《后汉书·李昙传》、宋·王钦若《册府元龟·卷七百五十一·总录部》、宋·林同《孝诗》。

所谓的气节在于，汉桓帝时宦官专权，延熹年间发生了禁锢士人的党锢之乱，国家政治日趋混乱。国家的察举制受到极大的破坏，当时因孝而被荐举的"士人"，多为大家族推举出的人，多是沽名钓誉的士人，李昙等五人不愿意与这些人为伍。东汉末昏暗的政治，使他在当时的政治环境下，无法伸展自己的抱负。儒家士子早在孔子时期便有"道不行，乘桴浮于海"的思想，既然不能伸展抱负，就不与其同流合污。李昙以其行保全了自己的志节，维护了父母的声名，虽然有逃避之嫌，从根上说也是孝的表现。在这种环境下养亲乐道，也就可以理解了。

宋人林同赋诗赞他："养亲还乐道，不仕至终身，海内称高士，非专乡里人。"

十五、叔通孝石[1]

泸水流经四川、云南。《水经注》称此水名为若水。在此书《卷三十六》中记载了一则故事："县人有隗叔通者，性至孝。为母给江膂，水天为出平石，至江膂中，今犹谓之'孝子石'，可谓至诚发中，而休应自天矣！"

文中的"县"指"僰道县"，《大清一统志》称"僰道县"即指宜宾县。《水经注》记的这则故事是说：僰道县有一名叫隗叔通的人，生性至孝，他的母亲好饮江水，隗叔通于是每天担着担子去泸江中汲水，奇怪的是他每次汲水时泸水的水面都会下降，可以让隗叔通直达河中突出水面的石头上取水，如今这块石头被称为"孝子石"，这是上天有感于隗叔通至孝的品行，才会出现的状况呀！

明代陈耀文的《天中记》记，隗叔通汉哀帝时人，并且说："隗叔通，性至孝。母每食欲江中正流水，相冬夏汲之。一朝有横石生正流中，叔通因之以汲。"所记与《水经注》相同，后又引《蜀记》的《华阳国志》说："哀帝世举孝廉，平帝时为郎。"即隗叔通因孝行卓著被荐举孝廉，西汉末年仕为郎官。清《雍正云南通志》则记："隗叔通，叶榆人。"其他记录相同。"叶

1．文献支持：北朝·北魏·郦道元《水经注·卷三十六·若水》、唐·虞世南《北堂书抄·卷一百六》、宋《太平寰宇记·卷七十八·剑南西道八》、明·陈耀文《天中记·卷八·石》、清《雍正云南通志·卷二十一之二·人物·孝义·大理府》。

榆"汉代的古县名，西汉武帝元封二年（前109）置县，今址在云南大理北。无论隗叔通其人是生活在四川还是云南，都表明至少在汉代，孝道观念就已经在我国西南地区深入人心。

隗叔通的孝行重在养亲时的笃诚，《水经注》中已记此事。从明代陈耀文《天中记》的考证中看，这一故事至少在晋代就已经出现、流传。自汉代始延续至郦道元时期，就已达四百余年。无论是在《水经注》中，还是唐代的《北堂书抄》、宋代的《太平寰宇记》中，以及此后的史志中，在谈到隗叔通的孝行时，都以"至诚发中"评价其人。所谓的"至诚发中"，即指至孝的诚心发于心中，极言养亲之诚。

养亲是子女应尽的义务，养亲并不是说让父母有吃有穿就可以了，在能供养衣食的基础上，还要让父母生活得舒心，让他们心中愉悦，这就要求在养的基础上要做到敬，敬不应是一时的，而是终生的。因此，笃敬孝亲是奉养亲人更进一步的表现。隗叔通知道母亲喜食江水，于是每日去江边汲水，一天或者说短时期不难做到，难就难在天天如此，故事虽有灵异的色彩在内，但考虑到四川、云南的地下暗河，以及喀斯特的地形、地貌，以及大自然的潮汐之力，当地的河水，随着每天时间不同，水位出现变化是可能的，古人不理解，认为孝感所致，实质上所表达的是对孝德、孝行的尊奉和对孝道的认可，于是将隗叔通经常汲水的江中横石称为"孝子石"。

中原地区讲求孝道是一种传统，西汉时期四川南部、云南是当时的经济、文化较为落后的地区，至今依然民族众多，与中原地区一样沿行孝道、讲求孝德，亦可见孝道文明至少在二千多年前便广为辐射。

十六、盛彦侍母[1]

盛彦，生年不详，卒于285年，字翁子，三国时广陵（今江苏省扬州市）人，《晋书·孝友传》中有传，三国、西晋时著名孝子。

《搜神记》及《晋书》中记录的盛彦孝事，大体相同。盛彦很小的时候就

1．文献支持：《搜神记·卷十一》《晋书·孝友传·盛彦》、宋·王钦若《册府元龟·卷七百五十七·孝感》、宋·林同《孝诗》、明·朱橚《普济方·卷七十八·眼目门》。

显露出自己与他人的不同，他在八岁的时候曾拜见吴国当时的太尉戴昌，答酬应对十分自如，戴昌十分欣赏他。日常生活中，侍母十分孝敬，每当吃饭的时候他都亲自侍奉母亲。少年时，母亲患眼疾，目不能视物，时间久了母亲因为心中焦虑故而十分烦躁，对侍奉她的婢女十分挑剔，经常叱喝她们，婢女十分生气，于是在地里取蛴螬用火烤了给盛母吃，盛母食用后觉得十分美味，却怀疑婢女给她吃的是异物，于是收藏了一些，偷偷地给盛彦看，盛彦看到后，十分伤心，认为自己没有尽到孝敬的责任，伤心得昏厥过去，继而苏醒。记事中有一处十分奇怪的记载，盛母在食用蛴螬不久后，眼疾竟不医而愈，当时的人们都认为这是盛彦孝感所致。

蛴螬，金龟子的幼虫，有药性，微毒。从文字记录上看，盛母的失明并不是真正的失明，而是类似于现代医学所说的"白内障"之类的眼疾。许多古代医学著作中都提到了蛴螬的功效。明代朱橚的《普济方》中，在记载盛彦事母之事前说此物："去医障：生血止痛方用蛴螬汁滴目中，及饴炙食之。"并且在其中加按语"家藏经验方"。盛母迁怒于婢女显然是不对的，婢女戏弄盛母更是不该，但却误打误撞"取蛴螬炙饴之"，减轻了盛母的眼疾症状，使盛母恢复了视力，不能不说颇为传奇。至于说盛彦因孝感而使母亲复明，积极治疗是一定的，其他却有些牵强。

婢女的戏弄并不代表着盛彦孝行不足。与汉代许多孝子一样，盛彦孝母，重在诚敬、重在持之以恒。在日常生活中，每日必定要侍奉母亲饮食，持之以恒，将孝行养成习惯。《册府元龟》更录："母王氏因疾失明，彦每言及未尝不流涕，于是不应辟召，躬自侍养母。"即母亲王氏因眼疾失明后，盛彦每言及此事，没有不伤心流泪的，于是在家中奉养母亲、照顾母亲，国家因他的孝行征辟他、举荐他出仕，他也以照顾母亲无法分身为借口，不应征辟，在家中侍养母亲。不应征辟居家孝母的本身便显示出他对母亲的诚敬之心，母病非一年，史书中说"既久"，盛彦长时间的照顾，没有终止。

一个人长时间身体不适，性格总是会有些变化，盛母心中的焦躁可以理解，于是出现了责打婢女、婢女戏弄的事情，盛彦知道后伤心，所感伤的是没有尽到人子之责，使母亲受到了戏弄，史书中说他"绝而复苏"，即指他因内疚而昏厥，在救助下才缓了过来，其孝心之诚、自责之深可见一斑。好在事情出现了戏剧性的变化，蛴螬治眼疾，母亲因此病愈，一个皆大欢喜的场面发生，实为异数。

　　盛彦的孝诚之心传播开来，母亲的眼疾已愈，史载他受征辟后仕三国时的吴国为"中书侍郎"，西晋一统后又担任广陵的"小中正"。"中正"一职不是随便什么人都可以担任的，必须是被世人所认可的且德行兼备的人方可出任，并由国家正式任命，其职责是品评人物，向国家举荐人才，所负职责是魏晋南北朝时期"九品中正制"中的关键性的一环，从中也可看出当时的人对盛彦孝行、孝德的认可。

　　宋代林同在他的《孝诗》中说："既知食异物，号泣绝还生。未有蝤蠀炙，翻令母目明。"既谈到了此事的巧合，又肯定了盛彦的孝心。

十七、求鲤罗雀[1]（王祥）

　　王祥，生于184年（一说180年），卒于268年，字休徵，东汉末琅玡（今山东省临沂市）人。先后出仕于三国时的曹魏和西晋，爵至睢陵公，卒谥"元"。三国两晋时期著名孝子，《二十四孝》中"卧冰求鲤"的主人公。

　　王祥极孝，居于家中时孝敬父母，为时人所称。《晋书·王祥传》载：王祥极孝，母亲早逝，继母对他不慈，父亲也因继母的原因不喜欢他，他侍奉父母却没有因此减弱，反而更为恭谨，父母有病时，他衣不解带地侍奉他们，汤药必定亲尝才给他们服用。继母喜欢吃鱼，即便天寒地冻时，王祥仍"解衣将剖冰求之"，冰碎后，从冰洞中跃出两只鲤鱼，王祥于是持鱼奉母。春天，继母想吃黄雀，于是王祥用竹箩网黄雀，奉养继母。乡里之人都被他的孝行感动。

　　《晋书》书成于唐初，许多文字、史事采自魏晋南北朝时的典籍，翻看当时的典籍，发现《搜神记》《世说新语》《晋阳秋》等书中都有王祥的孝行记录。在诸多记录中都有"求鲤"一事，所记都是"解衣将剖冰求之"，详细解读此句，即指"解开衣服用工具凿冰以求河中的鱼"，并没有"卧冰"一说。南北朝时著名诗人庾信在他的《庾开府集》中赋诗说："王祥之母，鲜鳞

1．文献支持：晋·孙盛《晋阳秋·卷一》、晋·干宝《搜神记·卷十一》《世说新语·卷上之上》、南北朝·庾信《庾开府集·卷七·连珠》《晋书·王祥传》、宋·王钦若《册府元龟·卷一百四十·旌表四》、宋·潘自牧《记纂渊海·卷二·天文部·立冬》、元·郭居敬《二十四孝》、清·焦循《易余籥录·卷二十》。

是求。冰连钓浦，冻塞寒流。精诚有感，无假沉钩。二老同膳，双鱼共浮。"诗名为"王祥扣冰鱼跃"，诗名重点突出在"扣"字上，即敲击冰面。清代焦循在他的《易余籥录》中说："《晋书·王祥传》：'母常欲生鱼，时天寒水冻，祥解衣将剖冰求之。'按解衣者，将用力击开冰冻，冬月衣厚，不便用力也。非必裸至于赤体，俗传为卧冰，无此事也。"也就是说，世传或者说《二十四孝》中"卧冰"一说是不可信的。宋代潘自牧的《记纂渊海》中记："王祥事继母至孝，母疾思食鱼，时冬月，冰坚不可得。祥解衣卧冰上，少时冰开，双鲤跃出。"并注明引自《孝子传》，却未注明何人所作的《孝子传》，"卧冰"之说，目前来看始于此。

　　文章存疑可辩证，但王祥的孝行却不可抹杀，无论是王祥的尝药之行、求鲤之苦，还是罗雀之举，其目的都是为了奉养亲人。史书中载王祥的亲母早逝，其父和继母对他不慈，王祥并没有因为父母的不慈，减弱对父母的孝思、孝行，孝诚之心表露尽致。人是感性生物，是能被感化的，史书说王祥继母朱氏十分厌恶王祥，甚至想暗害王祥，王祥和其异母弟王览用孝行感化了朱氏，《世说新语》在记王祥事后，又记王祥、王览的孝行感动了朱氏，于是朱氏"母于是感悟，爱之如己子"。

　　王祥也因孝行和文章被举孝廉，成为三国以至西晋的重臣，当代及后世的孝行典范，甚至后世国家在书写褒扬孝悌的诏旨时，也往往用王祥的事迹为例。《册府元龟》载，唐宪宗元和元年闰八月，皇帝曾下过一道褒孝的诏旨，开篇说："孝子刘敦儒，生于儒门，禀此至性。王祥笃行，起孝敬而不移；曾对养志，积岁年而罔怠。"后世此类诏旨或者文告也多用此典，由此可见王祥的榜样作用。

　　一个家庭，一个重新组合的家庭，总是有这样或者那样的问题，为人子女在如此家庭中应该如何对待父母，是为人子女应该考虑的问题。孝是一个人应该去做的，不能因为父母有错，子女就针锋相对，并以此为借口不去孝、不行孝，而是要通过谏正、关心去拉近、去修复彼此间的关系，以维护家庭的和谐。王祥继母朱氏是一个特例，如同朱氏这样的继母毕竟少见，就算是这样的人也是可以被感化的。王祥养敬父母的诚笃之心、感动父母的敬笃之行，可为后世所借鉴。

十八、夫妻敬长¹（孙晷、孙妻虞氏）

孙晷，三国时吴国富春（今浙江富阳、桐庐一带）人，字文度，两晋时著名孝子。妻虞氏，东晋天文学家虞喜的侄女，宋代潜曰友的《咸淳临安志》中将她收录到《列女传》中，是当时著名的孝妇。

《晋书·孝友传》记：孙晷幼年时十分聪慧，没有被父母呵斥过，当时的经学大师顾荣对他的外祖父说："这个孩子明事理、有志节，与一般的孩子不一样。"等到孙晷长大后恭敬清约，明经义、行慎独，家用丰足至不慕荣华，自己躬耕于田亩之中，耕读不辍、怡然自得。对父母十分孝敬，对父母的起居饮食十分上心，就算是家中有其他的兄弟在，也未尝减弱对父母的奉养。富春一地山路较多，崎岖蜿蜒，行走不便，父亲每次出行，他都扶持、照顾着他。兄长生病时，他亲侍医药，不离左右。日常生活中听到有人说起父兄的善行，听到他人的善事，都十分高兴，欣欣然若有所得，反之则若有所失。看到他人处于饥寒之中则周济他们，面对乡人回馈则分毫不取。亲戚当中穷苦年老的人，兄弟们往往厌恶、怠慢，但是孙晷皆与之相处甚欢，帮他们解决问题。有一年大水，粮食越来越贵，乡中多有饥民，孙家富足，乡人多有偷割孙晷家的稻子的人，孙晷每次看到都避开，乡人感愧，年丰时又将所盗割的稻谷还给孙晷。孙晷的言行感动了乡人，从此之后没有人再敢侵犯孙家。

《咸淳临安志》载：孙晷仰慕虞喜有高士之风，娶虞喜的弟弟虞预的女儿为妻，虞预在女儿出嫁前叮嘱女儿说："出嫁后不要慕于荣华，要与孙晷同进退。"孙晷孝敬，虞氏与孙晷一样，史书中说她："克承其德，舅姑起居馔不离左右，躬薪水井臼之劳欣然自得。"将公婆侍奉得很好。虞氏出身于当时的世族豪门，依当时的习俗高门大族竞相奢华，而虞氏却"多御练葛，不为时装"，这是十分难得的。有人问虞氏难道不喜欢美丽、美味的衣食吗？虞氏回答说："从吾所好，奈何欲相效耶？"即虞氏回答说，我有我的喜好，为什么要效仿他人呢？孙晷、虞氏相敬如宾，孝敬父母、敬奉长者、善待亲朋乡邻，被当时的人比作"梁鸿夫妇"。

孙晷夫妇的事迹没有什么轰轰烈烈之处，出身富足，不慕荣华，谨身自爱

---

1. 文献支持：《晋书·孝友传》、宋·王钦若《册府元龟·卷七百五十二·总录部·孝弟二》、宋·潜曰友《咸淳临安志·卷六十八·列女》、明·冯琦《经济类编·人伦类一》、明·王鏊《姑苏志·卷五十五·人物十五》。

是孙暑处世的特点。在孝敬父母方面他们做到了养，更做到了敬，从生活中的点滴做起，让父母生活得舒心，以自己的行为让父母在精神上得到满足，是他们孝敬父母的特点。他友爱兄弟，让父母为兄弟间的友爱而高兴是一种孝行；亲睦亲友，让父母因其行而感受到亲友的赞扬是一种孝行；在力所能及的情况下行善济贫、和合乡邻，得到人们的尊敬，让父母感到骄傲是一种孝行；夫妻恩爱，不让父母为其操心费力，是一种孝行。尤其可贵的是，孙暑夫妇，志趣相投，同具孝心，在生活中互相扶持、在对待老人上共同奉养，所和谐的不仅是家庭，所感动的不止于亲族，教化、感动的是周边的乡人，其行虽小、其事虽微，却可为后人典范。

孙暑夫妇的孝敬，已不仅仅是孝亲，而是在孝亲的基础上敬长、睦邻，所实践的是孟子的"老吾老以及人之老，幼吾幼以及人之幼"的处世准则，其行为、思想已不再局限于孝敬父母的方面了。

十九、寻亲孝养[1]（刘琦）

刘琦，生卒年不详，按《古今图书集成·学行典·孝行部·列传三》记载，此人事迹列在晋代部分。书中载"刘琦，临湘人"，《晋书·地理志下》记，临湘属长沙郡。此人是当时的著名孝子。

明代的《嘉靖长沙府志》载：刘琦二岁的时候，家乡临湘受兵灾，母亲被乱兵劫掠，他的父亲刘必达不复再娶，抚养刘琦。刘琦年龄稍长，因思念母亲，不行加冠礼（即成人礼），以示没有母亲的抚养，不敢成人，不敢婚配。他问父亲当时战乱的事情及母亲的情况，请求父亲准许他去寻找母亲。之后，刘琦遍经当时的黄河南北，以及现在的河套地区南北、晋与北方征战的淮河南北，寻找数年没有找到。他并没有气馁，继续寻找，终于在当时的石城（《晋书·地理志下》载石城属宣城郡，今安徽省池州市贵池区）附近，找到了母亲，于是他将母亲迎回家乡奉养，夫妻母子得以团聚。之后他孝养父母。父母相继逝去后，他服丧服，终丧以尽孝，蔬食淡饭以示对父母的思念，他的孝亲

1．文献支持：《诗经·小雅·蓼莪》《晋书·地理志下》、明《嘉靖长沙府志》《明一统志·卷六十二》、清《古今图书集成·学行典·孝弟部·列传三》《大清一统志·卷二百七十七》《御定孝经衍义·卷九十六·庶人之孝·爱亲》。

事迹被人传颂，声闻于朝廷，国家下旨旌表其门，名曰"孝义"。

刘琦寻母孝亲的事迹另载于《大明一统志》中，从时间关系上看《大明一统志》书成于明初，较《嘉靖长沙府志》要早，从地名上看临湘、石城均为东晋时期的地名，其人其事应在东晋时。

刘琦的事迹突出表现了他的孝思。《诗经·小雅·蓼莪》咏道："父兮生我，母兮鞠我。拊我畜我，长我育我。顾我复我，出入腹我。欲报之德，昊天罔极。"父母生养下子女。养育子女，对子女来说是一种大德，此种恩情无论怎样回报都不过分，这是上古传承下来的感恩之思，刘琦寻母的行为是其中很好的一种诠释。千里寻母需要一种勇气、一种决心、一种信念。勇气、决心、信念的关键点在于刘琦的感恩之思，或者说孝思，经过长时间不放弃的寻找，幸运的是找到了母亲，为自己的孝行打下了一个阶段性的标志。寻母回乡后，刘琦孝养父母，继续自己的孝行，奉养父母，以实践子女的孝道，完成子女对父母应尽的义务。

刘琦的寻母之行有其偶然性，由偶然到完成，中间所付出的艰辛，史书中虽然只是以"遍历河南北、淮东西，数岁不得"寥寥数语记录，却能让人感受到刘琦孝亲之心的诚笃。清初编订的《御定孝经衍义》中将刘琦孝事列于《爱亲》章中，点出了刘琦之思、之想、之行。

二十、采菱孝祖 [1]（陈氏三女）

江南多风物，各种食物较北方而言多了许多，清代有一部书名为《御定佩文斋广群芳谱》，书中记载了许多水生的食物，以及与食物相关的故事。"采菱孝祖"的故事便出现在此书的《果谱·菱》中。

《南齐书》载，南北朝时南朝萧齐会稽（今浙江省绍兴市）有一户姓陈的人家。《南史》记为"会稽寒人陈氏"，明确说出此户人家是平常的百姓之家。陈家有三个女孩，家中没有男孩，父亲患有足疾，母亲不安于贫苦离家出走，祖父母年纪已八九十岁，生活无法自理。有一年，会稽出现饥荒，陈氏三

---

1. 文献支持：《南齐书·孝义传》《南史·孝义传上》《太平御览·卷四百一十五·人事部五十六·孝女》、清《御定佩文斋广群芳谱·卷六十六·果谱·菱》。

女结伴采菱于西湖，第二日将所采的菱米背负至市场出售，以换取食物，并用所换取的食物奉养祖父母、父亲，长此以往，没有休怠。三女的孝行感动了乡人，乡里称此户人家为"义门"。因三女孝亲的名被广扬，乡中人对她们的行为大加赞赏，乡中许多人欲娶三女为妻。长女感伤如果自己出嫁，祖父母、父亲年老，妹妹幼弱，于是不肯嫁人。三女的祖父母相继亡逝后，三女因家贫无力丧葬，于是亲自负土营坟，安葬了祖父母，并且在墓前庐墓，以尽孝道。

　　《南史·孝义传》中曾感叹南朝的民风、德俗说："晋、宋以来，风衰义缺，刻身厉行，事薄膏腴。若使孝立闺庭，忠被史策，多发沟畎之中，非出衣簪之下。"意思是说：自从东晋南渡建国之后，国家的道德风气日渐衰落，孝、悌、忠、信等好的德行缺失很多，明德修孝、克行修身的风气减弱了许多，反而竞奢慕华之风大兴，那些有孝德之义、忠诚之行的人，多不在世家朝堂，而在平民之中。陈氏三女的孝行，发自于心，没有什么大的举动，出身寒门的她们，或许不明白什么大道理，但奉养、孝敬亲人，却是发乎于心、行乎于身，不以祖父母老迈、父亲足疾为拖累，以实实在在的孝行，点滴的生活琐事，尽到了为人子孙的责任。同时也在"世风浇薄"的南朝之世谱写了一曲孝亲敬老的乐章。

　　人子孝亲，子孙养老，孝也好、敬也好，需要为人子孙的人，心中有一种责任，怀一种感恩，修德自修身始，修身从笃行来，正确的责任心、孝悌观正是笃行的重要环节。

二十一、景伯示孝 [1]（房景伯）

　　清代康熙晚期成书的《御定月令辑要》中，记录了一则名为"悔过乞还"的故事，说的是南北朝时期北魏大臣房景伯示孝育人的事。

　　房景伯，生于477年，卒于527年，字长晖，齐州东清河绎幕（今山东省平原县西北）人，是北魏中期著名的孝子、廉吏，《魏书·房法寿传》评价他施政时"政存宽简，百姓安之"。

---

1. 文献支持：《魏书·房法寿传》、宋·司马光《资治通鉴·卷一百五十一·梁纪七》、宋·沈驺《通鉴总类·卷十五上·忠义门》、宋·林同《孝诗》、清《御定月令辑要·卷三》《御批资治通鉴纲目·卷三十一》《雍正山西通志·卷一百四十七·寓贤一》。

房景伯少年时期，父亲亡于征战之中，家道中落，为了奉养母亲，他以抄书、著文为业，生活比较艰难，事母十分孝敬，以孝名、文名称于当世，被中书令李冲举荐，经国家的典选后入仕。入仕后，他依然孝母恭谨，无论是从政还是孝亲，都名达于当世。

《资治通鉴》载：他在清河太守任上时，有一天属地贝丘（今山东博兴东南）有一位老妇人状告儿子不孝。依照当时的律令，对不孝的惩戒相当严格，身为孝子的房景伯十分生气，于是回到后衙将此事告诉了母亲。《通鉴》称"景伯母崔氏通经有明识"，即明通经典，有良好的道德修养。房母说："我听老人们说，闻名不如见面，你只看到了告状的老妇人，却没有看到被状告的不孝子，而且山野之民，没有多少机会得到教化，因此不明礼仪，对此事你又何必深责呢？"房景伯听后深以为然，但事情还是要处理，不孝的风气不能被蔓延。于是他便下令，召告状的妇人和"不孝子"来太守府。

散衙后，房景伯让老妇人与房母对坐而食，让"不孝子"侍立于旁边，观看自己是如何孝敬母亲的，之后又让"不孝子"跟随在自己身边，让他观察在日常生活中，为人子女应如何对待老人。不到十天"不孝子"对房景伯承认了错误，请求让他与母亲回家，房母说："这个孩子虽然面带惭愧，却不知道他是否从心里认识到自己行为的不当，先不要放他走。"于是又让此子跟随了自己二十余天。"不孝子"再将请求返家，并叩首流血以示悔过，老妇人也哭泣着请求回家。见到这种情况，房景伯又认真地对母子二人进行教育，放了他们。母子二人回家后，母慈子孝，终成佳话。

宋代沈驱的《通鉴总类》中也曾记述此事，并将纪年定为"大通元年"，"大通"南朝梁武帝年号，是年为北魏孝明帝孝昌三年（527）。从史书中看，这一年房母身体十分不好，去世的时间正在此年。房景伯为侍母疾，身心憔悴，房母去世不久，他也因病去世。房氏兄弟俱有孝行，弟景先、景远与景伯同为孝子，其孝悌之行闻于朝堂，《房法寿传》中称，当时乡间以"有义有礼，房家兄弟"赞他们的德行。

房景伯养亲甚谨，敬亲甚诚，无论是在生活困难时期，还是在出仕之后相对宽松的时期，他遵母教而成清廉之吏，行母教而施仁德之政，不仅自己孝，同时也影响到兄弟，再以行动去教化辖区内的百姓，对父母的养敬之行、诚笃之心，已不再局限于家中，而是以自己的行为广扬孝德，移风易俗，由个人的小孝，扩至能影响一方的大孝。

宋代林同在《孝诗》中说："亲见房太守，殷勤奉旨甘。那能不心愧，岂止是颜惭。"诗中的"岂止"已不能单纯理解为"不孝子"的羞惭，而是对当时社会不良风气的一种反诘，所赞扬的正是房景伯"奉旨甘"的养敬孝思、孝行，以至由此而成的孝德。

二十二、掩卷侍母 [1]（雷绍）

清初，顺治入关后，国家初定，人心思安，以国家的力量编订了一部《御定孝经衍义》，书中有一节，记录了南北朝时北魏的大将雷绍的孝亲故事。

雷绍，字道宗，生卒年不详，约生活于北朝北魏末年至北周时期，北魏末年武川镇（今内蒙古自治区呼和浩特市武川县）人，是当时的著名战将，《北史》中有传。九岁丧父，少年时好武，有勇力，善骑射，在当时的武川镇属于恃勇逞强的武夫，不习诗书，不明礼仪，十八岁时就在武川镇从军。

一次偶然的机会，雷绍被镇将派往北魏的都城洛阳，出身于边城的雷绍，看到京城的繁华及礼仪之美深为陶醉。《北史》载，他回到武川后，对同伴说："徒知边备尚武，以图富贵，不谓文学，身之宝也。生世不学，其犹穴处，何所见焉？"意思是说："以往只知道以边镇得军功可以富贵，却不知道知识、修养是一个人立身处世之宝，人生于世不学习、不修养，就犹如深处于穴中一样，只能看到头顶的一片天空，如何能广博所闻呢？"

雷绍辞去军职后，向母亲辞行南下求学，经过多年学习后，雷绍学习了《孝经》《论语》等书，广博了知识、提高了修养。一天他读完书之后，掩卷长叹："有至行的人，所树立的德行，没有比孝更重要的！我少年时任侠好武，离开母亲从军，钦服于繁华和礼仪，辞别母亲求学，父亲虽已去世，身为人子没有尽到侍养母亲的责任，这不是人子之道呀！"于是别师还乡，回到家中躬耕田亩，奉养母亲，以尽少年时未尽之责。雷母去世后，他依制守丧，回思母亲对自己的恩情，自己却难以回报，心中十分忧伤，以至于形销骨立。雷绍归家后的孝行传于四方，服制完成后被任为武川镇佐将。

1．文献支持：《北史·雷绍传》、宋·章定《名贤氏族言行类·卷九》、宋·林同《孝诗》、清《御定孝经衍义·卷八十三·卿大夫之孝·敬亲》《清一统志·卷一百十一·朔平府》《雍正山西通志·卷一百三十七·人物·宁武府》。

时值北魏末年，北方乱象已现，他先后辅佐镇将贺拔岳、洛州刺史李叔仁、渭州刺史侯莫陈悦，北魏亡后又佐周孝武帝，因其有德、有识、有才，因功仕为京兆（西魏、北周时京兆指长安）太守。任职后《北史》评价说"清平物理，甚得人和"。雷绍的性格豪爽，性情好施，乐于助人，出仕后所得财物多分润给亲朋、故交。去世时遗书其子："敛以时服，事从约俭。"

《北史》中对雷绍的着墨不多，却凸现出一个性格豪爽、有错必改、行孝养德、清正待人、有勇有谋的儒将形象。少年任侠或者说有自己的想法，是大多数少年人共有的特性，不足为怪，知道自己的不足，努力改正却不容易做到。雷绍通过学习知道了自己的不足，知道了父母对子女的恩德，自己对父母回报的不足，勇于改正，于是尽孝养德，奉亲修身，不仅以感恩之心回报母亲，更是尽到了子女应尽的义务，同时也增进了自己的德行修养。雷母去世后，他从军、从政，以及生活中的好施，去世前所嘱的俭丧，无不表现出他养孝修德的成功。他的成功不仅表现在修德后的孝养亲人，更用自己的行动表达了对父母亲人的敬爱，使他们在身后因子女而显扬。后世的志书中，诸如《名贤氏族言行类·卷九》《清一统志》《雍正山西通志》等也多以孝行表述其德。

宋代林同更赋诗赞他："行莫大于孝，其如违养何，只消一句字，安用读书多。"语虽不多，却表达出了雷绍的"掩卷之思"。

二十三、习医养母[1] （许道幼祖孙）

宋代张杲的《医说》和明代江瓘的《名医类案》等古代医学类杂记中，记载了一位南北朝时的名医——许智藏，从文字记载上看，他的家庭因孝入医，因医而名，传承数代。

许道幼，生卒年不详，约生活于南北朝时期，高阳（今河北省保定市高阳县）人，是当时的孝子，南北朝时侨居南方。许道幼的母亲年老身体不适，患有疾病，于是许道幼便延医给母亲治病。想方设法寻觅医方，并且精研药理、学习医术，在母亲生病期间，在侍养母亲的同时，精研医术，使自己的医术从

1．文献支持：《晋书·孝友传·李密》《北史·艺术下·许智藏》《隋书·艺术传·许智藏》《王子安集·卷四·序》、宋·张杲《医说·卷一》、明·徐有贞《武功集·卷三·史馆稿》、明·江瓘《名医类案·卷八·癎》《御定孝经衍义·卷九十·士之孝·爱亲》。

无到有，用《北史》中的说法，许道幼通过学习"因而究极"，意思是说达到了十分精妙的地步，成为当时的名医。成家后，许道幼将自己的医术传承下去，并且告诫诸子："为人子者，尝膳视药，不知方术，岂谓孝乎。"大体意思是说："为人子女的人，要用心去奉养父母，仅仅是在日常生活中敬养他们是不够的，同时还要明白一些医理，要懂得一些医学方面的知识，学会在生活中保养父母，如果不懂这些，如何才能做到孝呀！"

史书上没有写明许道幼的母亲多大年纪去世，但从记录上看，通过他的精心护理，许母的生命应该延续了很长一段时间，许道幼对子女的告诫也成为许家的家训传承了下来。许家的家训谈到学医养亲，这在南北朝，以至隋唐时期是很有市场的，直至唐初许多文人都持有此论，盛唐四杰之一的王勃在他的《王子安集》说："人子不知医，古人以为不孝。"正是这种思想的延续。后世所谓的割肉奉亲之类的愚孝，当时是没有什么市场的。

南北朝之际虽然有许多所谓的"哀毁逾礼"、庐墓终身、水米不入不胜丧之类的愚孝，但总体上说"身体发肤，受之父母，不敢损伤"的孝道观点，还是深入人心的，至少全肢全体以敬父母，是当时的一种共识。父母生病，在当时交通、知识、生活条件等方面的制约下，如何奉亲、如何养亲、如何疗亲，学医或者说知道一些养生、保健知识，成为许多人的选择，其中最为有名的人物，除许道幼之外，还有晋代的殷仲堪（参看本册"关护卷·殷师斗牛"）、李密等人。《晋书·孝友传》记："李密，字令伯，犍为武阳人也……祖母刘氏，躬自抚养，密奉事以孝谨闻。刘氏有疾，则涕泣侧息，未尝解衣，饮膳汤药必先尝后进。"其养亲之状与许道幼相近。

《北史》载，许道幼的家训对其子许景、孙许智藏"世相传授"，尤其是许智藏高寿八十多岁，深得养生之道。《北史》称许智藏"方药特妙""少以医术自达"，承继了祖父的医术，养亲、保健、侍亲疾在南北朝乱世之中也相当有名。尤其是他的针灸之术更为史家所传赞，《隋书·艺术传下》称他："许氏之运针石，世载可称。"虽然许智藏孝亲之事语焉不详，许氏家族秉家训学医孝亲的传统却传承了下来。

清代在编订《御定孝经衍义》时，将此事记入"爱亲"卷。所谓爱亲，首先要养，要有诚笃的爱意在内，同时更要有所行动，平常百姓或许没有多少条件学医，但关心一些老人的保健方法，父母亲人生病，尽力为他们疗疾是可以做到的，在这方面"爱"的主旨在于"敬"，行动在于"养"。

明徐有贞在评论许道幼祖孙时说："神医思敬，学之既尽其能而存心尤厚，视人之疾犹己之疾必愈乃已，而报不报不计也。"侍亲以敬、因孝而医，养成爱心以报社会，是一种孝行，更是一种大爱。

二十四、武德褒诏¹（宋兴贵）

宋兴贵，生卒年不详，约生活于隋至唐高祖武德年间（618—626），雍州万年（今陕西省西安市）人。唐高祖武德二年（619）因孝被旌表。

《新唐书》载，唐代对有孝悌德义的家族旌表孝悌，以褒扬孝行："数世同居者。天子皆旌表门闾，赐粟帛，州县存问，复赋税。"宋兴贵家族即唐开国时首批被旌表的家族。

《旧唐书·孝友传》中记有唐高祖武德二年的诏旨，清代的《钦定续通志》将此诏颁布时间定为"武德三年"。诏书的全文如下：

人禀五常，仁义为重；士有百行，孝敬为先。自古哲王，经邦致治，设教垂范，皆尚于斯。叔世浇讹，人多伪薄，修身克己，事资诱劝。朕恭膺灵命，抚临四海，愍兹弊俗，方思迁导。宋兴贵雍和，志情友穆，同居合爨，累代积年，务本力农，崇谦覆顺。弘长名教，敦励风俗，宜加褒显，以劝将来。可表其门闾，蠲免课役。布告天下，使明知之。

诏书的意思是说：世间的人要秉承仁、义、礼、智、信这样的德行，才能生活于世间，仁义是其中最为重要的方面。世人生活于世间有各种各样的行止，孝敬是各种行止的根本。自古圣哲贤王治世立极，都推行教化以维护统治，其原因皆在于此。魏晋以来，战乱纷纷，世间敦厚的风俗被弱化，人与人之间的关系多有虚伪，以致"世风浇薄"。因此，国家要推行教化，使人们能修养身心、克正行止，古往今来有许多好的规范、语录，仅学习这些是不够的。因此，要树立孝悌模范，以劝导人们向善。朕承天命而抚有四海，想着革

1．文献支持：《旧唐书·孝友传》、宋·王钦若《册府元龟·卷一百三十八·帝王部·旌表二》《新唐书·孝友传》、清《钦定续通志·卷五百二十三·孝友传》《钦定执中成宪·卷二》。

除旧有的鄙薄风俗。因此，思考着去引导人们建立好的道德习性。宋兴贵为人雍和大度，有志节，能孝敬父母、友爱兄弟，宗族同居于一处，已经有许多年了。他勤于劳作耕种，有谦让、恭顺的品性，孝敬父母实为孝悌的典范，他的行为可以敦厚、激励风俗向善的方向变迁。因此，国家对他给予褒奖，以劝导将来的人们。可以表彰他及其家族，蠲免他家的课役。将此事布告天下，让世间的百姓都知道国家兴孝褒德之意。

依史传记录，宋兴贵一家四代同堂、雍雍睦睦，以孝悌传家、以躬耕为事，家族中的子女都能孝敬父母亲人，其孝悌德义传承至宋兴贵已达四代。这在战乱纷扰的南北朝和隋代是难得一见的。唐建国后，面临着由乱而治的局面，国家的稳定是其首先要注重的问题，推广孝德成为当时的必需。宋兴贵一家的孝悌之行适合了那个时代，也适用于当时及后世。因此，当时的国家对他及其家族给予旌表。

孝敬父母亲人，对一个人来说，在日常生活中，不是难以做到的事情，子女感恩回馈父母，是子女应尽的义务，孝行是可以示范的，更是可以传承的，一个家庭之中父母孝，对子女的影响，榜样就在眼前，对子女向善的性格养成是有极大帮助的。养敬不是一个人的事，更不是一代人的事，而需要人人沿行、代代传承。

二十五、薛浚之思[1]

南北朝之际，用史书的说法"世风浇薄"，孝悌观念日下，隋统一前后，无论是北方的周还是南方的陈，都意识到了这个问题，相对加大了道德教育的力度。隋王朝建国后更是如此，除多次下诏旨褒孝敬老外，更是多次对有孝悌之行的人给予旌表。

薛浚，字道赜，生卒年不详，北朝北周时河东汾阴（今山西省万荣县西南）人，约生活于北朝的北周和隋王朝，出身于北方大族，父亲是北周的渭南太守薛琰，《北史·薛辨传》载："浚少丧父，早孤，养母以孝闻。"少年时

1．文献支持：《北史·薛辨传》《隋书·孝义传·薛浚》《册府元龟·卷四百六十二·台省部·清俭》、清《御定孝经衍义·卷八十三·卿大夫之孝·敬亲》、清·徐乾学《读礼通考·卷一百一十三·丧制六·过于礼》。

期薛浚如何孝母，史书中没有多言，仅从"以孝闻"就可以知道薛浚的孝行，在当时、当地是很有名气的。史书中载他四十二岁去世，在他的《与弟谟书》中说："自释末登朝，于兹二十三年矣！"可知他在十九岁时就因孝行及学行而被举中正，并于北周武帝时袭父爵。

隋开国后，薛浚仕为虞部侍郎，史载，此时他的母亲生病，他"甚忧瘁，亲故弗之识也"，侍母之疾，勤劳于事，心忧母病，昼夜不止，以至于亲友见面难以辨识，其孝思、孝行可谓纯粹。隋文帝因其事母至孝，于是"以其母老，赐舆服、几杖、四时珍味"，以薛浚为范，在当时世家大族中树立孝的榜样。

薛母去世后，他十分伤心："衰绖徒跣，冒犯霜雪，自京及乡，五百余里，足冻堕指，疮血流离，朝野为之伤痛。州里赗助，一无所受。寻起令视事，浚屡陈诚款，请终丧制，优诏不许。及至京，上见其毁瘠过甚，为之改容。"赤足服丧，冒雪五百里，抚灵回乡，其间因天寒而冻伤，途中不受赠遗的财物，此时国家刚建国，薛浚有才，国家因其才而夺情，薛浚虽数次请丧，终被夺情，回到京城后，他的形象，令隋文帝为之惊叹。不久，得病疮，在隋军进行统一战争时，因病在扬州去世。

清代徐乾学的《读礼通考》中记录此事时，将其事列入《丧制六·过于礼》中。实际上父母去世，子女伤心是正常的，"徒跣"五百里，虽能体现孝思，却不能保有身体，服丧而得病、哀思而不胜丧，是不合适的，徐乾学之论并不为过。

薛浚的孝虽然做得有些过，但他的孝思之心、敬爱之义却是充足的。在隋王朝灭南朝陈国之战中，薛浚任晋王府兵曹，攻陷扬州后，他曾写信给他的弟弟薛谟："吾以不造，幼丁艰酷，穷游约处，屡绝箪瓢。晚生早孤，不闻《诗》《礼》，赖奉先人贻厥之训，获禀母氏圣善之规，负笈裹粮，不惮艰远，从师就业，欲罢不能。"回思幼年丧父之情、母亲教养之恩不胜唏嘘。之后写道："官非闻达，而禄喜逮亲，庶保期颐，得终色养。何图精诚无感，祸酷荐臻，兄弟俱被夺情，苫庐靡申哀诉。是用扣心泣血，陨气摧魂者也。"官位不高，禄可养母，能终养母亲，孝敬母亲，是自己心愿，只是母亲去世，国家因战事，兄弟俱被夺情，不能守丧制，是一件多么痛苦的事情。至于自己："疮巨衅深，不胜荼毒，启手启足，幸及全归。使夫死而有知，得从先人于地下矣，岂非至愿哉。"因冻生疮，病情绵延，却看自己的手足俱全，身体发肤没有缺失，是多么幸运的事。病已入骨，能随母亲于地下"岂非自愿"，更是因不能保身全孝、显扬声名而发出的无奈之叹。最后他叮嘱弟弟薛谟："缅然永别，为恨何言。勉之哉，勉之哉！"兄长未能完成的全孝之事，望薛谟完成，此情切切、孝思沉沉。

薛浚事母孝，为政清，在隋王朝为一代良吏，在当时的大环境下十分突出，《册府元龟》一书中的《台省部·清俭》卷中记："薛浚，开皇初为考功侍郎。性俭，死之日家无遗赀。"事亲孝、敬亲诚、居官俭、事国忠，是薛浚的孝思所在、养敬宗旨，有其心更有其行，因此在他去世后隋文帝十分伤心，册书吊祭：

皇帝咨故考功侍郎薛浚。

于戏！惟尔操履贞和，器业详敏，允膺列宿，勤謇克彰。及遭私艰，奄从毁灭。嘉尔诚孝，感于朕怀，奠酹有加，抑惟朝典。故遣使人，指申往命，魂而有灵，歆兹荣渥。呜呼哀哉！

二十六、孝义刘家[1]（刘审礼　刘易从）

《大唐新语·卷五》中记载了一则初唐时期的孝德家族的故事：

审礼，刑部尚书德威之子也，少丧母，为祖母元氏所养。元氏有疾，审礼亲尝药膳，事母亦以孝闻。与再从弟同居，家无异爨，阖门二百余口，人无间言。

易从后为彭城长史，为周兴所陷，系于彭城狱，将就刑，百姓荷其仁恩，痛其诬枉，竟解衣投于地曰："为长史祈福。"有司平准，直十余万。易从一门仁孝，举无与比，而横遇冤酷，海内痛之。

审礼指刘审礼，旧、新《唐书》中有关刘审礼的记录附载于其父刘德威的列传中。刘审礼：生年不详，战殁于681年，隋末彭城（今江苏省徐州市）

1．文献支持：唐·刘肃《大唐新语·卷五》《旧唐书·刘德威传》《旧唐书·李敬玄传》、宋·王钦若等《册府元龟·卷七百五十六·总录部·孝第六》《新唐书·刘德威传》。

人。少年丧母，由祖母元氏抚养。父亲刘德威曾为隋末军将，隋末天下大乱，刘德威随大将裴仁基征讨，当时交通断绝，风俗大坏。

少年时期的刘审礼十分孝敬祖母，代替父母尽奉养、孝敬之事，为了躲避中原地区的战乱，他背负元氏渡江去南方避乱，其间辛苦不知凡几，刘审礼始终与元氏相伴，孝敬奉养、不离不弃。大唐建立后，他又背负祖母北上寻父，在长安与父亲刘德威团聚。长年的流离，损伤了元氏的身体，在她身体有疾的时候，刘审礼并没有因为生活条件渐好，而将祖母交给他人照顾，依然亲尝汤药夜以继日地照顾她。元氏常对他人说："我的孙儿孝敬恭顺，他的孝行可以贯通于幽冥细微之处，我一看到他、想到他，身上的疾病也感到减轻了不少。"

唐太宗贞观中期，祖母元氏、父亲刘德威相继去世，此时的刘审礼已出仕为左骁卫中郎将，服丧去职，丧葬时他赤足随车，自长安至彭城，扶灵千里还乡，其孝行为世人所赞叹。刘审礼的母亲郑氏早亡，与继母团聚后，他也如同侍奉生母一样侍奉继母，照顾、关爱异母弟刘延景，父亲去世之后，他更加尊奉继母，家中大小事都请继母拿主意。刘氏家族至长安后，族中子弟二百余人生活在一起，孝敬友爱、和睦相处，人无间言。

唐高宗仪凤二年（677），大唐与吐蕃的战争爆发，身为武将的刘审礼出任行军总管，与当时的中书令李敬玄共击吐蕃。战斗开始时刘审礼为前锋出战，主将李敬玄却畏敌不动，约期不至，甚至听说吐蕃与刘审礼开战后，竟狼狈逃走，刘审礼孤军而战，却无后援，战败被俘。被俘后，誓不降吐蕃，在永隆二年（681）被吐蕃所杀，其忠诚、勇烈为当世所赞叹，唐高宗因此追赠他为工部尚书。

刘审礼子刘易从，知其父兵败被俘后，加入了与吐蕃交涉的使团，至吐蕃探父。刘审礼勇烈殉国后，刘易从十分伤心，昼夜悲伤不止，吐蕃哀叹于他的孝行，归还其父尸枢。之后他与父亲一样，赤足万里从吐蕃护灵回归家乡彭城，孝行为朝野赞叹。

刘易从，居家孝敬在当时也是十分有名气的，他以孝修德，承父志行，史载他居官"仁恕"。时值武则天当政时，他被酷吏徐敬贞所构陷，《册府元龟》载，刘易从将被行刑时："人吏无远近奔走，竞解衣相率造功德，以为长史祈福，州人从之者十余万。"德望之高、爱民之深可见一斑。《新唐书》载，刘家也因此被称为"孝义刘家"。

刘审礼父子，以孝敬传家，对父母亲人奉养以诚、敬爱以笃、不离不弃，以孝修德，由孝至忠，养孝达仁，惠爱一方，当时的人们称呼其家为"孝义刘家"，国家屡次褒扬，是初唐时期孝德的典范人物。

对于孝来说，从细微处、从日常生活中培养，奉养、敬笃是立身培德的方法，有这样的习性，则会更容易被世人所认可。大敬以至于国，大爱惠施于民，养敬至极处方为大孝。

二十七、孝道辅弼[1]（元让）

元让，生卒年不详，南北朝时北魏皇族血脉，约生活于初唐太宗、高宗时期，雍州武功（今陕西省咸阳市武功县）人，初唐时期著名的孝子。因孝被唐高宗、唐中宗、则天大帝所旌扬，《旧唐书·孝友传》中记，唐中宗首次登帝位时，当时的太后武则天曾以"孝道辅弼"评价他。

元让其人，幼有志行，刚成年便通过了唐代科举考试中的"明经"试。初唐的科举与后世不同，通过明经试的考生必须通过《礼记》《左传》《毛诗》《论语》《孝经》等经义的"帖经试"，之后再试诗赋，再试时务，与明清之际的八股取士是不同的。因登科的人少，在当时有"三十老明经，五十少进士"之称。依唐制考取"明经"即有了出仕的资格。《旧唐书》中称元让"弱冠明经擢第"，却"以母疾，遂不求仕"，因为母亲在他登第期间患病，元让为了照顾母亲，给母亲治疗，放弃了出仕的机会，这在封建时代甚至现代来说都是十分罕见的。

元母的病从史书记载上看，应该是时常反复的，元让在家中："躬亲药膳，承侍致养，不出闾里者数十余年。"他侍奉母亲汤药，照顾母亲起居，文中说他"不出闾里"，意思是说，因为母亲身边离不开人，他为了照顾母亲，很少出街坊。唐代的城市建设与现代是不同的，当时城中有坊，每个坊与现在的居民区大略相似，诸多坊构成城市中不同的生活、功能区域。"不出闾里"可以理解为很少踏出街坊，这种情况达数十年之久，由此可见元让侍母之心的诚笃，爱亲之意的深厚，养敬之情的实在。

1．文献支持：《旧唐书·孝友传·元让》《太平御览·卷四百一十三·人事部五十四·孝中》、宋·孙吉逢《职官分纪·卷三十》、明·彭大翼《山堂肆考·卷一百五十四·丧礼》、清《御定孝经衍义·卷九十·士之孝·爱亲》。

元母去世，依当时的习惯和礼法，他庐墓守制，在守制期间，史载"蓬发不栉沐，菜食饮水"，即不理发、不洗头，每餐仅食青菜饮清水，以示对母亲的哀思，其行止虽过，却表达了对母亲的孝思。元让的孝行传至朝堂，时值唐高宗身体不适不能理政期间，孝敬太子李弘监国，于是下诏褒扬其行、旌表门闾。清代《御定孝经衍义》记录此事，将其列入《爱亲》卷中，也是对元让养敬孝思的肯定。

《太平御览》中又记，唐高宗永淳元年（682），元让以孝行卓异被巡察使题奏举荐，被任命为"太子右内率府长史"，作为太子属官，影响、教导太子。期满归乡后，乡邻敬服于他孝敬的德行，出现争讼之类的事情，不愿意惊动州县的衙门，而是请他去调解。元让数十年如一日的孝行，在当时影响之大可见一斑。

武则天称帝后，又过了十余年，《旧唐书》载："圣历中，中宗居春宫，召拜太子司议郎。"大约在公元699年，高龄的元让复仕为"太子司议郎"，武则天召见元让，出现了此文开篇对他说的话。史传中的原文是："卿既能孝于家，必能忠于国。今授此职，须知朕意。宜以孝道辅弼我儿。"意思是说："元让你在家中能孝敬父母，具有孝德，对于国家也必定忠诚，如今授予这一职务，要明白其中的意思，要用孝道辅弼我的孩子（指当时已退位的唐中宗李显）。"评价可谓极高，期望可谓殷切。

元让的孝行，宋代孙吉逢用"孝悌殊异"、明代彭大翼用"居废栉沐"等表述其事，在史传、笔记中的诸多表述中，所肯定的都是他的笃诚孝思、养敬之行，如此品行，正可为现代人所借鉴。

二十八、敬守母戒[1]（崔玄暐）

崔玄暐，生于639年，卒于706年，原名晔，初唐博陵安平（今河北省安平县）人，初唐名相。武则天执政中后期恢复大唐的"神龙事变"五功臣之一（崔玄暐、桓彦范、敬晖、张柬之、袁恕己），因功被唐中宗封博陵郡王，是

1．文献支持：《旧唐书·崔玄暐传》《新唐书·崔玄暐传》、宋·王钦若等《册府元龟·卷六百三十七·铨选部》、宋·刘清之《戒子通录·卷八》、宋·林同《孝诗》。

初唐时期著名的廉吏、谏臣、孝子。

《旧唐书》载，崔玄暐事亲极孝，家教甚严，十分喜爱读书，唐高宗龙朔年间（661—663）二十余岁即举明经试入仕，累迁至库部员外郎。母亲卢氏在他成长及出仕后对他从政、修德多有指正，崔玄暐敬奉母言，为后世留下了一段佳话。

一次，卢氏对崔玄暐说："我曾经听你的姨兄田郎中辛玄驭说：'子女从政出仕后，有人对我说，子女因为贫穷、匮乏难以生存，我听到这个消息，认为此种消息是一个好消息。如果本家并不富足，却听说子女货赀充足，骑肥马、衣轻裘，这才是不好的消息。'我十分欣赏辛玄驭的话，认为这是十分正确的言论。如果亲戚中有出仕的人，这个人经常将财物奉呈给父母，父母只知道喜悦，却不问钱财从何而来，只认为是俸禄的余资，如果真是如此，确为好事，如果是非理所得，与盗贼有何区别？纵然是没有大的过错，能不有愧于心吗？孟母不受他人的馈赠，正是为此。你如今出仕从政，食国家俸禄，所得荣耀已经较常人为多，如果不能忠诚、清正地从政，如何能立于天地之间。孔子曾说：'即便是每天用太牢去祭祀，不能以清正立身，依然是不孝。'又说：'父母所忧患的是子女身上有各种不好的习性。'因此你立身、从政时一定要勤于修身，洁己正行，不要忘记我对你的要求呀！"

崔玄暐遵母言立身从政，《旧唐书》中称他以"清谨见称"，《新唐书》更赞他"守以清白名"，他从政的时期，大部分在武则天执政、称帝时，以清正出仕，以谏言立功，除来俊臣、周兴等酷吏，以其清正廉洁立身朝堂。品行的卓异，使武则天在长安三年（703）任用他为"鸾台侍郎、同凤阁鸾台平章事，兼太子左庶子"，入阁为相。

史传中崔玄暐从文字的记录中看孝行不著，但从实际的养敬之行上看，却是大多数史传中的孝子所不能比拟的。他以俸禄养亲，以清正的收入养亲，让父母生活的安心，不让他们因为子女的劣行而忧心，实为孝行。尊母言清正为宦，《册府元龟》评价他从政"介然自守，绝于请谒"，廉洁从政，诚敬在心让父母以子为荣，更为孝行。

《旧唐书》又载："玄暐三世不异居，家人怡怡如也。贫寓郊墅，群从皆自远会食，无它爨，与昪尤友爱。族人贫孤者，抚养教励。"家庭和睦，兄弟诒让，和合亲友，让父母生活在浓浓的亲情、关爱之中。虽然史传中没有过多地记载他的孝行，此记录却十分明确地说明了他及其兄弟们养奉、敬爱、关心的孝心之诚，孝思之实。

宋人林同有诗赞曰："若为从宦好，不异在家贫。忍以恶消息，而令戚我亲。"可为崔玄昧孝亲养敬的写照。

二十九、和乐李公 [1] （李景让）

李景让，生卒年不详，约生活于唐德宗贞元（785—805）至唐宣宗大中（847—860）年间，字后己，中唐并州文水（今山西省文水县东）人。《新唐书》中称其人"性方毅有守"，是唐文宗、武宗、宣宗时的名臣，《旧唐书》中评价他："有大志，事亲以孝闻，正色立朝，言无避忌。"

《新唐书》没有记载他是何时入仕的，他的从政经历是从唐敬宗宝历年间（825—827）开始记录的，当时他已仕至右拾遗。史载这一年，当时的淮南节度使王播违制求盐钱经营权，李景让据法理谏止，始名重于当世。李景让从政数十年，其母郑氏对他的要求十分严格，他也敬从母训，无论是施政、治军，还是荐贤、谏诤，都做到了清正有节，敬顺母训，不辱家门，在诚敬孝行上十分突出。

李景让幼时家贫，母亲郑氏家教甚严，身体力行地训诫儿女。李氏家族在唐高宗时曾为显宦，到李景让时已中落，在他未出仕时，有一天家中翻修宅院，从墙下得到许多财物，家中有兄弟奔走相告。郑氏却训诫子女说："士子不能勤奋，如何才能伸展抱负！这些钱财，非己之物，是无妄之财，是不可以取用的。"宋代司马光在《家范》中记录此事后评论说："唯患其子名不立也。"意思是说，郑母要求子女不妄取不明之财，立身处世要以清正立身。李景让敬遵母训。

浙西观察使是李景让曾担任过的职务，是由右散骑常侍转任的。初巡一方，故友相送是人之常情，这时郑氏问他何时起程，李景让回称自己还有事要办，要过段时间方可成行，郑氏说："已贵，何庸母行？"训诫他说："你已经富贵了，母亲的话可以不听了？国家的职责可以不顾了？"明悟后的李景让

1．文献支持：《旧唐书·忠义传下·李憕》《新唐书·李景让传》、宋·司马光《家范·卷三》、宋·马永易《宾实录·卷二》、宋·费枢《廉吏传·卷下·李景让》、宋·林同《孝诗》、清《御定内则衍义·卷十二》。

向母亲请罪，很快就起程赴任。

从史书上看，郑氏经常对犯错的子女给予惩罚，并不因子女年纪大、地位高而放松要求，对李景让更是如此，《新唐书》记"虽老犹加棰敕"，这种责打教子，虽然不为现代所提倡，但在封建时代却是一种常见的形式。史书中多处有李氏兄弟受责的记录，记录表明了郑氏教子之严，更说明李景让兄弟本身有这样和那样的毛病，但他却能敬遵母言，从另一个方面表现了他的孝心之诚。

中唐之后藩镇割据，兵头林立，李景让也曾治军于一方，一次帐中牙将生事，触怒了他，他要行军法杖杀牙将，军中出现不稳的状况，郑氏召李景让当庭责罚，对他说："身为国家军将，镇抚一方，如何能轻易用刑，轻易责打部下，轻施刑罚会使军旅不宁，如何对得起国家，又如何对得起父母亲人。"于是鞭打景让，部属见后，数次请求止刑，郑氏不许，刑后军士泣谢郑氏，军镇之乱平息。之后李景让敬遵母言，善待军士依法治军，终其任期，所辖军镇未乱，为国家保存了元气。

《旧唐书》载，自唐文宗大和年间（828—835）入朝后，他历仕中书舍人、礼部侍郎，直至宰相，其间"事亲以孝，正色立朝，言无避忌"，为一时名臣。《新唐书》记，宣宗时，皇帝选相，竟将群臣的名字投入到器物中，抽中者为相，时为吏部尚书的李景让深以为耻，请求出任西川节度使，不久以病乞请致仕。当时的相国问他："君以清廉自守，却没有什么储蓄，为什么不为子孙谋划呢？"李景让笑答："孩子们离开了我难道会饿死吗？"以廉自守，保有清名，敬诚在心，不辱父母，深为当时京城士人叹服。不久以太子太保致仕，东还东都（今河南省洛阳市），卒年七十二，被追赠太子太保，谥为"孝"。

《旧唐书》又记，一次与客人一起饮酒时，有一位客人说："有孝于家、忠于国的人可以满饮此杯。"当时满屋肃然，共举爵敬李景让，说："这样的评价只有李公可以承受。"《旧唐书》更记李景让"家行修治，闺门唯谨"，兄弟和合、子孙孝敬、亲友顺睦、里坊良风，当时的东都有李景让宅，史称"东者乐和里，世称清穆者，号'和乐李公'云"。宋人林同更赋诗赞叹："既尔家能孝，还与国尽忠。谁宜举此爵，知是莫如公。"

宋代费枢的《廉吏传》中收录了其人其事，文后评论说："崔玄暐母卢、李景让母郑咸能戒敕其子，保初终之节，是则二子之清，皆其母之烈也。"二母都能严格要求子女，使子女成人、成才、建功，母教的成功自不必说，同时也表现出两人都能遵奉母教，且有诚笃的孝敬之心，有迁善之念。

父母对子女的希望无外乎子女成才、平安，子女对父母的孝敬，除了奉养外，更为重要的是满足父母的愿望，让父母为之骄傲，不断修正自己的不足，使父母因己而荣，而不是因己而耻，才可以说真正做到了敬，养敬之孝，养在日常、敬在笃行。日常奉养，诚笃立身，家会因此和乐，人可为世人榜样。

第四卷　养敬卷（下）

三十、仁风孝里¹ _{（郭琮）}

《赤城志》是宋代陈耆卿所著的一部志书，书中的《地理门》中记："孝行坊在县南一百二十步，旧名延庆，以至道中郭琮居此故名。""至道中"指宋太宗至道二年（996），郭琮是当时的著名孝子，《宋史·孝义传》中有他的列传。

郭琮，生于622年，卒年不详，五代时吴越台州黄岩（今浙江省台州市黄岩区）人，出身于平民家庭，没有接受过多少教育。幼年丧父，宋人张镃的《仕学规范》中记，郭父去世得早，他时常有"罔极之叹"，以不能奉养父亲为憾事。与母亲张氏相依相伴，事母至孝。娶妻生子后，母亲也已年迈，为了照顾母亲，他经常留侍于母亲房中。凡是母亲想要吃的东西、想要用的东西，他都想方设法满足母亲的要求，一定要亲自奉给母亲。郭母有一段时间身体不好，郭琮十分忧心，在为母侍病的那段时间，他只有在中午时才正常吃饭，其他时间以照顾母亲为主。为了给母亲祈寿，他绝荤腥、酒水达三十年之久。南宋学者杜范的《郭孝子传》中记，在日常母亲身体平稳的时候，他常去寺庙为母亲祈愿："诵梵典、礼佛塔，积膜拜之数以七十余万，计甘于勤劳用祝母寿。"诚心敬佛的原因只为母亲身体康健，能享高寿，多侍奉她几年。

史载郭母张氏在至道二年（996）时已达一百零四岁高龄。《郭孝子传》载，这一年宋太宗下诏："应诸道州县有义夫、节妇、孝子、顺孙，其令转运使采访以闻。"即宋太宗要求在当时的北宋各地，采访有孝悌德义、贞烈忠诚的人，将这样的人上报国家，国家核查清楚后，将对有此节义的人给予褒奖。郭琮的孝行为乡里之中的榜样，由乡老陈赞牵头共四十余人，记其孝行共同上书，请黄岩县代为呈报，《仕学规范》中记："同里四十人具状郭琮行孝事，诣漕运使乞闻朝廷。"漕运使接报后十分惊异，于是亲自到郭家查访，与张氏对坐观察、询问，并且采访乡人郭琮的孝行，乡里中的人将他的事迹告诉了漕运使，漕运使"嗟叹良久，遂具表以闻"。宋太宗览奏之后，嘉叹郭琮的孝

1．文献支持：宋·张镃《仕学规范·卷九·行己》、宋·黄震《黄氏日抄·卷四十五·读诸儒书十二》、宋·陈耆卿《赤城志·卷三·地理门二》《赤城志·卷三十四·人物六三》、宋·杜范《清献集·卷十六·记》《宋史·孝义传·郭琮》、清《雍正浙江通志·卷一百八十五·人物七·孝友三》。

行，下诏旌表郭氏宗门，免除了郭家及乡中的徭役，以示对郭琮的褒奖，对乡里之中良好德义的肯定。

至道三年（997），郭母张氏无疾而终，《赤城志》记张氏去世后，郭琮执丧哀，用《宋史·孝义传》的说法"哀号几乎减性，乡间率金帛以助葬"。他的孝行感动了全乡。国家旌表孝悌，将他居住的原"延庆"的街坊改为"孝行"。杜范的《郭孝子传》记，里名因此被改为"仁风里"，无论是哪一个名字，因孝行仁风而改名，皆因郭琮孝行。

这是一个平民孝亲的故事，郭琮没有什么显赫的身份，只是以自己的努力去敬奉亲人。郭琮去世二百五十余年后，乡人杜范为其作《杜孝子传》，文中说："时久制坠，地蹙宫瘁门不能丈，仅留片石，过者怆然，幸其祠尚存，其像犹旧。"慨叹其事，并为重修郭孝子祠而高兴，应郭琮的后人所托作此文。在文章的后半部记下了一个问题："或者曰：'古人孝行著于诗书，皆可覆视，未闻疲筋力从事释氏之说，以延其亲之龄者。郭氏之孝亦异乎？古圣贤所谓孝矣！'"

杜范的回答是："人的孝性得自于天，无论是儒家学说，还是释家教义，所讲求的都是真性情。郭琮没有受过多少教育，他的孝思、孝行发至笃诚，只要可以为父母亲人祈福，只要不影响他人，有什么不可以去做的？孝心存于一念，孝心、孝行是重要的，礼法与之相比就弱了许多，对于知识文化水平不高的他来说，就算与圣贤同时、同代而生，也会赞其心性而略其礼法。如何能以其行非诗书所载，而对郭琮的孝行存疑呢？以孝行模范，国家加强教育，移风易俗，去除不合理的行为，才是正途。没必要慕其旌表而指其不足。培养良风益俗、孝德风尚才是最重要的。"

杜范的记录和说明，表彰了郭琮的养敬之行，明白无误地告诉人们，对待父母，孝敬父母，子女首先要有孝思，在孝思的基础上有孝行，以笃诚之心去面对、去奉养，是为人子女道德行谊的养成，是社会道德风尚的增益所要认真对待的。其言切切，至今有益。

三十一、恬退思归 [1] （彭乘）

　　宋代是一个经济、文化相对富足的时期，也是我国儒学发展史上一个重要的发展时期，士大夫优游于士林，各种思潮不断涌出。植根于儒学体系的各类思潮，有一个共同的特点，都将修孝培德作为立身之本。国家经济的发展，带动了文化的繁荣，也使两宋时人较前代更有余力养亲。对于那些不孝的士子，文人们口诛笔伐，让他们几无存身之地，在这种大环境下，有孝思、有孝行的人在当时的社会中成为人们口中的美谈。

　　彭乘，生于985年，卒于1049年，字利建，北宋初益州华阳（今四川省成都市）人。曾巩的《隆平集》中记，他于宋真宗大中祥符五年（1012）登进士第。封建时代中进士并不是登第之后马上授官，授官赴任前要先在各部学习一段时间、见习一段时间，参加国家的铨选（授官前技能的策试）礼部试（授官后综合能力的策试）、馆阁试（后备人才的选拔策试）等考试后，才可以依其所长授官职赴任，一般要在京城（北宋时为汴梁）学习、见习、策试一年左右，优异者可达三年。李焘的《续修资治通鉴长编》记，大中祥符八年（1015），彭乘在京城与同年游于相国寺，经过三年的学习、见习后，此时他已被授为汉阳军判官，在当时是一位品学兼优的国家后备人才。

　　大中祥符八年，他与同科进士游汴梁的大相国寺，同游之人因可以游于仕宦，都十分兴奋，彭乘却因离家多年心情郁郁，他对众人说："我的父母年事已高，登第之后已经很久没有在他们跟前尽孝，为人子如何能舍对父母的晨昏侍养，只图一时的荣华呀！"回到馆舍后，他上书乞请回家侍养，宋真宗因为彭乘已通过了国家后备人才的策试"馆阁试"，惜其才不准其请，他却固辞。《续修资治通鉴长编》载，宋真宗准他还乡侍亲。

　　几年后，寇准复为相，对彭乘极为欣赏，于是召他还朝担任馆阁校勘，不久又升迁他为秘书丞集贤校理，在京任职期间，他和以往一样多次请求返乡侍亲。宋初，因平定蜀地时，主帅王全斌杀伐太重，蜀地的反抗十分激烈，宋太宗时甚至出现了王小波等人的起义，因此宋初有蜀人不在蜀地为官的惯例。彭乘孝亲有诚笃之心，为人清正，在他的一再请求下，宋真宗准他入蜀为官，知

1．文献支持：宋·曾巩《隆平集·卷十四·侍从》、宋·李焘《续修资治通鉴长编·卷一百九·仁宗》、宋·王称《东都事略·卷六十·彭乘传》《宋史·彭乘传》。

普州（今四川省资阳市安岳县），宋代史志记载，北宋蜀地人治蜀，是以彭乘为孝养双亲，固辞请回，宋真宗因其孝而特准开始的，《隆平集》记"旧制蜀人不许赴蜀，官特恩自乘始"正是指此。

入蜀之后，他将父母接至衙属，朝夕奉养，以尽为子之孝。他在普州大力兴学，移风易俗，《宋史·彭乘传》记彭乘到普州后发现"人鲜知学"，于是"乘为兴学，召其子弟为生员教育之"使普州大化。父母去世后，他依制服丧，史传中说当时有异象出现，实际上是当地人被他的孝心所感动，出现的附会之说，他也因孝亲以及施政时能惠施于民，成为当时有名的孝子、能臣。

《宋史》记，宋仁宗登基后，因他"质重寡言，性纯孝"，十分看重他，丧服结束后，据《续修资治通鉴长编》记，天圣八年（1030），他以集贤校理的身份再知普州，后又屡迁他职，仁宗宝元年间（1038—1040），中书舍人缺位，仁宗选彭乘任此任，并且说："此老儒也，雅有恬退名，无以易之。"因孝德而修养出恬退恭敬之名，因孝心、孝行而为人所信服，身为我国封建时代有数的仁德君主仁宗，对彭乘有此评价，实为鲜见。

彭乘的养敬父母在于诚心，用现代人的想法，子女长大后不一定非要守在父母身边，只要子女有了成绩，让父母为之骄傲就是一种孝的表现，至于照顾父母勤回家就可以了，这是因为现代交通发达的原因。封建时代，关山隔路，外出仕宦是难以照顾、孝养父母的，因此大多数仕宦者，离家十几年甚至数十年不归，父母托于他人照顾。彭乘此行是当年的一抹亮色，他的孝心之诚，孝养之足，不慕繁华，实令当时许多人所汗颜。

彭乘因孝而修德，因行而养敬，完成了为人子女孝养父母的职责，完成了显亲承志的孝行，为人所称道。恬退在于养敬，思归在于孝思，此行此情不愧孝子之名。

三十二、孝睦不替[1]（姚宗明）

乡贤祠，在各地的文庙、书院建筑中，文庙或者书院的主殿，大多称为大

---

1. 文献支持：宋·李焘《续修资治通鉴长编·卷三百三十四·神宗》《宋史·孝义传·姚宗明》《明一统志·卷二十》、明·韩邦奇《苑洛集·卷三·河中书院记》、清《御定孝经衍义·卷九十七·庶人之孝·敬亲》。

成殿或明伦堂，在主殿两侧，明清时期襃奖历代有品行、有德义、可为后人榜样的当地先贤，供奉在此处的两庑中，在这里接受当地人的祭祀。被祭祀的人在当地的地位，相当于曲阜孔庙大成殿东西两庑所祭祀的先贤、先儒。

明代韩邦奇的《苑洛集》中有一篇《河中书院记》，文中说："西堂为乡贤祠：祠乡贤者凡四十七人……宋柳开、李兴、姚宗明、侯仲良……"所祀人物或忠或义或信或仁，或为理学先贤，或有惠政于民，其中的姚宗明则是以孝德而成的被崇祀对象。

《宋史·孝义传》载：姚宗明，河中永乐（《明一统志》记，宋代属平阳府，即今山西临汾市附近）人。按《宋史》的说法，在北宋姚宗明不是指一个人，而是指一个家族。姚氏纪事是从唐德宗贞元年间姚宗明的十世祖姚栖云开始的。姚栖云的父亲在贞元年间是边疆的戍卒，曾代兄卫戍边防，姚栖云的父亲在他三岁时战殁，之后姚母改嫁。姚栖云由伯母抚养，他孝事伯母，成人后又至边疆收殓父亲的尸骨，迁回家乡安葬，其人是当时有名的孝子，当时的永乐县令苏辙刻石立碑以表其孝德，河中太守浑瑊表奏朝廷，被旌表门闾，因其孝行，国家将他所居住的乡更名为"孝悌乡"，村社更名为"节义社"，街里更名为"敬爱里"。

十世传至姚宗明，其家族最大的特点是孝养不衰，族中子弟孝亲敬老为当时模范，与南方的十三世同居的陈兢家族并称。宋仁宗庆历年间（1042—1048）被国家再次旌表。之后又传三代，至宋神宗熙宁六年（1073）又复旌表。《续修资治通鉴长编》记："提举陕西保甲司言，河中府姚用和赍庆历八年黄敕，言姚栖云十世同居，孝行可法，赐旌表门闾，二税外免差徭，欲乞与免，保甲从之。"十三世同居，历三百余年孝睦不衰，实为异数，亦可见其家风之正，孝德相传。

《宋史》在姚宗明传中说："姚氏世为农，无为学者。家不甚富，有田数十顷，聚族百余人。子孙躬事农桑，仅给衣食，历三百余年无异辞者。经唐末、五代，兵戈乱离，而子孙保守坟墓，骨肉不相离散，求之天下，未或有焉。"即姚氏一族与宋初的陈兢家族不一样，陈兢家族，世代都有人出仕为宦，从经济实力到政治影响上，平民家庭与其家族无法相比，富足且高位，于是在孝亲敬老一事上，不是大的问题。姚氏不同，姚家世代为农，家族中没有出现有名气的学者，家境也不能算是富足，在这个大的家族，族有百口，有田仅数十顷，这在封建时代是不多的。历经唐末、五代、宋初三百年的战乱，养敬父母亲人，孝德不衰，骨肉不相离散，亲情不替，无论是从对父母亲人的奉养方面来说，还是对他们的敬笃、关爱方面来说，都可以为世人做表率，《宋史》用"其家孝睦不替"一句来总结姚氏一族的孝德风范，可谓精当。

《御定孝经衍义》收录了此事，在文后评论说："累世同居者多有不能悉载，唐张公艺其最著矣！然未若姚氏之盛！其世次皆可考，又业农不仕，合于经文，用天道因地利之义，洊更离乱不坠其家也，宜哉！"评论以唐代著名孝悌之家张公艺为比较，着重点出了姚氏家传的养敬之道，姚氏之盛，盛在传承，养敬孝思贵在沿袭，有其思、有其行、有其模范、有其家风，孝德之承可以说虽久远而不替。

子弟是否能有大的功业，对一个家庭的孝行来说并不是主要的，一个和谐的家庭、一种孝敬的民风的形成，关键在于"孝"这种传统美德的延续，这也是明代河中书院将姚宗明迁入乡贤祠中祭祀的原因。

三十三、养亲归族 [1] （申积中）

清代秦蕙田有一本名为《五礼通考》的书，书中记录了一些清之前的孝子，其中有一条目名为"申积中"，此人收录在书中的第一百四十七卷中，此卷的名目为《嘉礼·饮食礼（为人后附）》。

"为人后"顾名思义，即指他人的后代，此种提法，实际上是说"为人后的人"不是父母的亲生子女，或者说此人是过继或者抱养的子女。唐代的律法规定，"为人后"的子女，如果养父母去世，也有为父守丧三年斩衰之制，为母守丧的齐衰之制之类的要求，《新唐书·礼乐十》记："义服（斩衰）：为人后者为所后父……十三月小祥，二十五月大祥，二十七月禫祭；义服（齐衰）：父卒，继母嫁，从，为之服报。"实际上从唐之后的礼法中看，养子与亲子都要孝养父母，但在实际生活中，许多养子对义父母的孝往往做得不足。

申积中，生卒年不详，约生活于北宋神宗至徽宗时期，字不详。《宋史·孝义传》中记，他在襁褓中的时候，就被杨绘抱养。史传中说杨绘抱养子

---

1. 文献支持：《新唐书·礼乐志十》《宋史·孝义传·申积中》《明一统志·卷六十七·成都府》、明·曹学佺《蜀中广记·卷四十二·人物记第二·川西道下》、清《四川通志·卷十上·孝友》、清·秦蕙田《五礼通考·卷一百四十七·嘉礼二十》。

女，是听从其父杨起的话而做的，至于为什么抱养，史传中没有提。等申积中年岁渐长后，知道了这件事，他却绝口不提杨氏抱养之事，在家中学习经义、修养德行，十九岁时考取进士。登第前后，他侍奉养父母极尽孝敬，没有因为杨绘夫妻是其养父母而慢待，直至养父母终老，尽到了养子的孝敬。养父母去世得较早，家中尚有两个弟弟、一个妹妹，此时的申积中，担负起了长兄的职责，抚育弟、妹成才、成人，直到他们婚嫁。其间申积中并没有忘记自己的亲生父母，待弟、妹成人后，他才复归本宗。

从文字记叙中看，杨绘抱养申积中时，应无子嗣，直到申积中少年时他才有了亲生的子嗣，抱养申积中最初的目的无外乎传宗继嗣。有了亲生子女后，申积中在杨家的地位已经十分尴尬，既不能继宗，也不能传续。但申积中没有因此而减弱对养父母的奉养，史传中写"事所养父母，尽孝终身"。不仅如此，因为父母去世得早，弟、妹尚未成年，对养父母而言，是一大憾事，他接续了养父母的担子，在杨家顶门立户，抚养弟、妹，这种行为，与其说是友悌，不如说是对养父母的敬爱。此行此孝为当地人所尊敬。宋徽宗政和六年（1116），他因孝德升迁通判德顺军（今宁夏隆德县），不久又被国家旌表。

秦蕙田在记录此事后，议论说："安德裕、申积中、张诗诸人或报恩而后反其宗，或继绝而终守其祀，观过知仁无乖情理，是亦君子之所谅也。若乃衣食乳哺深受其恩，家产田园亲享其利，一旦托返本复始之名，以行其负义忘恩之实，以是为礼，又所谓是恶知礼意者矣！"意思是说："安德裕（晋代孝子）、申积中、张诗（清初孝子）这些人，他们的行为或者因报恩情后反归宗族，或者继承后嗣守养父母的祖业，这样的人与其他不守德义的人相比，才知道什么是仁，他们的行为没有乖背情理，是君子之行，可为君子所谅解。如果一个人深受他人的养育之恩、家财之利，却不思回报，只是一心想着回归宗族，行忘恩负义之事，并且以回归宗族是礼法中的要求为借口，这是违反礼法、道德的行为呀！"《雍正四川通志》将此事收录在《孝友传》，此传开篇说："立爱惟亲，立敬惟长，周家六行取士必以孝友为先。"爱与敬是为人子女（养子女）的基本德行，也只有如此才能建立自己的德行基础。

在现实生活中，亲生父母给了子女生命，养父母养育了子女，两者对子女来说都是极大的恩情，养子女不能抛弃养父母、不能忘却亲生父母，生育、抚养之恩都是重要的。对于这样的家庭，孝养不再是单纯意义的一对父母。更重要的在于责任、在于感恩、在于回报。

三十四、敬母承业[1]（辽圣宗耶律隆绪）

辽圣宗耶律隆绪，生于972年，殁于1031年，契丹名为文殊奴，是辽国第六位君主，在位四十九年，是辽国历史上在位时间最长的一位君主，也是辽王朝推行汉化和民族融合政策的关键性帝王。

辽圣宗在位期间，对内大力推行汉化改革，整顿吏治，任贤去邪，效仿唐代制度，定科举开科取士。加强汉人在统治集团中的成分和作用，尊老敬贤，发展经济，使契丹达到鼎盛。个人修养方面，精于骑射法，通晓音律，爱好绘画，有诗词百余首传世，本身的汉文化修养较高，史传上说他"道、佛二教，皆洞彻其宗旨"。

耶律隆绪即位时年仅十一岁，辽的国政由他的母亲萧太后垂帘，萧太后即指萧绰，是宋辽之际一位著名的女政治家，她一改辽建国之初以游牧为主的统治方式，南部以汉人为主行汉制，北部保留游牧政权体制，重用汉人推行汉化，既保持了辽王国的传统，又保证了辽王国的兴盛。耶律隆绪深受其母影响，无论是亲政后，还是亲政前，他都敬尊母亲，很好地延续了萧后的政令，使国家日趋稳定。

推行汉化，汉制中的孝悌观念是无法回避的内容，同时孝悌观念又是稳定国家社会秩序的良药。辽未建国前，居住在松花江和黑龙江下游，唐代称其为"黑水靺鞨"，以游猎为生，民风粗陋。宋人叶隆礼的《辽志》描述："父母死而悲哭者，以为不旺，但以其尸置于山树上，经三年后，方取其骨而焚之。因酌酒而祝曰：'冬月时，面阳食；我若射猎时，使我多得豕鹿。'"敬亲习俗与汉民族风俗不同，民风彪悍。建国后在许多地区，显然已不适合再用此俗。《辽史·礼志一》中对其原有的风俗给予了美化："自其上世，缘情制宜，隐然有尚质之风。遥辇胡剌可汗制祭山仪……其情朴，其用俭。敬天恤灾，施惠本孝，出于悃忱，殆有得于胶瑟聚讼之表者。太古之上，椎轮五礼，

1．文献支持：宋·叶隆礼《辽志·国土风俗》《钦定契丹国志·圣宗文武大孝宣皇帝》《辽史·圣宗纪一》至《辽史·圣宗纪八》《辽史·礼志一》《辽史·景宗睿智皇后萧氏传》。

何以异兹。太宗克晋，稍用汉礼。"也承认辽建国前风俗质朴，辽太宗耶律德光灭后晋后，用汉礼，使风俗出现了变化。辽的汉化加速，孝悌风俗的养成在萧后执政时，辽圣宗在位时更是骤然一变。

统和元年（983）十一月，执政的萧太后代皇帝下诏："民间有父母在，别籍异居者，听邻里觉察，坐之。有孝于父母，三世同居者，旌其门闾。"褒孝养老与汉制相同。在对耶律隆绪的培养方面，萧后的要求也是十分严格的。《钦定契丹国志》记："太后未归政前帝已长立，每事拱手，府库中需一物必诘其所用，赐及文武僚庶者允之，不然不与。帝既不预朝政，纵心弋猎左右狎邪与帝为笑谑者，太后知之重行杖责，帝亦不免诘问，御服、御马皆太后检校焉！"好品性的养成使辽圣宗读书也与众不同，《国志》中又记："好读唐《贞观政要》，至太宗、明皇《实录》则钦伏，故御名连明皇讳上一字，又亲以契丹字译白居易《讽谏集》诏臣下读之。"随着汉文化修养的提高，他的举止行为也"颇有汉风"，对母亲萧后十分孝敬，敬遵母命，对兄弟友悌，《国志》中载："诸道贡进珍奇一无所取，皆让于弟。"自律是一个方面，对兄弟的关心亦可见一斑。正因为他具有了这样的品性，改革汉化才成为他在位时的主要施政方略之一。

史传中对辽圣宗的孝行描述不多，《契丹国志》中记了一个故事。统和二十七年（1009）辽圣宗亲政后刚一个月，母亲萧后暴崩，他十分伤心，用史传中的话说"帝哀毁骨立，哭必呕血"，群臣对他说："萧太后已逝，陛下已亲政，宜改年号。"辽圣宗回答说："改年号，是古往今来的吉礼，母后去世，是天下的大丧，在大丧期间改年号，行吉礼，是不孝的行为。"否定了群臣的建议。他的悲伤令群臣看不下去，又建议说："古时候的帝王，时逢国家大丧，往往以一天代表一个月，丧服二十七天代表二十七个月，陛下应遵古制。"辽圣宗回答说："古礼以日代月是从西汉文帝时开始的，虽然后世的帝王沿用此制，但是我是契丹的君主，宁愿违背古制，也不当不孝之子。"自统和二十七年始直至统和三十年，不改年号，遵汉礼终丧三年。

辽圣宗亲政后，在政治、经济制度上，大量吸收汉族的先进经验，在礼法制度上更是不遗余力地效仿汉制，拢夏国（即西夏）、征高丽以南拒宋国，修内政、整吏治以修养国力，选贤才、养孤老以移风易俗。辽在他统治的后期，即1021—1031年间达到了极盛，史称"太平之治"，完成了母亲萧太后汉化改革的举措。

辽圣宗的孝，主要体现在敬的方面，因为敬他承继母命、母制，完成了母亲未竟的事业，因为敬他完善国法体制，将辽推至极盛，加速了北方民族的融合。从这层意义上说，他做到了孝，因此在他去世后，被谥为"圣宗文武大孝宣皇帝"，以"大孝"为谥号的君主，在古代帝王中极为少见，从中也可以看出辽王朝对他的评价。

三十五、陈氏有女[1]（邢简妻陈氏）

《辽史》是元末官修的一部正史，记载了辽王朝的史事，此书依前史旧例，单列《列女传》，记录了辽王朝具有孝敬德行的女子，元修《辽史》时已近元末，修史时间过于仓促，再加上辽国史料不足，史志资料所存不多的缘故，与以往的正史相比，《辽史·列女传》仅收录了五人，邢简妻陈氏是其中较为出彩的一位。

《列传》中记，邢简妻陈氏，营州（今辽宁省朝阳市）人，其父陈陉，五代时累官司徒。从残存的史志记录上看，陈陉是在五代时期出仕于中原地区的，辽建国后，在947年攻伐后晋，掳回了大量的劳力和官员，陈陉应是在此时归辽。陈家对陈氏教育应该是成功的："陈氏甫笄，涉通经义，凡览诗赋，辄能诵，尤好吟咏，时以女秀才名之。"陈氏在十五岁行笄礼时，就已经通经明义，她十分喜爱诗词，以文名而称于辽。史传中的"女秀才"，是对她的赞称，她有良好的修养、丰富的知识，在动荡的五代及宋辽对峙之初是十分难得的，从中也可以看出陈家对陈氏教育的成功。

二十岁时陈氏嫁于邢简，邢简其人《辽史》记录不多。《邢抱朴传》记，他曾在辽穆宗、辽景宗时仕为刑部郎中。陈氏出嫁后孝敬公婆，没有自恃才高而在家中颐指气使，邢家在她的影响下家门和睦，她也因为具有孝敬的德行，被亲戚、乡邻所推重。辽在辽穆宗耶律璟时国家建立不久，社会风尚与习俗，国家的制度和礼法，都有浓重的游牧习俗，对汉人不如萧后执政后重视，陈氏在这种环境下亲自教育子女，教给他们知识和做人的道理，六个子女在她的教

1．文献支持：《辽史·刑法志上》《辽史·邢抱朴传》《辽史·列女传·邢简妻陈氏》、清·傅以渐《御定内则衍义·卷五·教之道》、清·历鹗《辽史拾遗·卷二十一》、清《钦定热河志·人物三·列女》。

育下立身成才。

五子邢抱朴，辽圣宗统和十年（992）仕至参知政事，在陈氏的培养下"好学博古"，为官清正，《邢抱朴传》载："耶律休哥留守南京，又多滞狱，复诏抱朴平决之，人无冤者。"《辽史·刑法志上》更记："邢抱朴之属，所至，人自以为无冤。"不仅如此，他在母亲的影响下，有孝行、有德操，在辽王朝"人以孝称"。六子邢抱质与兄长邢抱朴同受业于母亲陈氏，史传中记"皆以儒术显"，仕至南府丞相，《辽史·百官志三》记，辽圣宗统和三十年（1012）被尊为司空，兄弟两人相继为相，于是"时人荣之"。

陈氏教子是成功的，她的成功不仅在于培养出两位高居丞相之位的儿子，而是以自己的学识和德行影响着子女，以孝立身，以清从政，以能施政，如此教育在辽初是鲜见的，尤其是她的孝行，为汉化进程中的辽王朝树立了典范。

陈氏之孝更多表现在敬的方面，对于官宦之家，奉养父母、公婆不是问题，在养的基础上，如何让父母、公婆心情舒畅，"敬"就成了重点。她在孝敬公婆的同时教育子女，让老人感受到后嗣的成长，以及子孙成才的喜悦，感受到家庭和乐的氛围，从精神上给老人以充实，从感观上给老人以荣耀。对一子如此，对六子也是如此，母爱是一个方面，更让老人安心的是后继有人，家业昌盛。《辽史》中记录的人物不多，母子三人因孝、德同入列传的仅此一例，可见其养敬之孝在当时的影响。《列女传》又记，统和十二年（994）陈氏去世后，时为辽王国执政的太后萧绰叹息良久，追赠她为"鲁国夫人"，并且将她的事迹刻石记行，以褒扬她的孝行。陈氏教子养敬的事迹至少影响到清代，清代学者厉鹗在他的《辽史拾遗》中记，大同府应州城内有一古迹名为"一经楼"，是"辽郎中邢简妻陈夫人教子读书处"，更见陈氏孝行影响的久远。

陈氏有女，甫笄能文。有学有思，和于闺门。其行在养，笃诚在心。孝亲敬老，不让古今。培清修正，育子承志。勒石记功，后继有人。

三十六、累世养敬[1] (程掌)

《宋史》成书于元末至正五年（1345），一部官修正史，编修时间仅有两年半，是二十四中部头最大的一部书，由于编撰时间短，书中所记史事、人物仅是将资料堆积，史事采编、考证不足，许多史事、人物未能记于卷册，大部头的《宋史》有关孝敬的列传，所记人物虽有数十，但多为割肉奉亲、孝感灵异、哀伤损命之类的愚孝之行，其间也有几篇记录了符合真正孝道德义的人，总体来说遗篇很多。散见于宋代文献中的此类事实，却如珠玉一样掩于世间。

程掌，是被南宋大儒真德秀、魏了翁、洪咨夔等大儒名家所赞的孝德人物。

魏了翁在他的《鹤山集》中有一篇名为《程叔达墓志铭》的文章，简述了他的事迹。文中记：程掌字叔运，南宋时丹棱（今四川省丹棱县）人，宋理宗绍定六年（1233）五十岁时去世。《墓志铭》中又记：程掌有孝行，幼年丧父，家贫侍奉母亲史氏以孝闻于县，少年时为奉养母亲史氏曾"千里负米"，母亲去世后，又敬养抚养他长大的叔祖和姑姑。出仕后，志节不变，魏了翁评价他"不可屈者志与气"，在南宋中期是一位著名的孝子。真德秀在《西山集·孝友堂记》中更详记了程掌祖孙四代的孝行故事。

程掌的曾伯祖父的儿子早亡，他的祖父过继给了他的曾伯祖，程掌的祖父十分孝敬。当时程家的家境不好，曾伯祖也因丧子的原因，脾气性格有些改变，他没有因此出现怨怼之心，而是精心照顾老人。曾祖母郭氏在程的祖父过继后年老失明，本来贫寒的家境更是雪上加霜，于是他又负担起奉养生母的责任。两家相距数十里，程掌的祖父不辞辛劳，负米奔波于两地，每日问省，从未间断，以孝敬之心侍奉亲生父母及养父母，言辞恭顺，让四位老人有了安定的老年生活。

程掌的父亲晚年得子，他与兄弟子侄们相亲相爱，用《孝友堂记》中的话说"相与始，卒无间言"，在程掌祖父的影响和榜样作用下，一家人和睦相处，孝悌友爱的家风为乡人所敬重。文中的"无间言"更是赞扬在程掌的父亲这一辈，其孝行可以与孔子的弟子闵子骞相媲美。他的父亲和伯父相亲相爱、

1．文献支持：宋·真德秀《西山集·卷二十六·记》、宋·魏了翁《鹤山集·卷八十三·墓志铭》《宋史·孝义列传》。

承志修身，祖父去世后更是相互扶持。晚年的伯父身患背疽，因为家徒四壁，程掌的父亲倾其所为有他治病。长姐出嫁后，家境贫苦，程掌的父亲、伯父成人后，与她一家来往甚勤，程父去世前对子女说："我们兄弟二人，自幼就共饥寒，姐姐年长，最是疼爱我们，如今她家境困难，你们长大后无论寒暑，都要替父亲照顾她。"程掌敬遵父命，奉养姑母终老。

程掌祖孙四代的孝行，没有什么大的事迹，只是在日常生活中相辅相行、将养将敬，是在日常生活中体现出的孝行。相承数代，养敬不衰，无论贫富、不计路途，以真心去孝亲，以实行去敬老。实际上，孝敬父母亲人之类的事，在人们的日常生活中，不需要什么轰轰烈烈，家事多为琐事，做好了日常琐事，让老人生活得安康，老有所养、心情舒畅，就可以说是孝。一家之中兄弟子侄都能做到并遵行，家庭和美是可以想见的。这也正是真德秀为程掌做《孝友堂记》的初衷。

三十七、安礼挽枢 [1] （耶律安礼）

与两宋对峙的辽、金、夏，都是游牧民族建立的政权，三个政权建国后都沿用汉礼，在国内推行孝道。汉化融合程度之高，不亚于北魏时期。

《辽史·礼志一》对辽的礼法有表述："国史院有金陈大任《辽礼仪志》，皆其国俗之故。又有《辽朝杂礼》，汉仪为多。"两书现在已经很难看到，从史志文字的表述上看，辽王朝是有着极深的汉化痕迹。此书《礼志二》为凶礼，著录了辽圣宗崩逝时，辽王国所行的礼法，其礼制与宋王朝的凶礼大体相似。辽王国也如同北宋一样兴孝养老，皇族如此要求，贵族、平民也如此要求。

耶律安礼，是辽国的贵族。《金史·耶律安礼传》记，他的本名为纳合，出身于辽王国的核心部族遥辇氏，生活于辽末金初。史传记他曾仕金王国的太宗熙宗、海陵王、世宗四朝，在金世宗大定（1161—1189）初，五十六岁时去世，仕至尚书右丞、枢密副使，爵封郕国公，是金王国的名相。

1．文献支持：《辽史·礼志一》《辽史·礼志二》、清《钦定续通志·卷五百二十五·孝友传》《钦定盛京通志·卷八十七·孝义》。

深受汉文化影响的耶律安礼，幼年时父亲便去世了，他在家中侍奉母亲，以孝闻名于辽国。辽末年，与金争战，生活于北方的耶律安礼，护着母亲南迁避乱，史传中记他对母亲"未尝一日怠温清"，即没有一天不细心地照顾母亲。辽亡于金，金破北宋，金统治了淮河以北，他的孝名没有因为朝代变迁而湮没。入仕金国后"当路者重其行义"，因孝德而修养成的品行为当时的金王国所看重，被征召入仕，执掌元帅府文字。

金熙宗天眷元年（1138）母亲去世，他十分悲伤，主帅被他的孝行感动，赠送给他丰厚的赙仪，让他安葬母亲，时值酷暑，耶律安礼如同古时的孝子一样，为母扶柩千里返乡安葬，一路悲歌，以至于形销骨立，路途所遇之人无不为他的孝行所感动。安葬母亲后，他依礼守制，尽到了为人子女孝养终丧父母亲的职责。

元修《金史》时间极短，许多史料的整理较为匆忙，清代在修《续通志》时改录在《孝友传》中，并在耶律安礼的列传后注明："按：耶律安礼间关奉母，千里挽柩，孝行笃至。《金史》旧系列传，今改录于此。"文中点出耶律安礼的孝，重在笃诚，从《金史》的记述中可以看出，他奉养、关爱母亲尽到了孝心。幼年丧父不丧其德，独承家业养母至孝；辽、金、宋战乱，北方从草原至中原万里战场，他更是护母避乱；千里行程，他做到了孝养不衰。养、敬、关、护诸多方面，都可以说是做得十分到位，在乱世中有孝名实为难得。

《金史》评价他："长于吏事，廉谨自将……贵为执政，奴婢止数人，皆有契券，时议贤之。"在由奴隶制向封建制过渡的金建国初，在战乱时以劫掠为能事的大环境下，有此品行更为难得，有此行止、品性，离不开自幼所修养的孝德。

实际上无论哪一个民族，都有自己的孝亲敬老民俗，只是文明程度的不同，表现不一而已。中原王朝的儒家文明影响到了周边众多的民族，民族融合也要求落后的文明向先进文明进化。孝亲敬老所蕴含的仁爱之心、养正之思、诚笃之道、关护之情，正是文明发展中必须汲取的营养。

三十八、守愚敬事[1]（女奚烈守愚）

金伐辽、伐宋占据了我国北方的土地，与其他游牧民族建立的政权一样，也是急速地由奴隶制变为封建制，社会形态出现了变化，生活习性也随之出现改变，国家制度、礼法、道德习俗也因之向先进的文明倾斜，金的汉化融合程度远较辽、夏为高，这也使金王在礼制上，在对孝道的提倡上较辽、夏更为突出。

金入主北方后，《金史·礼志一》记："皇统间，熙宗巡幸析津，始乘金辂，导仪卫，陈鼓吹，其观听赫然一新，而宗社朝会之礼亦次第举行矣。"沿用宋礼，改变金建国初粗陋的礼法风俗，终金一朝始终如此。然而史传中记，蒙古灭金之战，典籍惜被大量销毁："图籍散佚既莫可寻，而其宰相韩企先等之所论列，礼官张昉与其子行简所私著《自公纪》，亦亡其传。故书之存，仅《集礼》若干卷。"但从《金史·礼志》的记述中看金王国的孝德风俗、孝道推衍一事，此事正是金王国治国定世主要方针之一。在大环境下，金国也涌现出许多有孝悌德义的"孝子、纯臣"，以汉族士人为多，金王国占统治地位的女真族，人数虽少，却也有较为突出的孝德模范。

女奚烈守愚，生年不详，卒于1211年，字仲晦，本名胡里改门。清代在修《续通志》时，对元修《金史》极不满意。此时满文已经较为成熟，依照清代满文的文意，将"女奚烈"的汉语音译定为"钮祜禄"，名"胡里改门"定为"和伦克们"，两种称呼实指一人。

《金史》记：女奚烈守愚是真定府路吾直克猛安（今河北省正定县附近）人，六岁时就开始读书受儒家文化教育。在他七八岁换牙的时候，一日读到"食肉者鄙"时，便认为天天吃肉食，会使神识昏乱、思虑不清，于是终生戒肉。这种想法虽然没有什么科学根据，却反映了他受儒家文明影响之深。史传中记他"性至孝"，修习、使用儒家的孝道标准要求自己，通过侍奉父母、遵行孝道来修养自己的德操，很小就有孝名。十五岁时父亲去世，他"营葬如礼，治家有法"，依照儒家礼法传统安葬父亲，父亲去世后他继续孝养母亲、友悌兄弟，展示出了孝德风范，也因此被"乡人称之"。

1．文献支持：《金史·礼志一》《金史·女奚烈守愚列传》《钦定续通志·卷五百三十三·循吏传·钮祜禄守愚》、清《雍正畿辅通志·卷七十三·名臣·正定府》、清《雍正山东通志·卷二十七·宦绩志》。

金章宗明昌二年（1191）登进士第，得益于他幼时修养的孝德品行，治深泽（今河北省深泽县）、临沂时"治有声"。其间为民请命，召还失地流民，打击侵夺土地的女真、汉族贵族，临沂县因此勒石记事，为一时清正之吏。期满后调还朝廷，改任为秘书郎。在他从政期间，侍奉母亲极尽孝养，关心照顾母亲无所不至，因立身清正、施政仁德，为母亲所骄傲。回到朝廷不久母亲去世，他十分伤心，以致水米不进三日，在整个守丧期间，不入内室，不食荤腥，国家的太常寺、劝农司等官属多次征召他，他以为母守丧为由，固辞不赴，直至丧服服除才重新入仕。

《金史》评价他："为人忠实无华，孜孜于公，盖天性然也。"女奚烈守愚的孝由养亲开始，修德修身；以诚笃存心，敬亲显扬，他所孝的是父母，又因孝德而扩至对国家的忠诚，对百姓的惠施，虽然史书中以"天性"评价他，如果没有孜孜以求的修养，忠实、清正之行也是很难做到的。也因此他由孝而忠，由忠而正；因养而敬，因敬而诚；修孝立德，施惠于民，成为金王国中期典型的孝德模范。

三十九、海牙敬老[1]（布鲁海牙）

金末蒙古崛起于北方草原，公元1206年铁木真称汗，建立了大蒙古国。大蒙古国建国后，迅速开始扩张战争，建立了世界历史上版图最大的帝国。1264年大蒙古国大汗忽必烈取《易经》中的"至哉坤元"句，改国号为"元"，成为继唐王朝之后再次统一中国的朝代。

蒙古的铁血征伐给世人留下了深刻且沉重的记忆，同时深受汉文化圈影响的蒙古民族则在建国之初便倡孝敬老。"凡是一个民族，子不尊父教，弟不聆兄言，夫不信妻贞，妻不顺夫意……长者不护幼弱，幼弱不接受长者教诲……轻视约逊（即民风习俗）和札撒（即国家和部族的法令），是不通情理的。"是记录于《蒙古秘史》中的言论，是大蒙古国成吉思汗所说，更是大蒙古国倡孝产、敬耆老的主张。改国号后，元王朝更是不遗余力地推行孝道，使当时拥

1．文献支持：大蒙古国·伊儿汗国·拉希德丁《史集·卷一》《元史·布鲁海牙传》《元史·布鲁海牙传》、明·张京《疑狱集·卷十》、清·姚之骃《元明事类抄·卷十五·人品门》《钦定续通志·卷四百五十·元四》、清《钦定元史语解·卷十一·人名》。

有世界上最大疆域、最多民族的帝国，孝德成为一种风尚。

布鲁海牙，生于1197年，卒于1265年，维吾尔族人，先世为高昌国的畏吾儿贵族，祖父牙儿八海牙，父亲吉台海牙都曾追随成吉思汗征战。《元史》中有列传，清代整理古蒙古文字时，编订的《钦定元史语解》，将他的名字写成"博啰哈雅"。他是当时著名的孝子、廉吏，卒赠仪同三司、大司徒、追封魏国公，谥"孝懿"。

布鲁海牙的父祖，在他幼年时随大蒙古国征战国时去世，幼年孤弱的布鲁海牙就养在舅舅家中，他的学习生活也是在舅舅家完成的。精于骑射善于古蒙古文、维吾尔文的他十八岁时就因才德出众，出任大汗的宿卫。

布鲁海牙由于勤谨、廉洁在铁木真去世后，被庄圣太后看中守燕京。多年的征战，使布鲁海牙在母亲身边尽孝的时间很少，在他守燕京时，将母亲由家乡畏吾儿迎至燕京奉养，史载："性孝友，造大宅于燕京，自畏吾国迎母来居，事之，得禄不入私室。"即指他有孝敬老人有品性，守燕京时修建了大的宅院以供母亲居住，母亲来到燕京后，遵从以维吾尔礼和汉礼去孝敬母亲，所得俸禄从不自己私自存放，而是奉给母亲，由母亲统一支用，用俸禄所得孝养母亲，他的行为在当时纷乱的世事中是相当难得的。不是汉族士子的他，也因此以孝行闻于国。

布鲁海牙的叔父阿里普海牙，在他年幼时欺他的父亲早亡，经常欺侮他，将应属于他的财物多霸去，使本身并不富足的他更是几无资产，不得以就养于舅家。等到布鲁海牙显贵后，阿里普海牙，因惊惧不敢见他，布鲁海牙却在自己家的旁边另修了一座宅院，将年事已高的叔父一家迎来居住，时常照顾他，让叔父生活得十分舒适。弟弟益特思海牙，经常因出值宿卫和奉养母亲、叔父等事口出怨言，布鲁海牙在日常生活中劝导他、教育他，修正缺失，让他明白守德、立身、孝亲、友悌的道理。在他的努力下，一家人和睦相处，当时的人都以孝睦之家相敬。

元世祖忽必烈即位后，任用他为燕南诸路廉访使，此时正值他的儿子希宪出生，他十分高兴，说："我听说古时候的官员常以官名为姓，儿子出生时正值我出任廉访使，'廉'字可为子孙之姓。"从此后他的子孙皆以廉为姓。他是如此说也是如此做的，以孝立德，以德从政，是他从政所坚持的理念。

蒙元相替之际，国家的律法有许多不足之处，他却以"廉谨"从政一方。中统年间（1260—1264），元世祖为解决国家资用不足的问题，发行中统宝钞，却没有准备本金，商民多因此破产，布里海牙坚持以本金定量发行宝钞，北方商民因此多为受益，他的坚持维持了元初北方脆弱的经济。他慎防于用刑，明代张京的《疑狱集》中记他任燕南廉访使时，正确处理了孝子代父刑的误伤人命案，既弘扬了孝道又维护了律法的尊严。

布鲁海牙的敬老，不仅在养的方面，他奉养母亲以尽孝道，学习知识以养教德，不计前嫌尊养叔父，教导兄弟和睦家庭，其孝养之思存于心中，诚敬之行展于表里。更难得的是他以孝立德，以德立身，让父母亲人因他而显于世，在《元史》中被谥为"孝"的人不多见，他的养敬孝思、孝行可谓切实。

四十、恪守父嘱 [1]（李德辉）

元朝（蒙古）的统一战争是游牧与农耕文明的一次大的冲突，其血腥程度和惨烈程度实为史中之最。元的统一吸收了大量的汉族士子，这些汉族士子以自己的所思、所学在统一进程中起到了相当重要的作用，他们的治国理念和人格德操有效地影响了蒙古族统治者，减弱了统一中的惨烈，安西行省左丞李德辉是其中较为著名的一位。

李德辉，生卒年不详，约生活于元王朝建国前后，元世祖至元（1264—1294）中期六十三岁时去世。字仲实，金末通州潞县（今北京市通州区东故城村附近）人，是元统一战争中西路军的主将之一。元统一战争中，攻南宋时下合州（今重庆市）、泸州、平定西南，期间他多次阻止了元军的屠城之举，在以宽缓的政策治理西南，使西南成为元平宋战争中的重要基地，与西南各族相处较为融洽。六十三岁改任四川行省左丞时因病而卒，《元史·李德辉传》载："蛮夷闻讣，哭之哀如私亲，为位而祭者动辄千百人。合州安抚使王立衰经率吏民拜，哭声震山谷，为发百人护丧，兴元播州安抚使何彦清率其民立庙祀之。"可见他在西南地区德望之高。

李德辉出身于一个小官宦家庭，清代朱轼有《史传三篇》中记，其人天性孝悌，有德操，有清正之行，谦恭敬慎，是一位好学有仁德之行的人。《元

1．文献支持：元·王恽《秋涧集·卷八十七·举李户部称职合特加宠数事状》《元史·李德辉传》、清《钦定续通志·卷四百七十七·列传·元三十一》、明·冯从吾《元儒考略·卷一》、清《雍正四川通志·卷六·名宦》、清·朱轼《史传三篇·卷五十六·循吏传八·元》。

史》中没有记他多少孝悌之事，只是在开篇中记，李德辉五岁时父亲去世。在去世前，李父对李德辉兄弟说："吾为吏，治狱不任苛刻，人蒙吾力者众，天或报之，是儿其大吾门乎！"大体意思是说："我出仕为吏，在施政时，不以苛刑待人、不去苛刻地对待治下及属员，因此得益者很多，如果上天有识，将会回报我家，你们要持守德义光大家门。"李父去世后，李德辉如同成人一样为父亲守丧，哀伤礼敬的程度即使汉人也为之汗颜。

金、蒙征战使得社会上用度不足，土地多有抛荒，粮食不足，史传中记，时为"岁凶"，李家家中储米粟仅五升，李母不得已采野菜、春野果以维持家计，李母未因家贫而减弱对子女的培养，其间依然教育子女勤奋读书。从小喜爱读书的李德辉，困于家用，不得不辍学于家。十六岁时在丰州（今内蒙古自治区翁牛特旗乌丹镇）谋了一个监酒的差事，在当时实为美差，禄米较为丰厚，他以禄米养家、孝敬母亲，家用宽松了许多。下值后去市场、书肆买笔墨纸砚及各类书籍，每天读书不止，以增进学识、修养身心。监酒此职禄米虽厚，李德辉总是感到不足以承续父亲的志节，不能伸展自己的抱负，而且当时昏暗的政治形态让他十分厌恶。终于有一天他说："仁人志士如何能安于此！做这些事上不足以匡国安民伸展抱负，隐不足以让父母为之骄傲立德立身。人生有多少时间可以浪费，如果不能建功立业，与每年生发枯萎的草木有什么区别呢？"于是辞去监酒之职，以讲学补贴家用，名声渐显。

忽必烈守北方时，他经当时的名士刘秉忠的举荐，入仕掌财赋，史载："德辉募民入粟，散钱币，给盐券为值，陆挽兴元，水漕嘉陵，未期年，军储充羡。"为元统一战争打下了良好的基础，他也因此被忽必烈所看重，开始了跌宕起伏的征程。他严守父亲遗训，任太原路总管以清正明狱知名；任参知北京行尚书事时，开挖沟渠，兴农安民，以至"岁得粟麦刍蒿万计"，百姓为之心安；四征西南，约束兵士，使西南地区虽战事纷扰，破坏却较其他地域为轻，活民无数，以至"合州人咸绘象事之"。李德辉种种行止恪守了父嘱，承志便民，在乱世中行大孝，成为一时良吏。

子女孝养父母、敬奉父母，未必非要留于父母身边，李父去世，家境困苦，李德辉不得以辍学以补家用，是孝的表现，更是养的表现。养在于心，困守于父母亲人身旁，不能解决家庭困难，就算是对父亲再敬奉，又能做多少？为人子女，不能敬守父志，对父母正确的思想和行为不能继承，敬又在何处？养敬之心，虽说在心，其实更重要的是在行。

小孝维亲，大孝立身，养亲承志，敬笃于身，李德辉可称为孝。

四十一、事亲友爱 [1] （訾汝道）

元朝是以蒙古民族为统治主体的朝代，整个社会的经济文化远较唐宋时落后，民分四等，是我国封建制王朝中政治较为混乱的时代。在先进文明影响落后文明的大趋势下，元代推行孝道的力度并不比前代差，甚至尤有过之。元代记孝行，著录于正史中的人物，相对而言远较前代为多。

明代修《元史》，在其中的《孝友传》中说："天子皆尝表其门闾，或复其家。故援唐史之例，具列姓名于篇端。择其事迹尤彰著者，复别为之传。"史传中的孝子，有许多人的孝行，并不足为现代所提倡，大量的愚孝之行充斥其中，却也有几篇读来令人感慨的传记，訾汝道即是其中之一。

訾汝道，生卒年不详，德州齐河（今山东省德州市齐河县）人，元代著名孝子。父亲訾兴早亡，訾汝道居丧以礼，父亲去世后，后事养母高氏勤谨敬爱，十分恭敬。高氏经常晚上失眠，白天困倦，他为了照顾母亲，经常昼夜不离母亲，以方便照顾她。高氏治家很严，兄弟姐妹多有惧怕，訾汝道守家持业、孝母教弟，深受兄弟、亲友、乡人敬重，也因此深受母亲偏爱。

一天，高氏将訾汝道召至身边，取出一些金珠，对他说："你素来孝敬，持家有道，却没有攒下私房、金银之类的钱财，更没有私蓄，如今将这些金珠给你，你要妥为收藏，以备不时之需，只是不要让兄弟们知道。"訾汝道听后对高氏说："父母起家艰难，积成家业不易，如今家中牛羊已多，儿子不用更多辛苦就可以享受到益处，本来父母对子女的恩情已无以为报，不能让母亲更好、更舒心地生活，反倒让您费心操劳，已经深为惶恐，如果受此金珠，让您处于慈爱不均的境地，则更增加了儿子不孝的罪责。"于是推辞了高氏所给的金珠，之后孝养母亲如同以往一样。母亲去世，他十分伤心，丧服有二十七月期间，不食酒肉，以示孝思。

与当时累世同居的家族不一样，訾家在訾汝道这一代，兄弟析产，二弟另

1．文献支持：《元史·孝友传·訾汝道》、清《钦定续通志·卷五百二十六·孝友传·元》、清《雍正山东通志·卷二十八之二·人物·元》。

立门户。訾汝道对兄弟友爱，为了不让母亲高氏因兄弟分家，而对二弟生活忧心，在析产分家时，他将家中良田、美宅让于兄弟。分家后不久，二弟去世，留有幼子，他没有因已与兄弟分家而减弱对侄子的亲爱，而是视同己出，让母亲高氏安心许多。

訾汝道的家庭，依史志载应是当地的富贵人家，有一些田产，他在孝亲的同时也修养德行，乡人刘显家贫无地无以为生，他将刘显召至家中，租田给他，让刘家得以生活。齐河一带在元代曾发生过疫情，很奇怪的是，有人吃瓜减弱了疫症，最后竟得以痊愈。訾汝道知道后就在市场中买了许多瓜，又捐出了许多米，挨家挨户地送瓜、送米。乡里有人对他说："疠气能传染，对于家有疠疫的人家，不要进入。"訾汝道不听依然故我，更为周详地做此类事情，幸无恙。对那些身患疫症去世的人，他赠送棺木以丧葬。疫症暴发后他收留了许多人，借米面给他们，当年到秋天疫症结束，不料蝗灾又起，求助的人无力偿还，他以火焚借据，与乡人共抗蝗灾。訾汝道的仁德之举、孝悌之行也因此为乡人所敬服。当时的县令李让奏请国家对訾家给予了旌表。

訾汝道的养亲、仁孝之举，是一个平常人家的仁孝之行，他所做的事都是日常生活中的事。养亲他做到了关爱，做到勤谨，在养亲的同时处处为老人考虑，有谏诤之行，维护了母亲；敬亲则发自肺腑，对兄弟子侄的关爱，让母亲少了许多牵挂，对乡人的慈惠更让父母因此为之骄傲，受到乡人的尊重。

养于身，敬于心，笃于诚，訾汝道做到了孝。

四十二、孝诚尽行[1] （孙履常）

宋末元初的动荡，使江南经济和文化受到极大破坏，南宋许多士大夫不愿意以先进文明侍奉落后文明，在南宋灭亡前后，或取义，或自戕，或隐居，或反抗，终元朝一代，南方地区一直不算平静。更有一些读书人守持心中的信义，不仕元，以孝养、讲读为业，终老一生。

1．文献支持：元·吴澄《吴文正集·卷十二·序》《吴文正集·卷五十九·题跋》、元·虞集《道圆学古录·卷四十三·临川隐士孙君履常甫墓志铭》《元史·隐逸传·孙履常》、明·冯从吾《元儒考略·卷二》、清《御定孝经衍义·卷九十一·士之孝·敬亲》、清·陈焯《宋元诗会·卷七十八》。

孙辙，生于1262年，卒于1334年，字履常，号"澹轩"，南宋末临川（今江西省抚州市临川区）人，元代著名学者，有故国之思，终身不仕元朝，居家孝敬，以信义、忠诚为本，是其中较为突出的人物。他的事迹在《元史·隐逸传》中有简单的列传。元代学者虞集的《临川隐士孙君履常甫墓志铭》较为详尽地记录了他的事迹。

孙辙幼年丧父，是由母亲蔡氏抚养长大的。时值元朝发动统一战争，宋元征战，使许多人家陷于困苦之中，出身于小官宦世家的孙辙也未能免除困厄，家居甚为贫穷。母亲蔡氏没有因穷困而放松对他的教育，日常生活中不断教导他做人的道理，《元史》中记他"以母教知警策，自树立"，意思是说他在接受母亲教育的同时，树立了忠于国家的信念，并时常以此鞭策自己、修养自己的德行。当时的临川宋代名儒的墓陵有多处，这些名儒都是以忠诚孝悌、仁德、信义立身处世的，他们的事迹也同样影响着他。《墓志铭记》："君之生后于诸公，而颂诗读书、检身慎行隐然蚤有誉于州里。"意思是说："他虽然出生于这些名儒之后，但是诵读诗书，省检自身，慎行笃诚、孝悌尽义，在他年轻的时候便誉满州县。"由于德行、学识高妙，当时郡中的人多以延请他至家塾为荣，敬奉他如同侍奉父兄一样，教授子弟读书，也因此虽然义不仕元，却解决了家中的困难。由于求学问道者甚多，更为了奉养年迈的母亲，他便在家中招收弟子，传授知识、培养人才。

《墓志铭》更记，孙辙事母至孝，青少年时期，家中虽然贫穷，但他侍奉母亲无微不至，孝养敬奉为乡人所敬服，更重要的是他以敬诚之心承继了先祖及母亲忠孝的志节，终身以孝悌、仁义为念。《元史》及《元儒考略》在谈到他的言行时说："人言以孝弟忠信为本，辞温气和，闻者皆油油乎其有感也！待亲戚邻里礼仪周洽，未尝几微及人过。"做人及教授弟子时，以忠信孝悌为根本；待人接物语气温合，以自己的亲和力影响他们，让与他接触的人若有所感，与亲友、邻里相处融洽，不去谈论他人的过失，而是以自己的德操去影响人、感化人。由于他的言谈举止，使家庭出现和乐的情形，他承继了父祖的志节，让母亲生活得十分安心、舒适。史载他在家居生活中，能使母亲"常足以致其欢心"，其敬诚之心、孝养之行可见一斑。母亲蔡氏九十五岁时终老，不仅在当时，即便是现代也是高寿，此时的孙辙也已六十五岁，他依礼守制，哀慕伤痛，孝思、孝养为世人所称道。

孙辙的姐姐早寡，母亲对她的生活十分担忧，他便将外甥女三人接至身边抚养，教育她们，为她们办理婚嫁等事。妹妹身患疾病，他为妹妹延医治病。家中本不富裕，却因照顾弟妹子侄拖累良多，他却无怨言，解除了母亲的担忧，以敬笃之心、友悌之行治家修身，更为他人所称道。

孙辙的文章、学识很好，他与吴澄、虞集等元代名儒相交为友，他们对孙辙的评价很高，吴澄在为《孙履常文集》作序时评价他："仁义之人，其言蔼如也。"孙履常曾为友人饶寿可作《送别序》，吴澄在之后《跋》中说："以仁义之心得此仁义之言，以仁义之言发此仁义之心充之不可胜用也，何往而不达！"没有孝悌这根本的德行修养，仁义之行如同无根之木一样，是不能长久的，其身不具孝养之行、诚笃的敬亲、承志之心，也是很难修养仁义之行的，吴澄赞孙辙其根本即在于此。

一生未曾出仕的孙辙，以孝亲之行、敬亲之思、承亲之态，养敬不仅存于心中，更用于行动中，以自己的行为教育培养了许多人，保留、传承了许多儒家文明的元气。虽未从政，其思、其行可以说诠释了真正的孝德。

四十三、孝为本分[1]（葛守德）

元末明初的学者徐一夔，在他的《始丰稿》中收录了一篇《葛孝子诗序》，文中记录的孝子名为葛守德，他的孝行在明初洪武年间，被当时的学者所褒美，其子葛师曾将这些诗文编辑成册，请他作序。此书已散佚，书中的许多文章已难见到，徐一夔的《诗序》、宋濂的《葛孝子诗序》、凌云瀚的《葛孝子诗五十韵》却流传了下来，从现存的文章中，依然可以读到葛守德的孝事。

葛守德，生卒年不详，约生活于元末明初由乱而治的年代。字仲谦，元末清苑（今河北省保定市清苑县）人，有孝行。因孝在元末被举荐，曾仕为清苑县教谕，后又改任中山府、保定府教授。

徐一夔的《葛孝子诗序》开篇记录了一件异事。元末战乱，起义军、元军、明北伐大军在燕赵之地展开了多次战役，元惠帝至正（1341—1368）晚

1．文献支持：明·宋濂《文宪集·卷六·序》、明·凌云瀚《柘轩集·卷三·葛孝子诗五十韵》、明·徐一夔《始丰稿·卷八·序》。

期，此时葛守德的母亲已经去世，正处在为母服丧期间，战乱使他带着家人避战乱躲于山中。一天，他出山为母亲准备祭品，忽然感到有暴风起于远处，大地颤动，葛守德对家人说："这是不祥之兆，必定是有乱兵袭来，我感到神明给我示警。"于是还家，让家人及乡邻远避，有些人不信其言，留在原地没有躲避，乱兵至后多被屠戮，而葛守德家无恙。被救的乡邻十分感动，第二天有传言说，葛守德外出，看到一名老媪，对他说："昨天驱风报警的人是我，之所以如此去做，是因为你的孝行感动上天，故而阴佑。"事情传开，他以往的孝行便被广传。当时的肃政廉访使闻听此事，查访后要奏报元政权，以旌表其孝行，葛守德说："孝这种事情，是子女应尽的本分，不可以上报，如何敢贪天之功？"辞谢不应。徐一夔、宋濂等人所作的《孝子序》中都记有此事。除此事外，更记了他孝养亲人的事迹。

宋濂的《文宪集》中记，葛守德的母亲"病痿痹，四体莫能屈伸，衣带筋化"，即由风、寒、湿等引发的身体部分萎缩，进而失去功能，肢体不能伸屈。母亲有如此症状，葛守德于是事必躬亲，照顾母亲不假于他人，不仅如此，同时"翱翱色养如是者，终其身"，勤谨恭敬地照顾她，同时温言悦色地取悦她，一直到葛母去世。

葛母对葛守德要求甚严，葛守德有错误，或者没有依从自己的想法，她都会训诫他，每当这种时候，葛守德都会温言劝慰，表示改过，务必要使母亲欢欣后才终止。日常生活中，他事母也极尽孝养，事亲操劳从不言苦、从不称难，以孝行闻于乡里。当时官员以孝举荐，他以母病为由辞拒。

多次荐举之下，应母命而任清苑县教谕，后又改任保定府、中山府教授。出仕后他廉正为官，依然对母亲不离不弃。外出游宦或出游时，他徒步挽车载着母亲同行，徐一夔的《孝子序》中提到一个细节："尝奉母之官，便身之物莫不毕给，如在家庭。"即外出时，母亲身边的常用之物，他都带在身边，母亲要取用时，十分方便，如同在家中一样。路遇母亲未曾吃用过的果蔬等物，必定先奉给母亲食用，自己不敢先尝。人行走在社会，必定会有这样、那样的应酬，一日应酬后带着酒意回家，葛母为他不爱惜自己身体而不高兴，自此之后，他戒酒不饮，非祭祀和尊者赐酒，不再沾唇。

葛母去世后，他服丧三年，终礼守制。兄长在此时提出分家析产，在多次劝谏不听的情况下任其取用，不善持家的兄长，不久陷于贫困，他又将已年迈的兄长迎回奉养，兄长去世后，待侄女如同己出。长姐年老无子，他侍之如兄。不仅如此，对待乡人，他也能惠施一方，被乡人所敬奉。当时清苑的家庭，父祖在训诫子孙时，都以葛守德为榜样，对他们说："你们要以葛孝子为榜样，葛孝子笃诚的孝行可以与古人相媲美！"

葛守德的孝悌之行极为纯粹，宋濂的文章最后感叹："恒民逐生耳，生无可称，死则澌尽，何异于蚩蚋与蚊！"意思是说："世间的人碌碌而行，如果没有什么可以称道的地方，去世之后又会有什么人知道他？如此生活与蚊虫有什么区别！"徐一夔也说，葛守德的孝行，可以为世间人的榜样，可以带动一方，可以移风美俗。

孝亲并不是一件很困难的事情，关键在于子女是否有心，是否能尽到本分，正如葛守德所言："孝，实子职，非分外事。"有此心、此行，如何能不孝？

四十四、琼灯孝母 [1] （倪昌年）

元末明初学者赵㧑谦在他的《赵考古文集》中，记了一位名为"倪昌年"的孝子。

倪昌年，生卒年不详。《明史·文苑传·赵㧑谦》记："洪武十二年命词臣修《正韵》，㧑谦年二十有八。"即赵㧑谦在十四五岁之前生活在元朝统治之下。同时期的文人戴良也有《题倪乐工琼花灯诗卷》一文，所记人物与赵㧑谦所记相同，戴良亦为元末明初诗人。《诗卷》中说："县之老儒撄宁滑公、庸庵宋公俱为诗文以宠之，而且请余题其左。"可知倪昌年所做的琼灯，在当时极为有名，戴昌因受友人所托而题《诗卷》，由此可见其人应生活在元末明初。余姚（今浙江省宁波市余姚市）人，是余姚的一名乐工。

乐工，在元明之际，被称之为贱伎，在当时所处的社会地位不高。从戴、赵两人的文章中看，此人是余姚的巧匠。身为乐工的倪昌年，事母极孝，在当地极为有名，在倪母生病的时候，他十分着急，眼看着延医问药效果不大，文化程度不高的他，就用了各种方法为母亲祈福。母病甚重，在无法可施下，他

1．文献支持：元·戴良《九灵山房集·卷二十九·越游稿第六》、明·赵㧑谦《赵考古文集·卷二》《明史·文苑传·赵㧑谦》。

求拜于神灵。为了给母亲祈福，他在侍母之余，亲手制作了一架琼花灯。戴良的诗卷记："其灯备极诸巧，绵时历月乃成，远近观者咸喑喑叹赏不已。"即此灯制作得十分精巧，他将对母亲的孝思和祈愿，寄托于灯上，灯历时一个多月才制成，制成后将灯"荐之祠下"，远近观看的人不仅为灯的精巧而赞叹，亦为倪昌年的孝思所感叹。

倪昌年的孝行，看似简单，却被当时的名人所赞叹，是有其社会原因的。元末明初，尤其是明王朝建国前后，士、农、工、商的分野相当严格。工指工匠，明初编户，将不同职业编成了不同的户籍，父死子继。"商"的地位虽低，由于经营收入的原因，经济上较"工"宽裕一些，接受教育的机会也相对大一些。显然，身为乐工的倪昌年没有受到太多的教育，他的孝行中受社会影响是很深的。为母病祈于神灵，虽然他也尽力侍养，有孝思、有孝行，但终归有迷信心态。

戴良在《诗卷》中说："夫孝百行之本，万善之纪也，人而能此虽甚微且陋，亦有足称者焉！"评价他的行为，虽然他身份卑微，孝行也不是多么突出，但他有孝思，以诚笃的孝思敬奉母亲，虽是"闾巷之民"，其行其思仍然可以美风俗，他的"忘劳之孝"也可以为世间榜样。赵扨谦则更进一步评价说"志诚则有在也"。

孝思在诚，孝行无论大小，子女敬养父母，首先要做到的是将他们放在心中，如此才可以做到孝。倪昌年事虽微却有其行，无怪乎为当时人所赞扬。

四十五、养亲奉叔[1]（张毅）

1355年元末红巾军起义，使原本对汉民族区域统治力量不足的元王朝，更陷于风雨飘摇之中。扬州自古繁华之地也受到了兵灾，大量百姓躲避兵祸，明初孝子张毅是其中的一位。

张毅，生卒年不详，约生活于元末明初，扬州泰州（今江苏省泰州市）人，字彦刚，明初清吏、孝子。红巾军起义后，江南地区多兵灾，明代学者苏

1．文献支持：明·苏伯衡《苏平仲文集·卷四·张毅传》、明·乌斯道《春草斋文集·卷二·张孝子传》《明史·太祖本纪三》《明史·唐胜宗传》。

伯衡的《张毅传》中记："元之将亡，四而捕聚扬州。"此时的扬州成为赵义军与元军争夺的主要战场，毅为不使父母陷入兵祸之中，与其他的扬州人一样，避战乱而远行。明人乌斯道的《张孝子传》记："彦则日夜以父母忧，乃保。"所受兵祸的影响较其他地方为少。从传记上看，即乌斯道所说的"若不见兵革"，乱世之中，父母在他的侍奉、护持下，保证了安全。

张毅极孝，行走至大同时，家产几尽，他虽极力奉养父母，身为平民的他辛苦自知，好在他"读书而晓法律"，有一技之长，于是在乱世有了一席之地。明建国后，各地百废待兴，国家需要各种类型的人才，他也因"读书而晓法律"进入新政权的视野。明初对官吏的德行要求是很高的，在许多德行中对孝的要求更高，张毅万里护亲，在大同成为当时的名人，有孝行、明法律，于是更为当权者所看重。洪武初期，大同被明军收复后，他也因此被召为大同都指挥使司的书佐。这给生活几乎陷于困顿的张毅很大帮助。苏伯衡记："毅亦喜得俸养父母，不辞为书佐，治文书见谓勤敏，尤洁廉不可干以私。"即他因能得俸养双亲为喜，在担任书吏时，治事勤敏廉洁，不以情徇私。

洪武五年（1372）冬，张母病逝，依制他要回乡服丧，于是他与父亲一起回转家乡，走到直沽（金、元时期，北运河、南运河会合处被称为直沽，即今天津市内狮子林桥西端旧三汊口一带）一带时，父亲生病，第二年去世。明朝初期，官员俸禄不高，痛恨贪腐的朱元璋更是加大了对官员腐坏的惩处力度，明初吏治是较为清明的。身为书佐的张毅本身俸禄不高，侍柩回籍途中父亲生病，更使他雪上加霜，虽然他尽力侍病，父亲终不治而亡，"力薄不能归两丧"的他，不得以"万里外火之，而负骨归扬州"，这在盛行土葬的封建时代，此举实为无奈之举，同时也可见张毅的清廉。

回到扬州后，心中悲伤的张毅依制服丧，直至洪武十年（1377）丧服（父丧斩衰三年，二十五个月；母丧齐衰期年，十三个月）结束后，复仕为浙江都指挥使司令史。此时扬州的老家尚有两位叔父在世。父母去世后，他以叔父为尊，奉养他们，并为他们生活于贫困之中而忧心，《张毅传》记他因此"日夜忧愧至感泣"。洪武十五年（1382），随延安侯唐胜宗巡视陕西，平温处叛乱后，他回乡得以省亲。此时他的三叔已客死瓜洲，长叔也已年迈。回乡后，他迁葬叔父于祖林之中，继续奉养长叔，并且对长叔说："我的父母、三叔已经去世，唯长叔见在，现在您年老无依，生活困苦，我们叔侄二人相互照顾，是多么好的事情。"长叔却不愿意同他一起回浙江，以方便侄子奉养，再加上长叔年老多病，不奈远行，终未成行。张毅回家后时时将叔父牵挂于怀，用自己的薪俸在家乡请人照顾、奉养长叔。在他的照顾下，长叔病情好转"虽老病无苦戚戚也"。长叔也感怀侄子的孝心，对他人说："有侄如此孝敬，我就算是死了也没有什么遗憾了。我侄子能读书显亲，且明晓大节，是家族振兴的希望所在呀！"扬州人对张毅的孝行无不叹服。事情传至浙江，有人赞美张毅，他说："这些都是我的分内之事，没有什么可值赞扬的。"

张毅清正，有廉能之名。无论是何处为官都有"清谨自持"之名，有仁德之名，洪武十五年（1382）随唐胜宗巡视陕西时，在唐胜宗的幕府中随同征战，苏伯衡记："推不忍之心脱人于忍者之手，凡全活者若干人，免罪辜者若干人，蒙其惠者若干人，然则毅可谓仁孝人矣！"由于他的劝止，在平乱之后，陕西很快恢复了生机，其仁德之心可见一斑。

乌斯道论其孝行时说："孔子谓伐一木、杀一兽，不以其时非孝也。孝尽于父母也，固宜世道，降在父母者，且弗克尽其孝，况叔父乎！"居家孝敬，克尽其孝，护亲万里，养叔终老，本身的诚笃之行已可称为孝。苏伯衡又议论："孝所以事上也，仁所以恤下也，使克充之焉，往而不为君子哉！"以孝为根，怀孝修仁，用于政事，则更为难得。

当时的扬州人赞叹说："曩罹兵革之祸乡里存者百无一二，于其父母生不能养而死不能葬，况能养且葬其从父，若张毅者乎！毅亦贤哉！" 如此全孝以至扬名显亲，被当时的人称之为"君子""贤人"实不为过。

四十六、廉以养亲[1]（刘敏）

明朝建国后，洪武皇帝大力在国家内推行孝道、惩治贪腐，终洪武一朝国家的政治，在封建时代是较为清明的。其间也出了许多清廉、孝悌的官员，洪武时的工部侍郎刘敏即是其中较为突出的一位。

刘敏，生卒年不详，约生于元末，肃宁（今河北省沧州市肃宁县）人。《清一统志》载"洪武初举孝廉，为中书吏"，其他史志中，也没有刘敏参加

1．文献支持：明·王世贞《皇明异典述·卷五》《弇山堂别集·卷十·异典述五》《清一统志·卷十六·河间府二》、清《雍正畿辅通志·卷八十·卓行·河间府》《明史·选举志三》《明史·周祯传》《明史·刘敏传》。

科举的记录。《明史·选举志三》记："是年（洪武六年，即1373年），遂罢科举，别令有司察举贤才，以德行为本，而文艺次之。其目：曰聪明正直，曰贤良方正，曰孝弟力田，曰儒士，曰孝廉，曰秀才，曰人才，曰耆民。皆礼送京师，不次擢用。"实际上早在洪武三年（1370），明太祖就对科举选士这一制度产生了疑问，对科举出身的人，从德行、能力、忠诚度方面提出质疑，曾下诏罢科举，但未能施行。洪武六年（1373）才以制度的形式让各地察举贤才，所察举的贤才"以德行为本"，从史志记录上看，当时所谓的德行，具有"孝"德是其中最为基本、最为重要的一个方面。刘敏"洪武初举孝廉"也应在此时。

刘敏事亲至孝，《明史》对他出仕前的孝行没有记录，仅从"举孝廉"一词中可以看出，出仕前的刘敏，应是肃宁一带有孝悌德行的名人，出仕后他一如既往地孝敬父母。史载他出任中书省官员后，清廉持家、孝敬母亲。经常在傍晚去芦龙江（指长江中南京至扬州段）贩卖自己家中编制的物品，早上用所贩卖的钱财购生活用品还家，他的妻子在家中编席，夫妇二人用自己的劳动所得以补俸禄的不足，并以此奉养母亲。在现代人看来，这种情况很难理解，实际上明初国家给官员的俸禄很低，如果没有其他收入，所得俸禄仅可持家，一旦有其他情况发生，国家所给的俸禄是不足以开销的。性格清正廉洁的刘敏，不屑于非法收入，其清苦便成当然。但他奉母无所不至，以孝德修身、以清廉敬亲，一家生活和美。

史传中记，刘敏"性廉介"，在中书省任职期间，就算是别人送给他瓷器、陶器等一般的生活用品，他也不接受。不久，洪武中期他以中书省官员的身份出任楚相府录事。洪武年间，朱元璋对功臣的猜忌在历代封建王朝中是首屈一指的，洪武中期迭发大案，国家的朝堂甚至数次为之一空，犯事、犯案的官员栉次鳞比，当时官员犯案其家族也会受到牵连，中书省也因此将许多犯官的女眷分给在朝中的文武官员做仆妇。刘敏也被分到了一些，他却坚辞不收，同僚劝他说，留下这些犯官的女眷，可以代替他侍奉母亲，刘敏却说："侍奉母亲是子女、媳妇应当去做的事情，自己不能尽心，留下这些人有什么用处？"刘敏的清正，在中书省是有名的，他不党不附，为洪武皇帝所赞。不久中书省主官因事获罪，官衙之中的同僚大多被株连，刘敏却因独持清廉、不党不附，没有受到牵连，其母、其家虽然清寒，却免于牢狱。

独立于行的刘敏被洪武皇帝所赞赏，破格擢为工部侍郎，后又改任刑部。明代王世贞的《皇明异典述》中记："国朝文臣入仕正途，惟有进士、乡科、岁贡、选贡而已。其任子及国初贤良方正、人材举荐亦次之。"刘敏显然是由贤良方正而被举荐，书中又记洪武朝刘敏在刑部曾仕为"刑部右侍郎"，王世贞的《弇山堂别集》更记，刘敏因孝悌清正"有政声，加正三品俸"。《明史·周祯传》后亦记："终洪武世，为刑部者亦凡四十人，杨靖最著，而端复初、李质、黎光、刘敏亦有名。"实际上他的"有名"在于清正为官，以廉养亲。在《明史·刘敏传》最后记："出为徽州府同知，有惠政，卒于官。"显然刘敏以勤于政事、惠及百姓在明初为名宦，殉职于任上，在明一代也是不多见的。

刘敏养亲，其孝在于干净，用自己的劳动所得去奉养亲人，让亲人生活得安心；更在于廉洁清正，让父母亲人不为子女担忧。养在其中，敬更在其中。

四十七、孝敬立德¹ （萨琅）

杨士奇、杨荣、杨溥，在明代历史上号为"三杨"，是明成祖永乐年间至明英宗正统年间的名相，三杨辅政二十余年，在他们的辅政下，明代出现了"仁宣之治"。"三杨"的学识、人品、德望也为时人所推重。明正统元年（1436）杨士奇、杨荣各为孝子萨琅写下了墓表和墓志铭，能得到二杨认可，在当时为一时盛事。

萨琅，生于1371年，卒于1436年，字用谦。祖籍顺天府宛平县（今北京市西城区、丰台区一带），父亲萨仲礼，曾仕元为福建行省检校，因官迁居，故萨琅生于闽县（今福建省福州市城内区、南台区及闽侯县一带）。

萨琅七岁时父亲去世，时值元末，闽越一带战乱不止，萨仲礼去世后，因战乱而家道中落，萨琅兄弟都是在母亲沙氏的抚养下长大的。杨士奇的《萨孝子墓表》记："孝子时虽幼，已能究母心，卓卓有立志，且莫躬采拾为养，间得一味而甘必以归养母，恒弊弊焉。惟母之寒馁是忧而已之，寒馁劳瘁未尝计也。"俗话说"穷人的孩子早当家"，年幼的萨琅看到了母亲的辛苦，从幼时起便相当懂事，且早立远志，居家时采拾以补家中的用度，并用所得孝养母

1．文献支持：明·杨士奇《东里续集·卷二十九·萨孝子墓表》、清《雍正福建通志·卷四十九·孝义一》。

亲，哪怕是得到一味美食，必定要奉养母亲，时常因为寒冷和饥饿为母亲而忧心。力所能及地去行、去做、去孝亲。舅父沙金孟是当地的儒生，萨琅因此得从其所学，他十分珍惜机会，力学修身、养志培德，沙氏为他的成长、明理而高兴。他的孝行也为乡里所感叹，杨荣的《故处士萨君墓志铭》记："乡人以孝子称之，有不善事亲者，闻其风多感激改行。"

长年的辛劳，影响了沙氏的身体，萨琅成婚后，沙氏病倒。萨琅夫妻躬身侍疾，日夜不息，无奈母病深重，药石之力几无效果。沙氏因病有一次几乎七天未曾进食，已处于假死状态。七天后沙氏忽然醒了过来，对守在身边的亲友说："刚才有人告诉我，家中有孝子照顾你，因此增加你的寿命三十四个月。"事虽怪异，在当地传为异事，二杨的文章中都曾记录此事，但所强调的是萨琅有极致的孝行。沙氏醒来后，便瘫在了床上，《萨孝子墓表》记："母疾少间而成风痹，卧起皆孝子与其妻躬扶护，虽中裙腢器皆躬浣涤，愈久而愈勤。"萨琅夫妻扶护沙氏更加细致入微，时间愈久，照顾愈勤。在夫妻二人的精心奉养下，三年后沙氏才去世，时间恰为沙氏复苏后的第三十四个月。

母亲去世，萨琅依制守丧，他的孝行在当地极为有名，郡县的官员欲以孝行对其荐举，请求国家对他旌表，他却说："这些事情是为人子女所应当去做的，如果以此去广扬名声，是将孝行当成货物一样出售，真正明白孝敬之义的子女，是不应当去做的。"于是力辞所举。以孝养行、以行养德，日常生活中的孝敬之举，也使他有了许多良好的品行。

萨家在他成长后，家境渐至宽裕。一日，乡里中人金氏，家中遭变，为不使家中的财产荡尽，将金银、珠宝装入布囊，在衙役闯入家中前，将布囊投于邻宅，以求不至于因祸而使家中财物被完全籍没。不料却将布囊误投入萨琅家的废园之中。萨琅拾到布囊后，在金氏之案完结后，将布囊还给金氏，却分毫不取。另一次乡邻马家遭火灾，将废园卖给了萨琅，在整治废园时，萨家却在园中掘出白金一罌，萨琅将白金还于马家，马家欲以其一半相赠，他却说："你家里刚刚遭灾，正需用急，我如何能分薄其财。"不取分毫。

居家对待亲友他也做到了友悌、亲爱。居于家时，治家严肃，《萨孝子墓表》记："警其子问学必以古人为师。凡与学者言，言躬行宵践；与仕者言，言事君爱民；处乡党朋友必诚、必信。"孝悌、友爱、诚信的德行为乡里所看重、敬服，乡里以他为榜样，甚至祈雨、受灾时请他祈雨、禳灾，迷信如此，亦可见对他的敬服。

萨琅一生未仕，老来望重，按当时的说法是为"乡贤"，幼时贫苦，长而惠施；孝养亲人，敬以扬名，所行、所事不愧孝子之声。杨荣的《墓志铭》评价他："孝百行之本也，君善事于所生，又敦守节义，卓卓可称若此，讵非所谓纯孝笃行之士欤！"评论后又铭志于文章之末，纯孝笃行的评价，可谓深得其要：

人有至行，贵孝其亲。天有显征，匪私其身。

其身不有，庆钟厥后。爰及子孙，奕世悠久。

四十八、廿年侍亲[1] (秦镗)

《古今图书集成》是清代康熙末年至雍正初期编订的一部文献集成，《集成》中的《理学汇编·学行典·孝弟部》，大量收录了清雍正前的历代孝子，所录孝子尤重元、明。"秦镗"便是此书转录于明代《无锡县志》的孝子。

秦镗，生卒年不详，约生活于明宪宗成化至明世宗嘉靖间，字国和。《钦定四库全书总目提要》记："号乐易，又自号类樗子。"是明中期常州府著名的儒生，去世后其子秦淮、秦漳将他的著作编辑成册，故有《樗林摘稿》三卷及《樗林摘稿附录》一卷传世。

秦镗性格坦荡，读书甚勤，对父母极尽孝养。《雍正江南通志》载，他于明孝宗弘治十七年（1504）乡试中举，不料母亲张氏在这一年患病，史载秦镗母张氏"病痿且癔"，即部分肢体萎缩丧失了功能，由于压力过多大或者焦虑，精神上出现了一种歇斯底里的状态。

明代的乡试一般三年一比，中举后次年赴京参加会试。明王朝的科举制度相当完善，由于统治者的提倡，民间"学成文武艺，货于帝王家"成为当时的一种风尚，作为儒家士子的秦镗，更是有强烈的以其所学伸展抱负的想法。但此时母亲患病，为了给母亲治病、服侍母亲，第二年的会试，他未赴京。

精神状态不好的张氏，焦虑于自己的身体，脾性越发古怪，所言、所指周

---

1. 文献支持：清·黄虞稷《千顷堂书目·卷二十四》、清《古今图书集成·理学汇编·学行典·孝弟部·明四》《雍正江南通志·卷一百二十七·选举志·举人三》《雍正江南通志·卷一百五十八·人物志·孝义二·常州府》《钦定文献通考·卷一百九十二·经籍考·集·别集四》《钦定四库全书总目提要·集部二十九·别集类存目三》。

围的人往往不知其意。每当这时秦镗便揣摩母亲的意思，更为仔细地照顾她，母亲不能行动，于是母亲无论是坐卧或是外出，秦镗都抱持、背持母亲。对母亲细心地服侍，积十九年而不怠。明世宗嘉靖二年（1523）母亲张氏去世，当年正是国家会试的年份，三年后秦镗丧服期满，已经年迈，七误科举，最终未去参加会试。《钦定四库全书总目提要》记他"隐居不仕，绝意时名"，以孝德、孝行为基础，虽未实现自己的抱负却以孝激励、迁移了当地的风气。他的孝行、德义已传至京城，几年后（具体时间史志未载）国家为表孝悌、励风俗，褒授秦镗南京都察院都事，以散衔致仕。

秦镗孝亲治学以诚敬为本，成为当地士人的表范，清代黄虞稷《千顷堂书目》中记，由其德行，学者私称他为"贞静先生"。有高洁之心、有忠孝之行是为"贞"，潜心求学、修养身心是为"静"，可见时人对他的肯定。他的孝亲之行也影响了子女。儿子秦淮，字伯川，也是当城著名的儒生。在他参加科举考试时，秦镗生病，秦淮决定不参加科举，而是在家中照顾父亲。秦镗不同意，督促他出行，不得以秦淮整治行装出行，时间不长又潜回家中照顾秦镗。耽误会试的秦淮在父亲病好后入国子监，以岁贡生出仕，知辰溪县。幼子秦瀚，自幼跟着姑姑在苏州生活，也经常往来两地侍奉秦镗。秦淮、秦瀚兄弟之间友爱互助，成为当时以孝悌闻名的家庭。

在封建时代，尤其是明代，儒生科举入仕，是绝大多数读书人的理想，也是实现人生抱负的途径。秦镗父子却因孝放弃科举，在家中养敬亲人。尤其是秦镗二十年孝亲侍疾、不止不息，俗话说"久病床前无孝子"，秦镗坚持孝亲，毫不懈怠，学行兼优，其养敬之诚、孝思之纯，实为后世表率。

四十九、孝亲卫国 [1]（康锦）

明代自明英宗土木堡之变后，对游牧的蒙古政权瓦剌、鞑靼采取了守势，延长城设九边以防御侵扰，接近北境的甘肃，在明世宗嘉靖年间成为当时的重灾区，故事的主人公康锦即生活在这一时期。

1．文献支持：明《庆阳府志·孝义传》、清《古今图书集成·理学汇编·学行典·孝弟部·明六》、清《雍正甘肃通志·卷三十八·孝义》《明史·世宗纪二》《明史·王崇古传》《明史·鞑靼传》。

康锦，生卒年不详，约生活于明世宗嘉靖至明穆宗隆庆之间，广阳（今甘肃省庆阳市）人，世袭千户。《庆阳府志》载，康锦善骑射，有勇力，性格磊落。明代对各行各业有较为详细的划分，军户是其中的一种，一般父死子继。学文者不多，有文化的人也不多，《府志》中说"锦素不知书"，与当时的环境和制度有相当大的关系。

"不知书"的康锦天性忠孝，每每以孝自许。明王朝到了中期之后，军户制度遭到极大破坏，最为突出的是军户中人知耕田而不知军阵，明初军队的锐气渐被消磨，因此承袭父祖千户之职的康锦言必称忠孝，表述自己的志节，身边相熟的人却不以为然，经常以此取笑他，认为他说的是大话。康锦不顾他人的嘲笑，居家孝母，勤习武艺。

《明史·世宗纪二》记："嘉靖二十五年（1546）秋七月癸酉……俺答犯延安、庆阳。"同书的《鞑靼传》也记在这一年："敌以十万骑西入保安，掠庆阳、环县而东，以万骑寇锦、义。"边境烽火再燃。此时康锦看到了敌骑寇边的惨状，立誓说："誓不与贼俱生！"于是他变卖了家产，给母亲整治了棺衾，拜别母亲。对母亲说："儿子不孝，已一心许国，心意已定，已经不能兼顾、孝养母亲，如今已将母亲身后事安排好。儿子走后，身后之事我已托付给子侄。"之后跃马出征。

康锦为国征战勇冠三军。《甘肃通志》载："有胆略，敌寇边，将至城下。锦单骑往探之，遇敌前锋即短兵突击，身被数创，卒能拔归。"文字不长却描绘出他争战的武勇。《古今图书集成》中记："跃马而出十余年，闻征调诸营及入卫每对垒，锦奋为顾身，军门嘉其勇。"所说也是此事，康锦的武勇和忠诚报国之行，也使他成为嘉靖中晚期陕甘一带抗击鞑靼的勇将。

明穆宗隆庆年间，鞑靼军势渐弱，双方战力持平，经过明三边总督王崇古和鞑靼"忠顺夫人"三娘子的努力，明与鞑靼议和，战争结束（时为明穆宗隆庆五年，即1571年）。此时康锦戍边已二十余载。一天，他忽然心中悸动，于是向军中的督帅请辞回乡。当他回到家乡时，母亲已经染病，康锦十分伤心，侍奉于床侧，不眠不休。数月后母亲去世，康锦回思母亲的养育之恩，自己却没有随侍于身边，心中伤痛、哀毁几绝。

丧葬母亲后，他又回思自己的祖、父三代戍守边境，埋骨于边境的不同的卫所，于是他又赴各边镇，将祖、父的骸骨迁葬家乡，使家人得以团聚。已是老年的康锦，多年为国征战，子嗣不多，身有隐疾，再加上丧葬、迁葬亲人，心情十分伤痛，身体越加衰弱。依制守墓，亲友劝归，却不从其言。

《图书集成》评价他："夫锦进攻性不知书，而天性忠孝，有足称者。视世之有财得为而失孝养，及握符兵而误国者，何如哉！"康锦的"足称"在于他的忠孝，在于他的大孝为忠、敬以思亲。传统的孝道讲求"战阵无勇，非孝"。在国家处于危难之时，人们能挺身而出，为国为民本身便是孝，这种孝与居家奉养是不冲突的，不能居于父母身边孝养，所失的是小孝，扬名显亲，为国、为家争光，所得是大孝。敬亲于心、忠诚于国，是孝在人世间的切实表现。

五十、孝介朱公[1]（朱陛宣）

明万历年间，无论是经济还是文化都达至极盛，南方经济尤为发达，资本主义萌芽在江南遍及各地，也正是在这一时期，明王朝极盛而衰。

万历晚期，江南出现了东林党人，在明熹宗天启年间与以魏忠贤为代表的阉党爆发了多次冲突。出现了以反抗阉宦统治的以魏大中、周顺昌为代表的"东林君子"，在这些人当中又有被称为"东林三孝廉的"朱陛宣、张基、归子慕，孝悌忠义之行，令后人感叹，三人中朱陛宣更被称为"孝介先生"。

朱陛宣，字德升，吴县（今江苏省苏州市吴中区、相城区一带）人。依清代学者朱鹤龄的《赠翰林院待诏孝介朱公传》中记，约生于1576年，卒于1632年。万历四十年（1612）中举，是吴县著名的才子，与"东林后七君子"中的周顺昌相交莫逆。明清之际许多记载东林党人的列传中都有他的记录。

朱陛宣的家境一般，自幼师从于父亲朱焘，自乡试中举前三十余年间未曾离开吴县，在家中读书、孝亲，其学行、德义在当时的吴县是十分有名的。中举时，他的父亲朱焘年事已高，需要子女在身边照顾，于是他便不再外出游学，更减少了与文人的唱和，除参加国家的会试外，留在家中孝养父母。《东林列传》中记："以父焘为师，无一刻离膝下。四上公车试，毕不待放榜亟驰归。"即四次参加会试，每次考完不管考试成绩如何，都赶回吴县，侍奉父母。《明文海》收录了一篇陈子壮的《请赠官三孝廉书》，文中说："乙丑心动驰归，

1．文献支持：清·朱鹤龄《愚庵小集·卷十五·传》、清·黄宗羲《明文海·卷六十五·请赠官三孝廉书》、清《雍正江南通志·卷一百三十·选举志·举人六》、清《雍正江南通志·卷一百五十七·人物志·孝义一》、清·姚之骃《元明事类抄·卷十六·真孝廉》。

归则父九十尚无恙，而母氏甫七十康养旬余遽卒，识谓诚孝所感。"天启五年（1625）朱陛宣在北京参加会试，会试后，他忽然感到惊悸，于是他兼程回家，此时父亲朱焘已九十余岁，母亲也已七十余岁，回到家后，父亲身体无恙，而母亲却已重病缠身，他侍母病，多方延药终不见效，十余天后，母亲去世。

母亲去世对朱陛宣的打击很大，心中悲伤不已，好在其父健在，于是他将孝敬之思、孝养之行更为加意地用在父亲身上。清人朱鹤龄的《孝介朱公传》中记："奉亲则潆髓裘葛无不赡具，侍养庭闱终身不见疾言遽色。母季氏先亡，父益老病几殆，公昼夜侍寝办护汤剂，唾壶、虎子之属必手承而进之，戊辰当上春官，以父疾不赴。居二亲丧不入内不茹荤者六年。"大体意思是说："朱陛宣侍奉父母，对父母有益的用具都准备齐全，侍养他们时终身无疾言厉色，母亲季氏亡故后，父亲也因年老数次病危，他昼夜侍奉、办理汤药，吐痰用的唾壶、便溺用的虎子等物品放置在身边，以便随时侍奉父亲。崇祯元年（1628）国家会试，他为了侍奉父亲汤药，没有参加。父母去世后，他不食荤腥达六年之久，以示对父母的哀思。"1632年左右，他因伤于父母去世，心情郁郁，却坚守清介，不义不取，以致生活贫苦。《明文海》记："拮据丧事不得办，致患噎膈卒，以身殉孝。"孝事父母数十年，尤其是后二三十年，父母病患，不衰不弃，侍于身侧，纯孝之行，实为人所感叹。

"介"字有耿直的意思，在生活中，朱陛宣曾说："士人、君子，立身于世要以不贪为宝，能安于贫苦，且不义不取就可以做到不贪。世间那些喜华服美食、爱高阁穹宇、迷恋童美妇的人，有如此习性，都有毁名败身的危险，都是引人败德、贪腐的陷阱。"他如此去说，更是如此去做。中举二十年，有了出仕的资格，他却没有逢迎于官声之中，迷失于繁华之域，谨身持家、修德"益贫，布衣粝食泊如也"，除对父母极尽孝养外，对自己的要求一日未曾放松。

有正义感的朱陛宣，在阉党为乱时不惧强权，好友周顺昌，是他的同学、同乡。天启年间魏忠贤对东林党人大肆打击，周顺昌被捕。周顺昌的亲友绝大多数避之不及，朱陛宣却不顾缇骑的威胁，探视、周旋、申诉、送别，展现了儒者正义的风骨。

朱陛宣去世后第三年，友人祁彪上书崇祯皇帝，对他大加赞赏，并汇集他的学生对他的评价，私谥其为"孝介先生"。国家为弘正气，追赠他"翰林院待诏"，清代学者姚之骃在他的《元明事类抄》中更称他为"真孝廉"。

陈子壮在《请赠三孝廉书》说："张基、归子慕、朱陛宣三人殁有久，近其行事亦有互异，而大都孝以为经，文以为纬，读书明理、守身事亲皆有志于古人，而无同于流俗，乡里共高其谊。"养亲修德，立身清正，养敬之行在于身，清介之思在于行，朱陛宣的孝名至实归。

五十一、齐眉五世¹（吴门四孝）

清圣祖康熙十七年（1678），清初名儒陆陇其丁父忧回乡守制，十八年（1679），被魏象枢举荐夺情起复知嘉定县（今上海市嘉定区），康熙二十二年（1683）九月廿六日好友王庆孙来嘉定拜访。在与王庆孙交流期间，王庆孙说到了一件孝悌之事。陆陇其采访后，以《崇明老人记》为题，将此事记在了他的《三鱼堂文集》之中。

明末清初在崇明县有一户吴姓家庭，生活十分困苦，家中却生养了四个儿子。明末的动乱、清初的征伐，江南一地多有流民，本身生活困苦的吴家无力养子，于是将四个儿子分别典于当地的富户为奴，以免子女丧于乱世之中。乱世之中，人如草芥，吴家如此行事也是无奈之举。

吴氏四子长大后，没有因父母将他们典于富户而对父母有怨怼之心，他们长大后，分别赎身，去除了奴仆的身份，成家后都回到了崇明老家，与父母同住，共同奉养父母。《崇明老人记》中记，吴氏四子回乡后，以经商为业，长子开了一间花米店，次子开了一间布庄，三子开了一间腌制肉食的店铺，四子开了一间贩卖南北杂货的店铺。兄弟四人共有五间铺面，中间一间是兄弟共用，左右是兄弟们各自的店铺。

兄弟四人对父母十分孝敬，他们回到家乡后，在奉养父母的问题上，原定每月由一位兄弟奉养父母，周而复始，但是妯娌们却说："公婆已经年迈，如果一月一轮，其他的兄弟三个月后才能曲尽孝道，时间太长了。"于是改为一日一轮，周而复始，妯娌们又说："一日一轮，三天才可以尽到奉养之责，时间也长。"于是改为一餐一变，即早餐如果由长子侍奉，午餐则由次子侍奉，晚餐由三子侍奉，第二天早餐则由四子侍奉，以此延续，周而复始。每个月逢

1．文献支持：《礼记·内则》、清·陆陇其《三鱼堂文集·卷十·记·崇明老人记》《清史稿·陆陇其传》《清史稿·孝义传一·吴门四孝子》。

五逢十，四子及子孙则共同奉养父母，设席于中堂，父母居于中，子孙居于东，媳妇居于西，一家人团圆相聚，共序天伦。兄弟养亲，以此为常态，《清史稿》中记录说"奉事不衰"，陆陇其述其"曲尽孝道"。

《礼记·内则》记曾子养老的主张时说："孝子之养老也，乐其心不违其志，乐其耳目安其寝处，以其饮食忠养之，孝子之身终。"吴氏四子在奉养父母时也是如此做的。他们在老人居住的地方放置一个橱子，每家在橱中放钱一串五十枚，老人饮食后，常常出去活动，在橱中任取一串，外出游乐，橱中如果缺钱，兄弟们则暗地里将钱补上，不让老人知道。吴家的老人年老喜博弈，为不使老人沉迷于此，不使老人失望，每当老人去博弈前，兄弟们都派人暗地里去老人常去博弈的地方，给老人游乐的地方二三百钱，并嘱对方，老人来后可暗自输给他，以让老人高兴，更使老人不至于过于沉醉，于是老人经常载"胜"而归。数十年如此，老人生活得十分快乐。

康熙二十二年（1683）陆陇其记此事时，吴姓夫妇男九十九岁，女九十七岁。吴家长男也已七十七岁，其他兄弟也已满头白发，兄弟们都已儿孙满堂，但对父母依然孝养不衰。当地总兵刘兆联表上奏，请表其门，并称其为"百龄夫妇""齐眉五世"。

陆陇其评价吴氏认为，吴氏夫妇本身并不足道，典子为奴，喜博弈，只是平常人，吴氏四子的孝却十分到位，他们没有因为父母在他们幼时曾典己为奴，而怨恨他们，在十分困难的情况下自赎成家，后又聚合养亲。在奉养父母时不仅能养其身，让老人衣食无忧，同时还能承其志，让老人生活得舒适快乐，却又不至于因不良习惯而带来不好的事情，四子奉亲所行的孝道，实可为后人表范，对于那些有养而不养、能养却不尽其孝的人来说，吴氏四子的孝行是可以让他们有所羞愧的。

吴门四子的孝行对现代社会也有借鉴意义。在孝的问题上，子女如果固执的以为老人曾经对不住自己，而不是去感恩，即便是能养也不会尽到心。老人都有这样或那样的生活习性，或好或不足，子女劝谏其不足是应该去做的，劝谏不能一味地强硬、悲情，要讲求方法，既能让老人高兴，又能阻止不好的事情发生，承其志、谏其行，让老人生活得安心舒适。吴氏四子之孝可以说做到了这些。

五十二、天成孝事¹（潘天成）

明清之际，宜兴名儒汤之锜有一位名为潘天成的弟子，十九岁时拜汤之锜为师。在《铁庐集·默斋汤子训言》中，潘天成记录说：

孟子言："人皆可以为尧舜。"尧舜之道孝弟而已！闻汝十三四岁只身千里寻亲，备极艰苦，周旋而归。以些须本钱经营于外，养父母兄弟，孝弟有足称也！此即为圣、为贤根本。且苦心读书，肩挑重担一路歌吟，此皆古人之所为，果能将圣贤之书，句句心体力行、始终不变，又何圣贤之不可为哉！勉之！勉之！

《铁庐集》在《四库全书总目提要》中记，作者即为潘天成，实际上此书是潘天成的弟子许重炎在潘天成去世后两年整理而成的一部书。有潘天成的年谱、著述、语录及潘天成所记的老师汤之锜的训言。

从汤之锜对潘天成的训言中可以看出，汤之锜对潘天成的孝亲之行是大加赞赏的，当时十九岁的潘天成在拜师之前，由于"肩挑重担一路歌吟"，据年谱记"路人以为狂痴"，汤之锜却以他孝敬且勤读收他为弟子。

潘天成生于1654年，卒于1727年，字锡畴，号铁庐，清初溧阳（今江苏省常州市）人。父祖生活在明末清初，略有资产。年谱中记在他六岁时，看到家中的佃户劳苦，心生恤老重民的想法，这在封建时代是较为难得的，他的这一想法也被父祖所赞赏。从年谱上看，他的幼年生活在平静中度过，这一时期孝亲、入学，与常人无异。

康熙三年（1664），潘家受牵连，陷入了一起人命案，打破了潘天成十一年的平静生活，为避仇怨，全家被迫漂泊荆溪（今江苏省宜兴市）。年少不假辞色的潘天成十分愤怒，多有激烈之语。两年后，构陷潘家的官宦为除后患，又将潘家驱往他处，途中将潘天成引出欲加害，幸得乡人相告，脱逃于深山，免于难，而父母却与之失散。

《清史稿·孝义传》记，从这时开始，他开始了寻亲之旅："往来徽州、

1．文献支持：清·许重炎《铁庐集》、清《雍正江南通志·卷一百六十三·儒林一·汤之锜》、清《四库全书总目提要·卷一百七十三·别集二十六》《清史稿·考义二·潘天成》。

宁国所属州县，迹父母所在……至江西界，母金自巷出，就问之，始相识。乃得父及其弟、妹，皆无恙，时天成年十五。"寻亲的过程中他历苏、浙、赣，行程两年达几万里，以贩盐自养，《清史稿》记"天成行经村聚，辄播鼗作乡语大呼"，天幸在他十五岁时与父母重逢。

相聚后的潘家，已经破败得不成样子，弟、妹年幼，父母身体也不好，想将父母迎归奉养，却苦无资财。年谱记，潘天成欲迎养归家，所需资财非"五十金不可"，不得已潘天成哭辞双亲，典佣为业，历时六年。他的孝行感动了雇用他的商人，赠金五十，至此潘天成才得以迎归父母。归家途中，遇险阻或恶劣天气，为了照顾幼弟，他让幼弟陪伴父亲，他则背着母亲抱着幼妹，往复行走，皮肤皲裂血迹染于山谷。

归乡后，为了奉养父母，他以贩笔为业，奉养父母、抚育弟妹，却苦学不坠，汤之锜说他"肩挑重担一路歌吟"即在此时。拜师之后，他也曾因贩卖养亲之举产生过疑问，于是他问老师："圣人言忠信笃敬，蛮貊可行。今市笔养亲，恐难以忠信也。"他的这一想法，显然受到了封建时代重农轻商的思想影响。汤之锜回答说："子母相权，理之常也。汝以本钱盘费明白告人，始虽未信久则人人悦服，不烦诈饰而养亲之资自有以处之矣！"大体意思是说，奉养父母是子女应尽的责任，以贩笔为手段，只要盘费明白，不去作假，诚信经营，是不会影响到一个人的忠信之行的。潘天成明白之后，读书之余贩笔奉亲，直至他在学成之后，受荐入蒙学教书。

潘天成有孝行之心、有孝亲之行，虽家境贫苦却孝敬不止，自与父母重逢后孝养不衰，一时传为佳话。他的父母经大难后，身体一直不好，他尽心奉养，却依然未能使父母身体有多少起色，二十九岁左右时，父母相继去世。他十分伤悲，立誓服丧六年，其间不食酒肉，常常彻夜不寐。汤之锜训导他："父母死矣！汝在父母不死也，汝死如父母何立身成名、显于后世，孝子所以不死其亲也。"意思是说，你的父母去世是一件令人伤心的事情，但只要你还健在，就等于延续了父母的血脉，现在你伤心得食不甘味、夜不成寐，如果因此而伤身死去，又如何完成父母的遗愿？因此真正的孝在于承其志、立于世、显其亲，只有如此才是真正的孝。潘天成受教后猛醒，苦学立身，终成一时学人。

潘天成当时是社会底层的人物，他没有什么显赫的名声，却以孝成名，以学立身，本身在行孝的过程中有着这样、那样的问题，他的经历许多方面十分切合百姓的日常生活。在如何孝亲的问题上他也出现过彷徨，有过苦闷，更有过愚孝之行。老师汤之锜的训导，让他明白了诚信为本、不欺于世，不让父母声名受到玷污，不做愚昧之事，不去损伤身体，能承志立身等才是真正的孝。

　　实际上他的孝行，在当时甚至现代都很有代表性，养亲也好，奉亲也好，为人子女能体会父母之思，父母生前想父母所想，敬爱父母，父母去世承志立身，那些以孝为名义的愚昧之事、靡费之事、邀名之事等不是孝，至少不是真心的孝。

第五卷　关护卷

一、缇萦救父 [1]

缇萦，汉代孝女，约生活于西汉初年的汉文帝、汉景帝时期。其父为汉初名医，汉文帝时的太仓令淳于意。

《史记·孝文本纪》载，汉文帝前元十三年（前167）五月即：

> 齐太仓令淳于公有罪当刑，诏岳逮徙系长安。太仓公无男，有女五人……其少女缇萦自伤泣，乃随其父至长安，上书曰："妾父为吏，齐中皆称其廉平，今坐法当刑。妾伤夫死者不可复生，刑者不可复属，虽复欲改过自新，其道无由也。妾愿没入为官婢，赎父刑罪，使得自新。"书奏天子，天子怜悲其意，乃下诏曰："盖闻有虞氏之时，画衣冠异章服以为僇，而民不犯。何则？至治也。今法有肉刑三，而奸不止，其咎安在？非乃朕德薄而教不明欤？吾甚自愧。故夫驯道不纯而愚民陷焉。《诗》曰：'恺悌君子，民之父母。'今人有过，教未施而刑加焉，或欲改行为善而道毋由也，朕甚怜之。夫刑至断支体，刻肌肤，终身不息，何其楚痛而不德也！岂称为民父母之意哉？其除肉刑。"

大体意思是说，齐国的太仓令淳于意，因获罪而被系往京城长安，淳于意只有五个女儿，他最小的女儿缇萦因此十分伤心，随着父亲来到京城。她上书皇帝说，父亲为官人称廉平，却因他人的罪责而被连坐，依律要受肉刑，父亲虽想改过自新，但是刑罚之后，肢体便不可恢复了，因此自己愿意以身代父，承受刑罚，没入宫中，以期能使父亲得以保全。汉文帝知道后，十分赞赏缇萦的孝行，借以上古时刑罚中无肉刑为根据，治国之道要以教化百姓为原则，废止了肉刑。

同书的《扁鹊仓公列传》记，淳于意是西汉初的名医，他在齐地时："知人死生，决嫌疑，定可治，及药论甚精，受之三年为人治病决死生多验。然左右行游诸侯，不以家为家。或不为人治病，病家多怨之者。"对于"家"的释义，西汉一般的百姓之家是不能称之为"家"的，而是称为"户"，只有高门贵族方可称为"家"。淳于意经常为当地的平民治病，因不愿意受高门贵族

1．文献支持：《史记·孝文本纪》《史记·扁鹊公列传》、汉·刘向《列女传·卷六·齐太仓女》《汉书·刑法志》、清《古今图书集成·闺媛典·闺烈部列传》。

约束，得罪了当地的贵族，这或许就是他获罪的原因之一，更是缇萦上书称其父"齐中皆称廉平"的缘由。淳于意获释后推行医术，在汉初医疗史中独树一帜，成为与春秋战国时名医扁鹊齐名的良医。

《史记》中在记录评论淳于意时，特别提到"缇萦通尺牍，父得以后宁"，充分表达了司马迁对缇萦孝心、孝事的褒扬。《汉书·刑法志》中更将缇萦救父之事写入其中，明言因其事而变其法，指出缇萦之孝不仅惠及其父，更泽及千秋。

缇萦的孝行主要体现在卫护亲人方面，她千里随行，上书言事，为父辩诬，以身赎父，孝行感动了当时的执政者，卫护其父，成就了其父的事业，成就了自己的孝行。汉代因孝立国，对有孝行的人大加褒扬，除正史中记载外，《古列女传》等史志也多记此事，直至清代编撰《古今图书集成》时，将其人其行列入《闺媛典·闺烈部列传》中，首篇即记此事，亦可见历代对缇萦救父一事的认可。

二、护母行佣 _(江革) [1]

江革，生卒年不详，东汉初期齐国临淄人，汉光武帝时因孝举孝廉，仕至谏议大夫，是东汉初期著名的孝子，当时人称"江巨孝"。

《后汉书·江革传》记：江革少年丧父，与母亲相依为命。东汉初，国家尚未结束战乱，帝国初立不少地方仍有战乱。江革背负母亲逃避战乱，历经险阻与母亲不离不弃，在生活困难的情况下以采拾奉养母亲，在逃难时数次遇盗，欲劫江革母子，江革涕泣哀求，言称家有老母，需要奉养，语气感人，多次打动了劫掠者，不忍侵犯这对母子。有意思的是，这些劫掠者，为江革的孝行所感动，指点江革哪里可避战乱，如何躲避战乱。战乱中江革母子，因其孝行得以幸免。

几经辗转来到下邳（今江苏省睢宁县古邳镇）时，江家已经贫穷得不能自给，于是江革给人帮佣，以所得供养母亲，困苦之中身无长物。汉光武帝建武

---

1. 文献支持：《史记·孔子世家》《后汉书·江革传》、宋·林同《孝诗》、元·郭居敬《二十四孝》。

末年，方才和母亲一同回到故里，这时地方上点阅户籍，以征民役，江革因母亲年纪已老，请求在家奉老，因生活贫苦无力养牛用马，于是自耕自种以劳动所得供养母亲。他的孝行感动了当地人，乡里之中称他为"江巨孝"。他也数次被当地的乡老所举荐，他却因母亲无人奉养而辞谢不出，直至母亲去世，才接受荐举。

汉明帝永平初年（58）江革因孝被举荐孝廉后，直至汉和帝元和年间（84—87），三四十年间，国家累次因孝而对他进行褒奖。江革去世后，汉和帝下诏说："谏议大夫江革，前以病归，今起居何如？夫孝，百行之冠，众善之始也。国家每惟志士，未尝不及革。县以见谷千斛赐'巨孝'，常以八月长吏存问，致羊酒，以终厥身。如有不幸，祠以中牢。"将他作为孝德的典型和模范，以激励世人。文中所谓的"中牢"，又称"少牢"，是一种祭祀的规格，《史记·孔子世家》载，汉高祖过鲁时，以"太牢祀孔子"，江革因孝却被国家以仅次于"太牢"的"中牢"祭祀。实际上从祭祀规格上说，当时已将江革抬到了与孔门弟子颜渊、子路一样的高度，已因孝比于圣贤。

江革其行，重在于养和护。与母亲相依为命，不离不弃，生活困苦时无论是采拾为生，还是行佣供母，都全心全意地孝养母亲。生活好了一些，以自己的劳动去供养母亲，让母亲生活得安乐，养与敬的心思贯穿在他的行动中。遇到险阻，首先想到的不是自己，而是母亲，这是一种感恩的表现，以身护母，子全母存，表现出江革对母亲发自内心的孝思和关爱。自己没有兄弟，母老无人奉养，不远游、不出仕，直至母亲终老，其行为在现在看来，或许迂腐一些，在当时的生产、生活以及社会环境等条件下，是可以理解的。真心养敬、真心关爱、真心护持，全其大孝之行。

江革的孝行，不是在人生顺利的情况下发生的，也不是富足人家发生的事，而是在生活困难、战乱纷扰的状态下保持的，其行、其事实可为后世模范。元代的《二十四孝》以"行佣供母"为题，将其记录了下来。宋代人林同的《孝诗》为其题诗："挽车极劳苦，逃贼最间关。太息江巨孝，能为人所难。"

三、笃孝侍疾[1] （蔡邕）

蔡邕，字伯喈，东汉时陈留圉人，著名文学家、史学家，一代儒宗。《后汉书》载"邕性笃孝"。

《太平御览 · 人事部》记："蔡邕性纯孝，母尝滞病三年，邕自非寒暑变节，未尝解襟带，不寝寐者十旬。"意思是说，蔡邕此人有纯孝之行，他的母亲曾经缠绵病榻三年，在侍奉母亲方面，他三年未曾解衣休息。母亲病情有所反复时，他不休不寝达数十日，以诚笃之心侍疾奉母。《后汉书》又记："母卒，庐于冢侧，动静以礼。有菟驯扰其室傍，又木生连理，远近奇之，多往观焉。与叔父从弟同居，三世不分财，乡党高其议。"在蔡母辞世后，蔡邕在举止、行动方面，依照礼法庐墓守丧。文中所说"菟驯扰其室傍，又木生连理"，应为当时自然生长中墓丘上的植物，至于"远近奇之，多为观焉"，实质是在汉代以孝治国的大环境下，人们对自然理解不足的情况下，以为蔡邕孝行感动了天地，也就是说孝感动天，因此才会"多往观焉"。蔡邕服丧结束后，他与叔父、堂兄弟生活在一起，蔡家三世不分家财，叔侄、兄弟生活和谐，表现了"悌"德。蔡邕自幼博学，师从于东汉名儒胡广，对儒学之学知之甚深，他的举止、德行符合儒家的德义，符合传统的孝悌之德。

明代张溥的《汉魏六朝百三家集》中，收录了蔡邕的一封书信，信中说："邕薄祐，早丧二亲，年逾三十鬓发二色。"意思是说，蔡邕父亲早亡，幼失怙恃，结合《后汉书》中的记录可以知道，他事母疗疾的时间段，应是在他少年时期，尽管他尽心尽力地侍奉母亲，母亲依旧在他少年时亡故，蔡邕对父母感情很深，青少年时期父母双亡，他因悲伤不到三十岁头发就已变色，无复青年人的乌亮。信很短却表达出他对父母之思，以及对父母的孝敬之念。父母去世后，他随叔父一家生活，叔父十分疼爱他，"亲之犹若幼童"，他也十分尊敬叔父一家，以至于"三世不分财"。

纵观蔡邕之行，孝敬之思存于心中，养于亲、敬于亲、爱于亲，虽然年幼，其孝德便传于四方。他对母亲有着真挚的关爱，无论寒暑，母亲生病时，他都衣不解带地侍疾。后世有言"久病床前无孝子"，蔡邕的行为打破了后世

1．文献支持：《后汉书 · 蔡邕传》《太平御鉴 · 卷四百一十四 · 人事部五十五 · 孝下》《太平御览 · 卷四百三十二 · 人事部七十三 · 慈爱》、明 · 张溥《汉魏六朝百三家集 · 卷十八 · 蔡邕集 · 又与人书》。

的说法，真心孝敬父母的人，父母生病时，子女无论时间长短，敬爱、侍奉是无处不在的。两汉的孝讲究"全身全意"，唐之后大量出现的愚孝之行"割肉奉亲"，在蔡邕身上没有出现，这也体现出他"身体发肤受之父母，不敢损伤"的敬亲观念。

关爱父母有心而已，尽心尽力，不愧人子。宋代林同的《孝诗》中赞蔡邕："自非易寒暑，未始解衣襟。不谓母疾久，三年惟一心。"所谓"一心"，即指孝心。

四、任侠救母 [1]（鲍出）

西晋史学家鱼豢有一部著名的史书，名为《魏略》，此书历经战乱、鼎革，多已散佚。现存不多的内容中，有一种名为《勇侠传》的列传。列传中记载了一位任侠救母、对母亲孝养终身的孝子。

《勇侠传》载：鲍出，东汉末新丰（今陕西省西安市临潼区）人。汉献帝兴平年间（195）天下大乱，人无衣食。鲍出兄弟五人侍奉母亲居于家中，为了果腹，兄弟们相约出门采莲以做食粮，鲍母因年迈留在家中。兄弟五人采了数升莲实后，鲍出让他的哥哥鲍初、鲍雅和弟弟鲍成先回家，将莲实蒸煮给母亲食用。晚归的鲍出回到家中时，却发现母亲和邻居家的女眷已被盗贼劫掠，而兄弟们惧于盗贼众多，不敢去追讨。鲍出问明情况后，收拾好衣服，拿起楯（栏杆中的横木）追了上去。

追上盗贼后，鲍出与盗贼争斗起来，并且杀了十余名盗贼。不明所以的盗贼惧于鲍出的勇力，问鲍出为何追杀他们。鲍出说是为救护母亲，于是盗贼放了鲍出的母亲。盗贼将走，邻居家的女子用目光乞求鲍出，于是鲍出返身又与盗贼争斗，盗贼更为不解，问鲍出又是为什么，鲍出说邻家的女子是他的嫂嫂，于是盗贼又放了邻家之女。

《册府元龟》中又记：鲍出救母后，在与兄弟一起去南阳躲避战乱，直到汉献帝建安五年（200）北方地区战乱平息后方才返回家乡。这时鲍母已年老不

1．文献支持：晋·鱼豢《魏略·勇侠传》《册府元龟·卷七百五十一·总录部》《太平御览·卷三百五十七·兵部八十六·楯下》、元·郝经《续汉书·卷三十五·魏臣·鲍出》。

能远行，于是鲍出织了一架网兜，背负着母亲回到家乡。乡里的士大夫十分赞赏他的孝悌勇烈，荐举他出仕，他却避而不出，在家孝养母亲。鲍母直到曹魏明帝青龙年间（233—237），寿达百余岁时才去世。这时七十多岁的鲍出持守礼仪，丧葬了母亲。十余年后，八九十岁的鲍出依然身体健康，后不知所终。

史书中鲍出的记载，让人读后拍案称奇，为他的孝行、豪情、勇烈令人赞叹不已。传统的孝道理念中养、敬是孝的模式，在养敬的基础上关爱、护持同样更是孝的方式。鲍出孝行突出表现了他在孝德方面勇烈之行、做人方面的侠义之行。与父母不离不弃，没有因为母亲陷于危险之中，如同众兄弟所说那样陷于恐惧之中，而是挺身而出，勇于面对，手刃盗贼救母、救人。只此一项，就算是他的行为中没有其他的孝行，其勇烈和关爱也可为后人所赞叹。鲍出在关爱、护持方面十分出色，在养敬方面也做得很好，伴母避乱、负母回乡、养母终老，直至母亲百岁，不离不弃，母亲去世依礼丧葬，持续时间之久、养敬孝爱之足，真正在孝的方面做到了"孝之终"。

鱼豢在记述完此事后，评论说："昔孔子叹颜回，以为三月不违仁者，盖观其心尔……鲍出不染礼教，心痛意发起于自然，亦虽在编户与笃烈君子何以异乎！"大意是说："观察一个人要观察这个人的心，孔子称颜回三月不违仁，盛赞他的仁德之心，已是难得；鲍出终生不违孝，则更为难得。没有接受过系统教育的鲍出，孝亲之心发于自然，他的行为表明了他真正将父母放在了心中，再加上两汉倡孝德、扬孝行的大环境影响，即便是平民百姓，其思、其行做到了如此地步，与德行好的君子没有什么不同！"

五、搏虎救父 [1] （杨香）

清代《古今图书集成·闺媛典·卷三十二·闺孝列传》中，记载了一则"杨香救父"的故事，故事的时代是晋朝。宋初的类书《太平御览》中也记了此事，《御览》记录这则故事时，明确地点出此事转引自《孝子传》。

1．文献支持：《隋书·经籍志》《太平御览·卷四百一十五·人事部五十六·孝女》《太平御览·卷八百九十二·兽部四·虎下》、宋·祝穆《古今文事类聚后集·卷三十后》、宋·谢维新《古今合璧事类备要·别集·卷七十七》、明·彭大翼《山堂肆考·卷二百一十七》《古今图书集成·闺媛典·卷三十二·闺孝列传》。

　　《隋书·经籍志》记，两晋至隋的《孝子传》有五家，分别是晋辅国将军萧广济撰写的《孝子传》、宋员外郎郑缉之著录的《孝子传》、师觉授整理的《孝子传》、宋躬收录的《孝子传》，以及不知何人所写的《孝子传略》。《太平御览》记此事出自师觉授的《孝子传》。

　　《太平御览》记："顺阳南乡县杨丰与息女香于田获粟。丰因获虎所噬，香年甫十四，手无寸刃，乃搤虎头，丰因获免。香以诚孝至感猛兽为之逡巡。太守平昌孟肇之赐贷谷，旌其门闾焉。"宋代祝穆的《古今文事类聚后集》、宋代谢维新的《古今合璧事类备要》、明代彭大翼的《山堂肆考》的记录则详细地记录了此事，却失之简单。

　　杨香，晋代南乡县（今陕西西乡县，晋武帝太康二年，即公元281年改名为西乡，据地名可知杨香应为西晋时人）的农夫杨丰和女儿杨香在田中收割粮食，这时一只老虎突然扑出，咬住了杨丰，十四岁的杨香，手无寸刃，她奋力用手扼住老虎的头，与虎搏斗，虎因受惊，松开了杨丰，父亲得以在虎口下幸免。事情发生后不久，当时的平昌太守孟肇之听说了此事，被杨香的孝行所感动，于是赐给杨家谷物，旌表杨香的孝行，并以她为当地孝行的模范。

　　简单的故事，所说的是一件舍身救父的孝行之事。宋代司马光在论述如何行孝时主张："徇仁蹈义，虽赴汤火无所辞，况救亲于危难乎！"杨香此行，孝由心生，勇从心起，以娇弱之身，救父于危难之中，情由心发，令人敬佩。

　　古书中将这一故事列为"异行"，杨香之"异"在对父母的关爱、护持方面，亲有难奋起而搏，不以年少力弱而示弱，其心、其行，由孝而起，因孝而名。

六、殷师牛斗[1]（殷仲堪）

　　"殷师牛斗"是唐代蒙书《蒙求》中的一句话，宋代徐子光在《蒙求集注》中解释："晋殷仲堪，陈郡人，父师。晋陵太守，初师病积年，仲堪衣不

1．文献支持：晋·孙盛《晋阳秋》《世说新语·卷下之下》、南北朝·北朝·颜之推《颜氏家训·卷下》《晋书·殷仲堪传》、唐·王勃《王子安集·卷四·序》、唐·李瀚撰 宋·徐子光注《蒙求集注》、宋·苏轼 沈括《苏沈良方·卷三》、明·朱橚《普济方·卷二百八十六》、清·齐召南《双桥随笔·卷七》。

解带，躬学医术，穷其精妙，执药挥泪，遂眇一目，居丧哀毁以孝闻。孝武帝召为中庶子，甚相亲爱，其父尝患耳聪，闻床下蚁动，谓之‘牛斗’，帝素闻之而不知其人。至是问仲堪曰：‘患此者为谁？’仲堪流涕而起曰：‘臣进退维谷。’帝有愧焉。”

徐子光的此条注文，采自《世说新语》和《晋书·殷仲堪传》。殷仲堪，生年不详，卒于399年，陈留长平（今河南西华）人，东晋末著名大臣。他在担任晋陵太守时，父亲殷师已经病了许多年，殷仲堪侍奉父亲十分勤谨，书中用"衣不解带"来形容。不仅如此，由于父亲的病十分难治，在当时应属疑难杂症，为治父病他在出仕之余，勤学医术，精研医理，用所学的知识辅助治疗，用功甚勤，甚至一只眼睛因此视物不清。父亲去世后，他执丧守礼，以孝行闻于世间。晋孝武帝十分看重殷仲堪的才能，对他十分友善。

在殷仲堪的父亲尚未去世时，孝武帝曾听说有人患耳疾，听到床下有蚂蚁走动，犹如牛在耳边吼叫一样，十分痛苦。孝武帝不知此人是谁，有一天问殷仲堪朝中大臣谁家有此事，仲堪起身流涕着说："臣进退维谷。"意思是说：如果不告诉君主是欺君，告诉君主则是扬父之疾，是不孝的行为。孝武帝明白此事后，面有愧色。

晋代孙盛的《晋阳秋》记殷仲堪的父亲殷师："曾有失心病，仲堪腰不解带弥年。"语句不长，却表达出殷仲堪孝敬、关爱父亲之情。魏晋南北朝时期世家大盛，家与国的比重，在许多世家大族中失衡，"家重国轻"成为当时的一大弊病，但并不等于当时的人不重视孝道、忽视孝行。清代齐召南在他的《双桥随笔》中谈到魏晋习俗时，以殷仲堪等人的孝行为例，议论说："晋宋时人虽放诞不羁，而情关父子处，天性切挚，亦可以观。"殷仲堪此行正是如此。

孝亲学医，在魏晋南北朝时期，是一种较为常见的现象，其中比较著名的人物便是皇甫谧和殷仲堪，《颜氏家训》中记："医方之事，取妙极难，不劝汝曹以自命也，微解药性，小小和合，居家得以救急，亦为胜事。皇甫谧、殷仲堪则其人也。"到了唐代，王勃在他的《王子安集》中，提出了"人子不知医，古人以为不孝"的说法。王勃的言语显然有些过，但人子明医理，用在生活中奉养父母，实际生活中确是关爱亲人的一种方法。殷仲堪习医疗父的关亲之行，符合当时的时代习俗，但习医之勤，用情之深，却是在人子之中难得一见的。他的养亲药方也流传下来。宋代的《苏沈良方》中记："枳实：十六片，面炒或炙。殷仲堪并悉用之，咸叹其应速于时。"明代的《普济方》记：

"王不留行散：治痈肿不得溃，困苦无聊赖方。"文中注明此方出自《千金方》，为殷仲堪所用之方。

殷仲堪对父亲用情之深，关爱之外更有敬养。疗亲之疾，养是基础，更是必不可少的，不能用心奉养，更进一步的事情是很难做到的。习医辅治，没有诚笃的敬心也是做不到的。不敢言父之疾，在传统的孝道观念中，更是不敢闻其父之恶的表现，其关爱之情、孝敬之思既诚于心又显于行。

七、孝亲疗兄[1]（庾衮）

庾衮，生卒年不详，约生活于西晋时期，字叔褒，颍川（今河南省禹州市附近）人。是两晋时期著名的贤人，其孝敬父母、友爱兄长之行为历代所赞颂。

《晋书·庾衮传》载：庾衮生于世家大族之中，却不慕奢华，亲自耕作以奉养父母，行事恭谨、勤恪，以孝道侍奉父母。父亲去世后，家境中落，他自己则编筐贩卖以奉养母亲。母亲看到他如此劳苦，对他说："我难道没有吃的吗？"庾衮回答说："母亲生活得不安，食不甘味，为人子孙又如何能安心呀！"母亲因此受到感动。大族出身的庾衮，以及所娶妻子，发妻荀氏、继妻乐氏，都出身于当时的世家之中，她们嫁给庾衮后，在他的影响下都能够弃奢华、散资财、孝养父母，与庾衮共甘苦，夫妇的感情很好，孝悌之行十分到位。

《搜神记》及《晋书》中又载：西晋武帝咸宁年间（275—280），颍川郡大疫，颍川人心惶惶，庾衮的两个兄长卒于疠疫之中，庾衮的父母及其他兄弟都外出避疫，庾衮独留不去，父母、兄弟劝说他离乡避疫，他却认为家有病患亲人，是不可舍弃的，于是对他们说："我身体强壮，不畏疫病。"于是亲自扶持、侍奉患病的二哥庾毗，昼夜不休，其间代父兄向已逝的亲人服丧。如是者十余旬，疠疫消失后，家人才回来，此时其兄庾毗已经痊愈，庾衮也无恙。史家在记录此事后，称赞他"岁寒而后知松柏之后凋也"。

1．文献支持：《搜神记·卷十一》《晋书·庾衮传》、宋·王钦若等《册府元龟·卷八百二·总录部·义二》、宋·祝穆《古今事文类聚·卷八·人伦部·兄弟》、宋·林同《孝诗》、宋·邓永易《宾实录·卷十三·贤者》、明·彭大翼《山堂肆考》之《卷九十六·亲属·兄弟》《卷一百五十三·典礼·冠礼》《卷一百九十二·饮夜·酒下》《卷一百九十三·饮食·茶》。

庾衮的孝重在敬奉和关爱方面。《晋书·孝友传》评价庾衮说："庾叔褒不匮表于执勤，则裕存乎敬业，幽显不易其操，疫疠不骇其心，急病让夷之规，有古人之风烈矣！"大体意思是说："庾衮有勤谨、敬爱的品行，不慕奢华，能以敬诚之心对待自己所面对的事情，无论处于何种环境下都不更易自己的节操，就算是人间的疠疫也不能惊其心，面对疾病能从容对待，有古人风烈之行。"庾衮的孝，在富足时能时刻想着自己的父母，用恭谨、勤恪之心去孝敬父母，生活不慕奢华，且躬耕以养亲，已是难得；父亲去世，家道中落，在侍奉父母时依然能尽心竭力，让母亲能生活得安心，而不是只顾自己的小家，不问母亲，虽处境困难，依然不离不弃，则更为难得。他的悌行，表现在关爱方面，而对疠疫，更多的人是躲避，家中有生病的兄长，他没有因为兄长身中疠疫而抛弃，却迎难而上，关心、照顾、医治兄长，既全了兄弟之爱，又使父母少受一次打击，全了悌德，更是一种孝行。

关爱父母是多方面的，关爱他们的生活，关注他们的精神，关心他们所关心的事情，解除他们的忧虑，都是孝的表现。庾衮之行在后世的史书中多有记录，《册府元龟》中载："庾衮抚诸孤以慈，奉诸寡以仁，事加于厚而教之义方，使长者体其行，幼者忘其孤。"文中所说的关爱，已由一个小家庭扩大到大家族。后世更以他的孝悌之行编出了许多有教育意义的故事，比如《古今文事类聚》因其悌行著录"兄疫不去"，《山堂肆孝》更列"亲侍兄疫""为妇示训""叔褒自杖""藜羹不糁"等，宋代的邓永易在他的《宾实录》中更称他为"庾贤"，更可见其人其事对后世的影响及模范作用。

宋人林同赋诗赞他："至老能无倦，真为善事亲，叔褒非佞者，何事拜邻人。"

八、勤容纳屦[1]（谢曈）

《册府元龟·总录部》在谈到孝时说："夫孝，三德之本、百行之先也。凡为人子者，生尽乎养，没尽乎礼，有终身之忧，无一日之乐。欲报之恩，昊

1．文献支持：《宋书·谢瞻传》、宋·王钦若《册府元龟·总录部·孝》、宋·林同《孝诗》、清《御定渊鉴类函·卷二百七十一·人伦部·孝一》、清·沈名荪《南北史识小录·卷三》。

天罔极，此孝之至也。"提到了孝是世间德行的根本，谈到孝时更是主张"有终身之忧，无一日之乐"，说法虽然极端，但从孝养、关爱父母方面，子女在对待父母时，的确应做到心忧父母，回报大德。

书中收录了《宋书》中的一则关爱母亲的故事。《宋书·谢瞻传》的附传中记：

（谢）曒，字宣镜，幼有殊行，年数岁所生母郭氏久婴痼疾，晨昏温清、和药捧膳不阙一时，勤容戚颜未尝暂改。恐仆役营疾懈倦，躬自拟劳。母为病畏惊，微贱过甚，一家尊卑感曒至性，咸纳屦而行，屏气而语，如此者十余年。

谢曒与其兄谢瞻同为陈郡阳夏（今河南省太康县）人，字宣镜，约生活于东晋末期。谢曒幼年时期即与其他的儿童不同，对父母有孝心、有孝行。在他还是儿童的时候，生母郭氏因长期生病，得了不容易治好的疾病，幼年的谢曒无论晨昏、寒暑，都侍奉在母亲身边，调和汤药、侍奉饮食，从来没有缺失。母亲生病期间，他勤谨侍奉，伤心的面容及神情从未间断。他害怕仆役们侍奉母亲不注意言行，或有懈怠、厌倦的情况，于是自己亲手服侍。母亲的病症十分怕大的动静，在谢曒的影响下，家中成员和仆妇感受到了他的孝心，并为之感动，于是相约在行走时放轻脚步，说话时细声屏气。如此情形在谢曒的家中延续了十余年。

清代的《御定渊鉴类函》在收录此故事时，以"纳屦以行"为题表彰谢曒的感化之功，沈名荪的《南北史识小录》中以"勤容戚颜"表述谢曒的孝敬、关爱之心。谢曒的孝行在"忧"上，他关心、敬爱自己的母亲，母亲生病，幼年的他就开始照顾母亲，照顾母亲期间"戚颜"没有高兴的神态，表露出对母病的忧心。这样的忧心是发自内心的，幼年如此，延续十余年，不曾间断，长久的孝敬、关爱将他的孝思、孝行、敬爱显露无遗。谢曒在史志中虽有更多的事迹，仅此一项，亦可称为"纯孝"，可以说是达到了"孝之至"的标准。

宋人林同赋诗赞他："一家感儿孝，不欲使亲惊。尽作屏气语，咸为纳屦行。"将谢曒孝、敬、关、爱，以及感化之功表述出来。

九、交州寻母¹ （庾道愍）

"交州一村里，有妪负薪行，万里庾道愍，心知为所生。"这首诗是宋代林同《孝诗》中的一篇，诗中的主人公是南北朝时期刘宋、萧齐之际的孝子庾道愍。

庾道愍，生卒年不详，《南史》载"颖川鄢陵（今河南省许昌市鄢陵县）人"。自幼便有孝行，幼时与母亲失散，史书中载"其所生母流漂交州"，庾母因何漂流至交州，史载不详。交州，在南北朝时期指我国现在的广西和广东南部地区，包含了越南中部和北部，当时海南岛也在交州范围之内，是我国传统的固有领土。庾道愍失母时尚在襁褓之中，等到他长大后才知道母亲的事，庾家在南朝是一个大的世家，子弟因家族原因出仕的极多，在庾道愍举中正出仕后，他向朝廷请求外迁为广州绥宁府（今湖南省邵阳市绥宁县）的佐官。从政之余，开始寻母。《南史》记庾道愍"自负担冒险，仅得自达"，意思是说，他不畏险阻，每到一地都仔细访求。尤其是到了交州后，更是年年寻访。

有一天，他来到了交州的一个村子，寄宿于一户农家，看到一位年纪大的妇人背负着薪柴由村外而来，庾道愍上前帮扶、询问老妇人，经过交谈，发现这位老妇人竟是他的母亲。《南史》和《册府元龟》等书中，形象地叙述了此时的庾道愍的表现："于是行伏号泣，远近赴之，莫不挥泪。"找到母亲后，侍奉着她一起回到了绥宁，迁任建康后，又奉母就职。自此留任南方的都城，南朝萧齐时仕至射声校尉。

《南史》中的这则故事，宋、明两代的许多笔记、杂记、家训中都有记录。宋代司马光在《家范》一书中举此事为例，向子孙宣明孝德。举此例前，他以对话形式记下了一段话：

或曰："亲有危难则如之何？亦忧身而不救乎？"
曰："非谓其然也！孝子奉父母之遗体，平居一毫不敢伤也，及其徇仁蹈义，虽赴汤火无所辞，况救亲于危难乎！"

1．文献支持：《南史·孝义传上·庾道愍》《册府元龟·卷七百五十三·总录部·孝第三》、宋·司马光《家范·卷四·子上》、宋·林同《孝诗》、元·黎崱《安南志略·卷十》。

有人问："父母亲人如果有危难子女如何做？可不可以因为忧惧身体受到损伤，而不去救助？"

司马光说："这是不可以的。为人子女身体由是父母的精血而来，日常生活中要懂得爱惜、不敢损伤，到了遵循仁德、践履大义时，就算是赴汤蹈火，也不能推辞，这是大孝的表现，更何况父母受到危难时对他们进行救护呀！"

庾道愍，史书中说他"有孝行，少出孤悴"。意思是说，他自幼不知母亲在何方，虽有孝行以孝父，但心中却常常思念母亲，他的这种思念是深植于心中的。成年后千里寻母、经年不止，更是体现了他救助母亲于危难的决心和行动。

司马光因感叹他的孝行而举此例，更是要向子孙说明，孝敬、关爱父母亲人不仅要有其心，更要有其行，不要以"身体发肤受之父母，不敢损伤"为借口，在大仁、大义面前要行大孝，在父母亲人面前要有大爱。

十、挝鼓救父 (吉翂) [1]

"挝"音zhuā，意为"击、打"。明代彭大翼的《山堂肆考》记有"挝鼓乞父命"的故事，故事的主人公是南北朝时南朝梁孝子吉翂，所记述的是一件为父辩诬的事。

《梁书》载：吉翂，字彦霄，祖籍冯翊莲勺（今陕西省渭南市临渭区），世居襄阳。自幼便以孝名于乡里，十一岁时母亲去世，他伤心欲绝，为乡里所敬叹。

南朝萧梁武帝即位之初（约503），他的父亲在吴兴郡原乡令（原乡：治所在浙江省安吉县西）的职位上被人构陷，梁武帝下旨将他解押至廷尉府。这时十五岁的吉翂知道父亲被屈受冤，于是他随同父亲来到了当时的都城建康，号泣于街衢之中，祈请过往的国家公卿大臣为父辩诬，来往行人听后没有不被他所感动的。吉父清白却被诬，注重名节的他耻于为污吏刑讯，在狱中自杀，

---

1. 文献支持：《梁书·孝行传·吉翂》《南史·孝义下·吉翂》、宋·王钦若等《册府元龟·卷七百五十三·总录部·孝第三》、宋·司马光《家范·卷四·子上》、宋·林同《孝诗》、宋·项安世《项氏家说·卷三·说经三·金縢》、明·彭大翼《山堂肆考·卷九十七·亲属·子》、清《御定孝经衍义·卷九十一·士之孝·敬亲》、清·芮长恤《纲目分注拾遗·卷三》。

却未能成功，此行更加重了吉父的罪责，依《梁律》当被处死。吉翂无法可想，于是"挝登闻鼓"，将其父冤情直达皇帝，并且请求子代父罪，只为给父亲留一个辩诬的时间，梁武帝十分惊异吉翂的孝心、孝行，对当时的廷尉卿蔡法度说："吉翂请死赎父，实在是义诚可嘉，但其人尚是幼童，未必明白国家的律法和其父的罪责，你在讯问时，可严加胁诱，问清楚此案的真实情况。"

蔡法度讯问吉翂说："你尚属幼童，代父求死，不知其父所犯何罪，你的行为必为他人所教，如果心有悔意，可对你从轻发落。"吉翂回答说："我虽幼弱，难道不知什么是死吗？父亲受冤，母亲去世，家中兄弟幼小，我不忍见父亲受到极刑，而且父亲因被诬而受刑，子为父辩诬，子因父行孝，无人指使。"蔡法度审理了吉父之事后，对吉翂说："皇帝已知你的父亲无罪，就当释放，我看你此行足称为孝，是有孝德之义的少年，你的父亲虽然被人构陷，但在狱中所行，已触犯国家刑法，是必定要被治罪的，你何苦求死。"吉翂说："世间的生命都爱惜生命，何况是人？但父亲因被构陷而获罪，狱中因自尊不愿受酷吏刑讯，愤而自杀，虽未亡逝，却触犯了国家律法。为人子女希望延续父亲的生命，因此挝鼓，乞请国家重审此案。"说完后，竟不让衙吏去其刑具。蔡法度将事上闻于朝堂，梁武帝感念吉翂的孝行，宽宥了吉父，让父子两人回乡。

回乡后，丹阳郡太守听说了此事，欲以纯孝之行荐举吉翂，吉翂说："父辱子死，是世间的孝道所系，为父辩诬是子女应尽之责，不是什么大事。"竟拒赴孝廉。两年后他才应国家的征辟，出任丹阳主簿，后转万年县令，又任湘州主簿，复被太常寺旌举为"纯孝"。吉翂因父受诬之事，身心受到了极大伤害，落有惊悸之症，后因悸症而卒。

宋代林同，曾为宋之前的二百四十位孝子作《孝诗》，赋吉翂时写道："父身如可代，子死乃其情。尹待我何薄，而将此买名。"将吉翂在为父辩诬过程中的孝心、孝行，以及其间的无奈著于诗中。吉翂之孝除了养敬之心、之行外，更为重要的在于维护父母声名。吉父受冤而被屈，面对当时强大的、黑暗的统治，吉翂勇于抗争，为父亲洗去罪名，不仅有孝，更有"勇"存于心。被讯问之时不受威胁、引诱，坚持原则，是有"智"的表现；事成归乡，不受荐举，则是"谦"的表现；出仕之后，历经多职，《梁书》和《南史》均载，他"摄官期月，风化大行"，更是"能"的表现。有孝心之思、有孝义之行，葬母养父；有勇、智之行，为父辩诬；有仁德之行，显扬父母。被称为"纯孝", 名至实归。

南宋项安世在他的《项氏家说》中, 感叹世间大孝之行时说: "自古匹夫以必至之诚, 上动天意者何可胜数。" 所举的例子正是 "吉翂", 另有《册府元龟》《家范》《御定孝经衍义》《纲目分注拾遗》等书中也记录了此事, 更可见吉翂孝亲之举、关亲之心、护亲之行为后世楷模。

十一、莲花救父¹（岑文本）

"莲花" 自古便被文人志士喻为高洁、正直、出淤泥而不染的代表, 有高雅的品质, 历代文人多有诗赋赞颂。这些诗赋以南北朝江淹的《莲花赋》、欧阳修的《荷花赋》、康熙皇帝的《金莲花赋》为代表, 历代的《莲花赋》中有一篇写于隋王朝, 虽已散佚, 但这篇记于正史中的诗赋, 却记载了一个孝行故事。

岑文本, 生于595年, 卒于645年, 字景仁, 隋朝南阳棘阳 (今河南省南阳市新野县东北) 人, 初唐名臣, 与魏徵、房玄龄、杜如晦齐名。掌唐太宗贞观时期的机要, 仕至中书令, 卒赠侍中, 广州都督, 谥为 "宪", 陪葬于唐太宗的昭陵。《旧唐书》评价他: "文本倾江海, 忠贯雪霜, 申慈父之冤, 匡明主之业。" 意思是说: "岑文本有江海之志, 他的忠诚犹如雪霜那样遍及大地, 有孝行能伸慈父的冤屈, 有才干可匡助明主的伟业。" 评价不可谓不高, 赞颂不可谓不足。

岑文本家族原为南方士族, 他的祖父岑善方曾仕南朝的萧梁政权, 出任吏部尚书, 父亲岑之象在统一后的隋朝仕为邯郸令。隋末是个纷乱的时期, 岑之象被人构陷, 免官下狱, 有理却不得申诉, 岑家也因此陷入困厄之中。

少年时的岑文本性情沉稳, 才思敏捷, 博于经史, 善于谈论, 下笔成文, 是当时的俊彦之才, 父亲出事的时候, 他年方十四。为了给父亲辩冤, 他赴东都洛阳, 只身到当时负责巡察京畿百官的司隶台申明冤情。辩冤过程中他言辞恳切, 对答明晰, 将父亲的冤情及其高洁的品性表述无遗, 此案在当时影响很

---

1. 文献支持:《旧唐书·岑文本传》《新唐书·岑文本传》、宋·司马光《资治通鉴·卷一百九十七·唐纪十三》、宋·祝穆《方舆胜览·卷三十三》、宋·佚名《氏族大全·卷十二》、清《御定孝经衍义·卷八十三·卿大夫之孝·敬亲》。

大，隋炀帝召他对答时，对答十分从容，司隶台的官员十分惊异，案件审到最后，岑之象的冤情已明，却仍然系于狱中，在案件最后审理时，惊叹于岑文本文采的司隶台官员让他写一篇《莲花赋》，以明其志、以述其事。岑文本下笔立成，其文文理甚佳，既表述了莲的高洁，又陈述了自己的志向，更向当时的审案者说明了父亲的冤屈，其文虽已不传，但依旧、新《唐书》记其文载"属意甚佳，合台莫不叹赏"，他也因此成就了文名，父亲的冤屈也被昭雪。

岑文本救父的孝行是当时的一件异事，成就了他的孝名、文名，更使他成为当时的名士。入唐后，尤其是唐太宗贞观年间，唐太宗重用他、信任他，与他所修养而成的良好德行不无关系。他侍母孝、为官清，为一时名臣。《新唐书》中记：贞观中期，在他升任中书令时，亲朋故旧祝贺，同时送了许多礼物，他对这些人说："这只是平常的升迁，没有什么可以祝贺的。"拒不受礼。有人劝他在职时多置办一些田产，他说："我本来只是南方的平民，入关出仕的希望，不过是担任秘书郎或者县令罢了。本身没有什么大的功劳，因文笔而成就中书令之职，已经有很高的俸禄了，怎么还能再谈置买田产呢？"

岑文本居官不失书生本色，唐太宗对他评价很高，《资治通鉴》记，唐太宗赞他："性质敦厚，文章华赡，而持论恒据经远，自当不负于物。"除文名、政声之外，他侍奉母亲以孝闻名，抚育兄弟子侄以悌、慈为重，《旧唐书》记："居处卑陋，室无茵褥帷帐之饰。"清正、忠孝之行为时人所重，唐太宗因此感叹说："弘厚忠谨，吾亲之信之。"

岑文本辩父冤是护亲的表现，侍母敬谨是养亲的表现，待弟友是爱亲的表现，清正为宦是敬亲、忠诚的表现。对父母的孝敬、关爱做到如此，养敬、承志、显扬都可以说是具备了，《莲花赋》中所述的莲之高洁也达到了。

十二、侍母狂疾[1]（刘敦儒）

关爱父母，卫护父母，是子女应尽的孝行。世上的家庭多种多样，卫护、关爱的方式也多种多样。家中父母病疾，尽心侍奉是孝行；父母遇到危险，挺

---

1. 文献支持：唐·赵璘《因话录·卷二·商部上》《旧唐书·礼仪志四》《旧唐书·忠义传·刘敦儒》《新唐书·刘子玄传》、宋·李昉等《文苑英华·卷六百四十三·杂奏状》、宋·王钦若等《册府元龟·卷一百四十·帝王部·旌表》。

身护持是孝行；父母声名受诬，为其辩诬是孝行。世上的事有许多不以人的意志为转移，如同父母患有精神方面的疾病，子女如何去做，显然对大多数子女来说是个难题，唐代孝子刘敦儒侍母的故事，或可给人以启迪。

北宋初李昉等人编订的《文苑英华》中有一篇唐宪宗元和十年闰八月，当时的东都留守权德舆奏请旌表的奏疏：

孝子刘敦儒年四十九（曾祖子玄、祖贶、父渶，住东都从善坊），右件人名儒史官之家。积成教义，至性诚孝，感动人伦。母患风狂心绪乖乱，无辜榜棰常至僵仆，或冻于积雪之下，或曝于赫日之中，腐烂皴裂略无完体，见其楚毒方上饮食，敦儒苏而复起。常惧人知，承顺恬然不觉疾痛。因心之道贯于神明，欲盖弥彰事久方著，蒸蒸不匮十有六年。贞元二十年留守韦夏卿具状奏闻，奉其年八月二十九日敕宣付史馆旌表门闾。臣至洛都具详事实，闻诸族类布在风谣，今又十年不改其养，饥寒所迫衣食阙，然晨昏所奉朝不继夕，伏以底禄筮仕，资阴多门，至行绝人尤可嘉奖。伏望天恩特授一解褐京官，使分司就养，则私计可给寸禄，为荣众庶、厚时风以弘孝理，特乞圣慈允臣所奏。谨录奏闻，伏候敕旨。

元和十年即公元815年，从文中看此记录，主人公是当时四十九岁的刘敦儒。刘敦儒应生于公元766年，是唐代著名史学理论家刘知几（刘知几，字知几，名子玄）的曾孙。其人幼时受家庭影响，极为孝敬，有诚孝之行。刘母应该是精神上有些问题。《新唐书》中记："母病狂易，非笞掠人不能安，左右皆亡去。"《旧唐书》中记："母有心疾，非日鞭人不安，子弟仆使，不胜其苦，皆逃遁他处。"意思大略相同，刘母患有心疾（精神上有些问题），发病时常用鞭子鞭笞子弟、仆从，每日不鞭打他人，心中便会不安，于是刘家的子弟、仆从纷纷逃避他处。刘敦儒却没有逃避，依然照顾、治疗、奉养母亲。

权德舆的奏疏，唐代赵璘在《因话录》中有记录，新、旧《唐书》中也有表述，这些记录和表述或许对刘敦儒的孝行有所夸张，但从史传中看，当时的刘母，精神上的确是有问题的，在她犯病的时候，常常打得刘敦儒"腐烂皴裂略无完体"，直到"见其楚毒"，才想着要吃饭、要生活。刘敦儒无故受责打而不逃，显然是典型的愚孝之行，对现代人来说是不可提倡的。大唐是一个开放的朝代，当时的孝道观念，与被异化的宋明理学所提倡的孝道观念，相比是有区别的，"身体发肤受之父母，不敢损伤"的观念，在初唐时就被约定为基本的行为准则。《旧唐书·礼仪志四》记，唐太宗贞观十六年（642），唐太宗巡幸国子学，与当时的大儒孔颖达讲论《孝经》和曾参。在谈到"曾子耘瓜"的故事时，唐太宗主张："小棰则受，大杖则走。今参于父，委身以待暴怒，陷父于不义，不孝莫大焉。"此事记入国史，唐代有割肉奉亲之类的愚孝之行，但正统的儒家士大夫，还是主张沿用先秦孝道观念。从另一方面说，刘敦儒的孝行实在是有愚的一面，既然不可提倡，权德舆为什么要赞扬他呢？显然赞扬的重点并不在此。

权德舆赞刘敦儒，其重点在于，刘母二十六年间，暴烈无常，刘敦儒的可贵之处在于侍奉母疾二十六年，不离不弃、不止不歇，没有因为母亲精神不好厌弃她，而是"承顺恬然不觉疾痛"，有一颗诚笃的敬爱之心、关爱之情，二十六年护持母亲、治疗母亲，没有因为"饥寒所迫衣食阙"改其行、变其志，如此异行难能可贵。权德舆指出，虽然早在唐德宗贞元二十年（804），国家就已经旌表过他，但十年已过，刘敦儒至孝之情不改，进一步体现了至诚至孝的关爱之心，不离不弃的慕孺之情。

奏疏上呈之后，当年国家下诏说："孝子刘敦儒，生于儒门，禀此至性。王祥笃行，起孝敬而不移；曾参养志，积岁年而罔怠。"从养、敬、诚、笃、至情、至性等方面给予了表彰，并将他树为孝德典范，因孝起用他为"左龙武军兵曹参军，分司东都"。

关注刘敦儒的孝行，不可学习的是他的愚孝之行，所借鉴的是他不离不弃的至诚，不止不歇的关爱。父母亲人有疾，是世间常常发生的事情，子女对父母亲人的关爱，是感恩，是回馈，从某种程度上说，也可以使人的品行得以升华。

十三、衣父护母[1]（赵隽）

赵隽，字子奇，生卒年不详。宋初李昉等人编定的《太平御览》中记录

1．文献支持：《旧唐书·武宗纪》《太平御览·卷四百一十一·人事部五十二·孝感》、明·陈耀文《天中记·卷二十四》、明·陈禹谟《骈志·卷十四·庚部下》。

了他的孝事。书中记录，赵隽生活在晚唐时期，在他生活的年代，时遭藩镇昭义兵马使刘稹（文中称潞帅）的反叛。史载刘稹叛乱的时间在唐武宗会昌四年（844），依此而推，赵隽应生活在晚唐文宗、武宗、宣宗时期。《御览》中记为平阳岳阳人（今山西省临汾市一带）。

赵隽的父亲赵构是县里的西曹书佐，好饮酒。有一天赵构外出饮酒大醉，以致回家时醉倒在途中。十八岁的赵隽久候父亲不归，于是外出寻找。在城外看到了酒醉的父亲，或许是赵父体重的原因，赵隽无力背负着赵构回家，于是便脱下自己的外衣盖在父亲身上。时值仲冬，天气十分寒冷，四野无人，脱衣后的赵隽仅着单衣，与赵构依偎在一起。晚唐时期的岳阳山多猛禽、虎豹，赵氏父子在旷野中依偎一晚，竟无所侵害。清晨，赵构酒醒后父子同归，当时的县吏知道此事后十分惊奇，将此事作为异事传扬，乡邻认为是因为赵隽的孝行感动了上天，父子才得以双全。

唐武宗会昌三年，昭义（今山西省长治市）镇兵马使刘稹叛乱，平阳距叛乱的地点潞州很近，当地的百姓四散。此时赵隽的母亲已八十余岁，父亲赵构已去世，赵隽在父亲的坟丘上作了标记，与妻子用车辇护母至文城（今山西省吉县文城乡）的西山，路上与妻子失散，直至数日后全家方团聚，当时逃难的人很多，粮食十分昂贵，逃难而至的赵隽无力购粮，于是他上山采橡实或山林中其他的果实，供养母亲，艰难度日。第二年刘稹败亡，他又用车辇推着母亲返乡。赵隽在当时是以孝闻名的，归家后发现，乡邻中许多家的田地被军士所占，而他的家及赵构的坟丘尚存，于是他重新整理了父亲的坟丘，居住了下来。

赵隽在父母去世的时候，都能依礼安葬。赵母去世时，甚至因家贫无力安葬，当时的县令常伯伦知道了赵家的状况，《御览》记"给米粟蠲其家"，实际上就是旌表孝行，免其课役，奖以米粟以表孝行。

赵隽的孝行，是一个小人物的孝行，却切实地做到了养敬、关爱。对社会上的普通人而言，对父母有孝心、孝行，不在于自己有多大的能力，首先要有心，要懂得关爱。赵隽的父亲酒醉，身为人子背负不动父亲，林深天寒，他解衣覆父的行为，首先是有孝思，知道关心父亲，依偎一夜的守护与其说孝感，不如说因孝心所获得的勇气护持了父子。晚唐的兵乱，是一种灾难，灾难来临时，与母亲不相弃，相扶持，生活困苦，却不忘养母，细枝末节的行为，构成了对母亲真正的关爱和敬笃。

生活中的孝都是从点滴开始的，种种表现要有敬受亲人的心蕴于其中，有心、有行、不以细微末节为小，敬笃地去对待父母，即便是普通人也能成大孝。

十四、冒刃救姑[1]（郑义宗妻卢氏）

《新唐书·列女传》的序言对孝和世间风俗的评价，与唐史之前的正史相比，评价高了许多，序言中称："唐兴，风化陶淬且数百年，而闻家令姓窈窕淑女，至临大难守礼节，白刃不能移，与哲人烈士争不朽名，寒如霜雪，亦可贵矣。"大体意思是说：唐建国后国家以孝培德、养教兴化数百年，社会上的女子面临大的危难能守节，即便是面临生命危险也矢志不移，其道德行义可与世间的烈士相媲美，如傲立雪中的寒梅，实在是难能可贵。郑义宗妻卢氏的事迹是此篇中的一则列传，或可从中读出一二。

卢氏，生卒年不详，初唐幽州范阳（今北京市及河北保定市之间，唐代宗治所较为稳定在现河北省涿州市）人，唐代世家卢氏之女。自幼涉猎经史，有才名，是当时的才女，嫁于郑义宗后，以旧、新《唐书》中的话说"甚得妇道"，即孝养公婆，持家有道，甚得郑氏一族尊重。

一天，郑义宗外出期间，夜有强盗数十人，持杖鼓噪，翻墙进入郑家院落，郑家的家人大多奔跑逃窜，郑氏奔至婆母居室，想要护持婆母躲避，却被强盗围在居室之中。卢氏冒白刃护持在婆母身边，左右护持，不让强盗伤害老人，身被刀伤，几至于死，婆母得以幸免。

强盗离去后，卢氏被救护得免。事情过后家人问卢氏："强盗气势汹汹而来，人们都在逃避，你为什么不害怕呢？"卢氏回答说："人与禽兽最大的区别在于，对人来说仁义存于胸中，以往宋伯姬（春秋时鲁成公之妹，宋共公妻，有仁义之行）能守持节义不惧赴火，声名流传至今。我虽然不能做到她的节义，如何敢忘记世间的德义。就算是邻里中的人有急难，尚且要救助，何况是自己的婆母，岂能任她处于危难之中弃之不顾。万一事有不谐，又岂会独

---

1. 文献支持：《旧唐书·列女传·郑义宗卢氏》《新唐书·列女传·郑义宗妻卢》、宋·谢维新《古今合璧事类备要·前集·卷三十》、宋·林同《孝诗》、清《御定内则衍义·卷一》。

生。"卢氏的话，不久传到婆母那里，婆母感叹说："古人说天气寒冷的时候才知道松柏的高洁，我现在才知道媳妇有高洁的品性，纯正的孝心呀！"旧、新《唐书》记，卢氏直至唐太宗贞观末年才去世。《旧唐书·列女传》序言，在谈到此类情况时赞叹："临白刃而慷慨，誓丹衷而激发，粉身不顾，视死如归，虽在壮夫，恐难守节，窈窕之操，不其贤乎！"宋人林同更赋诗赞叹："抵死侍姑侧，宁知有妾身。若怀白刃顾，尚得谓之人。"

用"贤"来评价妻子，是我国自古以来的传统，卢氏此举已不仅是贤，清代《御定内则衍义》评论卢氏时说："子于父母以天合，妇于舅姑以人合，居安处顺、尽孝致养亦足称贤，况乎遇患难、罹兵刃，而以舅姑之故舍生取义，岂可多得哉！"可谓精当。卢氏有勇烈之风、孝烈之性，虽为女子但豪勇不让须眉。现实生活中孝敬父母、关爱父母不仅是子女的事，对子女的配偶同样有如此要求，这是千百年来形成的良好风俗。一个家庭的和谐不能只有子女单方面对老人的爱敬，而无视配偶的行为，子女、兄弟、夫妻不能齐心如一地去孝养、关爱老人，家庭不会和谐，家庭成员的关系不会和睦。

孟子主张"老吾老以及人之老"，是要求人们要有爱心，将孝德由对父母的爱这一方面，扩展到对世间老人的爱。真正来说，"家人"一词并不是简单意义上的相处、结合，对双方父母要如同对待自己父母一样，去孝敬、去关爱，才会使一个家庭出现和谐的状态。

十五、卅年迎归[1]（赵伯深）

靖康之际，金人南下，承平已久的宋政权受到了沉重打击，中原地区也再一次经历了战乱。流离失所、亲戚失散成为当时许多人心中的痛，失去父母、子女的人上演了许多寻亲的故事，赵伯深是其中较为著名的一位。

南宋中期政治家周必大在他的《文忠集》中简单记录了此事。赵伯深，字逢原，宋王朝宗室子弟，约生于1120年，卒年不详。在周必大的记事中，在他少年时，此人在南宋时居住于安福县（今江西省安福县），靖康之乱时与母亲

1．文献支持：宋·周必大《文忠集·卷五十一·题跋·跋赵逢原得母诗卷》、元·吴师道《礼部集·卷五·古诗·题赵氏得母诗卷小序》、元·陈旅《安雅堂集·卷三·赵逢原靖康间失母三十年得之泸南其孙求诗》《宋史·孝义传·赵伯深》、清《雍正江西通志·卷七十五·人物十》。

分别三十年，寻母三十年，最终从四川找到了母亲，将她迎回安福县奉养，一时传为佳话，当时的名士曾慥、晁子西、程咏之作诗相赠表其孝行。结合《宋史·孝义传》及元代陈旅在《安雅堂集》、吴师道在《礼部集》中的记录，赵伯深寻母之事则脉络更为清晰。

赵伯深的父亲赵子俒，在宋徽宗宣和年间在棣州（今山东省惠民县）从军。宣和七年（1125），金兵南下，赵子俒受命北上征战，赵伯深与其母张氏则留在了棣州家中，金兵的这次南下，宋军大败，棣州失陷，赵伯深与母张氏失散，与父赵子俒也音信隔绝，直至宋高宗建炎二年（1128）父子才得以相逢，母亲张氏仍然不知所踪。赵伯深一边侍奉父亲，一边多方探寻母亲的下落，直到父亲去世，仍然没有音讯。三年服制完成后，他走出安福县，开始了再一次的寻母之旅，历二十年茫无头绪。元人吴师道的《礼部集》记，有一天，他行至蜀中夔门道（今重庆市奉节县瞿塘关）时遇虎，与众人一起避往山中村落，在小憩时与村中的人交谈，得知靖康年间有许多棣州逃散的人迁到了泸南，于是赵伯深去泸南寻访，在那里见到了失散三十年的母亲张氏，之后将张氏迎回安福县，奉养终老。

赵伯深回安福县后，他的孝名被人为宣扬，当时的名人有许多赠诗以赞其行，可惜的是这些赠诗大多已散佚。南宋亡后，赵伯深的孙子与元代学者陈旅交好，将此事告诉了他，应其请陈旅赋诗一首："母子不相见，飘零三十年。飞云散九野，泸水声溅溅。百川尽东注，云飞散还聚。元情会相逢，而况子求母。凄凉汴中宅，池台翳荒榛。峡船载华发，鼓枻江南春。作堂蒙萱草，萱草日以好。淮上已罢兵，江南可娱老？"言辞切切，将赵伯深思母的焦灼，寻母的诚心、爱亲的诚笃，访求的艰辛，乱世的悲思、希望和平后早归家园的离愁赋于笔端。全文没有提到孝字，却句句含情，字字写诚，将一个孝子寻亲的思绪落于纸端。

在周必大的《文忠集》中，记录赵伯深之事后，又记了两位寻亲的孝子：一是当时的朝奉郎任绅，十七年寻母得归；一是兵部尚书沈介，靖康之乱后，出使北方寻母，借荆襄宋军的力量寻亲而归。上述三个故事，都是寻亲，都表露出子女诚笃的孝思，以及对父母无尽的关爱，子女有此思、有此行可谓孝子。

对于世间人来说，没有人希望生活于乱世之中，子女居家孝敬，生活安定，是一个家庭所向往的，极端的孝行虽可褒扬，却是不正常的社会状态下的产物，向往和平、向往宁静，一家如此，一国也是如此。正如陈旅所感叹的那样："淮上已罢兵，江南可娱老？"和平、和谐、安康、平静的生活，既是子女的希求，更是社会的希望。

十六、上书辩诬[1]（吕皓）

两宋之际，经济文化发达，国家对社会良好道德风俗的养成，对百姓的教化，较前代更为重视。北宋的仁宗时期、南宋的孝宗时期，是两宋之际政治相对清明的时期，史传中将"仁宗之仁、孝宗之孝"并称。尤其是宋孝宗在位时，两宋之际的战乱到此时已渐止息，南宋政权已相对稳定在淮河以南，社会经济、文化复苏，这一时期涌现出诸如赵伯深、岳珂（可参见《正孝卷·子孝辩诬》）、吕皓等大量与众不同的孝子，他们在养敬的基础上更进了一步，再次向世间阐释了何谓真正的大孝之行。

南宋陈振孙的《直斋书录题解》记录了吕皓的两部作品《遁思遗稿》《事监韵语》，并且在注中说："当淳熙中投匦救父兄之难，朝奏上，夕报可，一时非辜尽得清脱，其书辞甚伟。"意思是说："吕皓在宋孝宗淳熙年间，向朝廷投书辩诬，救父亲、兄长于危难之中，其书言辞精当，感人至深。"这段记录虽然简单，却记录了吕皓为父兄申冤之事

吕皓，生卒年不详，约生活于南宋高宗至宁宗时。字子阳，号"遁思"，南宋初永康（今浙江省永康市）人，南宋学者。明代胡翰的《金华先民传》中记，当时的儒学名家朱熹对他的学识十分欣赏，曾向朝廷举荐他出仕，吕皓真正出仕则是另外一个原因。元代吴师道在《敬乡录》中收录了吕皓的几篇文章，其中有一篇是他上书孝宗皇帝的《上孝宗皇帝救父兄书》。从文章中看，吕氏世居永康，家中读书人虽多却没有名显于天下的人，吕父耻于此事，于是让吕皓兄弟外出游学，以增长见闻。淳熙初年，浙江大旱，而国家库存粮食不足以赈灾，于是宋孝宗下诏让富户捐粮以度灾荒，吕氏作为永康大户，当然不能置身于外，吕父以吕皓的名义捐了不少粮食，因捐输有功，国家特授一官，

---

1. 文献支持：宋·陈振孙《直斋书录题解·卷八十·别集下》、宋·叶适《水心集·卷二十九·杂著·吕子阳老子支离说》、元·吴师道《敬乡录·卷十·吕皓》、明·胡翰《金华先民传》。

吕皓因此入仕。

入仕三年后，时值国家举行礼部试，选拔官员。吕父及其兄长在永康却与人起了争执，因为百钱的缘故得罪了当地的官员，其兄被诬以叛逆之罪，其父也被诬以杀人之罪，吕氏家族在永康的五十余人被逮入国家的司法机关大理寺。大理寺在审问时却没有发现任何可供支持的罪证，问责地方官员，当地官员便以吕皓的兄长数年前饮酒失言为证据，指控吕皓有谋叛之心，并将吕父连坐于内。吕氏一案往来反复，诬控、伪证之下几成铁案。吕皓虽多方为父兄辩护，而冤情却不得申，不得以他上书孝宗陈明冤情，开篇吕皓写道："父兄之难而不能以死救，此天地之所不容，而王法之所宜诛也，宜宥而不获宥，宜诛而不及诛……凡下民之微有一不平而义激乎其中，莫不使之朝离而暮过，不啻如家人之相，与以情通焉！呜呼！父子兄弟之际，天下之至情也，以不获宥为不幸，而自幸其不及诛，揆之常情犹不能以自安，况夫至情所在浑然一体，无所间断。"孝思、伤痛之情跃然纸上，时值礼部试（又称礼闱，大体相当于明清时代的会试），吕皓又言，愿以官身和性命为父兄辩诬，以求将冤情大白。

他又以汉代孝女缇萦为例："昔汉女缇萦上书自乞为官婢以赎父罪，犹足以感动文帝之听，臣不佞亦尝闻义矣！父兄不幸误入于罪，而有司一致之以法，则上以失朝廷之体，下以长告讦之风，而损忠厚之意，所关若是其大也。乃不能乘是略出一言，以动天听宁不愧死于一女子乎！"明确表示愿效法汉代孝女缇萦为父赎罪例，辩诬正名，并且说国家如果滋长诬告之风，上则有失朝廷之体，下则有损国家忠厚教化之风，自己如果不效汉代缇萦，则有愧为人子，有愧于孝道。上书之后，在当时影响很大，或许是当朝官员受到了贿赂，廷议时，当时的宰相竟以史无此例为由，拒绝吕皓的辩书，宋孝宗却为他的孝行感动，说："此义事，安用例？"即孝宗认为，这是孝义之事，安能用以往的旧例比照。于是下诏复审，吕氏一门冤情大白，吕父及其兄获释。

《金华先民传》又记，吕皓除为父兄辩诬一事外，居家事亲极孝，因父兄事，误礼部试不第，三年后再试又不第，于是隐居桃岩山，著书讲学，成为当时的名士。与他同时代的叶适曾为他的著作《老子支离说》作论，除了记此事外，更评价他："当得累恩亦弃不就，有高退之节，岁青黄散谷数千，远村穷乏皆其救有任恤之恩。"实际上是赞他有高远的气节、孝敬、关爱父母亲人诚笃于身，且有仁德之行。

为人子女，如何才是真正的孝，做到了奉养只是尽了责任，有了敬诚才可以谈得上回报，孝敬父母仅有养、敬是不够的，关爱父母亲人要从内心深处流露，这种关爱，不仅是父母身体，同时还有他们的精神、声名，做到了才可以说有了仁德的基础，才能真正明白如何去承志、如何去显扬，才可以说是达到了大孝。

十七、佣劳赎亲 [1]（羊仁）

　　元朝开国征战，人口掳掠是征战中常常发生的事情，《元史·孝友传》开篇："世言先王没，民无善俗。元有天下，其教化未必古若也，而民以孝义闻者，盖不乏焉。"民无善俗的原因，很大程度上是战乱的乱扰，以及对文化的摧残，人们朝不保夕，民俗随着杀伐难以立足。然而元代为稳定统治，弘孝、扬孝，"民有孝义者，盖不乏焉"，其中的孝义指孝义之行，元代史传中的孝行，很多起于征战的掳掠。羊仁是此类孝行中较为突出的一位。

　　羊仁，约生于1260年，卒年不详。《元史·孝义传》记："大德十二年（大德为元成宗年号，大德十二年即1308年，同年元成宗崩，元武宗即位），旌其家。"从文字中看，至少他在1308年时尚在世，庐州庐江（今安徽省合肥市庐江县）人。至元四年（1267）元世祖忽必烈以大将阿术为主将再次伐宋，《阿术传》记："四年八月，观兵襄阳，遂入南郡，取仙人、铁城等栅，俘生口五万。"阿术军至庐江，羊仁的父亲被杀，他及家人被掳掠，从此天各一方。

　　此时的羊仁年仅七岁，被卖给了汴梁商人李子安为家奴，辛苦劳作，羊仁很乖巧，极得李子安欢心，在李家为奴期间，他一有机会便打听母亲及其他亲人的消息，却始终没有结果。为奴二十余年后，李子安被他的孝心所感动，才得以释籍从良，成为元王朝治下的自由民。

　　获得自由的羊仁，根据当时庐江人被贩卖的地点，继续寻找亲人，他的足迹遍及北方。经过苦苦寻觅，得知母亲被贩卖到颍州（今安徽省阜阳市颍州区），在蒙古军塔海家为奴；兄长被贩卖到睢州（今河南省商丘市睢县），在

1．文献支持：《元史·阿术传》《元史·孝友传·羊仁》《明一统志·卷十四·庐州府》、清《雍正江南通志·卷一百六十一·人物志·孝义五》、清·姚之骃《元明事类抄·卷十四·人伦门二》、清《钦定续通志·卷五百二十六·孝友传·元》。

蒙古军岳纳家为奴；弟弟被贩卖到邯郸（今河北省邯郸市），在连大家为奴。母亲及亲人的消息知道了，天幸尚在人世，得到消息的羊仁极为兴奋。但身为自由民的羊仁，本身没有多少财物，于是他遍求亲朋，借贷了钞百锭，下颍州、赴睢州、上邯郸，苦求诸家释放亲人，以财物赎人。

当时身为家奴的人是主家的私有财产，尤其是用熟了的家奴，主人家是不愿意放人的。羊仁苦求，又经过了许多波折，历时六年，母亲、兄弟方被赎回，此时他的兄弟子侄已繁衍至二十余人，一家人重新团聚后回归乡里重新安居。重回故乡后的羊仁，在家孝敬老人、友爱兄弟、和睦亲友，为乡人所称美，他千里寻亲，克难终聚的孝悌之行也为人所叹服。元成宗大德年间（1297—1307），当地官员将他的孝悌之行奏呈朝廷，羊家也因此得到国家的旌表。

羊仁寻亲起于兵祸，是无奈之举；他的孝行发自内心，孝思起于心胸；他的悌举出乎亲情，关爱发于至诚。更为可贵的是团聚后的孝悌亲睦，经历磨难的羊氏一家终因孝悌成为当地的榜样，为乡人所敬服。

羊仁佣劳不忘亲人，寻觅不辞辛苦，贷借不弃亲人，团聚孝养母亲，亲睦和合兄弟，他的关护、敬爱之情，发于心、落于行，实可为后人所感叹。

十八、代父从役 [1]（危贞昉）

明初文学家宋濂在他的《文宪集》中有一篇《危孝子传》，主人公是明初孝子危贞昉。与其他孝子不同，危贞昉代父从役，不惧艰难，不胜劳作而卒，其心可叹、其行可悯，孝心、孝行远胜于明初诸多割肉奉亲、哀毁丧生的愚孝之行。

危贞昉，生年不详，约卒于明太祖洪武十年（1377），字孟阳，元末临海（今浙江省临海市）人。《危孝子传》中记，危贞昉出身于临海的儒生之家，父亲危孝先，在洪武四年（1371）参加了国家的科举考试，登进士第，先后仕为麟游（今陕西省宝鸡市麟游县）县丞、陵川（今山西省晋城市陵川县）县丞。危贞昉幼喜读书，通《周易》，善作诗，在当时的临海县是一位有名的读

---

1. 文献支持：明·宋濂《文宪集·卷十一·传》、明·程敏政《明文衡·卷五十七》《明史·孝义传一·危贞昉》、清《雍正浙江通志·卷一百八十五·人物七·孝友三·绍兴府》《御定渊鉴类函·卷二百七十一·人部三十·孝一》。

书人。其人性格刚直，乐于助人，用宋濂的话说"遇交友患难蹈汤火赴援，不为利害惑"，大体意思是说，危贞昉这个人如果看到朋友有危难，必定会想尽办法救朋友于危难之中，而且其人头脑清晰，不做有悖于礼法的事情。

明初国家对官员的要求很严，尤其是对于科举出身的读书人更严，或许是朱元璋出身草莽的原因，建国后他虽然也开科举，以收读书人之心，但从内心深处对通过读书科举入仕的人并不信任，洪武五年至洪武十七年（1372—1384）十余年间甚至罢科举，国家官员选拔以察举入仕，或者从国子监生中选任，对忠孝之德的要求极为严格。明初的胡惟庸、蓝玉、李善长案后，至洪武二十三年（1390），洪武初期科举入仕的人在朝堂上为之一空。危贞昉父亲危孝先任陵川县丞时"坐法谪役"，至于具体触犯了什么样的律法而"坐法"，史载不详，"谪役"即指免官服劳役。

此时身为绍兴府诸生（明代临海县属绍兴府辖，诸生又称"生员"，即指人们日常所说的秀才）的危贞昉听说后十分担心，于是他赴绍兴府向知府请求代父从役，绍兴知府以危贞昉是府学生员为由，拒绝其请。危贞昉又哭求说："世间谁没有父亲，我的父亲老迈，我行孝道想代父从役，为什么要阻止我呢？"绍兴府官员为他的孝心所感动，也一同劝说知府，方才准许他赴应天。到了当时的京城应天府，危贞昉伏阙上书说："我的父亲危孝先是陵川县丞，受陵川县不法官员的牵连获罪免官，被罚征役，在长江边劳作。父亲年已老迈，不堪征役，家中更有九十岁的祖母范氏健在，老人十分担心父亲，害怕父亲因此感风寒或者受到其他的伤害。父亲也念念不忘家中高堂，怕不能尽菽水之孝，留下终身的遗憾。我年纪尚轻，正值体壮之时，愿意代父从役，以让父亲能归养于家。这是我自愿而行，虽死无恨，陛下治国以孝治天下，惟愿哀矜孝子之心！"洪武帝览奏后，心中恻然下旨准行。

于是危贞昉除去儒服，更易短服去长江边服役。读书人与终日劳作的人身体状况毕竟不同，危贞昉身体纤弱，服役七个月后不堪劳苦，因病而卒，时年二十八岁，宋濂在《孝子传》中称"闻者皆悲之"。当时有人评价说："父子体殊而气同者也，故古之孝子不以身，自私非过激也，宜也！有如贞昉者诣阙上疏欲代父受役毅然以死，自誓唯知有父而不知有身，其殆近于古之孝子者非邪！"大意是说："父子虽然身体不同却气血相连，因此自古以来孝子孝敬父母无所不用，危贞昉的行为并不是过激的行为，相反是在关爱父母孝思之下的行为。他代父从役，心中有父而不考虑自身，其思、其行有古孝子之风。"

自古至今，在我国的道德体系中就有"有事弟子服其劳"的说法，对父母更是如此，父母老迈，许多辛苦的工作子女应当承担起来，这是最起码的孝行，对父母师长如此，对世上的老人同样也应如此。

危贞昉以青壮之身代父从役，是关心父亲的表现，最初并没有想到会以不幸告终，其行、其思所诠释的是为人子女尽的孝行。宋濂说："死生于人大矣！贞昉之死，于孝是有益于天衷民彝之重……宜登国史，以风厉四方。"俯仰无愧，孝德于心，践行其道，虽其不幸，却以孝为后人树立了一个关爱亲人的榜样。

十九、定柱打虎 [1] （谢定柱）

谢定柱，生卒年不详，约生活于明永乐年间（1403—1424），大同广昌（今山西省涞源县）人，是永乐年间著名的孝子，《明史·孝义传》中有传。

史传记载，谢定柱是一位平常的农户子弟，以耕种为生，家中养有牛羊。在他十二岁的时候，家中的牛走失，谢定柱的母亲抱着幼子寻牛。《雍正山西通志》记谢母"抱弟寻牛"时，谢定柱随同前往。山西多山，当时的山西由于战乱过去不久，时值明初大规模向山东、河南移民，地广人稀，许多地方野兽出没。在寻牛的途中，谢家三口遇虎。

《古今图书集成》引《明外史·孝义传》载："虎出噬其母，定柱奋前击之，虎逸去。取弟抱之，扶母行。虎复追啮母颈，定柱再击之，虎复去。行数步，虎还啮母足。定柱复取石击，虎乃舍去，母子三人并全。"大意是说，袭击谢氏母子三人的老虎先攻击了谢母，谢定柱奋力相救，虎受惊逸去。为了加快速度以脱离危险，他将弟弟从母亲手中接过，并且扶着受到了惊吓的母亲。虎并未远去，又袭击三人，并且扑咬谢母颈部，谢定柱又返身打虎，与虎搏斗，其间的惊险史书虽未详记，却是可以想见的。幸运的是虎在搏斗中，未能伤害到谢氏母子性命，再次被击退。谢氏母子三人继续前行，走了几步，虎复来，啮谢母足，谢定柱又拾起石块猛击老虎，再次将虎驱走。在他的护卫下，

1．文献支持：《明外史·孝义传·谢定柱》《明史·孝义一·谢定柱》、清《古今图书集成·理学汇编·学行典·孝悌部·明二》、清《雍正山西通志·卷一百四十三·孝义三·大同府》。

母子三人终于脱险。

　　谢定柱打虎救母一事在当时影响很大，年幼的他以孝行和勇气闻于乡里，回乡后，他的事迹被层层上报，并记入方志和国史当中。永乐十二年（1414）他作为孝亲的典型，被召至当时的京城应天，永乐皇帝亲见其人，并下旨褒奖，赐米十石、钞三百锭，旌表其门，以为天下孝悌的表率。

　　谢定柱护母打虎是一种勇的表现，也是一种发自内心和关爱亲人的表现。父母遇险，子女如何去做，是对子女的一种考验，日常生活中关心、爱护父母亲人不难做到，遇到了事情，尤其是遇到了危险，才是考验一个人真心的时候。卫护不能仅停留在口头上，关爱要表现在行动中，打虎救母虽然是一种极端，现实生活中遇到此类事情的概率不大，却告诉后人孝亲要有诚，关爱要有行。

二十、冒刃救亲[1]（李侃）

　　李侃，生于1407年，卒于1485年，字希正，明中期东安（今河北省廊坊市南）人。明英宗正统七年（1442）登进士第，仕至右佥都御史，明中期名宦，以清正和孝行闻名于世。

　　李侃生活的年代是明王朝在对外战争中由盛转衰的年代。明正统年间的土木堡之变，将明王朝军事上对游牧民族攻势改写为守势。在这种波澜壮阔的历史大背景下，李侃持守孝道，清正为民，以忠诚事国，《明史》评价他"性刚方，力振风纪，贪墨者屏迹；事亲孝，好学安贫"。

　　1147年，明王朝与瓦剌发生战争，明英宗正统帝在土木堡被俘，李侃时为户部给事中。事变发生时，北京城人心惶惶，李侃上书当时的监国郕王朱祁钰，坚定主张保卫北京以守土卫国，并且指出瓦剌军队以掳掠为主，不善攻城，抵抗入侵应"简将才、募民壮、用战车"，以提高军队的防御能力，遏制蒙古游骑的突击，之后坚壁清野，切断蒙古骑兵的粮食供给，让其无从掳掠。他的主张与当时的主战派大臣于谦相合，上书所论诸条与当时的时势紧密相

1．文献支持：《明史·李侃传》、清《古今图书集成·理学汇编·学行典·孝悌部·明二》、清《山西通志·卷八十五·名宦三》、清《畿辅通志·卷七十四·政事·顺天府》。

关，被批准施行。

土木堡之变后，瓦剌突进速度很快，李侃的父母被困于容城（今河北省保定市容城县），知道消息后李侃心中十分忧虑。《明史·李侃传》记："时父母在容城，侃晓夜悲泣，乞假，冒险迎之。"意思是说，李侃忧心父母的安危，在瓦剌围城之前向朝廷请假，接父母回京，以方便照顾他们，以示自己抗敌的决心。于谦等主战派同意了他的要求，于是他冒险出城，接父母还京。之后辅助主战派将领坚守北京，在北京军民的抗击下，北京保卫战胜利，李侃冒刃救亲的故事也成为当时忠孝报国的典范，被记于国史。

国难时显忠孝，和平时振风纪，以忠孝之心卫国施政是李侃的特点。明代宗景泰二年（1451），李侃以右佥都御史的职衔任山西巡抚，在山西他大力打击豪强，整顿军纪、加强边防、去除贪腐。在景泰六年（1455）国家对官员的考课中，一举参罢山西布政使王允、李正芳等贪腐官员一百六十余人，之后上书朝廷说："这些官员与我一起在山西为官，却不堪任事，我参罢了这些官员，我也应负相应职责。"他的清正得到国家的认可，不准其请。当年冬天，李母去世，李侃丁忧离任，史载"军民拥泣，至不得行"。李侃事亲孝，以清正出仕，安贫于道，不慕奢华，去世时家贫，几不能殓，展现出一位儒家士大夫的操行。

李侃的孝亲，重在敬爱，冒刃救亲使父母免于刀兵之苦，是孝的表现；守义卫国抵御外侮，是忠的表现；为官清正且事亲以孝，是敬的表现。身为人子，无论是在对父母的孝养上，还是在对父母声名的维护上，他都做到了孝。以诚敬之心，以实际行动去关爱父母亲人，李侃之行可以称之为孝了。

二十一、争识孝子[1]（徐亿）

明嘉靖中期是我国东南沿海倭患最为严重的时期，大量沿海百姓受到倭寇侵扰，被虐杀、被掳掠者不可计数，沿海百姓为保家园与倭寇展开了许多可歌可泣的战斗。家园被侵，许多人流离失所，也出现许多子女、兄弟卫护父母亲

1．文献支持：清《古今图书集成·理学汇编·学行典·孝悌部·明十二》、清《雍正江南通志·卷一百五十八·人物志·孝义二》《清一统志·卷五十九·松江府》。

人的事迹。以抗争而卫护亲人，无论从哪一个角度上说都能称之为孝行，更是符合我国传统孝道。

徐亿，生卒年不详，约生活于明世宗嘉靖中期至明神宗万历年间。字子裁，华亭（今上海市松江区）人。当时的华亭是倭寇侵扰的重灾区，自明太祖洪武年间始，至明嘉靖年间，华亭屡次被倭寇侵扰、掳掠，嘉靖中期尤为严重，徐亿的青少年时期就生活在这种环境下。

《古今图书集成》载，嘉靖中期（具体年份未记）倭寇掠松江，松江出现了难民潮，徐亿此时也驾舟护持着父母，离开家园避难湖中。倭寇来势甚急，其中的一部与徐亿等避乱的人群相遇，驾舟而行的徐亿为卫护父母，与倭寇争斗起来。清雍正《江南通志》记："倭躏境上，亿驾舟奉亲避匿，寇兵突至，奋梃击之。"徐亿用船桨奋力搏击，护持着父母，当时的情况是十分危急的，天幸徐亿护持着父母冲出了包围，父母得以脱险。而徐亿却因搏击被击落水中，史载："亲得脱，而亿坠水。有浮草隐蔽，乃免于厄。"落水后的徐亿，潜于水中，借浮草隐身，十分惊险地躲过了倭寇的击杀，数日后方与父母团聚。青少年时的徐亿有勇力，能护持父母，勇烈的孝行被乡人所赞叹。

倭寇之乱后，华亭百姓的生活渐渐平静，徐亿也得以在家中奉养父母。徐亿孝亲并不是仅仅有勇烈之孝，在日常生活中他也极力奉养父母，母亲生病，他多方问医，在她病势沉重时甚至中天祈福，愿以身代。用现在的视角去看他的行为，或许有些迷信，但在当时的经济、医疗条件下，许多孝子都有如此行为，其行虽有些愚昧，其心却是孝思爱亲的表现。母亲病好后不久，父亲也因年老而生疽（中医认为此病是气血为毒邪所阻滞，而发于肌肉、筋骨间的疮肿），他除了为父亲问医治病外，还吮吸毒疮，为父亲清理疽疮中的脓水。在他的多方护理下，父母得以延寿不少。

父母去世后，心情悲伤的徐亿，痛苦得数次昏倒，心情哀伤之下形销骨立。依礼法为父母守丧期间，冬天不用棉絮，夏天不支帷帐，削竹为坐，刮木为枕。他的家离父母坟茔仅四里，服丧期间，竟无一夕居于家中。徐亿的孝思之诚，孝行之足，感动了乡人，在他生活的松江地区，人们称他为"徐孝子"，以示对他品行的肯定。

徐亿其人在日常生活中是一位相当豁达的人，日常生活不修边幅。《古今图书集成》引《松江府志》记："亿家居好采药、善树艺，垂老嬉游城市如婴儿。当夏手持葵扇、葛巾、芒鞋，足胫赤露，市人堵立如看世外人。"大体意思是说："徐亿家居时喜好采药，精于树艺，老年后他经常戏于城市之中，夏天手持葵扇、戴葛巾、穿芒鞋，露着小腿，如同顽童那样游戏于世间，因此他走在街上时，经常被井市中的人争相围睹。"徐亿的孝行名著于世，当世的名宦对他十分尊重。万历中期时为吏部尚书的陆光祖返乡省亲，路过杭州的天竺寺，见到了徐亿，在听闻徐亿的孝行后，十分感动，延请他居于上座，并请寺上僧人为他的父母做了两天法事。事后，许多人家在见到徐亿后，争相将他请至家中，指着他对家中的子女说"此徐孝子"，以他为榜样教育子女。孝行卓著的徐亿也在这一时期被国家旌表，当时的御史温如璋上疏，为他请建孝义坊，直至七十一岁时，徐亿无疾而终。

徐亿孝亲其行在勇烈，其心在敬笃，关爱亲人自始至终未曾止息，无论是父母处于何种险境，他都一心一意地护持。虽为市井平民，其孝心、孝行可谓卓著。

二十二、孝子必升 [1] （卢必升）

卢必升，生于1632年，卒于1706年。字采臣，号玉茗，明末清初浙江山阴（今浙江省绍兴市）人，是当时著名的孝子，清初学者蔡世远曾为其作传，《大清一统志》及《清史稿》中载有其传。

蔡世远的《二希堂文集》中记：卢必升的父亲名为卢芳，字南江；二叔卢茂，字怀江。卢茂无嗣，卢必升被过继给叔父卢茂。蔡世远的《卢孝子墓传》也因之围绕父子三人展开。

卢家在明末是一个大家族，父亲卢芳兄弟五人，聚族而居，与当时的江南子弟相似，大约在七八岁的时候，卢必升便入学堂学习。蔡世远在《墓传》中记，卢必升少年时便知孝敬，而且十分聪慧，刚入学时，养父卢茂见他从学舍归来，口占"新学生"一词，卢必升脱口而对"古君子"。一家人生活在一起，生父、继父同处于一堂之下，当时的生活应当是和美的。入学不久，生父

---

1. 文献支持：明·朱橚《普济方·卷二百八十一·诸疮肿门》、明·李时珍《本草纲目·卷四十五·介之一·蟹》、清·蔡世远《二希堂文集·卷九·卢孝子墓表》《大清一统志·卷二百一十九·杭州府四》、清《雍正浙江通志·卷一百八十三·人物七·孝友》《清史稿·孝义二·卢必升》。

卢芳患病，卢必升侍奉于父亲床前，医者诊疗时开出了一副用"蟛蜞"治疗的方子。"蟛蜞"是一种小型的蟹类，多生活于江河堤岸中的泥土中。《本草纲目》记："蟛蜞，气味咸冷，有毒。主治：取膏涂湿、癣、疽、疮。"《普济方》中也记"治湿、癣、疽、疮不瘥"，并且"以蟛蜞膏涂之，食其肉，能令人吐下"。卢父患何病，蔡《墓传》中未记，只记"思得蟛蜞炙"，想来此物是治病的主药之一。九岁的卢必升于是暗携一竹筐，去采沙口捉蟛蜞，不料大风潮起，他也被风潮所卷，卢必升手抓竹筐不离手，直至被渔夫救下，带着满筐的蟛蜞归家。在他的精心护理下，父病终解。

明末，天下大乱，1644年左右，绍兴一带受兵灾，养父卢茂素来有任侠之气，在这种环境下他常常负剑独行。每当这个时候，卢必升都去诸暨山中寻找养父，往往昼寻山林，夜卧峰岭。一次在寻父时失道迷路，双足为沙石扎破血缕于地，又在山中遇虎，幸被一山中老僧所救，疮止后，又寻父数月，方与养父同还。

康熙十年（1671），台湾的郑经攻吴淞口，江南再陷战火。康熙十一年（1672）养父卢茂被持，陷于郑营。卢必升冒险探营，欲以财物赎回养父，郑兵不许。伤心之下卢必升绕岸伤悲三日不绝，他的孝心感动了郑兵的主将，将他引到养父身边，几经威胁、利诱，想让卢茂降伏，必升愿以身代，乞换父命，兵士中有一位姓倪的人叹服其孝，在其他兵士防备松懈的晚上将卢氏父子放归。出敌营后，卢必升想到郑兵必定不会轻易收手，于是遣人回家报于祖母张氏，一家人避难远行，郑兵大索却无所得，为泄愤纵火而去，卢家亲众得以保全。

历兵灾的卢茂，重伤于身，伤疮日重一日，卢必升日夜侍奉于他的床前，不止不息，甚至因积劳而吐血，依然每日为养父清疮、按摩。卢茂叹息着说："别人摩我的伤疮，苦痛感受在我的身上；你摩我的伤疮，苦痛却在你的身上。"

卢家在绍兴是当时的大家，养父卢茂广有资财，却无嫡子，过继卢必升的目的是为了继嗣。卢茂本身有一女，性格偏执，卢必升过继后，她千方百计地打击他，只因忌卢必升会分家中的资财。一次卢必升奉养母去云间途中，被盗贼所伤，垂死之时，盗贼说："你不要以我为仇，我是奉你姐姐的意旨取你性命的。"卢必升假死，盗贼将他投入水中，天幸被富阳一卢支姓人家所救。事情发生后，有人劝他告官，他说："我自出继以来，养母徐氏对我有养育之恩十余年，养母只此一女，如果讼于官府，我不忍因此伤养母之心。"于是他写信给养母，自称因自己行为不谨被盗，没有说其他事情。不久徐氏知道了卢必升以德报怨的事，将他召回家中，母子相爱如初。

卢必升的孝行较为纯粹，身处明清变乱之世，持身护家，孝养两父，恩结养母，从史志资料的记录上看，此人对亲人的关爱、维护可以说是达到了极致，蔡世远称赞他"致孝始终，纤微无介，其至性有大过人者"实为中肯。实际上在现实生活中，子女对父母的关爱，其中的关键点之一就是是否有心，确切点说，是否有诚心。人生于世间会有各种各样的经历，生父母、养父母，同为父母，人要有感恩怀德之心，卢必升的孝行世上大多数人很难做到，也很难遇到他所遇到的事情，这些都不是重要的。重要的是，为人子女在对待父母时要从点滴之处做起，以诚心孝敬，多想想父母对自己的恩义，将孝落于实处，家和且兴也就不远了。

第六卷　谏正卷

一、不间其言 [1] （闵损）

《论语·先进》记，孔子赞扬弟子闵损："孝哉闵子骞！人不间于其父母昆弟之言。"，意思是说，闵子骞真是具有孝行、孝行呀！人们对于他的父母兄弟称赞他（孝敬）的言语，没有什么异议。闵损是在孔子的弟子中以孝行闻名的一位圣贤，《二十四孝》中"芦衣顺母"的主人公即是闵损。

闵损生母在他少年时就去世了，他的父亲续娶了后妻，后妻又为闵父生了两个儿子。闵损的后母入门后对闵损不好，经常虐待闵损。一年冬天，闵损与父亲出门，牵车的闵损因天气寒冷而打起了寒战，将绳子掉落地上，闵父看到闵损穿着厚厚的冬衣，还如此寒冷，认为闵损是故意如此，于是用鞭子责打他，衣内的芦花随着责打而露了出来。此时闵损的两个弟弟，却穿着用麻、裘为内衬的衣服，父亲方知闵损受到了继母虐待。知道受骗的闵父十分生气，要休逐续妻，闵损却跪求父亲饶恕继母。对父亲说："继母在只有我一个人受冷，如果休弃了继母，三个孩子都要挨冻。"父亲听后十分感动，就依从了他。继母听说后，也对自己的行为十分懊悔，从此对待他如同亲子。

故事很简单，却反映出原典儒学中孝观念的"谏诤"之思，《孝经·谏诤章》记："父有争子，则身不陷于不义。故当不义，则子不可以不争于父。"意思是说："为人父的人，家中如果有一位敢于谏诤的儿子，就不会使父亲陷于不义之中，因此对于父亲不义的举动，为人子女的人不可以不谏诤于父。"故事中闵损对父亲的劝慰正是如此，父亲因闵损事想要休弃继母，没有给继母改过的机会，是不义；继母被休弃，三个子女都可能要受寒，闵父没有切实为子女考虑，是不慈。父亲感于闵损之言，宽宥了继母，既保全了家庭，又使家庭更为和谐。去不义、不慈而得和睦、和谐，闵损此谏，显示出他品行的高尚。

《论语》一书中，孔门弟子在德行科中，闵损位列在"颜渊"之后，除本身的能力外，他的德行也是为孔子所认可。"芦衣顺母"只是一个家庭中的一件小事，却表现出一个人的德行基础。三国时政治家陈群在注《史记·仲尼弟子列传》中的"闵损"条时说："上事父母，下顺兄弟，动静尽善，故人不得有非间之言。"意思是说，闵损其人在家中孝养父母、友爱兄弟，无论是动、

1．文献支持：《论语·先进》《孝经·谏诤章》《史记·仲尼弟子列传》《二十四孝》。

是静，都使家庭处于一种和谐的状态，因此世人对闵损具有孝德、孝行一事没有什么异议。

二、舁舆传代[1]（原穀）

"舁"音yú，意思是"抬"或者是"带"，"舁舆传代"一词，最早见于宋代谢维新的《古今合璧事类备要》一书，此词所说的是一个谏父孝祖的故事。

故事最早记录于《孝子传》中，宋初的《太平御览》中引录，宋之前的《孝子传》大多为两汉南北朝时出现。《太平御览》所记的故事，在晋代人陆仲元、晋代道教学者许逊之前，从文字表述上看，故事应发生在两晋时期。

《太平御览》记：

《孝子传》曰：原穀者，不知何许人。祖年老父母厌患之，意欲弃之。穀年十五，涕泣苦谏，父母不从，乃作舆舁弃之。穀乃随收舆，归，父谓之曰："尔焉用此凶具！"穀乃曰："恐后父老不能更作，是以收之耳！"父感悟愧惭，乃载祖归，侍养克己，自责更成纯孝，穀为纯孙。

《孝子传》中记：原穀，里籍不详。与祖父母、父母居住在一起，他的父母因为祖父母年老不能劳作，十分厌恶他们，打算弃养，不愿意再侍奉他们。这时的原穀十五岁，对父母的想法不赞同，多次苦苦劝阻、谏止，父母就是不听从他的意见。一天，原穀的父母做了舁舆，与原穀一起将祖父母抬到他处，将他们弃于道旁。回程时，原穀收起了舁舆，回到家后，原父问："你为什么要收起这个凶具？有什么用处？"原穀回答说："我不会做这种器具，害怕父母老之后，做不出这种器具，无法使用，因此才收起来！"原父听后，回想自己对待父母的情形，十分惭愧、恐慌，于是将原穀的祖父母接回。接回后由于认识到了自己的错误，便尽心地侍奉老人，一改过去不孝的行为，自己的声名

1．文献支持：《论语·学而》、宋《太平御览·卷五百一十九·宗亲部九》、宋·郑至道《琴堂谕俗篇·卷上·孝父母》、宋·谢维新《古今合璧事类备要·前集·卷二十四·亲属门》。

也因改过迁善、奉养父母而被人称之为纯孝，原縠也因此成为远近闻名的孝敬之孙。

宋代郑至道在他的《琴堂谕俗篇》中也引用了这一故事，并且感叹说："不孝其亲，而欲子孙事我以孝，岂可得也！"意思是说："为人父母的人自己都不能孝敬父母，却想让子孙孝敬自己，是难以让子孙做到的呀！"社会生活中的实际情况往往如此，一个家庭中父母对子女而言是表率，子女从出生到成长，生活在父母身边，无论是生活习性，还是道德素养，父母的言谈举止，对子女影响很大，父母孝亲可以给子女以表率，让子女明白，何谓老少，何谓长幼，对老人、长者应持什么样的态度，反之亦然。否则就算是子女通过修养有了较高的德行，幼年生活中的点滴也会影响子女以后的生活、处世。

原縠的谏行，先是感之以情，用《太平御览》中的话说即"涕泣苦谏"，父母不听，这时的原縠父母没有意识到孝亲的重要性，只是单纯地认为父母年高，不能劳作，自己上有老、下有小，不能劳作的父母会给自己的一家带来不便，侍奉父母又将占去自己的许多时间和精力，既误时又误事，没有想过父母是如何养育自己的，不知感恩，不通情意，薄于亲情，于是不听原縠之谏。原父弃养，原縠拾家，则是一次巧妙的谏止，意思是向父母表明，你们现在是如何对待祖父母的，到父母年纪大了，身为子女的儿子也将如此对待你们，从切身利益上点出父母此行的不对。原父"感悟"，他的这种感悟首先是一种害怕，害怕老了会如同自己的父母一样被子女厌弃，于是接回了父母。在侍养的过程中逐渐感受、回思起父母的养育之恩、亲爱之情，于是"自责"，更进一步因责成孝。宋代人祝穆将这个故事定名为"舁舆传代"，所传的"代"，是一种警示，是对原縠谏父的赞扬。

我国自古孝敬父母讲究"顺承"，所谓的顺承并不是一味地迎合，"顺"要顺父母亲人正确的意旨，"承"则要承续父母亲人良好的志节。对于父母做得不对的地方，要谏止、谏诤，《论语》中说："三年无改于父之道，可谓孝矣！"前面还有一句，"父在观其志，父没观其行"，儒家所提的志与行，是要遵循正道的，这就要求人们在家对待父母时，对父母的错误要勇于谏诤，当然谏诤要讲求方法。如果父母做错了，子女明知错误而不去谏止，不是孝行，而是陷父母于不德，是不孝的行为。

三、孝亲惠弟[1]（薛包）

薛包，东汉中期孝子，约生活于汉安帝（107—122年在位）、汉顺帝（126—144年在位）时期，《后汉书》评价他："推至诚以为行，行信于心而感于人，以成名受禄致礼，斯可谓能以孝养也。"意思是说：薛包其人有至诚之行，能取信于人，他的行为实在是可以感动世人，就算是成名之后依然依礼行事，其行为可以称之为孝。

《后汉书》记：薛包性格十分豪爽，乐于助人，好学笃行，幼年时以孝事父母而闻名。母亲去世后，父亲续娶一妻，要将薛包分出另过，薛包不忍离去，哭泣着请求父亲收回成命，却被无端责打，不得已他建草庐于户外，每日回家继续侍奉父母，父怒又驱逐他，他却依然如故，一年多后，父母受到了薛包的感动才让其还家。父母去世后，家中的兄弟要求"分财异居"，用现在的话说就是分家而过。薛包不能阻止，于是分割家中的财物，取旧家具留用，又留用老仆，取其荒田，余者分给兄弟。分家后，兄弟们不能保有财产，多有破产，薛包没有因分得的家产少而有怨言，继续帮助兄弟们。汉安帝建光二年（122）国家因其孝悌之名征辟出仕，仕至侍中。国家为褒扬其义，在他年老时，赐谷千斛，加赐羊酒。年八十余，寿终于家。华峤的《汉后书》也如此记录。

薛包之行重在养、敬、感恩，重在兄弟之情。对自己的父母孝，不难做到，母亲去世后，对继母孝则又高了一个层次。父母做事未必都是正确的，子女不能因为父母对自己不慈，以此为借口，减弱对父母的孝心。人要有感恩之心，要懂得回报，父母做错了事情，子女发自内心的诚笃，是可以感动他们的，如此孝亲不仅养亲之行具备，敬亲之心亦存，同时也使父母免于不慈的名声，是孝的深层次表现。兄弟，同出于父母之怀，血脉相通形体各异，会有各种各样的想法，并不奇怪，能维系兄弟间的和睦，能帮助兄弟，是对父母之恩回报的表现，兄弟间许多事情不是原则问题，不能计较太多，友爱兄弟既全了兄弟之情，更是对父母的安慰，是诚笃于孝的表现，这种诚笃无论父母是否健在，都应如此。

1．文献支持：华峤《汉后书·卷二》《后汉书·列传二十九·序传》、宋·林同《孝诗》、明·湛若水《格物通·卷三十五·事亲长下》。

明代湛若水在他的《格物通》中也记录了此事，述事之后他说："舜以夔夔之诚，卒能感顽嚚之亲，而成底豫之化；薛包积诚以感父母，既逐复还，亦可以见古今圣凡之同然也。"将大舜的孝诚之行与薛包的孝诚之行并称，虽称"圣凡"，实际上其中的道理是相通的。宋人林同由此感叹而赋诗："所惧子不孝，何愁父失慈。涕流分出日，天定感还时。"

四、流涕谏母¹（王览）

王览，生于206年，卒于278年，字玄通，东汉末琅琊（今山东省临沂市）人，三国时著名孝子王祥的同父异母弟。曾出仕三国时的曹魏及西晋，西晋时仕至光禄大夫。《晋书·王览传》赞他"孝友恭恪，名亚于祥"。西晋武帝曾下诏书褒扬王览："少笃至行，服仁履义，贞素之操，长而弥固。"史书中记载的王览孝事，集中体现在兄弟友悌、谏母行慈方面。

《晋书》记载：王览的母亲朱氏，待前妻子王祥不慈，王览幼年时就常见王祥被母亲责打，每当这种时候他都上前抱着母亲，哭泣着请求朱氏不要打兄长王祥。入学之后，王览学到了知识，修习了礼法，更是经常劝谏其母朱氏，谏止她不要虐待王祥。之后每当朱氏刁难王祥的时候，他都陪同王祥一起受罚。王祥、王览分别成家后，朱氏又虐待王祥的妻子，王览的妻子在见到这类事情后，与王祥的妻子一起去做事，朱氏无奈，渐渐地不再难为王祥的妻子。

王览兄弟丧父后，王祥因孝悌之名和渊博的学识，名声渐起，朱氏深为不安，想要暗地里毒害王祥，王览知道后，拿起朱氏给王祥的酒就要饮用，王祥怀疑酒有毒，与王览相争，朱氏看到后，夺下酒洒于地上，自此之后，只要是朱氏给王祥的饭食，他都要先尝，朱氏因此惊惧，不敢再起害王祥的念头。等到王祥仕进后，王览也因孝被举孝廉，曹魏时仕至清河太守，晋武帝泰始（265—274）末年仕至太中大夫，其职爵与兄长王祥相同，兄弟二人孝敬友爱之名，也传之千古。王览一族在王览的榜样下，树立了良好的家风，东晋初的王导、书圣王羲之等名家即出于王览一门。

1．文献支持：《晋书·王览传》《白孔六贴·卷十八·母子》《册府元龟·卷八百五十一·总录部·友悌》、宋·谢维新《古今合璧事类备要·卷二十五·亲属·母子》、明·解缙《文毅集·卷十·记·友恭堂记》。

　　王览谏母之事，在唐代白居易、宋代孔传的《孔白六贴》中都有记录，名目为"谏母"；宋代的《册府元龟》有记录，名目为"友悌"；宋代谢维新的《古今合璧事类备要》中更以"流涕谏母"为题记录此事。关于王览的这些记录，突出表现的是王览在孝亲中的谏诤和兄弟间的友悌。

　　父母爱自己的子女，害怕子女吃亏是一种天性，朱氏的行为则是一种极端，是一种不慈、不爱的表现，王览自幼没有因为母亲不慈兄长而疏远兄长，反而自幼就以行动和言语去谏止母亲的不当之举，护兄的行为，既表现出兄弟间的友爱，又维护了母亲的声名，使母亲不至于在错误的行为中越走越远，以致触犯律法。传统的孝道，主张子女顺承父母，讲求"顺意""承志"，但并不是一味地、不加辨别地顺承父母，父母有错子女谏止，是子女应该去做的事情，只是迎合、不加辨别地侍奉父母，父母的意旨正确当然是好，意旨不正确不加辨别，盲目遵从，则会陷父母于不义、不道、不慈等境地，因此儒家或者说传统的孝道讲究谏诤，王览此行为后世所褒扬正在于此。

　　明代的谢缙在《友恭敬堂记》中说："姜肱不忍于其弟，王览不忍于其兄，皆本于爱亲一念之诚推之耳！"爱亲要诚，谏亲亦诚，有诚笃之心，明是非观念，是为真孝。

五、谏父慎嫌[1]（吴祐）

　　明代彭大翼的《山堂肆孝》中记录了许多明代之前的小故事，其中有一篇名为"谏父慎嫌"，故事的主人公是东汉后期的名臣吴祐。

　　吴祐，史书中又写作吴祐。晋代司马彪的《续汉书》和袁宏的《后汉纪》载：吴祐，字季英，东汉晚期陈留长垣（今河南省长垣）人，约生活于东汉桓帝、灵帝时期。父亲吴恢曾在桓帝时出任南海（辖今广东、广西一部及中南半岛东部没海地区）太守，十二岁的吴祐随父就职，吴恢作为传统的文人，到南海郡后想写一部有关南海风情的书，于是打算伐竹作简，以做书卷。吴祐劝谏说："现在父亲被远贬至此地，已越过五岭，远处海滨。南海地区风俗简陋，

1．文献支持：汉·应劭《汉官仪》、晋·袁宏《后汉纪·卷二十一·孝桓皇帝纪二十一》《后汉书·吴祐传》、明·彭大翼《山堂肆孝·卷九十九·亲属》、清·姚之骃《后汉书补逸·卷六》、清《御定孝经衍义》。

却多珍怪稀有的物品，您已被国家猜忌而来此处，在处理事情的时候则更要小心，此处许多珍玩又多为权势贵戚所占有，您所想著录的书册如果写成，就要用不少车辆运载。以往大将马援南征时，因把薏苡这种可食用的南方常用食物运回，却遭人诬告，说他运归的都是珍稀物品；王阳喜好车马，衣服讲究，往来迁徙，不过是囊橐去贮运衣物，别人说他多载黄金。所以身处嫌疑之地的时候，古代贤人所最慎重的，是不做让人心生嫌疑的事情，请父亲留意。"吴恢听后接受了他的意见，并且感叹说："我吴家出现了一种如同春秋时季札那样的幼子呀！"

故事中所提到的伐竹作简，在《续汉书》中记为"杀青简"，在《后汉纪》中记为"漆简"，实际上在吴祐生活的时代，造纸术虽已出现，却尚未普及开来，士人写作多用竹、木制成的简。所谓的"杀青简"，即指"杀青"，是古时制作竹简的程序之一。即将伐下的竹子，制成简状后，将竹火炙去简中的湿气，再刮去青色表皮，便于书写、防蠹。《后汉书·吴祐传》在此段文字后有唐代孝贤太子李贤的注，其文曰："杀青者，以火炙简令汗，取其青易书，复不蠹，谓之杀青，亦谓汗简。"著录一部书所用竹简的量是非常大的，书成后无论运往何地，都要用车盛载。汉桓帝时，国家出现了针对读书人的两次"党锢之祸"，当时的南方地区由于开发较晚，多为当时官员的被贬斥之地。

吴恢居此地本来便被朝廷猜忌，如果写成此书，将此书运回，将会给人造成攻击的口实，吴祐因此对父亲的行为进行谏诤。使父母不处于危难境地，是为人子女应该去做的事情，一味地迎合父母，不能算是真正的孝，吴祐此举符合孝道的谏诤之道，是爱亲之举、敬亲之举。《后汉书》中载："常牧豕于长垣泽中，行吟经书，遇父故人谓之曰：'卿二千石子而杖鞭牧豕，纵子无耻，奈君父何？'祐辞谢而已，守志如初。"吴祐葬父后，他在家乡长垣的河泽中边牧猪边读书，父亲的故友对吴祐说："你的父亲是二千石的高官，而你却在这里牧猪，就算是你不在乎名声，怎么不考虑一下你的父亲。"吴祐谢过关心，守志如初，不变其行。《论语·里仁》篇中孔子在谈到孝时说："三年无改于父之道，可谓孝矣！"这里的"父之道"，是指父亲高洁的志行。为人子女能保持父亲高洁的志行，是孝的表现，这方面吴祐做到了。清代姚之骃在《后汉书补逸》中评论说："祐父恢为南海太守，祐吟经牧豕何耻之有？故人之耻，耻在恶衣食，真无耻之耻矣！"可谓精当。之后吴祐以"四行"举孝廉

（《汉官仪》：“四行，敦厚、质朴、逊让、节俭。”），可谓实至名归。

清代的《御定孝经衍义》评述吴祐："谏非至敬结心，能如是乎？"说出了子女谏诤父母应持有的真实情感。

六、振赡谏父 [1]（全琮）

全琮，生于198年，卒于249年，字子璜，东汉末吴郡钱唐（今浙江省杭州市西）人，三国时吴国名将。父全柔，汉灵帝时举孝廉，董卓之乱后弃官回到吴郡，复被征辟为吴郡的别驾从事。孙策征伐江东时，归附孙策，仕吴至桂阳太守。

《三国志》对全琮着墨不多，陈寿对他的评价是"为人恭顺，善于承颜纳规""有当世之才"，赞他待人处世谦恭承顺，有孝行，善于谏诤，十分有才干。全琮的孝行史志记载不多却有亮点，《三国志·全琮传》中记录了全琮谏父的故事。

全柔辞官归乡后，曾经让全琮带着米千斛到吴地去交易。全琮到吴地后，将米散给了需要被赈济的人，空船而回。全柔知道后大怒，全琮对父亲说："我认为现在的状况，买米并不是急务，吴地的士子、百姓生活困苦，有许多人需要赈济，我用千斛米解了他们的急难，使他们能生活下去，所树立的是您的声名。"全柔听后十分惊奇，便不再追究。当时天下大乱，从当时的中原地域流散到江南的人家很多，许多人听到全柔、全琮的善行后，来到吴郡依附，全柔接受了全琮的建议，倾家赈济，逐渐在汉末乱世中成为一方势力，孙策征伐江东时附孙策，全氏一族成为当时的江南大族。

南朝裴松之注《三国志》评论此事说："琮辄散父财，诚非子道。然士类县命，忧在朝夕，权其轻重，以先人急。"意思是说："全琮未经父母同意而散父财，是不符合为子之道的。但是当时的情况士人、百姓因战乱许多人性命悬于一线，有朝夕之忧，全琮权衡轻重后，散父财以全士民，是为救急。"全柔之怒也在于此，子不告散其财。但经过全琮的说明、劝谏，使全柔明白了在

---

1. 文献支持：《三国志·吴书·全琮传》、南朝·裴松之《三国志·吴书·全琮传》、宋·祝穆《古今文事类聚·后集·卷二十二》、清《御定孝经衍义·卷八十三·卿大夫之孝·敬亲》。

乱世之中，保全声名、建立一定威望的重要性，也为全氏家族在江南的兴起奠定了基础。

全琮之谏，并不是全为邀名，本身全琮善于思考、待人处世十分谦恭，善于劝谏。孝在不同的时期并不只是一味地居家孝敬，而是要主动思考如何去规避风险，让父母亲人能更好地生活。这种规避之谏的本身便是"敬亲"的一种。《御定孝经衍义》中将此事归为"敬亲卷"中正是此意。

宋代祝穆在他的《古今文事类聚》中以"赍米赈济"为题，所说明的是全琮此行，是舍小孝行大爱，以行大爱劝谏其父，达至敬诚，以至大孝。

七、谏母孝国 [1]（韦承庆，韦嗣立）

兄弟友悌，孝敬父母的典范史传中不胜枚举，三国孝子王祥、王览的孝事，多为后世传扬，初唐韦承庆、韦嗣立兄弟与其相似，孝亲谏母，名显后世。

韦承庆，生于639年，卒于705年，初唐时阳武（今河南省郑州市）人，字延休，初唐时学者，文章华美，名重一时，仕至凤阁侍郎、同凤阁鸾台平章事，仍依旧兼修国史。《旧唐书》中称他"天授（唐武则天年号，690—692）选事，铨授平允，海内称之"，为当时名臣。韦嗣立，生于654年，卒于709年，字延构，少其兄韦承庆十五岁。初唐诗人，仕至中书令、兵部尚书，以清正谏诤闻名。兄弟二人俱为当时著名的孝子，旧、新《唐书·韦思谦传》均附录了二人事迹。

韦承庆，自幼恭谨好学，少年时丧母，父亲韦思谦续娶，史传中的说法，他"事继母以孝闻"，并没有因为继母不是自己亲生母亲的原因而疏远她，二十岁左右时登进士第，可谓少年得志。但是他的继母并不喜欢他，对待韦承庆十分严苛，经常杖责他。弟弟韦嗣立出生后，对他更是变本加厉。年幼的韦嗣立，明白事理后，每当兄长无故受责罚的时候，都解开自己的衣衫，请求代兄受罚，并且劝谏母亲不要苛待兄长，韦母不听，依然故我。于是韦嗣立采用了一个较为极端的方法。每当兄长受杖，自己劝谏无果的情况下，便让家人私

1．文献支持：《旧唐书·韦思谦传》、宋·李昉等《文苑英华·卷四百三·东宫一》《文苑英华·卷九百三十六·宰相一·中书令逍遥公墓志铭》《新唐书·韦思谦传》、宋·林同《孝诗》、清《雍正河南通志·卷五十七·人物一》。

下里杖责自己，时间长了韦母察觉了此事十分不安，在她询问时，韦嗣立劝谏母亲待子以慈，兄长已成人出仕，无故责打会使家庭不和，更会淡漠亲人间的关系。如此反复多次，韦母觉察了自己的错误，渐渐地对韦承庆好了起来，用史书中的话说"母察知之，渐加恩贷"，韦家也因此出现了和睦的现象。

韦承庆、韦嗣立的孝行被传扬开，当时的人议论韦氏兄弟的孝行时，认可兄弟二人的孝行，并且认为兄弟二人可以比拟三国时的王祥、王览兄弟，兄弟二人也因此名重一时。少年韦嗣立更由此得益，年未弱冠便登进士第，与其兄一时双璧。宋人林同因此赋诗说："不惜以身谏，惟悉失母慈。景融常自楚，嗣立每求笞。"

入仕的韦嗣立将行孝于家的孝德扩衍到立身从政方面。他在担任双流（今四川省双流县）令时，政绩突出，为当时蜀中之最，在他的兄长韦承庆担任凤阁舍人时，他迁任莱芜令，也以清正闻名。不久兄长因病去职，女皇武则天诏韦嗣立还朝，对他说："以往韦思谦曾对她说：'家中有二个忠孝男子，可以为国家选用。'你们兄弟二人入仕后，确如其父所言，现在今兄因病去职，你可代兄出任凤阁舍人。"后又迁凤阁侍郎，此时正值武则天任用酷吏的时期，朝中大臣人人自危，韦嗣立却挺身而出，屡屡犯颜直谏，将行孝于家的谏诤扩衍于立身于国时的谏诤，其风骨为时人所叹服。

武则天逊位后，唐中宗因其姓"韦"，不计他与皇后韦氏血缘上的淡薄，将他列为后族，中宗崩逝，大唐出现"韦后之乱"，他也因此受到株连，被去职远贬。唐玄宗开元七年（719）卒于陈州。当时的玄宗皇帝对他的孝行十分认可，追谥为"孝"。

韦氏兄弟的孝突出表现在顺和谏的方面。韦承庆恭顺父母，有孝思、孝行，却不知变通，其孝显然有些不足，但在当时的社会环境下，却是被认可的。韦嗣立，除了有其兄的孝思、孝行外，更为显著的是他能谏止父母的不足，他的谏止不是一味地哭求，而是通过"私受杖"等方法，激起母亲的慈爱之心、不忍之心，让母亲自己意识到其行的不当从而改过，是比较巧妙的。兄弟二人居家孝敬以修德，更为难得的是立身忠诚于国，将居家的孝扩展到对国的忠，从而留名于世。

宋初编定的《文苑英华》中有一篇授韦嗣立"太子宾客"的制书，文中说："温恭密静、孝悌忠实，鉴测毫端、词诠象外。昆弟承一经之业，登相者代不乏人，闺门有万石之风。"评价不可谓不高。书中另一篇由开元名相张说写的《中书令逍遥公（韦嗣立）墓志铭》在末尾的碑铭中说："峨峨仁公，抱孝含忠。文献则足，高明有融。翻飞王佐，穆我清风。"更将韦嗣立因孝而忠、因孝而诤的名臣风范表露无遗。

八、入蜀劝父 [1] （张吉）

人的性情多样，组成家庭后也会呈现各种不同的家庭氛围，家中出现矛盾，父母关系淡漠，为人子女应该如何去做，千百年来有着不同的表现方式。宋代人张吉的劝父之行或可给今人以借鉴。

张吉劝父的故事最早见于《复斋漫录》，此书已散佚，宋人吴曾在他的《能改斋漫录》、谢维新在《古今合璧事类备要》中都引录了此事。宋代诗人、学者郭祥正在他的《青山集》中有一首长诗，名为《怡轩吟（赠番阳张孝子）》，描写了张吉入蜀劝父的过程：

古云蜀道难，蜀道之难难于上青天。孝子寻亲不辞远，草蹻负米离番川。西从荆州望夔国，扪萝蹑石穿林巅。峡山愈深人迹绝，但闻悲风泠涧声潺湲。汲溪钻火行复餐，夜宿茅屋衣裳单。回看江南路九千，一见归客吞悲酸。寄声吾母形骸安，慎勿为语皮肤干。涪州城西遇征蛮，城门防盗白昼关。抚膺仰天涕沄澜，见亲之难难于蜀道难。成都渐近心稍宽，踊跃可得瞻者颜。父昔离家子方孕，子得见父今壮年。胡弗归兮死敢请，慰我慈母心悬悬。三往三返又十载，孝子执辔方言还。番人闻归竞嗟喜，夫妇白首重团圆。诛茅立屋奉甘旨，陈侯篆榜名怡轩。春禽提壶助春饮，采衣自舞春风前。腰金馔玉非我欲，但愿眉寿双松坚。朝熙熙，暮熙熙，谁将朱丝绳，奏我怡轩诗。

张吉，北宋中期番阳（今江西省鄱阳县）人，字不详，号怡轩，与北宋中期状元彭汝砺同窗，从时间上看应为北宋仁、神、英、哲宗时期的人。父

1．文献支持：宋·彭汝砺《番阳集·卷六·律诗·和张季友正父归因为诗寄》、宋·郭祥正《青山集·卷十四·长句古诗》、宋·吴曾《能改斋漫录·卷十一·张吉父作怡轩以安其父》、宋·谢维新《古今合璧事类备要·前集·卷二十四·亲属门》、明·彭大翼《山堂肆考·卷九十七·亲属·子》、清《雍正江西通志·卷八十七·人物·饶州府》。

亲张介，当张吉在母腹中时，就客游四川，流连不还。张吉出生后，从母亲口中知道了父亲的消息，心中一直存有怆然之感，与彭汝砺同窗期间，游学会文时，曾经作文感叹："应是子规啼不到，致令我父未归家。"诗中的子规即杜鹃，古时"子规啼"代指召唤亲人还乡的意思。语句怆然，同窗听后多有感慨。

张吉成人后入蜀寻父，从郭祥正的诗中可以读出，他是经湖北穿三峡入蜀的，初至成都寻到了父亲张介，不知什么原因，张介不愿还家，张吉苦劝，不能改变他的念头。《能改斋漫录》记："父初无还意，乃归省母。复至阆中，往返者三。"大意是说，张介不愿还家，家中尚有老母，张吉苦劝父亲不听，如果跟从父亲留于蜀地，母亲将无人侍养，不得已张吉返乡侍母。之后又入蜀寻父、劝父，此时的张介不知什么原因，由成都去了阆中（今四川省阆中市），张吉寻着父亲的脚步，两至阆中劝父归乡，期间的艰辛、劝谏、苦痛实难言尽，《怡轩诗》中说"胡弗归兮死敢请，慰我慈母心悬悬"，"死敢请"或为文学家言，劝谏却是实实在在的，母子二人苦等团圆的心情也是迫切的。张吉三次入蜀千里往返，终于将父亲张介感动，在宋神宗熙宁十年（1071）三月，与子张吉一起回家。

《怡轩诗》中说："三往三返又十载，孝子执辔方言还。"张吉的孝行感动了当地，居家奉养母亲，入蜀劝谏父归，将他分于两地的家庭成员复合在一起，阻止了家庭的破裂，尽到了为人子的职责。《古今合璧事类备要》记："乡人迎谒叹息或为感泣，一时名士咸赋诗以纪其事。"这些名士便有郭祥正在内，他的同窗彭汝砺也赋诗两首，其一为《和张季友正父归因为诗寄》："曲曲幽林远远山，归与谁得似公安。定为五柳先生传，笑笑三年博士官。上国尘沙随马棰，长溪风浪属渔竿。秋风喜得音声到，起对青灯仔细看。"意思是说就算是不为五斗米折腰的陶渊明，就算是想隐居的高士，也要有自己的家庭，无论志向是否高远，亲情永在。诗中的"正"字，所点明的正是张吉对父亲的劝谏。另一首全文及诗名已不传，仅能看到《能改斋漫录》等书中引录的残句："河可以竭山可徙，我翁不归行不已。三往三复翁归止，翁行尚壮今老矣。儿昔未生今壮齿。"将张吉劝父的决心，以及父子二人的感慨漫于笔端。

明代学者彭大翼在他的《山堂肆考》中用谢维新的《古今合璧事类备要》，将此事定名为"入蜀迎父"，实际上从张吉的行为来看，"迎"所说的只是过程，张吉的孝思、孝行出彩的几点在养、敬、谏几个方面。养主要指他

221 · 第六卷　谏正卷

居家奉养母亲，迎父归来后孝事父母；敬在于他能安母心、不使父飘零，对父母的诚笃之心；谏在于不仅说出了父亲的不当之处，同时更以行动感动父亲，使家庭团圆，让家庭生活步入正轨，最终子可养敬、夫妻相爱。

史传中记，张吉家父归后，他将自己的书斋更名为"怡轩"，并以之为号，更能说明他对家庭和谐的期望。

九、谏父释道 [1]（高必达）

家庭出现了矛盾，父母分离，子女应该如何去做，前文张吉劝父是一种方式，历史和现实中，类似的情况屡见不鲜，元代孝子高必达也有类似于张吉的孝行。

高必达，生卒年不详，建昌（今江西省赣州市附近）人，《元史·孝友传》中对他的家庭描述不多："五岁时，父明大忽弃家远游，莫知所适。"即高必达五岁时，他的父亲高明大弃家出游，至于当时为什么会出游，却语焉不详。

父亲出走，高母抚养高必达成人，随着年龄的增长，他越来越思念父亲，居家孝母，无法外出寻找，他便多方打听父亲的下落，却始终没有消息。娶妻后，他将母亲托给妻子，开始了寻父之旅。高明大离家时，高必达年龄很小，到他成人后，已过了十余年，有关父亲踪迹的线索很少，十余年间四方访求无果，他的心中更加悲苦。

一日，他听闻黄州（今湖北省黄冈黄州区）的全真（全真教：道教主要流派，创于金代）道院中有一位道号虚明子的人，已经学道三十年。此人是建昌人，未入道前，俗世的姓氏为"高"姓，不知什么原因，隐匿姓名信全真却不做道士。知道消息后，高必达赴黄州探询。到了黄州，他又询问了许多人，知道此人正是自己的父亲高明大，于是他到全真道院中认父。

见到虚明子后，他将自己的家世，自己出生的年月，父亲离家后，祖父母是如何去世的，自己是如何孝养母亲、成家立业，以及三十余年寻找父亲的情况，一一向虚明子说明，并且劝说父亲归家。可是虚明子却瞑坐不顾，不接

1．文献支持：《元史·孝友传·高必达》、清《御定孝经衍义·卷九十七·庶人之孝·敬亲》、清《雍正江西通志·卷九十一·人物二十六·南康府》、清《钦定续通志·卷五百二十六·孝友传·元》。

高必达的话语，以沉默相对应。高必达的述说时间很长，长时间不开口的虚明子说："我不是你的父亲，你为什么来此找我？"否认与高必达的父子关系，已经探听明白的高必达自然不会相信，于是他便留侍于虚明子身边，朝夕侍奉他、劝谏他，向他说明自己对他的思念，母亲对他回归的期盼，家里人对团圆的渴望，每天如此不曾间断。

已经入道三十余年的虚明子，此时在黄州的道院中已经收徒，他的徒弟劝虚明子说："师父有如此孝敬的儿子，如何能忍心不相认、不回家呢？"高必达的孝行感动了道院中的其他道人，道人也劝虚明子，不得已虚明子承认了与高必达的父子关系，并随高必达返乡与家人团聚。还乡后，高必达对父母的养敬更加勤谨，他孝亲的诚笃之心，为乡人所叹服，成为当时孝敬父母的典范。

清代《御定孝经衍义》在评论《元史·孝友传》时说："天下君王至于贤人众矣！当时则荣，没则已焉！彼以众庶兆民之不胜数，而百年之间垂之史册者若，而人可不谓荣乎哉！"意思是说："天下的君主、贤人有很多，他们当时或许荣于一时，去世后有多少人知道他们当时的事迹，世间的百姓众多，有孝友之行的人，却在百年之后著录于史册，留芳于千古，这是多么荣耀的事情！"平民高必达，正是以寻亲、谏亲、养亲、敬亲的诚笃之心，维系了家庭，解决了家庭中不和谐的因素，成为可夸于后世、载于史志中的孝子。

十、著说谏父[1]（曹端）

《夜行烛》是明代大儒曹端的作品，其主旨在于劝人向善，孝的观念蕴于其中，书中所提的孝是我国传统意义上的孝，是反对释、道等宗教虚无论道的作品，是主张在人的一生中实实在在以孝行修孝德，以修养品性的孝。此书缘起于曹端谏父。

曹端，生于1376年，卒于1434年，字正夫，渑池（今河南省三门峡市渑池县）人。明初大儒、理学家，被称之为"明初理学之冠"，《明史·儒林传》

---

1. 文献支持：明·曹端《曹月川集·杂著·夜行烛》、清·沈佳《明儒言行录·卷二·曹端月川先生》、清·黄宗羲《明儒学案·卷四十四·诸儒学案卷上二》、清《御定孝经衍义·卷八·衍要道义·父母》《御定孝经衍义·卷十·衍要道之义·兄弟》《明史·儒林传一·曹端》。

中有传。《儒林传》中记："笃志研究,坐下著足处,两砖皆穿。事父母至孝,父初好释氏,端为《夜行烛》一书进之。"大体意思是说,曹端十分喜爱读书,研究先贤的思想,读书的时候更是十分专注,在他书案下的两块经常踏足的砖,也因长久的踩踏被他磨穿。学习如此,日常生活对父母则极为孝敬,有至孝之行,曹端的父亲有一段时间十分喜爱释家的理论,经常用释家的道理行事,曹端写了一篇名为《夜行烛》的作品劝谏他。

《明儒学案》等书中记:曹端的父亲曹敬祖是一位乐善好施的人,在当地被称之为"善人",他迷恋于佛道学说,以为行善可立善提果,时时以积善修福为念,在乡中行善事以求佛缘。正统的儒学士子曹端不赞同父亲的举止、行为,用古往今来圣贤的话语屡屡劝谏父亲,在潜移默化中改变父亲对善的理解,在生活中以世间的人伦之情去劝谏父亲的行止,让父亲明白,亲情是不能用释、道这些虚幻的思想维系的。更写了一篇名为《夜行烛》的作品,让父亲不时阅读。文章的立意是,如今世间许多不好的流俗,迷惑了世人的心绪,人们身处流俗之中,如同在夜中行走一样,手持此书,如同点亮一盏烛光,手持此烛可照亮前行之路,不被世间不当的流俗和无稽的宗教理论所惑。除著文以劝谏外,《学案》更记"里中有斋、醮力不能止则上书乡先生请勿赴",意思是说,他还对于乡里中有奢华之行、浪费之举的斋、醮等释道活动加以制止,如果不能制止,则上书请乡中士子不去参加,以端正朴实之风。

曹端的劝谏,并不是一味去指正父亲行为的不当,而是在日常生活中,用"说古"感叹的方式去默化父亲的不当行为。比如在谈到释家的浮屠(即指佛教,或佛陀)时,他说:"浮屠的孝主张救父母于地狱之中,子女行善积福其目的之一是为了给父母去恶。实际上这种主张是从主观上就认定父亲不是君子,是有恶行的罪人,子女尚未行孝,先否定了父母的品行,释家的立意从这方面说就是十分刻薄的,更是没有什么道理的,有如此想法,如何能称得上是孝呢?"在谈到承志、立身时说:"为人子女要树立志向,要有勇气,不要忘记向好的方向去争取,如果能明白承志、立身的切实含义,便会明白自己在孝敬父母时,要持有什么样的孝心,在对待父母时自然就会诚笃,那些假托佛道、神仙、前生、后世、阴阳等虚妄的言语、行为是没什么意义的。"在谈到孝思时更说:"人这一辈子,做任何事情都离不开一个敬字,有了此心,做事自然就不会有大的差失;有了诚心,世间虚伪的东西都会在心中被消除。敬做到了,那些看不见、摸不着的无稽之论、无谓之行,邪风陋俗都会在心中被徼止。圣贤所说的立身于世，没有比修养正确的敬诚之心更大的。"如此种种，在他与父母的交谈中，感慨之言多发，通过多次交流"父亦感悟，乐闻先生条人伦日用之事"。

《明儒言行录》中记，他在评论释、道学说时："佛氏以空为性，非天命之性人受之中；老子以虚为道，非率性之道共由之路。"佛与道的哲学虽然向善，但"空"与"虚"的哲学观念，社会上的人是很难正确理解的，于是出现了许多被异化的理论。元化崇佛，战乱频发，人们生活朝不保夕，许多好的传统、习俗被打破，人们无所寄托，被异化的佛道理论乘虚而入，斋、醮的奢华，教育的缺失，许多不正常理论充入人们的头脑。实际上释、道两家在当时的"善"，多以收录钱财为目的，真正用于世人身上的是零星的，许多时候成为敛财的工具、剥削的方法、奢华的源头、无知的起因。曹敬祖接受了曹端的谏止"欣然从之"，曹端也将谏父的言论写入《夜行烛》。

谏父是他的孝行之一，他对父母的敬不仅体现在父母身上，还体现在兄弟姊妹身上，《御定孝经衍义》在《衍要道之义》卷中引曹端的主张："人不爱兄弟是不以父母之心为心也！苟体父母爱子之心，则于兄弟自不容不爱矣！"在此基础上他又说："不睦宗族者是不以祖宗之心为心也！苟体祖宗爱子孙之心则于宗族自不容于不恤矣！噫！传祖宗父母之体，背祖宗父母之心，诚天地之罪人耳！祸可逃乎！"在实际行动上行孝，在言谈举止上弘孝，在教书育人时扬孝，以至于《明史》记"诸生服从其教，郡人皆化之"，成为明初的孝行典范。

对父母的谏诤，在很多时候是不能采用激烈形式的，父母与子女一体，生活中会出现各种各样的情况，父母的做法未必都正确，如何让父母采用子女的意见，让错误或失误不再继续，方法是很重要的，好的方法不仅能使家庭更加和谐，更可以使亲情更进一步，反之就有可能好心办坏事，结果适得其反。曹端的谏父之行或可给今人以借鉴。

十一、谏母全身 [1]（韦起宗）

原始儒学传至汉代，随着董仲舒的"天人感应说"和"三纲"之说的出现，出现了异化。传至两宋，直至明清，与原始儒学的许多观点更是大相径庭。

班固在《白虎通》中说："三纲者，何谓也？君臣、父子、夫妇也。"传到两宋这一理论变成了人们耳熟能详的"君为臣纲、父为子纲、夫为妇纲"，时代的局限性，使这一理论在现实应用中出现了许多愚昧的行为。用现在的说法，实际上其中被异化的部分，大部分实为糟粕，不值得提倡。被异化的儒学，在两宋更被大量扭曲，在家庭伦理方面，夫死妻从，号为节义之类，更是令人发指。明清之际类似的情况比比皆是，国家为了愚民，往往提倡或褒崇类似的情况，实在是封建制下的一种悲哀。世间的事情并非绝对，也有一些人的行为打破了这一传统，在孝道方面，施行了真正的孝行。

韦起宗，明中期晋江（今福建省泉州市晋江县）人，约生活于明世宗嘉靖至明神宗万历年间。是当地的著名儒生。与他同时代的王慎中在他的《遵岩集》中有一篇《赠韦孝子序》，谈到了他的家世。韦起宗的母亲早寡，韦母抚养他成长，没有再嫁，韦母尝尽世间的艰辛，养子成才，韦起宗也感怀母亲的艰苦，专心刻苦于学，修身立德，矢志成为君子。文中记："一跬步、一发语而不敢忘母，朝夕乎左右之养，而视听于形声之徽，盖无可违之志，亦靡有不用之劳矣！"意思是说，他的一言一行不敢忘母亲的教诲，从视、听、形、色等方面认真观察母亲的行动，细心地照顾母亲。为人子女做到如此地步，实在算是孝了，可是细心到如此程度，总给人以奇怪的感觉。韦起宗之所以如此，要从他父亲去世一事说起。

《清一统志》记，韦起宗的母亲姓蔡，韦起宗三岁时，韦父去世，蔡氏欲守节随夫殉节。《雍正福建通志》载，三岁的韦起宗，见到母亲有如此行为，十分惊慌，一步也不敢离开母亲身边，时常在母亲身边哭泣，蔡氏见到这种情况，暂时打消了此种念头，转而抚养他成长，其间尝尽了许多辛苦。儿子渐长，蔡氏又有了轻生的念头，此时韦起宗已入学，有了一定的知识，于是他时常宽解母亲，无奈蔡氏有殉节之心太久，于是他养成了紧跟母亲的习惯。蔡

---

1. 文献支持：汉·班固《白虎通·三纲六纪》、明·王慎中《遵岩集·卷十一·序·赠韦孝子序》、清《古今图书集成·理学汇编·学行典·孝悌部·明八》、清《雍正福建通志·卷四十九·孝义一》《清一统志·卷三百二十八·泉州府》。

氏生病时，是韦起宗最紧张的时候，他宽解母亲、照顾调养更是无微不至，在他的宽解、谏止下，韦母终于打消了殉节的念头，在韦起宗的孝养下，生活了三十四年。

韦起宗孝亲，养成了高尚的德义，《韦孝子序》中称："宗族乡党皆以君为孝子，不间于彼此之口。观君所以谨四体之保，至于夙兴夜寐、不径不游，凛乎临渊履冰之惧也，思检其言行之过则不敢慢恶于人，严舆台如宾煦稚狂若长者，而傲言侮行不敢出于口，而设躬也，斯亦可谓自力而能以善闻者矣！"即无论言行举止的君子之风，有谨慎之态，语不恶言，行不张狂，为宗族、乡党所称。有意思的是，韦起宗孝行突出，当晋江为他呈报孝悌时，却为当时礼部的一些官员所阻，以蔡氏未能尽节，不予旌表，实在是莫大的讽刺。直至万历二十八年（1600）才被国家旌表孝悌。

韦起宗谏母，是从对母亲的真爱出发，在对待母亲的问题上没有理会封建的、不合情理的节义观念。在谏止方面，幼年时期出于天性，成长后以宽解、温情为主去谏止、去劝慰，保全了母亲，保全的是真正的孝道，从这个方面说，韦起宗之行可称为真孝。

十二、解母困结[1]（邵燕）

一个家庭与个人相似，日常生活中、社会活动中往往会出现困顿。出现困顿后，如何面对，往往会使所遇到的事情出现不同的结果。父母有心结，做出不理智的事情，子女如何去做，是听之任之，还是劝谏、宽慰，也会有不同的结果。

明嘉靖年间，休宁县（今安徽省黄山市休宁县）有位士子，幼时便被称为"孝童"，他的行为或可给今人以借鉴。

邵燕，生年不详，约卒于明万历十六年（1588）。字裕昆，父亲在休宁县从商。自幼邵燕便表现出聪慧的一面，对待父母极为孝敬。八岁时邵父患心疾，病卧于宅，病势沉重。害怕失去父亲的邵燕，侍奉于父亲床前不止不息，

---

1. 文献支持：明·李乔岱等《万历休宁县志》、清《古今图书集成·理学汇编·学行典·孝弟部·明十四》、清《雍正江南通志·卷一百二十九·选举志·举人五》。

侍奉父亲汤药更是极为勤勉，父亲卧床两个月，他竟然两个月不曾解衣休息。在他的护理下，父亲的病情渐渐好转。

俗话说"福无双至，祸不单行"，身体刚好的父亲在行商时，困于经营，家财荡尽。邵家也因此再次陷于困顿。母亲金氏忧心成疾，生出了轻生的想法。邵燕多方劝谏，效果不大，温言宽慰，更没有什么效果。一天夜里，在他多次劝谏未果的情况下，发现母亲神色平静，对自己的言语多有敷衍。邵燕知道再次劝谏效果已经不大，于是他佯为熄灯就寝，躺下不久又悄悄起床，来到金氏卧室的窗前。当听到屋内响动，他推门而入，发现母亲欲自缢，他抱住母亲，哭泣相求，阻止了金氏自缢。事后他更是不敢离母亲身边，劝谏、宽慰不止，无奈倔强的金氏似乎心意已决，趁家人不备复自缢，如是者四次，都被邵燕及时发现、劝阻。通过多次的谏阻、宽解，金氏终于打消了轻生的念头。一家人一起面对困境，终于渡过了难关。《万历休宁县志》记，邵燕的至孝之行，县里的百姓广为赞叹，一时被称为"孝童"。

明代至嘉靖年间起，商人在社会上的地位提高了不少，加之邵家并不是纯正的商户。邵燕得以入学。十三岁时他应县试为童生，不久过府试，成为秀才，用明代的话说成为"弟子员"。古时县学、私塾并不是有知识的人就可以教学，一般情况下必须有"秀才"的身份，按清代官方的说法必须有府学生员的身份，才能教学。邵燕中试后，即以其身份成为县学教员。他用自己的劳动所得孝养父母，以补家用。自己和妻子食用粗粝食物却无怨言。《江南通志》载，邵燕成为秀才后参加乡试，在万历元年（1573）中举，中举后事亲更谨，孝养更切。

《古今图书集成》记，他于"戊子科上公车"，即万历十六年（1588）去北京参加会试。会试中，忽然感到惊悸，于是他停止考试，出场赶回家中。到家后知道父亲病危，他十分焦虑，给父亲延医问药，却没有起色，不久父亲去世，心伤父亲去世，他伤心得形销骨立。长久的复习考试，加之为父延医，身体本不强壮的邵燕，心伤之下身体更为不支，父亲去世后月余，竟去世于服丧期间。安徽当地官员知道了他的事迹后，上奏朝廷，国家因其孝行诏旌门第。

邵燕之孝，孝在心诚，更在谏阻。谏母轻生，解母思虑，使家庭在困难时期能完整地存在，不仅解救了母亲，更阻止了陷于困顿的家庭走向崩溃，谏阻、奉养之行可称为孝。

第七巻　思承巻

一、禹继父功[1]

鲧，一位失意的英雄。《尚书·尧典》记，尧舜帝在位时："汤汤洪水方割，荡荡怀山襄陵，浩浩滔天，下民其咨。"当时天下洪水滔天，人民深受其害，于是尧听从了四岳的建议任用鲧治理洪水。鲧治水历万苦，经九年。《尚书·洪范》记，他采用当时被人们所认可的方法"塞"治理洪水，所谓的"塞"即指用"堵"的方法治水。治水不成，被舜帝"殛于羽山"，史书中对鲧的记载，也因为他治水无功，因此万千罪恶系于一身。

实际情况未必如此，同为治水部族的禹，作为鲧的儿子，在舜帝时就被舜重用，继父亲治水失败后，又担当起治水之任。《孟子》一书中记："禹疏九河，瀹济漯，而注诸海；决汝汉，排淮泗，而注之江，然后中国可得而食也。当是时也，禹八年于外，三过其门而不入。"意思是说禹继父事，疏通天下九条大河，疏导了当时人口聚集区域的济河、漯河（今河南、山东一带），使洪水东流入海；开挖汝河、汉江，排泄淮河，将天下的洪流引入大江，结束了当时中国大地洪水泛滥的现象。在治洪的过程中，禹历时八年，奔波于外勤与治理，三过家门而不入，终成大功。

鲧治水并不是没有效果的，只是他采用了不合时势的方法，辛苦九年，终因当时中国大地洪水过于丰沛，治水失败，作为负责人的鲧显然是无法逃避的，被问责、加罪于一身。实际上，历代治水无外乎"堵"与"疏"两种方法，两者交相运用，一般情况下可控洪流。舜问责于鲧，并没有否认鲧的成绩，《史记·夏本纪》载："舜举鲧子禹，而使续鲧之业。"又任用禹去治水是可以说明问题的。禹承父志，改变了父亲的错误方法，因势利导，以"疏"治水，终获成功。禹治水，没有因父亲之罪而沉沦，也没有因洪水滔天而退缩，与父亲一样迎难而上，从个人行为上说，本身便是一种孝行，禹的成功，纠正了鲧的过失，使其部族在国家初成的上古时期，成为当时天下的望族，从显亲承续方面说，更是一种孝行。

《大禹谟》记："禹成厥功，帝舜申之。作大禹。"即禹治水成就了大功，舜帝向天下表彰他的功绩，称他为大禹。从史书中看，当时的治水，非大

1．文献支持：《尚书·尧典》《尚书·舜典》《尚书·大禹谟》《尚书·洪范》《孟子·滕文公下》《史记·五帝本纪》《史记·夏本纪》、宋·林同《孝诗》。

禹一人之功，而是父子两代人共同努力的结果。《夏本纪》中说："禹伤先人父鲧功之不成受诛，乃劳身焦思，居外十三年，过家门不敢入。薄衣食，致孝于鬼神。卑宫室，致费于沟减……"实际情况也应该是如此的，禹总结了先人的教训，心伤其父之责，劳心劳力，方成大功。

上古的禅让制，有人说有政治、军事等方面的原因，却不能否认，当时的人们对鲧和禹治水之功的认可。禹之行显扬父德，继父之事、纠父之责，可谓大孝。也正因此，宋代人林同赞大禹说："伤心九载绩，焦思八年中。启亦呱呱泣，惟思度土功。"

二、范显之思[1]

范显，字叔矩，东汉中期著名孝子，汉代名臣范滂的父亲。《后汉书》中无传，晋代谢承的《后汉书》中有其残传，正文多已散佚，《传》中记："滂，汝南细阳人。父显，故龙舒侯相。"在东汉应劭的《风俗通义》中有范显的事迹。

《风俗通义》中载：范显的母亲去世、下葬后，兄弟们为守丧不食用稠粥，叔矩对兄弟们说："依照礼法，父母葬丧结束后，子女就要起身做事，如今兄弟们都伤心哀痛，不去做事，对已逝去的父母而言，没有祭品定时奉祀，对于子女而言难以生活，这样去做是不符合孝道的。"于是他劳作于九江，种田、放牧，多有收获，并用所得的钱财还清了因给父母疗病、丧葬所借的债务，回到家中重修父母之坟，岁时祭祀，维护了父母的诚信之名。三年丧服完成后，两个兄长因孝被举孝廉，范显依旧庐于墓侧，继续完成未完成的丧服。郡中举孝廉时，评价范显有至孝之行，征辟他为中司勾章长，后又因病去职，再征为博士。

书中评论范显："叔矩则其孝敬，则粥身苦思，率礼无违矣！"意思是说，范显有孝敬之行，在守丧期间就考虑着如何完成父母未完成的事情，考虑着如何去完成债务，以使父母走得安心，考虑着如何更好地生活下去，去除父

---

1. 文献支持：汉·应劭《风俗通义·卷五·十反》、晋·谢承《后汉书·卷四·范滂传》、清·金镇《康熙汝宁府志》《古今图书集成·学行典·孝贤部列传》。

母临终前的忧思，他依照礼法，不违背礼制完成丧礼，实在是有至孝之行呀！之后又说："君子百行，子产有四。凡在他姓，尚宜褒之，况于父乎？敬意之至，犹用夷悦，况于宠族乎？"即指出，一个人在世间生活有各种各样的品行，春秋时期郑国的子产有从政宽和、兴办教育、和合众人、尊重他人的品性，于是人们尊重他。一个人对于其他的姓氏尚且如此，更何况对待自己的父母亲人呀！对他人心存敬意，尚且可以让他人高兴，更何况用此心、此情对待自己的亲族呀？

　　文中范显的孝行，主要体现在思与敬上。史书中没有去写范显是如何孝养父母的，从《风俗通义》所记的文字中看，父母生病、丧葬期间，他的家庭中借贷了不少钱财。父母去世，并不等于所借贷的钱财一笔勾销，范显在父母去世后外出劳作，用自己的劳动偿还，所维护的是父母的诚信，维护父母生前的诚信是一种孝思，有此行更是一种孝行。父母生前希望子女过得好，是为人父母心中的想法。父母去世后，子女因专注于丧葬而不顾及子孙的生活，同样不是已故去的老人想要看到的，子孙生活得好，是老人们想要看到的，满足父母的生前的愿望，更是一种孝行，是一种敬诚之心的表现。范显孝思以及对父母的敬诚之心，正是应劭记此事的主旨所在。

　　孝不是一代人的事，范显此行也影响到了他的子女，范滂作为东汉名臣，因孝举孝廉，以正声闻于天下，推孝兴教，虽经党锢之祸，迫害而横死，却志节不改，不能不说是受到了范显的影响。

三、思父悲怀[1]（邴原）

　　邴原，生卒年不详，字根矩，东汉末北海朱虚（今山东省临朐县东）人。东汉末期名臣，曾担任过曹操的司空。

　　《三国志》中记，曹操称赞他和另一位大臣张范："秉德纯懿，志行忠方，清静足以厉俗，贞固足以干事，所谓龙翰凤翼，国之重宝。举而用之，不仁者远。"意思是说："邴原等人德行纯正且美好，有高洁的志向，行为忠正

1．文献支持：《三国志·魏书·邴原传》、晋·裴松之《三国志·魏书·邴原传》、唐《艺文类聚·卷三十五·人部十九》、宋·王钦若《册府元龟·卷七百七十三·总录部·幼敏》、宋《太平御览·卷二十六·时序部》。

端方，他的清廉洁净足以激励世间的凡俗，坚贞自守的品性足以求取事功，他们犹如龙凤的羽翼，是国家的重宝。推举任用他们，将使不讲仁德的人远遁。"在东汉末乱世之中，邴原是为数不多的得到如此评价的人。

一个人的德行，往往是自幼培养而成的，不是一蹴而就的，裴松之注的《三国志·邴原传》中，就记载了他幼时思亲的故事。邴原十一岁的时候父亲去世，家中贫苦，无力读书。在邴家旁边有一个书舍（原书中如是记，书舍应为家塾、乡校之类的学堂），邴原经过书舍往往悲泣。书舍中的老师十分奇怪，于是问他："孩子，为什么要悲泣？"邴原回答说："丧亲孤弱的人容易受伤，贫苦力弱的人容易伤感。我路过这里听到书舍中的读书声，知道里面的学子都是有父母兄弟的人，而我的父亲却已经去世。因此我一则羡慕他们父母兄弟健全，生活得不孤单；二则羡慕他们能学习，因此心中悲伤，故此哭泣。"老师哀叹，被邴原所感动，对他说："你想读书吗？"邴原回答说："家贫无钱，无力读书。"老师听后说："孩子，如果有志向，我就教你读书，不收你的学费。"于是邴原才得以求学。经过一个冬天的学习，他读通了《孝经》《论语》等书，无论是文章、德行都高于书舍中的其他学生。

邴原的故事中，没有多少有关他孝亲的描述，他的孝多体现在思的方面。父亲去世后的邴原，回思父亲健在时和父亲去世后的情形，感受到了孤苦，少年丧父的孩子，相对于家庭健全的孩子，那种无助是家庭健全的孩子很难感觉到的。史书中记的"孤者易伤"正是其中无奈的感伤。能读书后，他首先学习的是《孝经》《论语》这两本经典，在两汉时期仍是修德、修身、养志之书，"一冬之间，诵《孝经》《论语》"，读通两书，以养志节，珍惜学习的机会，通过学习、修养德义，通过不同于常人的努力，得到他人的称赞，不仅自己不断提高，同时也使父母得以显扬，诚笃的孝思、扬亲人之心显露无遗。

《太平御览》在记录邴原事迹后，又加了一句"长金玉其行"，即指他成年后有优良的德操、学行。实际上在《三国志》的《邴原传》中，开篇即写："少与管宁俱以操尚称，州府辟命皆不就。"少年时因为有良好的德操与管宁并称于世，两汉的选官制度是"察举制"，孝是被举荐的根本，邴原少年丧父，他的孝行史书中没有记，但他的思慕，应是被举荐的根据之一。

邴原思父还有另一则故事。《裴注三国志》记：曹丕成为魏王世子后，有一天举行宴会，宴会中曹丕问："君、父各有笃疾，有药一丸，可救一人，当救君邪？父邪？"意思是说："君主和父亲都有疾病，有一颗药丸，只可救一个人，是救君主呢？还是先救父亲？"众人的回答不同，问到邴原时，邴原愤而推几而起说："父也！"一个人连自己的父亲都不爱，何谈忠诚，所余的只有虚伪。

邴原"悲怀"，其怀在思；读书修德，立身达道，重在于显。"孝"不仅表现在父母健在的时候，父母去世后，正德修身，显亲立世更是孝的表现。

四、思孝以廉[1]（崔宏）

崔宏，生年不详，卒于418年，字玄伯，十六国时期清河东武城（今山东省德州市武城县）人。出身关东的名门士族。《魏书·崔玄伯传》载：他自幼便被称为"冀州神童"，他所生活的时代正值西晋灭亡后的十六国时期，黄河流域被自北方游牧民族南下的匈奴、鲜卑、羯、氐、羌等族搅乱。出身名门的崔宏先后出仕前秦、后燕，北魏一统北方的过程中，助北魏道武帝在黄河流域建功立业，建立"魏"政权，是当时著名的政治家、书法家。

有关崔宏孝亲的事情，史传中有几条记录。《北史·崔宏传》载：前秦苻坚时，崔宏以孝德闻于北方，苻坚征辟他出仕，他以母亲身体不适，推辞不就，后虽出任著作郎，出仕只为以俸禄养母。前秦亡后，后燕慕容垂割据山东时，他曾出任后燕的吏部郎、尚书左丞、高阳内史等职，任职期间，以清正廉洁著称，守志立身，不与乱世同流，虽处于兵乱之世，却笃志于学，不蓄私产，妻子儿女也因为他的清正廉洁，不免受到饥寒。北魏道武帝时复征辟崔宏，道武帝巡视邺郡路过恒岭时，看到崔宏扶着母亲登岭，为他的孝心所感，崔宏借机向道武帝谏议，国家初立要行养老之政，以安民心。于是道武帝下诏，对于那些为国家服务的人，年老的，可以乘牛车，事虽小却开启了北魏养老之风。

《崔玄伯传》更载：北魏道武帝时，崔宏就已仕至吏部尚书，职掌北魏初建国时的官爵，撰写朝仪，审定音乐，更定律令等事，权不可谓不大，但是他却坚持："俭约自居，不营产业，家徒四壁，出无车乘，朝晡步上。母年

1．文献支持：《魏书·崔玄伯传》《北史·崔宏传》《十六国春秋·卷四十二》、清《御定孝经衍义·卷八十三·卿大夫之孝·敬亲》。

七十，供养无重膳。"即崔宏以俭约自居，不营产业，以清正出仕，以致家徒四壁，出入没有车驾相从，即便是上朝也步行往返，母亲年已七十，供养、侍奉她也没有什么贵重的衣食。崔宏孝廉之行多为当时的人所讥刺，就连身为君主的道武帝也不相信，于是派人密查，发现事实就是如此，于是更加敬重、信任崔宏，多次对他厚加赏赐。

崔宏生于乱世，十六国时期北方大乱，各族之间相互征战，人们朝不保夕，世情民风大坏，崔宏在这种环境下依然持有孝道，终身不改，已是难能可贵。出仕数国，在当时的大环境下，力求清正，持有志节，史书中说他"立身雅正"，即以正道立身，以清正出仕，对稳定一方是有功绩的。尤其是他在辅助北魏开国之后，定律法、制音乐、写朝仪，开创了一代典章制度，谏议魏道武帝兴孝养老，对当时的民族融合起到了积极作用。居官以廉，《十六国春秋》记他："立身雅正，与世不群，虽在兵乱，犹历志操、笃学无倦。不以资产为意，妻子不免饥寒。"则更为难得。北魏建国后，当时的官员是没有什么俸禄之说的。史载当时官员的财务所得沿袭了游牧民族的习性，多为抢掠所得，崔宏不贪、不掠，所用为国家赏赐，以自己正常所得奉养母亲、维持家庭生计，于乱世之中独守清正，《十六国春秋》《魏书》《北史》皆记"母年七十，供养无重膳"，以廉养孝，因孝而廉，让父母因自己的廉行而安心生活，养在其中、敬在其中，真正的孝思亦在其中。

作为政治家的崔宏，《魏书》评价他"守正成务"，"正"既指其清廉，又指其笃学，更指其孝思。以清正为孝，安父母之心，扬父母之名，是养敬之孝的一种升华。

五、思亲遵廉 [1] （刘善明）

刘善明，生于432年，卒于480年，南北朝时南朝刘宋平原（今山东省邹平县附近）人，南朝刘宋大臣，南朝齐高帝建元二年（480）卒，赠左将军、豫州刺史，谥"烈伯"，有孝行、为官清廉。

---

1. 文献支持：《南齐书·刘善明传》《南史·刘善明传》、宋·王钦若《册府元龟》、宋·孙逢吉《职官分纪·卷四十一》。

　　《南齐书》载：刘善明幼时喜爱读书，侍奉父母极孝，他父亲刘怀民宋时担任齐郡、北海郡太守，在刘善明成年出仕后，刘怀民对他说："我已知汝立身，复欲见汝立官也。"即刘怀民告诫说，我知道你有志行且品行高洁，已能立身于世，现在你已出仕为官，我更想见到你去做一位清廉自守的官员。

　　宋明帝泰始五年（469）刘宋与当时的北魏发生了战争，青州被北魏击破，刘善明母被掳至北方，刘善明为官清正，没有多少资财去赎回母亲，转而请求国家。在这段时期，刘善明因思念母亲而布衣蔬食，面带戚容，每当与人谈论此事，都十分伤心，宋明帝每次见到他都深为叹息，当时的人敬服、称赞他的孝思。不久转仕巴西、梓潼（今四川阆中、绵阳一带），刘善明因为母亲被掳北方，不愿意西行，愿守北方，这样离母亲近一些，救回的机会大一些，于是他再三请求，国家同意了他的请求。刘宋后废帝元徽元年（473），后废帝即位，向北方的魏派遣使者，国家因刘善明有治世之功、识人之明，且自己的母亲尚被掳在北方，让他举荐出使的人员，于是他举荐田惠为使者出使北方，既全了国家的大义，又赎回了母亲。

　　《南史》载：刘善明不好声色，少有节行。居住的地方仅是用茅草所建的斋房，所用家具，不过是用斧所砍削的桌榻，在家中他常对子女说："人子居于家中要孝敬父母、友悌兄弟，出仕为宦，则要清正廉明，自己的行为要成为后世子孙的楷模。"母亲被掳北方时，他开始注重钱财，多方筹钱，好友崔思祖问他为什么要这样去做，他回答说"只为赎回母亲"，所筹钱财也用到了此事上面，母亲回来后他偿还了钱财，以维信义。

　　《南齐书》和《南史》中都记，刘善明从政："清节方峻。所历之职，廉简不烦。俸禄散之亲友。"他刚出仕青州（今山东省青州市）时，当地发生饥荒，刘善明家有积粟，于是他开仓赈济，百姓称他为"续命田"。他以廉出仕，兴学校、省民力，其廉简之行在南朝时期是鲜见的。

　　刘善明的孝行重在思亲、重在维护父母声名、承续父母志节等方面。宋代的《册府元龟》一书中，仅记录他的廉孝、养志之条就达二十三处。宋代的《职官分纪》更记，甚至在南朝萧齐代宋后，因刘善明廉孝之行，齐高帝下诏说："南阳近畿，国之形胜，自非亲贤不使居之，卿为我卧治也。"其思亲之念、简朴之风、养志之行、扬亲之心为后世所模范，更为"南阳卧治"之典，可敬！可叹！

六、兄弟纯行 [1] （殷不害兄弟孝事）

殷不害，生于505年，卒于589年，字长卿，南北朝时陈郡长平（今河南省西华市）人。一生善工书、善画，是南北朝萧梁、南陈时期著名的孝子。仕萧梁至廷尉卿。仕陈至明威将军、晋陵太守加给事中。隋一统时病卒。

殷不佞，生于518年，卒于573年，字季卿，殷不害的五弟，与其兄同为当时的孝子。南陈时仕至尚书右丞、通直散骑常侍，卒赠秘书监。

《陈书》和《南史》载：殷不害兄弟出身于当时的世家，兄弟们生性至孝，父亲殷高明曾仕为南朝萧梁尚书中兵郎，在殷不害的兄弟未成人前便去世了，殷不害居父丧，持守礼法。父亲去世后，家境中落，家中尚有母亲及不佞、不疑、不占、不齐四个弟弟，殷不害担负起父亲的责任。史载当时殷不害"居甚贫窭"，他以俭约治家，孝敬母亲抚养幼弟，以至"勤剧无所不至，士大夫以笃行称之"，家中事无大小，一力担持，以孝德、孝行闻于乡里，十七岁时举中正，出仕。

南朝萧梁简文帝（549—551年在位）听说殷不害的孝行后十分赞赏，因殷不害善事双亲、抚助幼弟，旌表其行，赐给其母"锦裙襦、毡席、被褥"，以示褒奖。梁元帝承圣三年（554），殷不害被任命为中书郎兼廷尉卿，迁居江陵。这时萧梁爆发了侯景之乱，严重削弱了萧梁政权，北朝的西魏借机攻陷江陵，当时殷不害在别处督战。时值深冬，江陵城陷后，殷不害得到了母亲因战乱失踪的消息，当时因战乱、伤冻死于江陵的人，用史书的说法"填满沟堑"，殷不害哭于道路，江陵寻母。史书中形象地描述了他寻母的过程："远近寻求，无所不至，遇见死人沟水中，即投身而下，扶捧阅视，举体冻湿，水浆不入口，号泣不辍声，如是者七日，始得母尸。"找到已逝的母亲，殷不害伤心欲绝，虽路人闻之也无不流涕，国破家亡之际，殷不害带丧出使西魏，却被困长安。其间他布衣蔬食形销骨立，见者无不哀叹。三年后南朝陈氏代梁，殷不害义不仕魏，回转到新生的南陈政权。

弟弟殷不佞，与其兄同为孝子，居父丧与其兄一样守礼，也以孝被举中正。江陵城陷后，知道母亲亡于战事，却因道路断绝，长久不得奔丧。四年之

---

1. 文献支持：《陈书·孝行传·殷不害》《南史·孝义传下·殷不害》、宋·司马光《资治通鉴·卷一百八十四》。

后才得以回江陵祭母，四年之中他昼夜伤心，布衣蔬食，时常遥祭母亲。四年后与幼兄不齐始从江陵迎母回乡，亲自负土修坟，手植松柏，每年入伏的"伏日"和腊月初八的"腊日"必定要祭祀母亲，必定三日不食，以示思慕、哀祭。

宋代司马光在他的《资治通鉴》中记："殷不害以孝行闻于陈隋之间。"殷不害的孝行，一在于养与敬，父亲去世后，身为长兄担负起孝母育弟之任不辞辛劳；二在于思与勇，母亲去世，心伤母逝，寻母于沟渠枯骨之间，伤怀终身；三在于忠，国破家亡，带丧出使敌国，虽西魏因其高名，却义不仕魏，回转故国，表现出忠诚于国的大孝之行。其弟殷不佞在史书中对他养母之事虽然少有记述，但其母亡故后殷不佞的思慕之情、哀祭之思终身不止，亦有纯孝之行。

殷不害兄弟孝敬之行，忠孝之义，思慕之心，虽居乱世而不移，在南北朝世风日下之际，极为突出，兄弟之孝闻于陈隋，可为后世模范。

七、三代旌扬 [1] （秦荣先祖孙四代）

秦族、秦荣先祖孙四代，生活于南北朝时北朝的北魏至北周间，俱为上郡洛川（今陕西省洛川县）人，祖孙四代都曾因孝受到国家的旌表，这在南北朝时期是鲜见的。

《孝义传》记："秦族，上郡洛川人也。祖白、父藋，并有至性，闻于闾里。魏太和中，板白颍州刺史。大统中，板藋鄜守。"文中出现了一个"板"字，所谓的"板"即"假"，更明确的释义应为"享受……的待遇"。"太和（477—499）"是北魏孝文帝年号，孝文帝本身便是一位孝子，更是一位孝亲、尊老、养老的帝王，太和年间他曾多次下诏优免老年，并且颁布了许多有关孝子及老人的褒扬诏旨。太和十七年（493）始，孝文帝下诏："百年以上假县令，九十以上赐爵三级，八十以上赐爵二级，七十以上赐爵一级；鳏寡孤独不能自存者粟人五斛、帛二匹；孝悌廉义、文武应求者，皆以名闻。"十八年、十九年直至二十一年间十余次颁布类似的诏书。太和二十一年（497）更诏："民百年以上假郡守，九十以上假县令，八十以上赐爵三级，七十以上

1．文献支持：《孝经·开宗明义章》《魏书·帝纪七·高祖孝文帝》《周书·孝久传·秦族》《北史·孝行传·秦族》、宋·王钦若《册府元龟·卷一百三十七·帝王部·旌表》、明·梅鼎祚《后周文纪·卷一·明帝》。

赐爵二级。"《孝义传》中所记"祖白……板白颍州刺史"及"父蘵……大统（西魏文帝年号，535—551）中，板蘵郿守"实际上是说秦白、秦蘵曾因年高德劭被国家褒奖，更因"并有至性"，即有孝悌之义，闻达于国家，秦白寿高百龄，秦蘵寿高九十，秦家孝义传家，至秦族、秦荣先时已有四代近百年。

《孝义传》中，有关于秦族的记录："族性至孝，事亲竭力，为乡里所称。及其父丧，哀毁过礼，每一痛哭，酸感行路。既以母在，恒抑割哀情，以慰其母意。四时珍馐，未尝匮乏。与弟荣先，复相友爱，闺门之中，怡怡如也。寻而其母又没，哭泣无时，唯饮水食菜而已。终丧之后，犹蔬食，不入房室二十许年。乡里咸叹异之。其邑人王元达等七十余人上其状，有诏表其门闾。"其人有孝行，无论是丧葬其父，还是孝养其母，友悌其弟，他的至性都可以说为一时楷模，母丧后"唯饮水食菜"却是做得过了，至于"二十年不入房室"，以孝为借口泯灭夫妻之爱，则是愚孝的表现，此行实不可为后人模范。但在当时"风俗浇薄"的社会环境下，实为异事，其行被褒扬，表明了当时国家对社会上道德行谊的重视。

秦族的弟弟秦荣先，是秦氏家族中另一位被旌褒的人物。史载秦荣先："亦至孝。遭母丧，哀慕不已，遂以毁卒。邑里化其孝行，世宗嘉之。"也就是说，秦荣先与其兄一样也是因孝成名的人，他的养敬父母因有"至孝"之行，是正面的，母丧后"哀慕不已，遂以毁卒"所违反的是传统孝道中的"身体发肤受之父母，不敢毁伤"的原则，虽有至诚孝思，却有愚孝之行。北周明帝感其"至性"，下诏说："孝为政本，德乃化先，既表天经，又明地义。荣先居丧致疾，至感过人，穷号不反，迄乎灭性。行标当世，理镜幽明。此而不显，道将何述。可赠沧州刺史，以旌厥异。"这篇诏书很有意思，北周的明帝先点出孝为国本，国家稳定要以道德教育作为先导之一，孝之道是天经地义之道，秦荣先有至孝之思，其孝思可以为国家的模范，不提"毁卒"而提"迄乎灭性"，显然是不赞成"毁卒"之事的，但其孝思可褒，于是追他为赠沧州刺史，成为秦氏家族三代当中第三个因孝而被赠、被旌，享受国家大臣待遇的人。

因孝被旌，史不乏书，布衣之身三代如此，史不多见。子女孝敬父母，要有孝思、有孝行，孝思要笃诚于心，孝行不可过分。我国传统中，显扬父母，孝是其中重要的一个环节，不是所有人都能成为贤能之才的，日常生活中子女孝敬父母，让父母因子女孝而被赞扬家教好、有福气等，生活在这样的环境中，本身便是一种显扬。

八、两朝同旌[1]（杨庆）

从世风日下的南北朝至一统的隋朝，社会在长久的战乱之后，人心思定，国家为了更好地稳定社会，对百姓的道德教育渐渐加强，对于有孝悌德行的人，更是加大褒扬的力度。在当时的大环境下，因孝行被不同王朝旌表具有孝德的人多有出现，杨庆便是其中的一位。

杨庆，生卒年不详，约生活于北朝北魏后期至隋文帝开皇年间，字伯约，河间（今河北省河间市）人。《北史》中记，杨庆的祖父杨玄、父亲杨刚，以孝名于世，传至杨庆，已三代因孝而名于世。杨庆少年时聪慧，在他十六岁时，当时的国子博士著名的儒家学者徐遵明十分欣赏他，二十五岁时因其博识广闻，有孝悌之行，郡中察举，被举荐为孝廉，此时母亲有疾，他以侍养母亲为由不赴征辟。

杨母生病及病逝期间，《隋书·孝义传》记："母有疾，不解襟带者七旬。及居母忧，哀毁骨立，负土成坟。"他侍奉母亲，衣不解带达七旬之久，孝养、关爱、治疗母亲，尽了子女孝敬父母的责任。母亲去世时他居丧守制、亲自负土修坟，表现出子女对母亲的哀思。杨庆的孝行在北朝的北齐是十分有名的，北齐的文宣帝高洋在位期间因其行："表其门闾，赐帛及绵粟各有差。"

隋建国后，隋文帝为修正国家的风气，在国家范围内树立孝悌之风，以稳定国家，对杨庆的孝行继续加以褒奖："隋文帝受禅，屡加褒赏，擢授仪同三司，板平阳太守。"前文已述，所谓的"板授"，是被封建国家认定的享受某种待遇的说法。"开府仪同三司"中的"三司"，是指"司马、司空、司徒"，自西汉始，只有"三司"方可设立官属，北朝的北魏定此名为高品爵的官位。隋炀帝始"开府仪同三司"为文散官的最高官阶，从一品，隋文帝时一般为正五品至正四品的文散官官阶。自两汉开始"太守"一职，职俸多为二千石，相对应的品级为四品。宋代潘自牧的《记纂渊海》中记："杨庆……隋授平阳太守，卒年八十五。"隋文帝对杨庆的褒扬，实际上是因杨庆的孝行且年高德劭，褒奖他享受正四品的待遇。

杨庆以平民之身，受两代旌表，因孝而成名，国家对孝德、孝行的重视，

---

1. 文献支持：《北史·孝行传·杨庆》《隋书·孝义传·杨庆》、唐·杜佑《通典》、宋·潘自牧《记纂渊海·卷二十·郡县部·河间府》《明一统志·卷二·河间府》。

是史载此事的重要原因。杨庆继志继孝、侍母疗疾，史传中虽然没有过多描述他的事迹，仅从旌表一事中，亦可看出他在生活中的作为，他以自己的行动显扬了自己的父母，为当世树立了表率。

九、孝和村里 [1] （李德饶）

清代《御定子史精华》一书中有一词条，名为"孝子乡和顺里"，文下引注的是《隋书》所记的李德饶的故事。

李德饶，字世文，生卒年不详，约生活于南北朝末期至隋朝期间，赵郡平棘（今河北省赵县固城村附近）人。《北史》将其传附于《李灵传》后，《隋书·孝义传》为其列传。史载：李德饶自幼聪慧，有至性，性情至孝，自幼时起便主动侍奉父母。成人后孝敬不衰，父母生病时他忧伤得食不下咽，侍奉于父母床前，十旬不解衣带，全身心地为父母疗疾。父母去世后，更是十分忧伤，史载他"水浆不入口五日，哀恸，呕血数升"，其悲伤的程度让人叹止。父母去世的时候，时值深冬，他"单缞徒跣"，步行四十里送葬，参与李父葬礼的人多达千人，没有不被他的孝行所感动的。

李德饶出仕的时间较早，《隋书》记他"弱冠仕隋为校书郎"，后升至"值内史省，参掌文翰"，再转为监察御史。他从政期间养德修身、依德推仁从未止息。隋炀帝大业三年（607）他仕为同隶从事时，经常巡视四方，其间理冤狱、褒孝悌、树民风，虽然职位不高，但以其孝悌德行、清正之治为当时所重。与他相交多为当时的名士，这也是他在父母丧亡时"会葬者千余人"的原因。在他守制期间，国家遣纳言杨达巡视河北，杨达专程至李家吊祭，并劝慰德饶。在知道他的孝行、德义之事后，深切感到因李德饶的孝悌、仁爱之行，使李德饶的家乡孝德之风大盛，人与人之间的关系较他处远为和顺，于是改其村名为"孝敬村"，所居之乡也易名为"和顺里"。

李德饶丧服期满后，复出仕为金河县长，此时隋王朝因隋炀帝的不顾民力，各地的起义风起云涌，当时格谦、孙宣雅于渤海起义，隋王朝想招降他

1．文献支持：《北史·李灵传》《隋书·孝义传·李德饶》、清《御定子史精华·卷八十七·德行》。

们，格谦、孙宣雅不信任隋王朝的其他官员，却听闻李德饶的孝悌、仁爱之行，遣使告于隋王朝，只有李德饶来招降，方可接受招抚。于是李德饶赴渤海招降，到达冠氏县（今河北省馆陶县）时，时值赵佗围城，城破被害。

李德饶侍养父母孝、关爱父母诚、丧葬父母谨，持守孝德，以孝修身，以仁爱遗世，《北史》《隋书》如是记。宋代章定的《名贤氏族言行类稿》中更记："纠正不避权贵，德行为时所重性。"从政清且正，以其行在隋末乱世时树立了道德的模范。所闻达的不仅是自己的名声，能立身不仅是所具备的德行，更彰显了李德饶父母教育的成功。杨达改村名、乡名，起义军认可李德饶，正是对他的褒扬。

十、勿犯孝子[1]（华秋）

《北史·孝义传》在论及孝的时候说："淳源既往，浇风愈扇，礼义不树，廉让莫修。"其感叹与《南史》相近，都是说在南北朝时期，先秦以降的孝悌德义因战乱和社会动荡出现衰微，纯朴的德行在许多地方成为往事，不良的习俗却越来越多，国家和社会由于各种原因，对孝悌之德、良风美仪的推动不足，良风善俗渐渐被弱化。

南北朝之际，无论南北方，风俗渐薄成为普遍现象。北朝的大族，是以游牧民族为主体，汉化程度不深，有许多人不注重孝德、孝行，民间自古以来淳朴的民风虽被削弱但依然被沿袭。《御定孝经衍义》在评论此时的民风时，记录说："敦里阎之素节，彰善表微，责备贤者。"意思是说，《北史》的此类记录，多记平民，是为了责备当时北方贵族的统治者，对孝德的不重视。在所记孝子中，华秋是其中较为突出的一位。

华秋，生卒年不详，约生活于北朝北周至隋朝，汲郡临河（今河南省卫辉）人。自幼丧父，家贫，为了生活、奉养母亲，他以帮佣为生，并用所得奉养母亲。华母患病的时候，华秋尽心竭力地为她延医治疗，侍奉于母亲身边，母病绵延，华秋也因此忧愁得容颜憔悴，以至于头发渐白，汲郡中的人多为他

1．文献支持：《隋书·孝义传·华秋》《北史·孝义传·华秋》、宋·章定《名贤氏族言行类稿·卷四十六》、宋·佚名《锦绣万花谷·续集·卷三十六》、宋·佚名《氏族大全·卷十八》、清《御定孝经衍义·卷九十八·庶人之孝》。

的孝行所感叹。华母病故后，《隋书·孝义传》中记，他因此"遂绝栉沐，发尽秃落"，并亲自为母负土造坟、庐于墓侧，为母守制。乡人为他的孝行感动，想去帮助他，华秋揖拜谢止。服制完成后，华秋在母墓旁结庐而居。

隋初，国家征调狐皮，地方上于是举行了大规模的围猎。史载，当时有一只兔子，为躲被捕猎，窜入华秋的居室之中，藏匿于他的膝下，猎人追至，十分惊奇，未捕而去，从此后此兔常宿于华秋居室中，郡中人听说后都认为这是华秋孝感所致，华秋的孝行惊动了国家，隋帝时国家因其孝遣使问劳，并且旌表门闾。

隋末，国家大乱，起义蜂起，汲郡地处中原，起义军和国家的军队往来不止，路过华秋所在的乡村时，都相互告诫说："不要惊扰孝子。"华秋的乡邻也因此有许多人家免于被乱兵侵扰。

华秋，一位平常的百姓，所行所思，孝养父母，所尽到的是自己的责任，没有什么大的功绩，所感化的却是远近百姓。他的孝行不仅使自己得以全身，更保全了父母的生前、身后之名，保全了附近的乡邻，显扬于当时，感动于当世，教益于后代。史书为其立传即表明孝德、孝行在我国有着深厚的基础，又说明了拥有孝德、孝行的人在一定区域内有教化意义。

十一、号伏叛垒[1]（杨牢）

"号伏叛垒"是《白孔六帖》中的一则故事，故事采自《新唐书·李甘传》，主人公杨牢因孝闻名，在当时号为"孝童"。

杨牢，字松年，弘农（今河南省灵宝市）人，清代的《御定全唐诗》中有他的小传。传中称："年十八登大中二年（848）进士第。"《新唐书》中称"后亦擢进士第"，从记录上看，他应出生于831年，晚唐时期有诗名。《李甘传》记，杨牢幼年时期就有孝悌之类的志行，当时的侍御使李甘对他十分赞赏，在李甘尚未成名时，就曾写信向当时的弘农郡尹举荐杨牢。

杨牢的父亲杨茂卿，是晚唐时期的军士，在当时的魏博节度使田弘正帐下

---

1. 文献支持：唐·白居易撰　宋·孔传续《白孔六帖·卷二十五》《新唐书·李甘传》、清《大清一统志·卷一百六十四·河南府》、清《御定全唐诗·卷五百六十四》。

为将，田氏败亡后，杨茂卿滞留在魏博一带。在杨牢少年时，魏博地区发生叛乱，杨茂卿战死。兄长杨蜀三次派人去魏博求还杨茂卿的尸骨，自己却因害怕不敢亲往叛乱之地，没有寻回尸骨。幼年的杨牢知道后，行程两千里从洛阳到常山，在叛军的营垒前哭求。长途跋涉使年幼的杨牢身体更为羸弱，长时间地恳求，使叛军有感于他的孝心、孝行，将杨茂卿的尸骨交于杨牢。

杨牢此行时值深冬，他往来于太行山，千里寻父，负柩而还，身体多处被冻伤，孝行感动了路途中的人。《新唐书》记："单缣冬月，往来太行间，冻肤龟瘃，衔哀雨血。行路稠人为牢泣，归责其子，以牢勉之。"路途中的人以杨牢为榜样教育子弟，他的归家之路，成了一条扬孝之路。李甘在信中叹息："这种孝行，却没有听说当地的官府对其父进行吊唁，没有听说汉地官员上表为他请求旌扬，这岂是国家弘孝立教的宗旨！杨牢的孝行感动路途各地，各地的执政官员或出资或出力，助杨牢返乡，其他地方可以做到，当地的官府却没有去做，实在是遗憾的事情。"

杨牢在当时被称为"孝童"，他的孝行所维护的是父亲的尊严，他的孝思突出表现在我国固有的，使父母亲人叶落归根的习俗上。传统习俗中人去世之后回归祖陵，可以让后世子孙祭奠，可以让回归者安息，传统延续千年，至今犹存。杨牢思亲完成了父亲的愿望，以诚笃之行表达了他对父亲的敬爱，维护了父亲的尊严。经历万苦而成的孝事，一时成为佳话，也使他"孝童"之声名至实归。

《全唐诗》中的作者小传中记，他十八岁登进士第，初唐的科举与后世大不相同，录取名额和难度要远大于后世，当时因德声被荐举是其中重要的参考项目。杨牢能以弱冠之龄取得如此好的成绩，除了自己的学识扎实外，与他的孝行不无关系。思亲以护尊严，承志以显家声，杨牢之行可算是大写的"孝"。

十二、刻志从学 [1] （任敬臣）

《白孔六帖》有一则承志求学的故事，书中定名为"刻志求学"，故事的主人公是初唐时期著名孝子任敬臣。

任敬臣，生卒年不详，《新唐书·孝友传》记"虞世南器其人"，可知其应生活在隋末初唐之际，与虞世南生活的年代相当。字希古，棣州（今山东省惠民县）人，初唐孝子，有文名，《宋史·艺文七》载有文集十卷传世。

任敬臣五岁丧母，《新唐书》中说"五岁丧母，哀毁天至"，当时他这种表现被称为有"至性"，也就是说有至诚的孝思、孝行。七岁时，他问父亲："母亲去世了，我如何去做，才能告慰、回报母亲？"父亲任英对他说："能做到扬名显亲就可以了。"于是任敬臣立志求学，由于他的努力，学识和德操都提高得很快，少年任敬臣所写的文章，当时的汝南名家任处权惊叹其才："孔子曾称颜回是世之贤者，认为自己的德行是不如他。我不敢与古人自比，但是看到此子，方信才德不如他呀！"十六岁时，当时的棣州刺史崔枢打算举荐他为秀才，任敬臣以学识不足辞谢。三年后学业方成，举孝廉，被隋王朝授予著作局正字。

入仕不久，父亲任英去世，他依制丧服，回思父亲对他的孝养之恩，伤心欲绝，打算随父而去。继母对他说："你的父亲难道希望你如此做吗？自古的孝道中，子女损伤了身体发肤，是不孝的行为，你如此做法，难道是孝吗？"任敬臣醒悟依礼服丧。在对待继母的问题上，他也做到了孝敬。明代的《武定州志》中记："敬臣事父母至孝，每食必具酒肉，无违色。有余力则潜心于经史，乡党称为'任孝子'。"从中我们可以看出，任家在当地生活条件还是可以的，因此任敬臣能专心文史，在成长过程中对父亲、继母做到了养、敬。文中说他"至孝"，实际上是对他孝敬父母的肯定，居于乡时他便被人称为"任孝子"，父亲去世后，他事继母如生母，做到了孝养。

丧服完成后，回朝升任秘书郎，为国家办理公事之余，在家中教习子弟读书，《新唐书》中说任家"阖门诵书"，其德行为人所称颂。当时的秘书监虞世南十分器重他，在国家考课时，他也因才德兼备被评为上考，任敬臣却坚决

---

1. 文献支持：唐·白居易撰 宋·孔传续《白孔六帖·卷二十五》《宋史·艺文七》、明《武定州志·选举志》、清《御定孝经衍义·卷九十八·庶人之孝》、清·徐乾学《读礼通考·卷一百一十·守礼下》。

推辞了。不久改仕弘文馆学士，隋炀帝南巡时，出任东都留守越王杨侗的西阁祭酒，助越王留守东都。唐代隋之后，秦王李世民，听闻了他的德操、学识，再三邀请，出任朝请郎。秦王登基后复仕为弘文馆学士，终至太子舍人，在贞观晚期去世。

任敬臣的孝行主要表现在承志、显亲方面。他对母亲有极深的感情，母亲去世后，他立志从学，以才识、以立身回报母亲的养育之恩，不辜负母亲对他的期望，孜孜以行，行之终身，其孝思实为笃诚。侍奉父亲及继母以孝，其间父亲去世，虽因伤心险做愚孝之事，继母开导后明孝继志。生活中事继母如生母，对待子女加强教育"阖门读书"，敬亲之举实为切实。他的德行、学识被隋唐两代所认可，虽因历史原因有关他的记录并不多，仅从史传中的记录上看，他两为弘文馆学士，尤其是第二次，唐太宗时期的弘文馆是当时的国事参谋机构，在此任职显现了唐太宗对他的看重，种种情形显现了他将显、扬之孝落到了实处。

清代的《御定孝经衍义》中也收录了其人其事，并且说"录其人以成其立身扬名之志"，意思很明确，任敬臣的孝在清代看来，最为重要的在于显、扬方面。清代徐乾学的《读礼通考》不仅以显、扬之孝对他进行表彰，更将他守父丧一事收录到《守礼》卷中，明确表现了对传统孝道的认知，对愚孝的批驳。从这些方面看，任敬臣的孝思、孝行或可为后人所借鉴。

十三、何以报德[1]（萧蒲离不）

萧蒲离不，生卒年不详，约生活于辽道宗至辽天祚帝时期，字棱懒，辽王室后族子弟，是一位名著于《辽史》的孝子。

辽王朝自萧太后萧绰、辽圣宗大力推行汉制，在国内移风易俗之后，孝道的遵行成为社会中的主流风尚。与南方的宋和国家汉族聚集区的汉民不同，游牧民族逐水草而居的习性，使他们往往逐水草而迁徙于南北西东。北方草原民族聚族而居，在奉养父母方面较农耕的汉民族相对弱一些，父母对子女的慈

1．文献支持：《辽史·卓行传·萧蒲离不》、明·何良俊《何氏语林·卷九·文学第四下》、清《御定渊鉴类函·卷三百一十六·释部一》、清《御定韵府拾遗·卷六》。

爱，子女对父母的慕孺出自天性，并不比汉民族差。

身为辽王国魏王萧惠四世孙的萧蒲离不，传至他这一代家族已经十分庞大，在当时的辽王国是一个大的家族，依古礼和辽承袭制度，爵位每代递降，到了他这一代，非嫡支的他已与平常部族无异。他的父母在萧蒲离不幼年时就去世了，抚养他长大的是祖父兀古匿。自幼接受的教育和生长的环境，使他自幼便明白了要孝敬父母亲人，父母去世后，他便孝敬祖父，史志中记他"性孝悌"，年少时便以孝养友悌闻名。十三岁时祖父兀古匿去世。十年间亲人接连丧亡，萧蒲离不的心情可想而知，他依礼安葬了祖父"复遭祖丧，哀毁逾礼，族里嘉叹"，孝敬之行、哀思之义、丧葬之诚被族中人所赞叹。

亲人去世后，他在丧葬期间感叹说："我的亲人去世得都很早，如今已经很难有人教导我、培养我了，如果自己不能努力、不能自勉，如何能报父母亲人的养育之恩！"于是他致力于学，精研经义，修养身心，成人后文学、才艺无所不精，为时人所称。

他以才名显于辽国，此时的辽国已至晚期，贵族骄奢淫逸，国政昏暗，辽道宗选拔官员甚至用抓阄的方式选择，辽天祚帝即位后国内政治、军事也没有多少好转，萧蒲离不不愿意与当权者同流，使自己的志节被染污。乾统年间（辽天祚帝年号，1101—1110）因祖父兀古匿的原因，召他入仕，固辞不赴，转而寄情于山水之间。有人问他："难道就不感念先祖的功德，以求仕进吗？"他回答说："我自己感到不能够承继先祖的功业，如果强行出仕，如何能护佐君主，荫庇百姓？"既然不愿意以曲道去显扬亲人，就要存留志节，不使父母亲人的声名受到损伤，也是孝的一种表现。

萧蒲离不的孝主要体现在孝思上，少年时迭失亲人，他虽有孝心、孝行，却因为亲人去世得早，没能尽到孝养亲人的心意。亲人去世后，他因为思念亲人，想着努力学习、修养自己，借以告慰亡故的亲人，学成之后，不愿意被当时纷乱的世事所扰，保持了志节，没有让去世的亲人声名受到损伤，终身将思慕亲人的心思存于心中，以实际行动去维亲、去承志。《辽史》中将其收录到《卓异传》中，其行虽不能算是达到了大孝，但他的孝思承志之举也算难得。

十四、鹤发寻亲 [1] (朱寿昌)

　　"采衣东笑上归船，莱氏欢娱在晚年。嗟我白头生意尽，看君今日更悽然。"此诗名为《送河中通判朱郎中迎母东归》，收录于王安石的《临川文集》中，是王安石为当时的孝子朱寿昌迎母归乡所作，诗中感叹朱寿昌的孝行，为朱寿昌母子五十年分别后的团圆所感慨，也为自己父母丧亡，无法奉养双亲而凄然，感情真挚，为一时赞孝的名篇。

　　朱寿昌，生卒年不详，依《宋史·孝义传》记，宋神宗熙宁初（约1068—1070）五十余岁时弃官寻母，年七十去世，可知他生活于宋仁宗至宋哲宗时期。字康叔，扬州天长（今安徽省天长市）人。《续修资治通鉴长编》记，他的父亲朱巽，在宋仁宗即位之初曾守长安，娶刘氏为妾，生下了朱寿昌。朱寿昌两岁时，朱巽休刘氏，刘氏嫁于民间，母子分离。成年后，他以父亲朱巽的原因恩荫入仕。

　　朱寿昌童年时父亲就调整离长安，从那时起，他便不停地四处探寻母亲的下落。宋仁宗景祐五年（1038）李元昊在现在的宁夏、甘肃一带割据，自立"夏国"，从此开始了延续北宋中后期的宋夏战争，陕西当地人许多因战乱而外迁，刘氏也随着后夫党氏从长安迁出。《长编》记，朱寿昌四处寻母终不得，他心情郁闷，饮食时很少吃酒肉，每与他人言及母亲，都流泪不止，多年的寻访不果，使他转而沿用当时为父母祈福的习俗，祈佛祖护佑，甚至有些极端，烧顶受戒饭依成佛门居士，用针刺血，和水写佛经以求母亲安康，立誓只要能知道母亲刘氏的消息，虽千里万里也要迎母还家。入仕后，他历经将作监主簿、通判陕州、荆南、权知岳州，每到一地，都详细寻访，却几近五十年杳无音信。

　　宋神宗熙宁初，当他探知到母亲刘氏的线索后，毅然与家人告别，弃官再入陕西寻母，并且发誓说："不见到母亲就不返家，与家人团聚。"一路找寻，在同州（今陕西省渭南市大荔县）终于见到了母亲，此时母子相别已经五十年，母亲刘氏也已经七十多岁，万幸的是母亲健在。朱寿昌母子重聚后，

1．文献支持：宋·苏颂《苏魏公文集·卷三·古诗》、宋·王安石《临川文集·卷三十一·律诗》、宋·苏轼《东坡全集·卷四》、宋·李焘《续修资治通鉴长编·卷二百一十二·神宗》、宋·王称《东都事略·卷一百一十七·卓行传》、宋·陈造《四贤堂记》《宋史·孝义传·朱寿昌》、清《雍正江南通志·卷十四·舆地志》。

他将刘氏及异父兄弟同时接回家乡。

朱寿昌五十年的寻母之旅，感动了时为开封知府的钱明逸，其上疏宋神宗奏其孝行，宋神宗下诏复其官以彰孝德。当时的名家诸如王安石、苏轼、苏颂赋诗赞美，文章开篇的七绝即为当时所作。苏颂的《送朱郎中寿昌通判河中府》更形象地将他孝思、寻母之事录于笔端："中郎常有怀，生不识所怙。登朝虽厚禄，当食每忘馈。念昔鞠育劳，嗟今出处异。倚门岂不待，两求终莫致。乳乌思反哺，哀鸣自垂翅……驰驱咸雍郊，历访经行地。至行感神明，精神通梦寐。悠悠大道傍，亲息忽相值。"苏轼的长调《朱寿昌郎中少不知母所在刺血写经求之五十年去岁得之蜀中以诗贺之》更写道："嗟君七岁知念母，怜君壮大心愈苦。羡君临老得相逢，喜极无言泪如雨。不羡白衣作三公，不爱白日升青天。爱君五十着采服，儿啼却得偿当年。"将朱寿昌思母之情淋漓尽致地以文学手法写了出来。

苏颂叹道"兹事昔未有，闻者共警喟"，苏轼写道"感君离合我酸辛，此事今无古或闻"，确实朱寿昌孝思之诚、寻母之苦古今罕见，史传中虽然也有千里寻亲的孝子，如同他寻亲五十年，且毅然去官、不计名利地坚持尤为突出。孝敬之心、孝思之念实可为天下表范。宋代王称的《东都事略》中有《卓行传》，收录了朱寿昌等人寻亲之事，对此类事情评论说："士之所贵于天下者，以有君子之行焉……其德卓绝之行足以表仪一世，乌乎斯可谓之士矣！"世间的有德义的人、修养德义的人，什么样的品行最为可贵，君子之行如何才能在根本上表现，如同朱寿昌等人一样，有孝悌忠诚之行的人才可以模范一世，这样的人才可以称得上是真正的士子。王称此论实不为过。

史载朱寿昌迎母归家后孝养母亲，数年后母亲去世，他伤心得几乎失明，对同父兄弟、异母兄弟十分友爱，兄弟去世后，周济照顾他们的子女，将他们的子女当成自己的子女，求学、出嫁无不如同己出，居官、居家有爱心，常常急人所难，其行、其德为当时模范。

以鹤发之龄寻母奉养，以兄弟之情友爱抚孤，以仁爱之心周济救难，朱寿昌孝思可谓大矣！孝悌可谓足矣！

十五、忠孝相承 [1]（董俊父子）

金末元初直至元朝建立，有一个家族，子承父业，孙继祖功，祖孙三代谥号为"忠"的有五人，孝悌清正名于全国，文武之名济美于当世。

董俊，生于1186年，卒于1233年，字用章，金末藁城（今河北省石家庄市藁城区）人，蒙古国大将，蒙古灭金时期，跟从木华黎为左副元帅。不仅武略出众，更以忠孝立身，在平灭金国的战役中，重用儒士，护佑汉民，史载他施政时："为政宽明，见人善治田庐，必召与欢语，有惰者，则怒罚之，故其部完实，民唯恐其去也。"为北方汉人做了许多有益的事情。《元史·董俊传》和《董文柄传》记录了他及子孙的事迹。

忠孝传家是董氏家族的重要特点。董俊早年丧父，他侍母以孝名闻于世。只要不是身患病症，每年都按时祭祀祖先，祭祀的时候无论跪拜都极尽礼法，家中就算是乳童，也要让其依序次拜祭，经常告诉子女："祭祀，以孝敬祖先、培养孝德的一种方法，礼法上如此要求，做人时更要遵行。"攻破金中都汴梁后，他延请儒生教导子女，并且对子女说："射，百日就可以学会，诗、书之类的学问，做人的道理，不去学习、修养是不能够明通的。"告诫子女说："我不过出身于农家，如今天下变乱，我立身处世，以忠义为先，不过是能立门户，深愿你们能努力读书、养德，不要有非分的愿望。"灭金之时他战没于蔡州，被赠为"翊运效节功臣、太傅、开府仪同三司、上柱国，封寿国公"，谥忠烈。子女在他的培养下无论德行、才识、功业都远高于常人。

长子董文炳，字彦明，平宋之战的主将之一，在父亲战没于蔡州城时年仅十六，担负起家中重任，孝事母亲李氏，代父责教养诸弟，承继了其父忠孝为国的理念，出仕后有德政于民，因反对蒙古国索求无度，在屡谏不从的情况下，曾一度弃官，后随忽必烈征战南北，平叛乱、征南宋立有战功，尤其是在征宋战争时，他阻止元兵对江南的破坏，为大一统的元王朝建立有殊功。征宋回京后元世祖以他为参知政事，他因病请辞，元世祖说："卿固忠孝，是不足行也。枢密事重，以卿金书枢密院事，中书左丞如故。"显现

1．文献支持：元·虞集《道圆学古录·卷十二·讲毕奏特加藁城董氏封赠表》《元史·董俊传》《元史·董文炳传》《钦定续通志·卷四百五十四·列传·元八》《钦定续通志·卷四百六十一·列传·元十五》、清《御定孝经衍义·卷八十三·卿大夫之孝·敬亲》、清·姚之骃《元明事类抄·卷十四·人伦门》、清·朱轼《史传三篇·卷四十一·名臣传三十三》。

出对他品行、能力的肯定。卒赠翊运效节功臣、太傅、开府仪同三司、上柱国，封寿国公，谥忠烈。

次子文蔚，字彦华，史传中记："事母至孝，接人谦恭，凡所与交，贵贱长幼，待之无异；至于一揖，必正容端体，俯首几至于地，徐徐起拱，人所难能。"孝悌谦恭为常人所难及。中统二年（1261）病没于统一战争中，赠明威将军、佥右卫使司事、上骑都尉、陇西郡伯。

三子文用，字彦材，遵父兄之命，孝亲友爱忠于国事，精于诗词文赋，为当时俊才。开发宁夏、甘肃西夏故地，在山东劝农惠民，为民争利；力主加强御史台，严惩当朝权臣阿合马，在至元二十二年（1285）仕至江淮行中书省参知政事，是当时孝德、忠义兼备的良臣。卒赠银青光禄大夫、少保、寿国公，谥忠穆。

四子文直，性格刚毅，通经史法律，勤俭持家，对内孝养母亲李氏、和睦亲族，对外举止有礼，史传中记："性好施而甚仁，里闬或贫不自立，每阴济其急，不使之知恩所从来。"有仁孝之行，五十二病卒。

八子文忠，字彦诚。善战有谋，敢于进谏，为官清正，辨狱平冤，为一时名宦。曾说："吾少读书，唯知入则孝于亲，出则忠于君而已。"孝悌忠正为人所敬服。至元十八年冬上朝时突发病症而卒，制赠光禄大夫、司徒，封寿国公，谥忠贞。

长孙董士元，董文炳长子，字长卿，幼年丧母，由祖母李氏抚养长大，孝事祖母。师从名儒，善于骑射，元世祖评价他"忠勤可以任事"。战没于征宋之战，赠推诚效节功臣、资德大夫、中书左丞、护军，追封赵郡公，改谥忠愍。

董文炳次子士选，字舜卿，史传中称他以"忠义自许，治家甚严，孝弟犹笃"，当时世家称有礼法的家族，必定举董氏为例，他师从吴澄，号为廉吏。

董氏家族，著录于史传中的人物还有一些，这些人以忠孝传家，在纷乱、黑暗的元王朝实为异数，清代《御定孝经衍义》中评论董氏家族时说："董氏可谓济美矣！虽其名位不同，牵连而书，以见其家法之相承云。"何谓"济美"？实际是指董家孝德相传、子承父志、孙继祖功。

一个家庭如果有好的孝行规范，父母能以身为范，子女也会受其影响，承志继功是要承父母祖先好的德行、志节，以孝推忠，忠诚于国，以孝养、以显亲，去做对国家、对社会有益的事情，当然这些都要从修身立德开始，孝德是其中重要的一环。

十六、孝比寿昌[1]（祖浩然）

元统一后，各地的反抗此起彼伏，元统治者也加大了镇压力度，尤其是江南一带人文荟萃，不甘于亡国的故宋士大夫起事者更多，元在镇压起义的过程中，屡次造成了百姓的流离失所。孝子祖浩然的孝事，其起因正在于此。

清代福建侯官人兖州知府郑方坤有一部《全闽诗话》，书中记录了祖浩然的故事。

祖浩然，生于1278年，卒年不详，元初福建建宁浦城（今福建省南平市浦城县）人，字养吾，出身于读书世家。元世祖至元十五年（1278），政和人黄华发动了"头陀军"起义，一时福建大部易帜，直至至元二十年（1283），元政府方才平息战乱，这一年他的母亲全氏在元军平乱的过程中被掳掠。

元代学者陶宗仪的《南村辍耕录》记，黄华起义被平息后，元军："回军经浦城，焚其庐舍，孝子母全氏遭掠而北。是时孝子年六岁，母子相失，独与父居，不闻问者二十又八年。"浦城被焚，母亲被掳，祖浩然独与父相依相伴，世家学儒的他在成长过程中，学习、修习儒家的德义，孝养父亲，无论是孝行、学识，还是德行在当地都极为出色，与母亲失散的二十八年，他四处寻访，却音信皆无。元武宗至大三年（1310）由于孝行、学识出众，在几无科举考试的元王朝，被福建宣慰使司都元帅府举荐为三山书院山长。将出任时，有人对他说，你的母亲全氏现在流落于河南，至于具体在哪里却不是很清楚。

听到母亲的消息，祖浩然十分激动，此时已成家的他将父亲托付给家人，毅然辞职告别父亲北上寻母。每到旅舍只要听到有河南乡音的人，他都与之相谈，问询，哪怕是一星半点的信息也不放过。当时参与镇压黄华赵义的元兵军士有许多人尚健在，对他说："当时征战时，军中的赵副使，掳得一名一姓全的妇人，不知是不是你的母亲，赵副使此时已经获罪，全氏又被一蒙古人收去，这家人又迁往汝州（今河南省汝州市）、邓州（今河南省邓州市）一带。"祖浩然听到这一消息，知道母亲健在，更为欣喜，复南下寻母。《南村辍耕录》将这一过程记录得十分详细："孝子知母定在，惊喜，遂回汝州，抵鸦路山，不遇。行八百里，至牛蹄白石，不遇。又行七百余里，至枣阳崔桥，

1．文献支持：元·陶宗仪《南村辍耕录·卷三十》《元史·世祖本纪七》、清·郑方坤《全闽诗话·卷五·祖浩然》、清《雍正福建通志·卷五十·孝义二·建宁府》、清《福建浦城莲湖祖氏族谱》。

又不遇。然自离汝州，行路既远，知母所乡，停车道旁，投宿旅舍，举其状以问人，颇有相酬答。"寻亲漫漫，屡屡失望，却仍不知母亲何在。

一日，在与旅途中的人交谈时，旅人对他说，前面是唐州（今河南省唐河县），唐州有一山名为"别盖山"，那里有蒙古军士居住，或可到那里找寻。于是祖浩然复行三百里至别盖山寻访。访求之下，终见其母，此时母子相失已达三十三年，他在别盖山留住半个月后，奉母回乡。

回乡后的祖浩然在浦城引起了轰动，他的寻母之行也传之四方，为弘扬孝德，元王朝对他予以旌表，当时的文人以为祖浩然的孝行可比朱寿昌，纷纷赋诗褒扬，会稽名儒韩性为其作《孝子传》，惜已散佚。名儒揭傒斯更作诗以赋盛事：

浦城孝子身姓祖，自怜性命如粪土。生才五岁遭乱难，有母更被官军掳。
零丁二十八春秋，母纵得生何处求。天地茫茫明月恨，江山漠漠白云愁。
忽得母书惊母在，看书未尽泪先流。书云流落河南县，河南踏遍无由见。
唐州境上忽相逢，白发萧萧霜满面。谁知喜极情转悲，旁人更问初别时。
千生万死到今日，始为母子东南归。

祖浩然孝思与朱寿昌大略相同，不慕荣华救母流离，更让人感动。孝思于心，不在于距离远近，而在于是否能真心笃诚以事亲。

十七、鬻牛言状[1]（赵铉）

元代社会的等级划分及统治阶级对不同民族的残酷压榨，终元之世不止不息，使得元王朝始终动荡不止。江南相对较富裕的地区也没有免除这种情况，纷乱之下，百姓多有流离，一家蒙难，父（母）子相失，兄弟流离的现象多有发生，元代的孝子有一类其孝行体现在寻亲方面，类似的情况较前代和明、清时为多。

1．文献支持：明《江阴县志·孝友传》、清《御定渊鉴类函·卷二百七十一·人部三十一》《古今图书集成·学行典·卷一百九十一·孝悌名贤列传·元二》《清一统志·卷六十一·常州府二·人物》。

清人编订的《御定渊鉴类函》有一则"鬻牛言状"的故事，所记即是一个孝子寻母的故事。故事的主人公名为赵铉，赵铉生卒年不详，约生活于元末明初，江阴（今江苏省江阴市）人。赵铉的故事很有传奇色彩，明代《江阴县志》更是详细记录了他的故事。

元惠帝至正初，元末农民起义爆发，各地乘乱而起的人大有人在，江南动荡。赵铉的祖父赵祖彦、父亲赵思善在家乡聚集了乡邻，组建了一支队伍，以保卫家乡，抵御乱兵，却不幸战败被俘，他们不屈从乱兵，除赵铉和母亲吴氏外都被杀害，此时赵铉年仅六岁。吴氏携子躲于姑姑夏节妇家三年，乱兵为斩草除根多方搜寻，见已不能躲避，吴氏又携子远行，藏于舅舅吴士益家中，乱兵搜寻不到，更是悬赏捉拿，无可奈何之下吴士益与赵铉母子再次避于武林（今浙江省杭州市）。不久武林也遭兵灾大乱，吴氏与赵铉失散，年幼的赵铉被人贩卖。姑姑夏氏在乱后来到武林，遇到了被贩卖的赵铉，买下赵铉后觅地隐居。在赵铉的家乡，赵家的义仆承信在赵家出事后，也聚众抵御乱兵，在武林大乱后不久，打败这伙乱兵为赵家报了仇。

战乱平息后，姑姑夏氏携赵铉回到家乡居住，并抚养他长大，赵铉以事母之心侍奉夏氏，极为孝敬，只是每当言及母亲时都潸然泪下，心中十分伤悲，甚至食不下咽、夜不能寐。成家时大明已建国，依《御定渊鉴类函》的记录"即而举一子"，意思是说，赵铉的儿子长大后参加国家的科举考试，并且通过了省试而中举，多年寻母未果的赵铉对家人说："我的儿子已经成家立业，祖宗的功业已经有所托付，可是我的母亲又在何处？如今我要离家寻母，不见母亲，誓不还乡。"

寻母的过程是十分艰难的，元末明初的战乱，人的流动极大，被破门灭户的家庭极多，交通不便，信息隔绝，茫无头绪。赵铉奔波于吴越大地，历十余州县杳无音信。一日宿于旅店，同宿的人有一位卖牛的商人，他走南闯北认识许多人，听了赵铉的故事后十分感慨，对赵铉说依他的记忆，当时武林大乱时，许多人避于鄞县（今浙江省鄞县）。听到消息后，赵铉赴鄞县寻访，在鄞县的书锦坊见到一老妇人，知道此人是江阴人，是不是自己的母亲，因年幼失散，不敢相认。于是他与老妇人相互述说各自的事情，才知此人正是自己的母亲吴氏，母子二人相抱恸哭。

找到母亲后，他奉母还乡，十八年前离家寻母，十八年后，寻母而归时距与母亲失散也已有数十年时间，母子相伴而还，轰动了江阴。人们被他的孝行所感动。归家后的赵铉更是珍惜来之不易的团圆，侍母以孝，孝养母亲直至终老。《清一统志》记，明仁宗洪熙元年（1425）当地官员将他的事迹奏呈朝廷，《古今图书集成》记，明宣宗宣德二年（1427），国家下召褒扬他的孝行。直到清初赵铉母吴氏的墓尚存于当地的砂山，江阴官衙仍依照旧制，不准人们去赵铉及赵铉母吴氏墓附近采伐，以彰孝德、以弘孝道。

赵铉其行，明初人们将他的孝行广为宣扬，并将他与宋代的孝子朱寿昌及元代的祖浩然相提并论。三人孝思相同，波折大异，很难说三人谁的孝行更足，可以明确的是，三人都有诚笃的孝思，感人的孝行，之所以被后世所颂扬、所模范，是他们以行动感动了世人。

十八、思亲归根[1]（麹祥）

明王朝建国时，日本正处在诸侯争战的时期，这时的日本各地的领主以能朝贡大明王朝为荣，许多领主（大名）假冒朝贡使者出使明王朝，这些假贡使往往在朝贡之后贪心不止，不回日本，却滞留于中国沿海，以劫掠为生。自明太祖洪武二年（1369）起，至明神宗万历年间援朝战争止，沿海抗倭绵延几近二百年。

倭寇的肆虐给沿海百姓带来了深重的灾难。二百年的时间里也有特例，明成祖永乐中后期，郑和下西洋，明王朝海军力量空前强大，在这段时间里，倭寇几无立锥之地，对明王朝采取了臣服政策。故事的主人公麹祥即生活在这一时期。

麹祥，约生于1403年，卒于明宪宗成化年间，字景德，明永乐年间永平（今河北省卢龙县）人，父亲麹亮是当时驻守金山卫（今上海市金山卫镇）的百户。永乐十四年（1416）、十五年（1417）金山卫迭遭倭寇劫掠，麹亮在抗倭战斗中殉国，十四岁的麹祥被掠至日本。作为奴隶，他被献于日本国王。永乐年间明王朝的海上力量日益强大，倭寇大多敛迹，史载日本国王知道了麹祥的身份，不敢虐待，将他召至身边，并且将他的名字改为元贵，成年后又让

1．文献支持：《明外史·孝义传·麹祥》《明史·孝义传一·麹祥》《明史·外国列传三·日本》《古今图书集成·理学汇编·学行典·孝悌部·明二》《清一统志·卷十四·永平府》、清《雍正畿辅通志·卷八十·卓行·顺天府》《雍正江南通志·卷一百七十二·流寓·松江府》。

他在日本出仕。身处日本的麹祥一日不敢忘故国，虽在日本娶妻生子、担任官职，却始终怀有故国之思，他屡次讽谏日本国王，批评日本放纵倭寇袭掠中国的丑陋、血腥之行，谏诤日本应入贡中国，不要与大明为敌。明宣宗宣德七年（1432），日本国王始派使者再次朝贡，麹祥也随使团回到了故国。

去国二十余年终归故国的麹祥，自进入北京城后，就上书宣德皇帝："臣夙遭俘掠，抱衅痛心，流离困顿，艰苦万状。今获生还中国，夫岂由人。伏乞赐归侍养，不胜至愿。"大体意思是说："臣少年时遭倭寇掳掠，受辱去国，心中十分伤痛，颠沛流离陷于困顿之中，其中的艰苦、伤怀不可名状，如今终于踏入故国之中，生还故国，又岂能不存有居留之心，伏望陛下准许臣回归故土，侍养母亲，如准所请，不胜感怀。"宣德皇帝接奏后为了羁縻远方，而且此时麹祥身为日本使者，留其不归，不合礼仪，虽然感叹他的故国之思、孝敬之情，却没有准其所请，只是准许他归家探望母亲。《雍正江南通志》记，麹亮殉国后，其家居留于松江（今上海市松江区），在得知其家仍在后，他启程回家。

麹祥至家后其母尚在，麹母不敢认身形、服饰大异的儿子，对他说："我的儿子，在耳根处有红色的痣。"麹祥低首请母亲验证，母子方相认抱持而哭，居住了几天后，不得以他别母回日本复命，母子再次别离。

回到日本复命后，他向日本国王陈述了自己的故国之思、孝养之情，再三要求回归故国，日本国王见不能留其心，于是准其所请。宣德十年（1435）日本再次遣使朝贡时，麹祥随使团归国。此时宣德皇帝已崩逝，即位的正统皇帝准其所请，并且准许他承袭其父麹亮的职位，麹祥终于在去国二十余年后归根故国。

麹祥归国一事在当时被称为异事，去国二十年，念念不忘故国、时时将母亲记于心头，不仅存留了气节，其孝思、忠诚之心为时人所赞叹。归家后，他孝事母亲，史载"祥事母克备甘旨"，意思是说他依从传统的孝道，尽心竭力地孝养母亲。母亲生病时他更是三年不离母亲身旁，朝夕侍奉她，母亲去世，他更依古礼守孝。《清一统志》记"归养以孝闻"，以至诚之心成为当时孝敬的典范。

麹祥之孝，去国怀思，虽千万里，不忘故国，虽海天隔，尤忆慈母。忠诚孝思、养敬护持、关爱敬谨，不愧有孝子之称。

十九、半钱访亲 [1] （杨成章）

明世宗嘉靖十年（1531），明王朝旌表了一对孝悌兄弟杨成章、郭珉。《钦定文献通考》记："世宗时，道州杨成章授国子学录。"杨成章因孝举孝廉，成为当时的孝行模范。

杨成章，字不详，生卒年不详，明中期道州（今湖南省道县）人。父亲杨泰是明成化年间浙江长亭的九品巡检，位小官卑，娶妻何氏，却无所出。于是纳丁氏为妾，生下了杨成章。杨成章四岁时杨泰去世，何氏扶榇归里，丁氏的父亲强留丁氏于浙江，只让杨成章随嫡母还乡。丁氏无奈与子别离时，将一枚银钱剖成两半，与何氏相约各藏半枚，以便杨成章长大后相认。

六年后，何氏病故前，将半枚银钱交于杨成章，告诉了他事情的始末，杨成章听后呜咽不止，却因为年纪尚幼，又处于守丧期间无法寻母。成年婚配后，他开始了寻亲之旅。丁氏在何氏母子回乡后，复嫁于东阳（今浙江省东阳市）郭氏，离开了长亭，生子郭珉。手持半钱的杨成章至浙江后，遍寻丁氏，无奈时光流转，人事纷纷，无果而还。

之后，他又多方寻找，却始终没有音信。明孝宗弘治十一年（1498）道州人李绍裔任东阳典史，夜宿郭家。在闲谈中郭家知道了李绍裔的籍贯，丁氏便向他打听杨成章之事，方知杨成章已入府学成为秀才，在求学期间依然不止不息地多方寻母。听到消息后的丁氏十分激动，让郭珉持半钱去道州寻兄。无独有偶，当时的道州儒学训导与郭家相熟，是郭珉的老师，知道丁氏忆子之事，在教学之余与杨成章谈论了此事。杨成章听后大喜，于是也踏上了寻母之途。兄弟二人相对而行，至江西在一艘渡船上兄弟相逢，二人且悲且喜，各出半钱合在一起，方信二人实为同母兄弟。

兄弟二人同回东阳，见到了母亲丁氏，时隔二十余年母子方才团圆。之后，杨成章三次去东阳，想接母回道州奉养，已嫁入郭家的丁氏在当时的情况下不能成行，于是杨成章放弃府学生员的身份，与妻子儿女一起至东阳奉养母亲。弟弟郭珉也孝行备至，让晚年的丁氏生活得十分快乐，兄弟二人也因此成为道州、东阳有名的孝子。母亲去世后，他依礼庐墓三年，才与妻子返回道州。

---

1. 文献支持：《明外史·孝义传·杨成章》、清《雍正湖广通志·卷六十三·孝子志》、清《御定渊鉴类函·卷二百七十二·人部三十一·违离三》《明史·孝义传·杨成章》《钦定文献通考·卷三十八·孝廉》。

回道州后，杨成章因孝被道州举荐，升入国子监，郭珉也因事亲至孝被国家褒扬。明制，每一任地方官员和各府道监察御史，在任期内都有向国家举荐有孝悌忠义品行（实际上相当于现代的道德模范）人物的责任，这种制度显然是为了彰显国家以孝治天下，更主要的是为了移风易俗，以道德规范去约束人们，以稳定社会。在查核郭珉孝事时，郭珉将兄弟二人孝养亲人的事迹上报。此时的杨成章已由国子监肆业，有了岁贡的身份，嘉靖十年（1531）杨成章入北京参加科举，浙江采访的郭珉孝事也上呈至吏部。吏部的官员上书皇帝说："杨成章的孝行，在道州、东阳两地已经核实清楚，郭珉所言并非虚妄。宋代孝子朱寿昌弃官寻母，宋神宗因其孝而下诏年恢复其职。如今当地的司衙，知道此事却没有及时举荐，吏部、礼部又拘于没有成例，因此没有奏请旌表，此事已历十余年，实在是有愧于古谊。杨成章兄弟二人的孝行可以风励古今，请量授杨成章国子监学录，赐郭珉红花羊酒，以示对兄弟二人孝行的褒奖。"奏书上呈后，皇帝下诏认可了吏部的提议。

杨成章与朱寿昌等人都有着思亲、寻母之行，孝行都被当时所认可，更为难得的是与兄弟郭珉的友爱以及对母亲的奉养，他的不离不弃，郭珉的友悌爱亲相辅相成，兄弟二人对母亲的爱在诚、敬方面实可为后人借鉴。

二十、承志纾难[1]（夏完淳）

夏完淳，生于1631年，就义于1647年，明末南直隶松江府（今上海市桦江区）人，字存古，别名"复"。明末诗人，因"五岁知五经，七岁能诗文"，在当时号为神童。明亡后继承父志，破家抗暴，十七岁兵败被俘，不屈而死。

夏完淳父夏允彝，《明史》载：夏允彝明崇祯十年（1637）登进士第，与陈子龙、徐孚远、王光承等结"几社"，是当时江南地区的名儒。1645年，清军攻伐江南，他与陈子龙等起兵抗清，兵败后归家。清军攻掠至松江时，因其名礼聘他出山。夏允彝誓不为亡国之人，嘱其子夏完淳毁家饷军，精忠报国，代父完成恢复志愿。之后作《绝命诗》："少受父训，长荷国恩，以身殉国，

1．文献支持：明·夏完淳《夏内史集·卷一》《夏内史集·卷九》《明史·陈子龙传》《明史·夏允彝传》、清·屈大均《皇明四朝成仁录》。

无愧忠贞。南都既没，犹望中兴。中兴望杳，安忍长存……人谁无死，不泯者心。修身俟命，警励后人！”赴水而死。

夏完淳自幼师从陈子龙，受父亲和老师的影响，居家孝敬，心怀忠义。十四岁时明亡于李自成，同年清军入关。他感于国事，痛于国殇，作《一剪梅》等诗词以感怀：

无限伤心夕照中，故国凄凉，剩粉余红。金沟御水自西东，昨岁陈宫，今岁隋宫。

往事思量一晌空，飞絮无情，依旧烟笼。长条短叶翠蒙蒙，才过西风，又过东风。

更作《即事》以明志，诗中有“缟素酬家国，戈船决死生！胡笳千古恨，一片月临城”一句，更表达了他继父志以卫家国的志向。十五岁匆匆完婚后即随父参加了松江起义。父亲投水而死后，他破家纾难，三年之中奔波江淮，其志不改。清代屈大均的《皇明四朝成仁录》记，清顺治四年（1647），夏完淳起义事败被捕，被押送至留都（今江苏省南京市）。

夏完淳的案子由当时清王朝主理两江政务的洪承畴审问。《皇明四朝成仁录》记录了当时审问的情形：

叛臣洪承畴欲宽释之，谬曰：“童子何知，岂能称兵叛逆，误坠军中耳！归顺当不失官。”完淳厉声曰：“吾尝闻洪亨九先生本朝人杰，嵩山、杏山之战血溅章渠，先帝震悼褒恤，感动华夷，吾尝慕其忠烈，年虽少杀身报国，岂可以让之。”左右曰：“上坐者即洪经略也。”完淳叱之曰：“亨九先生死王事已久，天下莫不闻知，曾经御祭七坛，天子亲临，泪满龙颜，群臣呜咽，汝何等逆贼，敢伪托其名，以行忠魄。”因跃起奋骂不已。畴无以应，惟色沮而已。时完淳妇翁职方主事钱栴同在讯，气稍不振，完淳厉声曰：“当日者公与督师陈公子龙及完淳三人同时歃血上启国主，为江南举义之倡，江南人无不踊跃，今与公慷慨同死，以见陈公于地下，岂不亦奇伟大丈夫乎哉！”栴遂不屈与完淳同死。完淳时年十八。

其勇烈忠正之行实为后人所敬仰。处于明末清初的乱世，夏完淳承父志以继先烈，家国难以两全时，以国事为重。他的《大哀赋·序》中说："予始成童，便膺多难。揭竿报国，束发从军。"慷慨悲壮之志溢于其中，于国而言有忠贞之烈，于家而言有承志之孝。

夏完淳入狱之后，有《狱中上母书》传世，在清代被收入《夏内史集》中。文中说："淳已自分必死，谁知不死，死于今日也，斤斤延此二年之命，菽水之养无一日焉……一门漂泊，生不得相依，死不得相问，淳今日又溘然先从九京，不孝之罪上通于天！呜呼！双慈在堂，下有妹女，门祚衰薄，终鲜兄弟。淳一死不足惜，哀哀八口，何以为生。"孝思之心溢于言表，家国不能两全之痛泣于笔端。

夏完淳是一位年轻的华夏英烈，他的孝在于承父志、完大节。不屈于奴役，抗争于乱世，孝思不绝，忠贞不屈，在史书中写下了一个大写的"孝"。

第八卷　地名篇

一、北朝·北魏·郦道元《水经注》中有关"孝"的地名

今平原、阳平县北十里有"故莘亭"，陀限蹊要自卫适齐之道也。"望新台"于河上，感二子于凤龄，诗人乘舟诚可悲矣！今县东有二子庙，犹谓之为孝祠矣！（《卷五》）

巫山之上有石室，世谓之"孝子堂"，济水右迤，遏为湄湖，方四十余里。（《卷八》）

（安憙）县故安险也，其地临险有井涂之难……卢奴有三乡，斯其一焉。后隶安憙城，郭南有汉明帝时孝子王立碑。（《卷十一》）

（雍奴）县西北有阳公坛社，即阳公之故居也。《搜神记》曰："雍伯，洛阳人，至性笃孝，父母终殁葬之于无终山。山高八十里，而上无水，雍伯置饮焉。有人就饮与石一斗，令种之，玉生其田。"（《卷十四》）

《山海经》曰："平蓬山西十里厖山，其阳多琈珗之玉俞，随之水出于其阴，北流注于穀，世谓之'孝水'也。"潘岳《西征赋》曰："澡孝水以濯缨，嘉美名之在兹。"是水在河南城西十余里，故吕忱曰"孝水在河南"而戴延之言在函谷关西，刘澄之又云出檀山。檀山在宜阳县西，在穀水南，无南入之理。（《卷十六》）

渭水北有"杜邮亭"，去咸阳十七里，今名"孝里亭"，中有白起祠。（《卷十九》）

萧县"南对山"世谓之萧城南山也。戴延之谓之"同孝山"云，取汉阳城侯刘德所居里名目山也。（《卷二十三》）

（襄阳）沔水西又有孝子墓。河南秦氏性至孝，事亲无倦，亲没之后，负土成坟。常泣血墓侧，人有咏《蓼莪》者，氏为泣涕，悲不自胜，于墓所得病不能食，虎常乳之百余日卒。今林木幽茂，号曰"孝子墓"。（《卷二十八》）

渎水自黎浆分水，引渎寿春城北径芍陂，门右北入城。昔钜鹿时苗为县长，是其留犊处也。渎东有东都街，街之左道北有宋司空刘勔庙，宋元徽二年建于东乡孝义里，庙前有碑，时年碑功方创，齐永明元年方立。（《卷三十二》）

若水至僰道，又谓之马湖江，绳水、泸水、孙水、淹水、大渡水随决入而

纳通。称是以诸书录记"群水"。或言入若，又言注绳，亦咸言至犙道入江，正是异水沿注通为一津，更无别川可以当之。水有孝子石，昔县人有隗叔通者，性至孝，为母给江膂水，天出平石至江膂中，今犹谓之孝子石，可谓至诚发中，而休应自天矣！（《卷三十六》）

二、宋·乐史《太平寰宇记》中有关"孝"的地名

妇姑城在县（雍丘）东十里。按：戴延之《西征记》云："梁东百里，古有妇人寡居，养姑孝谨，乡人义之，为筑此城，故名曰妇姑城。"后人因讹为妇固城。（《卷一·河南道一·开封府一》）

孝水：《山海经》谓："厣山俞随之水出于其阴，北流注于谷水。"注《水经》云："世谓之孝水。"在河南城西十余里，故潘安仁《西征赋》云："澡孝水而濯缨，嘉美名之在兹。"

穀城在县西北。古穀城即周所置，在穀水之东岸。西晋省并入河南，故有城存。北齐天保中常在王演使稗将严略增筑以拒周，俗亦谓之严城。后周拒齐，又筑孝水城，亦在今县西。（《卷三·河南道三·河南县》）

巩王庙在县西二十里孝义镇西山上。（《卷五·河南道五·伊阳县》）

巫山一名孝堂山。《左传》曰："齐侯登巫山以望晋师。"即此山，山上有石室，俗传云："郭巨瘗母之所。"因名孝堂山。（《卷十三·河南道十三·郓州》）

孝子村：即孟昌宗定陶人，母疾甚，割股以馈母，疾愈。本定陶故城北，号孝子村。（《卷十三·广济军·定陶》）

笼水：古名孝水。《地舆志》曰："齐有孝妇颜文姜，事姑孝养，远道取水不以寒暑易。心感得灵泉生于室内，文姜常以绢笼盖之，姑怪其须水即得，非意相供，值姜不在，私入姜室去笼观之，水即喷涌，坏其居宅，故俗亦呼为笼水。"（《卷十九·河南道十九·淄州·淄川县》）

孝感水：在县北门。按《三齐记》云："其水平地涌出为小渠，与四望湖合流入州，历诸廨署西入潒水。"《耆老传》云："西有孝子事母取水，远感此泉涌出，故名孝水。"天宝六年敕改为孝感水。（《卷十九·河南道十九·齐州·历城县》）

孝妇庙：在县东三十三里巨平村北。按《前汉书》："孝妇少寡无子，养姑甚谨。其后姑自缢死，姑女诬告吏妇杀我母，吏捕孝妇，孝妇辞不杀姑，吏验治，孝妇自诬服其狱，上府于公以为此妇养姑十余年，以孝闻必不杀，太守不听竟论，杀之妇。郡中枯旱三年，后太守至于公曰：'孝妇不当死，前太守强断之，咎当在是乎！'于是太守杀牛自祭孝妇冢，天立大雨，岁熟。"因立祠焉。（《卷二十二·河南道二十二·海州·东海县》）

慈阜：晏氏《齐记》云："营陵城南四十里有慈阜，魏奉常王修葬于此。"俗以叔治之孝，故此丘以慈表称。（《卷二十二·河南道二十四·密州·安丘县》）

马颊社：在孝感乡社，内有古时铸监。（《卷三十二·关西道八·陇州·吴山县》）

孝义县：东南三十五里，旧二十乡，今八乡，本汉兹氏县地……唐贞观元年以县名涪州同改为"孝义"。因县人郑兴有孝义故以为名。（《卷四十一·河东道二·汾州》）

五孝城：孙盛《杂语》曰："五郡孝子：中山、魏郡、钜鹿、赵国人也，并少去乡里孤，无父母所托，相遇于卫国，因结兄弟，朝夕相事，财积数万。乃于空城见一老母以扫粪为事，兄弟并拜为母。"（《卷五十七·河北道六·顿丘县》）

绵竹县：北九十五里，旧二十乡，今十四乡。汉县蜀广汉郡。隋开皇三年徙晋熙郡，城改为晋熙县。十八年改为"孝水县"，以境为"姜诗泉"也。大业二年改为绵竹县。唐武德三年属濛州，州来属。（《卷七十三·剑南西道二·绵竹县》）

姜诗泉：并有碑存，即诗之宅。家在沉乡，母好鱼，诗至孝，感通泉涌舍侧，每旦辄出鲤鱼一双，即此泉也。（《卷七十三·剑南西道二·绵竹县》）

孝子石：蜀中故老云："隗叔通，僰人。性至孝，母食必须江水，通每汲江中，石为之出。"今江口有石，号孝子石。（《卷七十九·剑南西道八·戎州·南溪县》）

孝感渎：去州八十五里。王祥临沂人，事后母寓居武进县尚义乡，母疾思鱼，祥解衣将剖冰求之，忽双鲤跃出，即此渎也。（《卷九十二·江南东道·常州·武进县》）

孝鹅墓：天宝末，邑人婺州武义主簿沈朝家养母鹅一，因育卵脤出，乃自警鸣鼓翅窜于波渚之隅，其长雏悲鸣屡绝，家人饲之水谷，不复饮啄。及母鹅死，长雏仰天号切，遂啄仓舍下败席以覆其母，衔庭砌间乌草列于母所，若人之祭奠，长吁数声而死。沈氏家人因作二函埋于山中，土人呼为孝鹅。（《卷九十四·江南东道六·湖州·德清县》）

义乌县：东北一百一十五里。旧二十九乡，今二十六乡。《异苑》云："东阳颜乌以淳孝著闻，群乌助衔土块为坟，乌口皆伤，一境以为至孝所致，因以县名。"（《卷九十七·江南东道·衢州·义乌县》）

孝娥庙：在县北四十里。吴大帝时，孝娥父为铁官，冶遇秒铁不流，女忧父刑，遂投炉中，铁乃涌溢流注入江。娥所蹑履浮出于铁，时人号圣姑，遂立庙焉。（《卷一百五·江南西道三·池州·贵池县》）

怀蛟水在县南二百步，江中流石际有潭，往往有蛟浮出，时伤人马。每至五月五日乡人于此江水以船竞渡，俗云"为屈原禳灾"，郡守悬采以赏之。刺史张栖贞以"人之行莫大于孝"，悬《孝经》标杆上赏之，而人知劝俗，竞谓"怀蛟水"或曰"孝经潭"。（《卷一百七·江南西道五·饶州·鄱阳县》）

孝义里：按《宋书》云"刘宗，武阳村人也"，又阮昇之记云："宋文帝时为上党太守，少有志操，居世清谨。元嘉二年（南朝宋文帝年号，是年公元425年）魏大武兵至广陵，宗母为军所害，遂蔬食不尝五味以终世。"其所住村因改为"孝义里"。（《卷一百二十三·淮南道一·扬州·江都县》）

孝妇祠：《汉书》："于公以为孝妇必不敢杀姑。后祭之，即雨也。"（《卷一百二十三·淮南道一·扬州·江都县》）

新妇港：在县南一百七十里。源从东关来，经当涂界二十里入大江。昔有人居此江口，新妇至孝，故以为名。（《卷一百二十四·淮南道二·和州·含山县》）

孝感县：东南一百里。旧六乡，今四乡。本汉安六县地，宋于此置孝昌县，属江夏郡。后魏于此置楚州，后周武帝二年改为岳州，及为岳州郡，隋废之。唐武德四年置环州，秦废州县属安州。元和三年与应城二县并入云梦，咸通中再置，后改这孝感县，皇朝天宝三年并吉阳入焉。（《卷一百三十二·淮南道十·安州》）

黄香冢：香，后汉为吏部尚书，即此郡人。有至孝之名，卒于此，有冢在郡东北。（《卷一百四十三·山南东道二·房州·房陵县》）

文王为西伯，理化西羌，文王薨后羌人感文王之化，妇人为孝髽角，至今

未泯。（《卷一百五十四·陇右道五·阶州》）

参里山：在保安县东北九十里。《南越志》："宝多县东参里县人黄舒者，以孝闻于越，华容慕之如曾参之为，故改其里曰'参里'也。"（《卷一百五十七·岭南道一·广州》）

三、《明一统志》中有关"孝"的地名[1]

忠孝亭：在冶城晋卞壶父子死难处，旧名"忠贞"。宋叶清臣取其"父为忠臣，子为孝子"，改今名。（《卷六·南京》）

孝感渎：在府城西南七十里通滆湖，相传晋王祥尝从继母寓此。（《卷十·常州府》）

孝义里：《宋书》"刘宗武，阳村人。文帝时魏太武至广陵，宗母为军所害，遂蔬食，不尝五味以终于世。"其所居村因号"孝义里"。（《卷十二·扬州府》）

彰孝坊：宋孝子朱寿昌自天长来，居高邮，人名其里曰"彰孝"。（《卷十二·扬州府》）

节孝书院：在府城东门外三里，嘉靖间御史成英建。（《卷十三·淮安府》）

孝妇庙：在巨平山北。《前汉书》："东海有孝妇，少寡无子，养姑甚谨。姑欲嫁之不肯，后姑经死，姑女告妇杀之，吏捕妇验治狱成。于公以为冤，太守不听，竟杀孝妇。郡中枯旱三年，后太守至于公曰：'孝妇不当死，咎当在是。'守祭孝妇冢，天乃大雨。"因立庙。（《卷十三·淮安府》）

孝感山：在望江县北一十里，唐孝子徐仲源居此。（《卷十四·庐州府》）

三孝堂：在望江县北，元至正间建。三孝子吴孟宗、晋王、唐徐仲源也。（《卷十四·庐州府》）

孝娥庙：在府城东北四十里。吴大帝时，娥父为铁官，冶铁不流，娥忧父刑，遂投炉中，铁乃涌溢流注。娥所蹑履浮于炉，时人号曰"圣姑"，为立

1.《明一统志》有关释家寺、道家寺院、道观中含"孝"的地名不录。帝王寝陵、驻跸处、祠宇中带"孝"字者不录。

庙。（《卷十六·池州府》）

孝文山：在交城县西二百里，上有元魏孝文帝庙。（《卷十九·山西布政司》）

孝显堂：在蔚州。金参政程辉归老，构于旧隐。张复亨作记，党怀英篆额。（《卷二十一·大同府》）

孝义县：在州城东三十五里，本汉太原郡兹氏县地。魏始置中阳县，属西河郡；晋省入隰城县，后魏属真君郡；又分隰城置永安县；北齐省后周复置；隋属汾州；唐贞观初改孝义县。因县人郑兴有孝义，故名。宋改中职县，寻复为孝义，金元仍旧。（《卷二十一·汾州府》）

孝堂山：在肥城县西北六十里，上有石室，世传郭巨葬母之所。（《卷二十二·济南府》）

孝妇河：在淄川县西门外，源出益都县笼溪水，合泷萌二水北流，经长山、新城县界入小清河。（《卷二十二·济南府》）

孝子村：在定陶县北，里人孟昌宗母有疾，割股以进而愈，故名。（《卷二十三·兖州府》）

孝妇河：源出益都县西颜神镇南三里。昔有妇颜文姜事姑至孝，常逾历山险汲新泉以供姑嗜，一旦泉涌于室遂流成河。宋进士王余《诗》："好将此穴无穷水，洗飞人间不孝心。"（《卷二十四·青州府》）

孝源泉：在莒州北一百里。唐孝子孙既庐母墓，醴泉出墓侧，人因名之，为立碑。元至元间山东大旱河涸，唯是泉不竭，里人祷雨有双赤鲤出，是夕大雨，岁熟。（《卷二十四·青州府》）

孝水：在府城西南三十里，源出谷口山，流入涧水。世传晋王祥剖冰于此。（《卷二十四·河南府》）

二孝庄：在汝阳县。西汉孝子蔡顺、董永所居。（《卷三十一·汝宁府》）

忠孝井：在府治东文昌宫内。（卷三十四·凤翔府》）

孝廉溪：在两当县东。（《卷三十五·平凉府》）

孝廉桥：在徽州治东。（《卷三十五·平凉府》）

孝丰县：在府城西南九十里，本安吉县地，弘治元年析置孝丰县，后安吉升州，因属焉。

纯孝岭：在安吉州东北三十里。唐末黄巢之乱，邑人石昂藏母于此，昂性纯孝，因以名岭。（《卷四十·湖州府》）

孝鹅冢：在长兴县东蒋湾。唐天宝末，邑人沈氏畜一母鹅，将死其离，悲鸣不复食，母死啄败荐覆之，又衔刍草列前，若祭奠状，向天悲叫而死。沈氏异之，函二鹅埋此。后人因呼为孝鹅冢。（《卷四十·湖州府》）

孝子泉：在桐庐县西南二十里。晋孝子夏孝先庐墓于此，忽有泉涌出，因名。（《卷四十一·严州府》）

孝感泉：在浦江县东三十里白麟溪侧。宋郑绮母张性嗜溪水，时旱，凿溪数仞而不得泉，绮恸哭，水为涌出，故名。元王理作铭。（《卷四十二·金华府》）

孝弟里：在府城北五里，宋赵扑居此。初扑丧继母，与弟拊庐墓，县令过煦榜其里曰"孝弟"，筑阙立表。楼钥为书"忠孝之家"，处士孙侔为作《孝子传》。及子岘执父丧而甘露降墓木，岘卒子云又以毁死，人称其世孝。（《卷四十三·衢州府》）

孝义山：在龙泉县西五十里。山旧出铜，相传古有乡民孝义者居此，宋时有孝童卢猛者行迹甚著。（《卷四十四·处州府》）

孝妇墓：在青田县南二里。唐建中间有孝妇陶氏者，姑病竭力供养，及终负土成坟，一号而绝。刺史崔清造其庐，令李繇作碣，陆羽为文。（《卷四十四·处州府》）

孝童墓：在府学东。童姓周名智，郡人，六岁丧父，庐有紫芝之瑞。（《卷四十四·处州府》）

孝感山：在奉化县东北一十里。相传昔有孝子庐墓于此，感甘露之降，草木花皆白，故名。（《卷四十六·宁波府》）

张孝子庙：在慈溪县治西南，祀唐孝子张元择。（《卷四十六·宁波府》）

许孝山：在府城北四十五里。旧传山下有许姓者，居丧至孝，每号恸则群鸟悲鸣，故以名山。（《卷四十七·台州府》）

谢孝子墓：在太平县绲山，孝子名温良。（《卷四十七·台州府》）

孝感泉：在丰城县西南八十里圣乘院。少卿曹戬寓此，其母喜茗，寺初无井，戬斋戒虔祝，斸地为井，才尺余泉涌出，人以为孝感，故名。（《卷四十九·江西布政司》）

孝烈桥：在安仁县北五都。宋谢枋得女嫁周氏早寡，闻枋得与其母李氏死节，遂出奁赀作桥，桥成投水死，邑人义之，故名。（《卷五十·饶州府》）

忠孝行祠：在府城北门内。相传晋石敬纯为父报仇，追杀牛昌隐，道经鄯

阳，民为立祠。（《卷五十·饶州府》）

忠孝桥：在都昌县北三十里，跨忠孝港。旧传宋寺丞陈畦获罪，子代其死，故名以旌之。（《卷五十二·南康府》）

忠孝堂：在府治。宋郡守张溉绘晋太傅王祥、唐刺史颜真卿于内，故名。（《卷五十四·抚州府》）

孝义桥：在府城北五里。因其地有王祥卧冰池，故名。（《卷五十四·抚州府》）

二孝女庙：在金溪县东二里。唐有银场吏葛祐典其事，银耗竭产不能偿，二女不忍其父荼毒赴炉而死，父得释，银场遂罢，后人祀之。（《卷五十四·抚州府》）

孝通庙：在新淦县南八十里峡江镇。相传秦时有温媪经程溪得巨卵藏于家，生七龙放之江，媪或至江口，龙辄献嘉鱼若祭养焉。媪死葬程溪将圮，一夕雷电迁之高冈，乡人为立祠。唐赐庙，额曰"孝通"。元揭傒斯有《记》，舟人往来必致祷焉。（《卷五十五·临江府》）

孟孝感庙：在府城东二里，祀吴孝子孟宗。宋绍兴间建，本朝迁武昌卫前。（《卷五十九·武昌府》）

忠孝里：在房县。嘉靖中知县夏惟宁立坊名，以邑有吉甫之忠、黄香之孝也。（《卷六十·兴都》）

孝感县：在府城南一百二十里，本汉安陆县地，刘宋因孝子董永分置孝昌县。西魏于县置岳州及岳山郡，后周州郡并废。隋属安州，唐初以县置澴州，后州废仍属安州，又省入云梦县，姑复置。后唐改孝感县，宋元仍旧。本朝初省入德安州，后升州为府复置县属焉。（《卷六十一·德安府》）

孝感桥：在府城西五里。（《卷六十一·德安府》）

忠孝桥：在平江县治西，县学西又有登科桥。（《卷六十二·荆州府》）

忠孝庙：在平江县南，祀屈原暨孝感侯。（《卷六十二·荆州府》）

孝妇冢：在永兴县西北。孝妇姓蔡，汉桂阳郴人，为宜章县区端妻，舅姑既殁，蔡哀戚尽礼，柩未殡，邻里失火，蔡抱棺号恸不已，而风回火息，人谓孝感所致，冢碑尚存。（《卷六十六·靖州》）

孝泉：在德阳县西北四十里。东汉姜诗孝感跃鲤即此泉也。至今孝泉乡用获灌溉之利。（《卷六十七·成都府》）

孝廉山：在西充县治西，上有文昌祠。（《卷六十八·顺庆府》）

孝义如：在广安州。唐陈子昂之后有迁居于此者，孝义七世，不异居，唐旌表之。宋时台尚存。（《卷六十八·顺庆府》）

孝子墓：在圣灯山。乃汉益州刺史广平侯罗孝子墓也。（《卷六十九·叙州府》）

孝妇泉：在南川县治南。俗传为孝妇所感而出泉，极甘冷。（《卷六十九·重庆府》）

孝义堂：在盐亭县东一百三十里。宋时邑人冯伯瑜剖腹取肝愈父疾，县令卜诜为筑台于此，立石旌表之。又蓬溪县西亦有孝义台，蜀孟昶时，里人程崇事亲孝，方冬母病思笋，号泣林中，为生数笋，县令陈元佐《诗》："戢戢苍芽为母生，泪痕落处两三茎。"（《卷七十一·潼川州》）

孝弟桥：在州之文庙前。宋时州学生杜田举孝弟，因以名桥。（《卷七十一·潼川州》）

忠孝桥：在彭山县治北，旁有汉张纲、晋李密祠，因名。（《卷七十一·眉州》）

忠孝祠：在彭山县治北五里，祀汉张纲、晋李密。（《卷七十一·眉州》）

孝女渡：在犍为县大江之滨。昔有女子见父溺水，随父入水中三日，抱父尸而出，因名。（《卷七十二·嘉定州》）

忠孝桥：在荣经县东北九折坂下，旧名叱驭桥，后取王阳孝子、王尊为忠臣之言，改今名。（《卷七十二·雅州》）

忠孝祠：在府治东。宋郡守真德秀建，祀孝行林攒、忠勇苏缄。（《卷七十五·泉州府》）

忠孝祠：在保昌县治后。宋嘉定中江西洞寇犯境，郡守赵善契提兵督战，其子汝振与司法黄枢俱死，后人为立祠。（《卷八十·南雄府》）

孝感庙：在岑溪县，祀孝子丁兰。（《卷八十四·梧州府》）

四、《清一统志》中有关"孝"的地名[1]

忠孝祠：在雄县易阳门内，祀元孝子王庸、明臣杨松、潘忠。

孝烈庙：在完县东，即木兰祠。相传木兰女尝代父戍，此唐封孝烈将军，本朝乾隆十一年、四十六年皇上巡幸五台经此，有《御制木兰祠诗》。（《卷十一·保定府二》）

王孝桥：在吴桥县东十五里，又高庄桥在县东南十五里。（《卷十六·河间府二》）

孝路堡：在广宗县南二十里，周二里，濠广一丈。（《卷十六·顺德府二》）

孝义乡：在州东三十五里大冯村。五代时李自伦六世同居于此。（《卷十六·深州》）

父子忠孝祠：在华亭县学东。祀明冯恩及子行可、杨允绳父子。（《卷五十八·松江府》）

孝感渎：《太平寰宇记》："去州八十五里，王祥寓居武进尚义乡，母疾思鱼，祥解衣将剖冰求之，忽有双鲤跃出，即此渎也。"《旧志》："渎在县西南通滆湖。"（《卷六十·常州府》）

同孝山：在铜山县西二十五里，一名楚王山。郦道元《水经注》："获水迳同孝山，北山阴有楚元王冢。"《明一统志》："楚王山在州西二十五里，下有楚元王墓故名。"

忠孝祠：在沛县西南一里，祀明靖难时死节知县颜环父子及主簿唐子清、典史唐谦。（《卷六十九·徐州府》）

忠孝祠：在嘉定县治东。祀宋忠臣孙察、姚舜元，孝子龚明之、沈辅、沈珵，后续入明忠臣徐鏊，孝子归可正。

孝友先生祠：在崇明县旧州学内，祀元秦玉。（《卷七十一·太仓州》）

顾孝子祠：在泰兴县东阳桥，祀宋顾忻。（《卷七十三·通州》）

孝感山：在望江县北十里。《县志》："唐德宗贞元中，孝子徐仲源居此。"

三孝堂：在望江县北。《明统志》："元至正间建。三孝子谓吴孟宗、晋

1．《清一统志》有关释家寺、道家寺院、道观中含"孝"的地名不录。帝王寝陵、驻跸处、祠宇中带"孝"字者不录。

王祥、唐徐仲源也。"（《卷七十六·安庆府》）

黄孝子宅：在歙县西。《府志》："唐黄芮故居。"今称孝行里。

孝女祠：在歙县南刘村。祀唐章氏二……（《卷七十八·徽州府》）

孝娥庙：在贵池县东北四十里。《寰宇记》："在县东北四十里。"吴大帝时娥父为铁官，治铁不流，娥忧父刑遂投鑪中，俄乃涌溢流注，娥所蹑履浮于鑪炉，时人号曰"圣姑"，为立庙。（《卷八十二·池州府》）

孝烈桥：在芜湖县东南金马门外，一名市南桥。宋烈女詹氏投水处。（《卷八十四·太平府》）

文孝祠：在无为州西南。祀梁昭明太子。（《卷八十五·庐州府》）

包孝肃祠：在天长县东门。《县志》："故东林寺也。后废，崇祯五年复创。"

朱孝子祠：在天长县东四十五里秦栏镇。《县志》："旧为胜因寺。嘉靖中，寺圮改祀朱孝子。"（《卷九十四·泗州》）

孝义镇：在文水县南三十里。

孝义堡：在文水县南十三里。其南二里有孝义墩，接交城县界。又县西南有岳青堡，东南有仁义堡，俱明嘉靖时置。（《卷九十七·太原府》）

广孝泉：在永济县东南二里，旧名舜井。东西相去四百余步，泉脉相通，城中井水皆咸，此水独甘，酿酒尤佳。宋大中祥符四年驾如汾阴，赐名"广孝泉"，命王钦若撰碑文，岁久碑泐，明时勒碑重书。（《卷一百零一·蒲州府》）

孝义县：在府南少东三十里。至东西距一百九十里，南北距四十里，东至平遥县界三十里，西至石楼县界一百六十里，南至霍州灵石县界二十五里，北至汾阳县界十五里，东南至介休县界二十里，西南至灵石县界七十里，东北至汾阳县界二十里。西北至宁乡县界一百里。汉滋氏县地，魏移置中阳县，属西河郡，晋初因之。永嘉后省入隰城，至后魏大和十七年分置永安县，仍属西河郡，永安中又置显州，领建平等四郡，北齐、后周时州郡皆废。隋仍曰永安县，属西河郡，唐属汾州。贞元元年改曰孝义，五代因之，宋太平兴国元年改曰中阳，后复为孝义。熙宁五年省入介休县，天祐元年复置属汾州，金元因之，明属汾州府，本朝因之。（《卷一百零五·汾州府一》）

孝女坟：在平遥县东七里。《县志》："赵氏三女以亲老俱不适人，亲没后三女亲筑坟，高三丈、周二亩，各树柏一株。明正统中夜有盗树者，斧声彻二十里外，盗逸去，闻者以、为孝感。"

忠孝祠：在汾阳县南郭。祀明浙江布政使辛彦博、长清知县田籽、登州知州严泰。（《卷一百零六·汾州府二》）

孝妇河：在淄川县西一里，古泷水也。自青州府益都县流入经县西界北，流经长山县南门外，又东北流经新城县西北二十里，入小清河，曰垩河口。《水经注》："泷水南出长城中，北流至般阳县故城，西南与般水会，又北迳其县，西北流至萌水口，又西北至梁邹，东南与鱼子沟水合北注齐。"《太平寰宇记》："古名孝水。"（《卷一百二十六·济南府》）

孝妇河：原出博山县颜神镇孝妇祠下。西北流入济南府境，又自新城县西流至高苑县西南界入小清河，即古泷水也。《水经注》："泷水南出长城中，北流至般阳。"《太平寰宇记》："古名孝水，一名笼水。"《府志》："出颜神镇南三十里，西北流镇西，又北经鹰山、西虎山，东入淄川县界。"（《卷一百三十四·青州府》）

古孝女祠：在招远县南二十五里。《县志》："相传邑中有李氏女，父为大蛇所吞，女恸死，官为立祠，详后列女。"（《卷一百三十七·登州府》）

孝感泉：在兰山县北二十五里。《齐乘》孝感水，出王祥墓西戚沟湖，即剖冰跃鲤之地也。又白马泉，在县南七里又南二里有马跑泉，北五十里又有桃花泉，俱流入沂。

孝源泉：《明统志》："在莒州北一百里太平冈。唐孝子孙既庐母，墓侧醴泉涌出，因名。"东流入浯。

孝悌里：在费县东五十里诸满村。《省志》："古临沂之孝悌里也。颜氏自师古以下世居斯土，数传至果卿、真卿，其忠烈尤著云。"《旧志》云："故城在费县东五十里，中有隐真观，相传颜鲁公所居之处。"

孝妇墓：在郯城县东十里许。即汉宣帝时东海孝妇也。（《卷一百四十·沂州府》）

孝义桥：在莱芜县东八里。（《卷一百四十二·泰安府》）

孝山：在禹州东北五十里。《旧志》："山下有黄香墓，故名。"（《卷一百四十九·开封府》）

孝子祠：在河内县东南。祀汉孝子郭巨、丁兰。宋绍兴间建，明洪武十七年重建。（《卷一百六十一·怀庆府二》）

孝水：在洛阳县西。潘岳《西征赋》："澡孝水以濯缨，嘉美名之在兹。"《水经注》："俞随之水出庱山之阴，北流注于榖，世谓之孝水。"在河南城西十余里。《旧志》："孝水在洛阳县西三十里，亦名谷水，东流至县西北入榖。后周于此筑孝水戍。俗谓之王祥河，盖因近祥墓而名。"（《卷一百六十二·河南府》）

孝义桥、通济桥：在偃师县东。《唐书·地理志》："天宝七载，河南尹韦济以北坡道迁，自偃师县东山下开新道通孝义桥。"《旧志》："宋景德四年又造訾店渡桥，诏赐名'奉先桥'，在县东二十里洛水上。"《新志》："在县东十五里，今改名温泉桥，在偃师县东南四十里。"（《卷一百六十三·河南府二》）

孝子乔玑墓：在新野县北三里白河南岸，弟璋墓亦在焉。又县北二里有孝子齐云墓，县南五里有孝子周官墓。（《卷一百六十六·南阳府二》）

二孝庄：在府西三十五里。汉孝子蔡顺、董永尝寓于此，因名。

二孝子祠：在汝阳县西关，祀汉蔡顺、董永。（《卷一百六十八·汝宁府》）

蔡孝子祠：在州西南椹漳镇。祀汉孝子蔡顺，每岁四月十五日祭，歹取椹熟时也。（《卷一百七十二·许州》）

孝女墓：在光山县东门外。世传唐氏女负土葬父，后女死亦葬于此。（《卷一百七十六·光州》）

忠孝祠：在嘉善县治东。祀明魏大中及子学洢。（《卷二百二十·嘉兴府》）

孝丰县：在府西南九十里。东西距七十里，南北距七十五里。东至武康县界三十里，西至安徽广德州界四十里，南至杭州府临安县界五十里，北至安吉县界二十五里，东南至杭州府余杭县治一百十里，西南至杭州府于潜县治七十里，东北至安吉县界二十五里，西北至广德州界七十里。汉故鄣县地。后汉中平二年分置原乡县，属丹阳郡。三国吴分属吴兴郡，晋及宋、齐以后因之。隋平陈省入绥安县，唐武德四年复置原乡县，属雄州，七年又省入长城县，后为安吉县地。明成化二十三年始分安吉县地置孝丰县，正德二年属安吉州。本朝属湖州府。

孝子曹清墓：在乌程县东四十里西杨村，有祠在府学右。

孝鹅冢：在德清县吴羌山下蒋湾。《寰宇记》："唐天宝末，邑人沈氏养母鹅，一母鹅死，其雏仰天号切，遂啄败荐以覆其母，衔庭砌间刍草列于母所，若人之祭奠状，长吁数声而死。沈氏因作二函埋于山中，土人呼为孝鹅冢。"

孝子祠：在府学尊经阁右，祀宋孝子曹清。（《卷二百二十二·湖州府》）

孝子庙：在府治南，又有庙在慈县南门内，并祀汉董黯。

张孝子庙：在慈溪县治西，祀唐张无择。（《卷二百二十四·宁波府》）

孝闻岭：在上虞县北十里，相传汉包全居此，有女以孝闻。

包孝妇墓：在上虞县瞿岩山。

曹娥墓：在会稽县东九十二里有曹娥墓。《会稽典录》："上虞县长度尚弟子邯郸淳有异才，尚使作《曹娥碑》，抟竹而成，无所点定。其后蔡邕又题八字曰：'黄绢幼妇，外孙齑臼'。"《寰宇记》："碑在上虞县水滨。"

愍孝庙：在山阴县东治里，宋孝子蔡定。（《卷二百二十六·绍兴府》）

忠孝泉：在临海县东四里，今名泉井洋。《旧传》："钱忠懿王凿，以宋赐钱王称忠孝之家迷名，井有二，大旱不竭。"（《卷二百二十九·台州府》）

孝感泉：在浦江县东三十里白麟溪侧。《明统志》："宋郑绮母张性嗜溪水，时旱凿溪数仞而不得泉，绮恸哭，水不涌出。故名。"

孝顺镇：《九域志》："金华县有孝顺镇。"《旧志》："在县东五十五里，元置孝顺驿，为东出义乌之道，今废。"

孝义寨：在永康县东九十里，灵山下道出仙居县，元置孝义巡司，明洪武七年改置百户镇守，嘉靖八年废。又李溪寨在县东南十八里，宋置温处四州都巡检司，后改置合德乡巡司，又置义丰乡巡司，在县南十里，地名麻车头，皆久废。

六孝祠：在东阳县南一里。祀孝子斯敦、许孜、许生、冯子华、应先、唐君祐，宋端平二年建。（《卷二百三十一·金华府》）

孝子泉：在桐庐县西三十里，因晋孝子夏孝先得名。唐时里人董举居泉侧，值岁旱，举垒石障水以溉田，既而水涨沙壅石遂成圻，因名董举圻。（《卷二百三十四·严州府》）

孝感泉：在丰城县西南八十里圣乘院。《明统志》："宋少卿曹戬寓此。其母喜茗，寺初无井，戬斋戒虔祝，劚地为井，才尺余泉涌出入，以为孝感，故名。"（《卷二百三十八·南昌府》）

孝烈桥：在安仁县北，跨洪源漳。《明统志》："宋谢枋得女嫁周氏早寡，闻枋得与其母李氏死节，遂出奁赀作桥，桥成赴水死，邑人义之。故名。"

忠孝行祠：在府城北门内。《明统志》："相传晋石敬纯为父报仇追杀牛昌隐，道经鄱阳，民为立祠。"（《卷二百四十一·饶州府》）

忠孝桥：在都昌县北三十里。《明统志》："《旧传》：'宋寺丞陈畦获罪，子代其死，故名以旌之。'"（《卷二百四十三·南康府》）

忠孝堂：在府治。宋守张滉建，绘晋太傅王祥、唐刺史颜真卿像祀焉。

孝义桥：在临川县北五里。

二孝女庙：在金溪县东二里，祀唐葛祐二公。（《卷二百四十六·抚州府》）

孝感庙：在江夏县东二里，祀吴孝子孟宗明。《明统志》："宋绍兴间建，明迁武昌收前。"（《卷二百五十九·武昌府二》）

孝感县：在府北一百四十里。东西距七十里，南北距二百六十里。东至黄陂县界六十里，西至德安府云梦县界十里，南至汉川县界三十里，北至河南汝宁府罗山县界二百七十里，东南至汉阳县界五十里，西南至汉川县治一百二十里，东北至罗山县治三百八十里，西北至德安府安陆县界七十里。汉安陆县地。宋孝武帝析置孝昌县，属江夏郡。明帝置南义阳郡，梁天监三年于南义阳置司州，州寻徙安陆。西魏于县置岳州岳山郡，后周州郡俱废。隋属安陆郡，唐武德四年于县置濂州，八年州废属安州。宝应二年改属沔州，建中二年仍属安州，元和三年省入云梦县，咸通中复置。五代后唐改曰孝感县，宋属德安府，元因之。明洪武九年省入德安州，十三年复置仍属德安府。本朝雍正七年改属汉阳府。

董孝子祠：在孝感县治中，明正统中建，祠汉董永，成化中迁文庙东。合祠唐张忭，称"忠孝祠"，本朝顺治十七年重建。（《卷二百六十一·汉阳府》）

秦孝子墓：在襄阳县东。《水经注》："沔水西有孝子墓。河南秦氏性至孝，事亲无倦，亲没之后负土成坟，常泣血墓侧，人有咏《蓼莪》者氏为涕泣，悲不自胜，于墓所得病不能食，虎常乳之，百余日卒。今林木幽茂，号曰：孝子墓也。"（《卷二百七十一·襄阳府二》）

孝子岩：在东湖县西南十里。相传为姜诗憩息之所。又大王岩在州北二十五里。（《卷二百七十三·宜昌府》）

孝子陈道周母墓：在湘潭县治内西北。《县志》："宋陈道周事母至孝，母亡自作墓砖，日成五甓，历四年而冢成。道周亡祔葬母侧，人为立碑，表曰'宋孝子母墓'。"

杨孝子祠：在济阳县东门外。唐时杨孝子哭亲而殁，邑人为之立庙。按孝子府、县志不详何代人氏。旧称麻衣庙，相传七月朔致祭，老幼悉白衣冠视之。康熙初知县韩爃革去衣麻，改额孝子庙。（《卷二百七十七·长沙府二》）

忠孝祠：在邵阳县东山。祀明刘孔晖。《卷二百七十八·宝庆府》

三孝坊：在华容县东门外，为宋林氏、杨氏、周氏三孝女建，旧名"孝感"。

忠孝桥：在平江县治西，宋淳祐间县令杨英建。

孝感庙：在巴陵县南南津港北。《岳阳风土记》："孝烈灵妃孝感侯庙。秦武陵令罗君用督铁运溺水死，其女携弟寻父尸不获，遂相继赴水死，邦人襄而祀之，谓之罗娘庙。灵响浸著，凡有舟楫往来祈之利涉。后唐明宗天成二年丁亥，湖南马殷承制列姊在左弟在右，元丰中始赐今封，岳人祷祠无虚日。"旧在乌龟渡南祀者以为不便，托言神意遂移今庙。（《卷二百七十九·岳州府》）

崇孝镇：在武陵县东北八十里，一名崇孝街。《九域志》："武陵县有崇孝镇。"《府志》："崇孝街，相传孝子傅罗卜居此。"（《卷二百八十·常德府》）

孝妇墓：在永人县西北一里。《县志》："孝妇蔡氏欧端妻，舅始殡未兴，邻家失火，蔡抱柩号泣，风回火息，乃得免。"

孝妇祠：在永兴县北，祀欧端妻蔡氏。（《卷二百八十八·郴州》）

孝子山：在简州西□宗古故里。（《卷二百九十二·成都府》）

孝妇泉：在綦江县南。《舆地纪胜》："在南平军南一里，俗称有孝妇泉，此泉极甘而冷。"又秋泉在军东，温泉在汤窠市。（《卷二百九十五·重庆府》）

孝感桥：在綦江县南六十里东溪小市。《舆地纪胜》："宋绍兴甲戌有里妇从其姑过溪，姑堕水即随入拯之，漂至滩下忽若有人扶之而出，两人俱活，故名。"（《卷二百九十六·重庆府二》）

孝廉山：在西充县治东，其西曰：凤台山，山顶旧有文昌祠。（《卷二百九十九·保宁府二》）

孝子石：在宜宾县南二里。《水经注》："昔僰道县人隗叔通者性至孝，为母汲江裔，江天为出平石于江中，今犹谓之孝子石。"（《卷三百零一·叙州府》）

罗孝子墓：在富顺县西圣灯山址。表云"汉益州刺史广平郡侯罗孝子"。

孝节祠：在府城西二里，祀孝子隗相、吴顺、吴益，节士任永、费贻、孙铉。（《卷三百零二·叙州府二》）

忠孝桥：在荥泾县东北九折坂下，旧名叱驭桥，后取王阳为孝子、王尊为忠臣之言，改今名。（《卷三百零六·雅州府》）

孝女渡：在犍为县南二十里。昔有女子见父溺水随自投水中，三日抱父尸而出，因名。上有孝女祠，今祀后汉叔先雄。（《卷三百零七·嘉定府》）

孝义台：在盐亭县东南一百三十里。宋时邑人冯伯瑜剖腹取肝以愈父疾，县令卜诜筑台于此，立石旌表之。又蓬溪县亦有孝义台，在县西二十五里，蜀孟昶时里人程崇政以孝闻，知县程佐表之。

津梁孝弟桥：在府城内儒学前。宋时州学生杜田举孝弟科，因以名桥。（《卷三百零八·潼川府》）

忠孝桥：在彭山县治北，旁有汉张纲、晋李密祠，故名。

忠孝祠：在彭山县北五里，祀汉张纲、晋李密。（《卷三百零九·眉州》）

孝泉：在德阳县西北。《旧志》有"孝泉"。《元和志》："姜诗泉在县北一十九里。诗母好江水，一旦泉涌，舍侧味如江水。"旧《统志》："宋治平中诏名曰'孝泉'，至今不绝，资以灌溉以其为泉。"（《卷三百十三·绵州》）

至孝阙：在莆田县北。《寰宇记》："唐贞元十三年，居人林攒庐于父坟，至孝上感甘露下降，敕旌表门闾，置阙在县北。"《县志》："唐表其里曰孝义，在县北十里。"王十朋有《诗》，又有郭孝子阙在县东北十五里魏塘。（《卷三百二十七·兴化府》）

忠孝祠：在晋江县治东，宋郡守真德秀建，祀孝行林攒、忠勇苏缄。（《卷三百二十八·泉州府》）

节孝忠勇祠：在霞浦县西门外。旧以忠勇庙祀宋县令潘中，节孝庙祀元州尹王伯颜。明万历中合为一祠。（《卷三百三十四·福宁府》）

忠孝祠：在保昌县治后，宋嘉定中建祀知州赵善契父子及参军黄枢等八人。明正德中迁府学，嘉靖中又迁社学。（《卷三百四十二·南雄府》）

孝女祠：在博罗县西五十里。《明统志》："梁富民陈志年八十独有一女，志卒女哀毁过甚亦卒，乡人立女像于龙化寺。南汉封昌福夫人。"《县志》："明嘉靖间改为孝女祠。"（《卷三百四十三·惠州府》）

忠孝祠：在合浦县东北石康废存南，祀明天顺中石康知县罗绅父子。

孝子祠：在合浦县西，明万历中建，祀孝子郑馘。（《卷三百四十八·廉州府》）

忠孝祠：在全州湘山，祀明曹学臣及子正儒。（《卷三百五十六·桂州府二》）

忠孝祠：在宜山县城隍庙西，祀明同知叶祯及义勇璩礼周昌。（《卷三百五十八·庆远府》）

孝感祠：在岑溪县城东，祀汉孝子丁密。（《卷三百六十二·梧州府》）

明江孝子墓：在建水县北一里。孝子名惠，任临安府通判，有孝行，天顺中卒于官，因葬此。

忠孝祠：在通海县东北，祀元壮愍公董文彦及其子茂春。（《卷三百七十一·临安府》）

节孝妇祠：在府城西，明御史阴汝登建祀阆州守妻宋氏。本朝康熙三年改建于易罗池，后兵燹废，四十年重建。（《卷三百八十·永昌府》）

五、清雍正《通志》中有关"孝"的地名[1]

1.《畿辅通志》

忠孝书院：在完县，元至正间建。（《义学·定州》）

孝路堡：在广宗县南二十里。周二里，濠广一丈。（《关隘·顺德府》）

孝墓堡：在县（曲阳）西北十里。（《关隘·定州》）

王孝桥：在吴桥县东十五里。（《津梁·河间府》）

孝烈将军庙：在完县东，即木兰女也。以父当行戍无子，木兰身代之，有《木兰词》载《艺文》。唐封为孝烈将军，世俗相传木兰魏姓亳州人，从汉文帝来曲逆，故祀此。（《祠祀·保定府》）

忠孝祠：在雄县。祀元孝子王庸明、杨松、潘忠，嘉靖中建。（《祠祀·保定府》）

李孝子祠：在武邑县狱庙东，祀元孝子李璋。（《祠祀·冀州》）

圣姑庙：在安平县城北神女台上。《县志》："姑姓郝，至孝不嫁，以养亲卒，后屡著灵异，因庙祀之。"（《祠祀·深州》）

孝子村：在故城县，元孝子侯秀故居。（《古迹·河间府》）

1．《清一统志》有关释家寺、道家寺院、道观中含"孝"的地名不录。帝王寝陵、驻跸处、祠宇中带"孝"字者不录。孝子（女）墓址仅有墓址无祠坊等不录。

孝义乡：在州东三十五里大冯村。《五代史·一行传》："李自伦六世同居，敕以所居为孝义乡。"（《古迹·深州》）

2.《江南通志》

孝感山：在望江县北十五里。《南畿志》云："唐贞元中孝子徐仲源所居，旌其乡曰孝感，亦以此名山。"（《舆地志·山川五·安徽》）

龙山：在府西二十里。宋处士鲍宗岩子寿孙所居，父子遇贼争死于此，揭傒斯以慈孝名其堂上，有慈孝松。见《古迹志》。（《舆地志·山川五·安徽》）

孝姥山：在府东北二十里，濒江有孝姥庙。（《舆地志·山川六·池宁二府》）

嘉定桥：宝应县治，跨市河，旧名孝仙桥。宋嘉定中重建，改今名。（《舆地志·关津二》）

孝烈桥：县（芜湖）东南一里金马门外，即宋烈女詹氏投水处，一名市东桥。（《舆地志·关津三》）

孝义桥：县（建宁）东二十五里，宋绍定中建。（《舆地志·关津四》）

孝感桥：州（广德州）北六十里。（《舆地志·关津四》）

忠孝亭：在上元县冶城卞壸墓侧，南唐即其墓，作"忠贞亭"，宋庆历三年叶清臣以其父忠子孝改为"忠孝亭"。（《舆地志·古迹一·江宁府》）

朱年陇：在江宁县南六十七里。年生齐末，遭乱母亡庐墓，终日负薪，有白兔、紫芝生陇上，至今名其居为孝感里。（《舆地志·古迹一·江宁府》）

陆孝子故居：在震泽县，宋陆十七所居。宝祐中郡守赵汝历旌其门。（《舆地志·古迹二·苏州府》）

孝义里：在武进县通吴门外。孝仁乡，梁孝子佘齐民所居，宋避熙陵讳改曰孝义，即以名乡。（《舆地志·古迹三·常州府》）

华坡：在无锡县惠山寺之东。晋孝子华宝所居，今有孝子祠。（《舆地志·古迹三·常州府》）

孝感渎：在武进县漏湖西。旧传晋王祥孙俊封永世侯尝居昆陵，追慕祖德故以名渎。（《舆地志·古迹三·常州府》）

朱寿昌宅：在高邮州城西小街内。寿昌事母至孝，建有彰孝坊。（《舆地

志 · 古迹四 · 扬州府》）

孝感泉：在萧县旧城中。唐主簿宋思礼事继母孝，大旱母羸疾，祷此得泉饮之即愈。尉柳晃为刻石颂其孝感。（《舆地志 · 古迹四 · 徐州府》）

三孝堂：在望江县治北，元至正中建。为孟宗、王祥、徐仲源也，后改为祠。（《舆地志 · 古迹五 · 安庆府》）

昭贤里：在望江县北八里。唐徐仲源事母以孝闻，母卒遇雷雨辄伏墓侧呼号。德宗敕号所居里曰"昭贤乡"、曰"孝感"，于墓旁筑孝义墩、白华轩，今墩尚存。（《舆地志 · 古迹五 · 安庆府》）

顺孙里：在望江县凉泉。明嘉靖间龙涌事祖母以孝闻，诏树慈顺坊于其里，故名。（《舆地志 · 古迹五 · 安庆府》）

孝感亭：在绩溪县治北。明县令高梁为孝子许钦建。（《舆地志 · 古迹六 · 徽州府》）

黄孝子宅：在府西九里黄屯园，唐孝子黄芮故居。贞元中诏旌其门，今称孝仁里。（《舆地志 · 古迹六 · 徽州府》）

慈孝松：在府龙山。元至元丙子鲍宗岩遇盗缚大松下，其子寿孙愿身代，不听，倏烈风震变，盗恐轶去得免。明永乐中旌其村为"慈孝里"，松曰"慈孝松"。（《舆地志 · 古迹六 · 徽州府》）

落泪洪：在霍山县西四十里。有孝子舁榇至此泣尽，继之以血。（《舆地志 · 古迹七 · 六安州》）

忠孝龚先生祠：在元和县中台基，祀明龚元祥。（《舆地志 · 坛庙二 · 苏州府》）

顾孝子祠：在元和县虎丘山塘，祀国朝顾天朗。圣祖御书赐"孝靖"二字额。（《舆地志 · 坛庙二 · 苏州府》）

吴孝子祠：在吴江县，祀明孝子吴璋。（《舆地志 · 坛庙二 · 苏州府》）

父子忠孝祠：在华亭县学东，祀明大理寺丞冯恩、子应天府通判行可，杨允绳父子。（《舆地志 · 坛庙三 · 松江府》）

华孝子祠：在无锡县惠山左，祀晋孝子华宝。（《舆地志 · 坛庙三 · 松江府》）

孝妇祠：在仪征县朴树湾。祭农民周祥妻张氏，旧有坊曰"剖腹活姑"。（《舆地志 · 坛庙四 · 扬州府》）

董孝子祠：在泰州西溪镇，祀汉董永。（《舆地志 · 坛庙四 · 扬州府》）

忠孝祠：在沛县。祀明靖难时死节知县颜环父子及主簿唐子清、尉黄谦。（《舆地志·坛庙四·徐州府》）

忠孝祠：在嘉定县治东。祀宋忠臣孙察、姚舜元、孝子龚明之、沈辅、沈珵复；增祀明忠臣高鳌、孝子归可正，嘉靖间建。（《舆地志·坛庙四·太仓州》）

孝友先生祠：在崇明县东沙，祀元秦玉。（《舆地志·坛庙四·太仓州》）

三孝祠：在望江县东门。祀王祥、孟宗、徐仲源。（《舆地志·坛庙五·安庆府》）

孝子祠：在歙县，祀历代孝子。孝女祠：在歙县刘村，祀章氏二女。（《舆地志·坛庙五·徽州府》）

孝感祠：在南陵县东十字街，礼晋孝子何琦。（《舆地志·坛庙五·宁国府》）

孝娥庙：在府东北四十里，俗名仙姑庙。吴大帝时孝娥父为铁官，冶铁遇岁不流，娥忧父刑投炉中铁乃熔，时人号为"圣姑"，因立庙祀。（《舆地志·坛庙五·宁国府》）

丁孝子祠：在府治慈姥矶上，祀涨丁兰。（《舆地志·坛庙五·太平府》）

宋孝子朱寿昌墓：在天长县东四十五里。旧胜因寺西南旁有祠。（《舆地志·坛庙六·六安州》）

忠孝书院：在府城东门外，旧为尼寺。明正德十四年巡按成英毁之建书院，以祀宋徐绩、陆秀夫，设六馆以肄多士。（《学校志·书院·镇江府》）

孝肃书院：在府城南濠内香花墩。明弘治间知府宋鑑建，以祀宋包拯。嘉靖中御史杨瞻重修于南岸，建屋数楹以居其子孙焉。（《学校志·书院·庐州府》）

3.《江西通志》

靖安县：本建昌县地唐广明之后草寇侵掠本州，以靖安、孝悌两乡去州稍远乃于此置镇，至伪吴乾贞二年升为场，唐升元中改为县仍析建昌、奉新、武宁三县，地以益焉。（《沿革·靖安县》）

桃源山：在靖安县西北四十里。胜暨宛若武陵，上有仙姑坛及龙须药臼、车箱等九洞，其水注下，南与毛竹□水合。唐校书郎刘眘虚尝居此，号为"孝弟乡"。（《山川一·南昌府》）

孝感泉：在丰城县道人山圣乘院内。宋绍兴元年少卿曹戬寓此，其母喜茗饮，初无井，戬斋戒虔祝，斸地尺余，泉忽涌出，人以孝感目之。（《山川一 · 南昌府》）

枫冈山：在新淦县南十里，对学宫挹秀门，有瀑，水下七里陂合桂湖，达惠政桥，入江。相近为峡山，有雾峰祠，祈祷辄应。又有刻木山，立庙祀丁孝子，俗谓丁兰也。（《山川三 · 临江府》）

恩江：在永丰县治东南，旧名濒水，合麻江、龙门江诸水下流入赣江。由汉孝子欧宝救虎得名，县旧为报恩镇，水曰：报恩江。（《山川三 · 临江府》）

东岭：在贵溪县东北百步许，其右障为仓西岭南。县北孝思乡有上袍岭，旧传宋相陈康伯谒孚惠祠于此。（《山川五 · 广信府》）

怀蛟水：在府城南。相传其中有蛟，五月五日郡人于此竞渡。唐刺史张栖真尝标《孝经》以示训，又名“孝经潭”。（《山川五 · 饶州府》）

蝌口井：在湖口县治内。相传郭璞以地形似蝌掘井以为蝌口，又有蝌眼井二在治左——又孝感井在孝感坊。《旧志》云：“昔有孝子母病渴，时值旱枯，孝子暮夜抚井而泣，至晓泉迸出，奉母饮之，疾遂愈，因以名坊。”（《山川六 · 九江府》）

南昌县忠孝乡、新建县忠孝乡。（《水利一 · 南昌府》）

高安县仁孝南乡、仁孝北乡。（《水利一 · 瑞州府》）

宜春县仁孝乡钦名里。（《水利二 · 袁州府》）

上饶县崇孝乡、弋阳县孝诚乡、贵溪县孝思乡、仁孝乡、铅山县旌孝乡兴安县孝诚乡。（《水利二 · 广信府》）

余干县孝诚乡。（《水利三 · 饶州府》）

孝义桥、小桥：俱在府城外东隅。（《关津 · 抚州府》）

孝烈桥（万年县）：都跨洪源漳。宋谢叠山女适金竹周铨，早寡闻父与母李氏死节，遂出奁赀作桥，桥成赴水死。乡人义之，故名。宋状元郑獬有《诗》云：“至今溪上边宵月，照彻贞魂万古心。”邑人倪絛晋有《记》。（《关津 · 饶州府》）

忠孝桥（安义县）：县北三十里。宋寺丞陈畦获罪子代死，故名。（《关津 · 南康府》）

孝义桥（彭泽县）：县东北。（《关津 · 九江府》）

虎跑井：《明一统志》：“在府治东唐鲁季丈庐母墓，每患汲江水远，忽

有虎于庐侧跑地得泉，人以为孝感，因名虎跑井。"（《古迹二·临江府》）

春晖堂：何太虚《诗·小序》："清江黄伯原母弟七人孝爱友恭，作春晖堂以奉母，学士草庐吴先生序其事，名士大夫诗词交赞之。"（《古迹二·临江府》）

孝子亭：周叙《记》："吉水李孝子隋大业中人，幼丧母，事父益至。父殁未葬，比舍失火，恸哭伏棺而死。其墓在学宫之傍，墓前有亭。洪武、宣德间州守相继葺治。"《明一统志》："隋李孝子墓，侧有白华亭。"（《古迹二·吉安府》）

慈孝堂：在府南永和市。颜子奇《记》略："永和胡氏有母曰黄，子三人早失所怙，弱而不立。洪武辛未秋徙富民以实京师，胡氏在焉，母命其子私计之谁当行者。长者曰：'吾当往。'其次曰：'不可，吾兄家督也，宁可失乎！吾当往。'幼者曰：'二兄相助，综家事宁可少一乎！吾当往。'兄弟推让者再四，母徇幼弟意而遣之行，宗族嘉之，扁其堂曰'慈孝'"。（《古迹二·吉安府》）

忠孝堂：《明一统志》："在府治。宋守张滉绘晋太傅王祥、唐刺史颜真卿像于内。"（《古迹三·抚州府》）

孝子堂：《林志》："在南城青绥，为孝子黄觉经建。元赵孟頫《诗》：'南城青绥孝子家，至今门户生光华。百年往事已陈迹，路旁过者恒咨嗟。'"（《古迹三·建昌府》）

孝友堂：《府志》："在铅山县，明费文宪宏建，以表其先人祖父兄弟之孝友。"（《古迹三·广信府》）

明山庙：在南昌钟陵乡。神姓白，兄弟三人宗颜、宗说、宗向，以孝弟著，没而为神，唐光化中建庙，宋初赐显灵并祀，邑人李忠万叔敬于庞。（《祠庙·南昌府》）

忠孝祠：在吉水学。右祀隋李孝子、宋欧阳修、杨邦乂、杨万里、文天祥，明王省、王艮、尹昌，后增祀王祯、李邦华。（《祠庙·吉安府》）

烈孝祠：在万安县北。祀明孝子郭静，万历初敕建。（《祠庙·吉安府》）

石孝子祠：在南城县麻州渡，祀石三郎。在晋称为孝子，在后世称为福神。（《祠庙·建昌府》）

黄孝子祠：在南城县青绥铺，为元孝子黄觉经建。孝子卒无嗣，浮屠入居之。明弘治末知府舒昆山驱浮屠塑孝子母子像。扁曰"孝子祠"，屡经兵燹塑

像不毁，有祭田，详《县志》。（《祠庙·建昌府》）

孝女饶娥祠：在乐平长城乡泪滩里。唐柳宗元、宋杨简、马廷鸾各有《记》。（《邱庙·饶州府》）

孝子廖立孙墓：在丰城西南长安乡。学士揭傒斯题其碑曰："有元纯孝廖立孙之墓。"（《邱墓·南昌府》）

孝子苻表墓：在安福县四望冈之南，太元中表。年十六因母姜氏疾将尽，一恸而绝，太守表其墓。（《邱墓·吉安府》）

显孝饶娥墓：在乐平长城乡，柳子厚有碑记。（《邱墓·饶州府》）

4.《浙江通志》

孝丰县：旧《浙江通志》在府治西南九十里，东西广一百三十里，南北袤六十里。（《疆域·湖州府》）

孝丰县：《续文献通考》："本安吉县地。"谨按：汉故鄣县地。后汉灵帝分置原乡县属丹阳郡，晋属吴兴郡，宋、齐、梁、陈因之。隋文帝省县，唐高祖复置，属雉州，寻省雉州并入长城县，唐高宗复析长城置安吉县。今孝丰县系安吉析置，故曰"本安吉县地"。《嘉靖浙江通》志："弘治元年析安吉置孝丰县。"《湖州府志》："知府王珣言安吉地险远，而孝丰、太平等九乡为里五十余，中有汉县废城存焉，请析置一县，从之。因乡名以名县。"（《建置三·湖州府》）

纯孝岭：《吴兴掌故》："在州东北三十里，黄巢之乱，民石昂负母避此。"（《山川四·湖州·安吉州》）

孝感山：《奉化县志》："在县东北一十里，相传昔人丧父庐墓侧，天忽降甘——草木花皆纯白同，故名。"（《山川六·宁波府·奉化县》）

孝闻岭：《嘉泰会稽志》："在县北十里，昔有包全居之，以孝闻。"（《山川七·绍兴府·上虞县》）

许孝山：《临海县志》："在县西北七十里。"《名胜志》："旧传有许姓者导丧至孝，每恸则群鸟悲，因以名山。"（《山川八·台州府·临海县》）

笃孝山：《黄岩县志》："在县西三十五里，宋南渡后有鲍雍者自饶徙居山下，孝养其亲故名。"（《山川八·台州府·黄岩县》）

孝感泉：《浦江县志》："在县东二十五里。按《图经》在白麟溪侧，宋

郑绮母张性嗜溪水，值旱凿数仞不得泉，绮乃恸哭三日不息，水为涌出，人以为孝感所致。"（《山川九·金华府·浦江县》）

石笏山：《嘉靖浙江通志》："在县西十里以形名。又西十里曰'孝义山'，宋时孝童卢猛居此，下有孝义泉。"（《山川十三·处州府·龙泉县》）

渡母桥：《成化四明郡志》："县治西一名纯孝桥，因地有董孝子祠故名。"宋天禧五年建有亭久圯，乾道五年守张津重建，绍定元年守胡矩修，元至正间邑人谢险崖重修。（《关梁三·湖州府·孝丰县》）

无择桥：《成化四明郡志》："县西二十五里，因唐孝子张无择负土庐墓所建，乡人故以是名，俗呼为吴石桥，盖声之讹也。"（《关梁三·湖州府·慈溪县》）

崇孝东桥、崇孝西桥：《嘉靖定海县志》；"二桥乃周德建，因其事母孝故名。"（《关梁三·湖州府·镇海县》）

孝友桥：《赤城志》："在县西一里，修六十丈，广三丈，跨大江别浦。宋元祐中令张元仲累石为之。元仲字孝友，因以名桥。庆元二年圯于水，县人赵伯沄重建，筑为五洞，桥面亦五折，取道其中，坎两旁以窍水翼□其上，视旧功十倍焉。"今但呼西桥。（《关梁五·台州府·黄岩县》）

孝义桥：《台州府志》："在县东九十步，宋淳化元年建，以近孝义坊，故名。"（《关梁五·台州府·天台县》）

旌孝桥：《嘉靖金华县志》："一名通远，在旌孝门外，通义乌。浦江下为石墩，上覆以屋山，桥水经其下向东流入大溪。"（《关梁五·台州府·金华县》）

正果桥：《万历金华府志》："即孝顺桥，在县东五十五里，桥屋三间，杭慈溪水经其下，西南流入大溪。"（《关梁五·台州府·金华县》）

孝门桥：《万历金华府志》："在县东三十里。浦江未置县时，地属义乌北鄙，因颜孝而名。"（《关梁五·台州府·浦江县》）

孝友堂：《秀水县志》："在城中。宋绍兴间翰林学士项相与弟栋虔于奉亲，兄弟友爱而作。"（《古迹三·嘉兴府》）

董孝子宅：《嘉靖宁波府志》："在鄞县西南百余步。孝子名黯，其宅今为纯德庙。《旧志》谓即其故居立庙，则黯本鄞人也。鄞故鄮地，虞翻谓为句章人，据其徙居慈溪言之。而唐崔殷庙碣乃仍其误。"（《古迹五·宁波府》）

思孝庐：《万历象山县志》："在县西金龟山。孝子名缺，父母没哀毁

骨立，既葬筑庐于墓前，郡守胡矩为之立碑，扁其庐曰'思孝'。"（《古迹
五·宁波府》）

慈教堂：《兰溪县志》："在十字街。赵珙兄弟事母孝，因名。"（《古
迹九·金华府》）

许孜宅：《成化东阳县志》："晋孝子许孜宅在十六都虎峰下蓝硎村。"
（《古迹九·金华府》）

郑氏义门：柳贯《郑氏义门记》："吾里郑氏以义门被旌表。自其远祖淮
与二兄居于承恩里，其后浸盛名，其地曰'三郑'。及八世不裂籍以为异用，
故事赐旌表，大书其门曰'孝义郑氏之门'。"（《古迹九·金华府》）

赵抃宅：《弘治衢州府志》："在西安县北五里孝悌里。初抃丧继母，
与弟拊庐墓，县令过晸榜其里曰'孝悌'，筑阙立表，楼钥为书'忠孝之
家'。"（《古迹十·衢州府》）

思台：《嘉靖淳安县志》："在县东南文庐溪。元孝子姜兼所居，兼终丧
时陟其上，望墓哀号，因名思台。"（《古迹十·严州府上》）

周大雅宅：《万历严州府志》："在寿昌县艾溪南。大雅庐墓三年，
有群鸟驯其旁，赵清献抃靖于朝，锡以束帛，改其乡曰'至孝里'，曰'求
忠'。"（《古迹十·严州府上》）

晋夏孝先孝子泉：唐里人司徒董举居泉侧，天旱举露祷运石潴水，既而沙
涨成坼，因以为号。（《古迹十·严州府上》）

伊导宅：《永嘉县志》："县西南孝义乡，宋伊孝子居此。"（《古迹
十二·温州府下》）

慈孝堰、章拗汇：堰俱在东管二都。（《水利五·宁波府·镇海县》）

孝行砩：在县南一里。宋知县林安宅所开，长十余里，溉田一万三千亩，
民赖其利。（《水利六·绍兴府·新昌县》）

孝喃埭：俱在二十四都。（《水利七·台州府·黄岩县》）

孝公塘：俱在县东二十二都。（《水利九·严州府·淳安县》）

曹孝子庙：《万历湖州府志》："旧在府治西北。嘉靖八年知府万去鹏复
迁于府学尊经阁之右。"（《祠祀四·湖州府》）

董孝子庙：《嘉靖宁波府志》："在府治南六十步，祀东汉孝子董黯。
陈敬宗《重建董孝子庙记》：'汉和帝封孝子纯德徵君，即故宅立庙以祀。
唐大历二年刺史崔殷尝葺，明洪武四年封为董孝子之神，每岁六月六日有司致

祭。'"（《祠祀四·湖州府·鄞县》）

张孝子庙：《嘉靖浙江通志》："在县西慈孝坊，祀唐孝子张无择。初无择附于董孝子庙。洪武四年以董孝子既庙于府城，因专祀无择于此，岁九月九日祭。"《成化四明郡志》："宋嘉定十四年邑人李梦林请于县立祠。"（《祠祀四·湖州府·慈溪县》）

曹娥庙：《于越新编》："初属上虞后改肃会稽，在府城东九十二里。宋大观年封灵孝夫人，政和年加封昭顺，淳祐年得加封纯懿，且封其父为和应侯，母为庆善夫人。又熙宁中会稽令董楷以朱娥配享，明因之不改。嘉靖间知府南大吉廓之以合郡烈女人从祀两庑，万历四十五年送诸娥入祀配享，号'三美祠'。"（《祠祀五·绍兴府》）

愍孝祠：《嘉泰会稽志》："在府东北。孝子蔡定父以事逮狱，年七十当赎吏持不可，定祈哀太守愿以身代，不报因趋府桥下自湛而死。太守翟汝文闻之亟命出其父，且给镪以葬定，后七年太守王絢始克请于朝，赐庙额曰'愍孝'。"（《祠祀五·绍兴府》）

兴孝祠：《万历金华府志》："在县西，祀孝子斯敦、许孜、许生、冯子华、应先、唐君祐。"《东阳县志》："宋端平二年知县林嘉会建。"（《祠祀七·金华府·东阳县》）

二孝子祠：《金华府志》："在县西南三十步，祀斯敦、许孜，宋政和二年知县张述建。"（《祠祀七·金华府·东阳县》）

永慕庙：《万历义乌县志》："祀秦孝子颜乌，在县东四里孝子墓左。宋端平二年右丞相乔行简奏赐今额，景定三年县令李补始作庙。"《义乌县志》："明洪武后屡修屡废，万历元年知县梅淳即故址重建，以宋孝子楼蕴、明孝子龚昙配享，春秋二祭，又设颜公父神位于寝室，祭之日并奠。"（《祠祀七·金华府·义乌县》）

孝冯祠：《万历金华府志》："在县南四十里，唐冯子华孝亲庐墓，有灵芝、白鹿之祥，朝廷表其门，号'孝冯'，立祠祀之。"（《祠祀七·金华府·义乌县》）

王孝子祠：《武义县志》："在东岳宫左，祀明孝子王世名，后圯移建五圣堂。"（《祠祀七·金华府·武义县》）

5.《福建通志》

头山：在县南。其形若鳌，县之案山也，又曰"南山"，山势回环。宋孝子邹异庐墓于此，有芝草甘露之祥。（《山川·福州府·长乐县》）

乌山：在县城外西北十五里。相传昔有孝子庐墓于此，飞鸟来集，故名。（《山川·兴化府·仙游县》）

旗山：在县城外东北十五里。山高大势如展旗，上多奇石，有石笋、石石鼓之状。宋郭孝子居此，祠中又阙犹存。（《山川·兴化府·仙游县》）

董奉山：在县北五十里。形如卓笔，上有丹灶、棋枰、琴室，相传仙人董奉所游处，又北而近者曰"待诏山"，昔有孝子待诏于此，故名。（《山川·漳州府·长泰县》）

寿山：在州北四十里。高平方正，左畔峰峦错列，亦名"孝山"。（《山川·龙岩州》）

孝义桥：里人丘奈建。忠孝桥：宋时建。（《山川·建宁府·崇安县》）

顺母桥：宋孝子张禧建四桥，俱府城。（《山川·建宁府·瓯宁县》）

忠孝桥。（《山川·福宁府·寿宁县》）

忠孝祠：在郡城内仓后街。左忠臣祠祀唐林蕴、宋方喜、阮骏、林冲之、宋旅、陈淬，明陈继之、陈彦回凡八人。右孝子祠祀唐林攒、宋郭义重、元郭道卿、郭廷炜、明陈茂烈、刘闵、方重炊凡七人，有司春秋致祭。（《祠祀·兴化府》）

林孝子阙祠：在郡城中乌石山下，唐贞元中为福唐尉林攒立。攒母丧庐墓，感白乌甘露之祥，事具本传，欧阳詹为作《甘露述》，今双阙在祠前。祠凡五修，宋陈俊卿、王十朋、真德秀各有《记》，明永乐中赐御制《诗》，有司春秋致祭。（《祠祀·兴化府》）

郭孝子阙祠：在郡城北魏塘，宋绍兴间为进士郭义重立。义重游太学，奔母丧庐墓，甘露降白乌驯集，诏于门前。安棹楔左右，建土台高一丈二尺，方正下广上狭，饰以白而丹其旁角。乾道初重新门闾，侍讲林光朝为《记》。元至大间，四世孙廷炜与父道卿俱以孝旌，今并祀，扁曰"三孝祠"，有司春秋致祭。（《祠祀·兴化府》）

孝子郭荣祠：在郡城敬客坊后，毁。国朝顺治九年改建于和义坊。（《祠祀·建宁府》）

6.《湖广通志》 [1]

孝义港：县西北三十里。（《山川·德安府·安陆县》）

孝义井：县城内。以唐孝子尹怦得名。（《山川·襄阳府·襄阳县》）

七泉：在州城东。唐元结《七泉铭序》："凡人心若清惠必忠孝守，方直终不惑也，故名五泉。其一曰：㵼泉，次曰：㳽泉，次曰：㳻泉、㳦泉、渑泉，欲来者饮漱其流有所感发矣！"一曰：漫泉，自旌漫浪也，一出东山，命曰：东泉。（《山川·道州》）

孝女泉：在城北六十里。《老学庵笔记》："甘泉寺山有孝女泉及祠，在万竹间，幽邃可喜。"（《山川·武陵县》）

孝港桥：因谢鳞过此，故名。（《关隘·公安县》）

忠孝桥：在县西。（《关隘·平江县》）

双孝祠：在县学内，合祀黄香、孟宗。（《祀典·江夏县》）

孟孝感庙：在忠孝门外，祀孝子孟宗。宋绍兴间建。（《祀典·江夏县》）

忠孝祠：在县学左，旧专祀汉孝子董永，后增唐忠臣张抃。县城东门内别有董孝子祠。（《祀典·孝感县》）

孝子庙：在县城东南隅，祀黄香。明知府范理建。（《祀典·安陆县》）

姜孝子祠：在大江西岸。姜诗为姜阳令时权居于甘泉寺，陈煊毁佛塑像，祀诗以木主。（《祀典·夷陵州》）

孝烈灵妃庙：在县东二十里。《明一统志》："秦武陵令罗君用督铁运溺水，其女携弟际父尸不获，遂赴水死。宋元丰间赠女曰'孝烈灵妃'，弟曰'孝感侯，立庙'。"（《祀典·长沙县》）

杨孝子祠：在县治东。唐时扬孝子哭亲而殁，邑人为立祠。（《祀典·浏阳县》）

罗娘庙：在南津港，一名"孝感庙"，详长沙县祠祀内。（《祀典·巴陵县》）

孝妇祠：在县治西北，即孝妇蔡氏墓。（《祀典·永兴县》）

孝子里：在县西北。元吴大中所居。（《古迹·黄州府·罗田县》）

忠臣里、孝子巷：俱在沙市。（《古迹·荆州府·江陵县》）

1．孝感县因前文《清一统志》已录，故此处不录。

刻木谷：在县南十五里，汉孝子丁兰所居。（《古迹·襄阳府·南漳县》）

忠孝里：在县内。嘉靖中知县夏维宁立坊名，以邑有吉甫之忠、黄香之孝也。（《古迹·郧阳府·房县》）

孝子董永墓：在孝感县东十里广阳乡。其左有冢，相传为永父冢。又扬州如皋县亦有永冢。（《陵墓·汉阳府》）

孝子董黯：墓在孝感县北三十里董城，有唐徐浩所书碑碣。又宁波府慈溪县亦有黯墓。（《陵墓·汉阳府》）

汉孝子黄香墓：在府署东十数步。《九域志》："在安陆县。"黄琼墓在安陆县西北兆山下，雷公庙会茶庵路旁。（《陵墓·德安府》）

孝妇欧端迁妻蔡氏墓：在永兴县治西北。昔有人伐墓前树者，有风雷之异，遂莫敢犯。（《陵墓·直隶郴州》）

7.《河南通志》

伯俞河：在府城西三十里，韩孝子伯俞居此。（《山川上·开封府》）

孝水：在府城西南三十里，源出谷口山，东流入漳河，水西有晋王祥墓，故名。（《山川上·河南府》）

椹漳：在许州西南三十里。世传汉蔡顺遇赤眉于此，今其傍曰"顺孝保"。（《山川下·许州》）

孝山：在州东北五十里。下有黄香墓，故以孝名。（《山川下·禹州》）

仙行桥：在府城南三里。明傅振商《诗》："二孝庄前迹已陈，黄姑解佩旧河津，年年七夕通灵会，曾忆桥边合卺人。"（《山川下·汝宁府》）

孝济桥：在郏县西北三十里，孝子苑马寺少乡刘济建。（《山川下·汝州》）

妇姑城：在杞县东北郑村保。《西征记》云："梁之东百里有孺妇养姑孝谨，乡人化之，后遂以此名其城，其遗址尚存。"（《古迹上·开封府》）

二孝庄：在府城西五十里，汉孝子蔡顺、董永故居。（《古迹下·汝宁府》）

丁兰宅：在西华县东北三十里。兰孝子，河内人，寄居于此。（《古迹下·陈州》）

8．《山东通志》

原山：在县东南四十里，为莱芜、博山、淄川三县界，汶水出其阳，淄水出其阴。山下孝妇、怀德二乡旧为县境，故以淄名县，后割入益都，今复析置博山。淄水不在境内，县名则仍其旧云。原山称谓不一，《艺文志》有"原山考"。（《山川·山总·济南府·邹平县》）

孝堂山：在县西北六十里，本名巫山。汉孝子郭巨葬母于此。与平阴县联界。（《山川·山总·泰安府·肥城县》）

孝妇山：在县东三十里。（《山川·山总·泰安府·东阿县》）

孝感泉：西门内太平寺。（《山川·水总·济南府·历城县》）

孝妇河：在城南一里。（《山川·水总·济南府·淄川县》）

孝感河：在榖亭镇。相传有子母渡河，其子负母而琼俗名"负娘河"。（《山川·水总·兖州府·金乡县》）

孝妇河：在县西南一里，详《水总》，古名孝水。《青州郡志》："北齐颜文姜事姑孝，远道取水以供姑嗜，寒暑不间。灵泉感生其室，文姜尝以缉笼覆之，值姜出姑，偶发其笼，水即涌出，坏其居宅，故又曰'笼水'。"今水犹从祠前岩下出，然笼水之说近于传讹，《颜山杂记》辨之甚悉。（《山川·水总·青州府·博山县》）

孝源河：出州南孝源庄，西北流迳苑哥庄，至傅家村、紫兰村入张鲁河。（《山川·水总·莱州府·胶州》）

孝源河：出县北戚沟湖，东流入沂。（《山川·水总·沂州府·兰山县》）

孝义：源出县北孝义山，南流入汶。（《山川·水总·东昌府·馆陶县》）

孝里铺：在县西南五十里，与肥城接界，以孝子郭巨得名。（《古迹·济南府·长清县》）

孝子台：在县西南五里，县民张永修筑。（《古迹·济南府·长清县》）

孝子台：台有三。一在县北十里，孝子王弘庐墓所筑；一在县东北十二里，孝子宋日智庐墓所筑；一在县西南十八里，孝子谭训庐墓所筑。（《古迹·东昌府·恩县》）

四女树镇：在县西北五十里。相传有四女不嫁，孝养父母，共植一槐，遂名其地。镇有四女祠，皆儒巾服。一云：唐贝州宋廷芬五女俱为学士，若宪以罪殒，因像其四祀之。（《古迹·东昌府·恩县》）

慈阜：在营陵城南四十里。魏孝子王修墓所，故以慈表称。（《古迹·东昌府·安邱县》）

节女孝迹：在县西北二十五里节女山上。《郡国志》："齐湣王伐楚，苏浑死焉，有五女终身不嫁呼父魂，葬于此山，因名。"（《古迹·莱州府·潍县》）

石门：在县东二十里。元戴贞"孝义之门"也，今其下为桑田。（《古迹·莱州府·蒲台县》）

孝子里：在县北二十五里孝感河侧，晋王祥卧冰处也。（《古迹·沂州府·兰山县》）

原孝屯：在县西北一百一十里。相传为原宪故居，一名原宪城。（《古迹·沂州府·费县》）

康成石室：在县西南八十里南成山。《寰宇记》："《后汉书》：'郑康成遭黄巾之乱，客于徐州。'《郑氏孝经》序云：'仆避难于南成山，栖迟岩石之下，念昔先人，余暇述夫子之志，而注《孝经》。'盖康成微逊时所作也。今西上可二里许有石室，周回五丈，世云康成注《孝经》于此。"（《古迹·沂州府·费县》）

孝悌里：在县东五十里诸满村，古临沂之孝悌里也。颜氏自师古以下世居斯土，数传至杲卿、真卿，其忠烈尤著云。《旧志》云："故城在费县东五十里，中有隐真观，相传颜鲁公所居之处。"（《古迹·沂州府·费县》）

孝子灵迹：在州北一百里。唐孝子孙既庐墓，有醴泉涌出之应。（《古迹·沂州府·莒州》）

孝子村：在县北，孝子孟昌宗故里。《寰宇记》云："在定陶古城北。"（《古迹·曹州府·定陶县》）

孝思亭：在茌平县。元张通甫建，学士虞集有《记》。（《古迹·宫室·东昌府》）

德星堂：在武城县崔家庄。唐崔郸所居，宣宗以其一门孝友，故赐名"德星"。（《古迹·宫室·东昌府》）

忠孝廉节四字石刻：在历城县，明许忠节公祠内。（《古迹·碑碣》）

《孝经》碑：在长清县鸡兔屯，宋御制《孝经》碑，相传为焦孝女设也。（《古迹·碑碣》）

孝堂山石壁：在肥城县孝堂山东壁。后齐武平元年刻石，八分书。（《古迹·碑碣》）

淳于孝女祠：在府城内。汉时齐太仓令淳于意有罪逮系长安，其少女缇萦上书讲赎父罪。事说《列女志》，唐天宝间敕建，见《文献通考》。（《秩祀·济南府·历城县》）

董孝子祠：在县南二十里，祀汉董永。庙西北三里有槐阴碑，相传织女下配处。（《秩祀·济南府·长山县》）

焦孝女祠：在县东二十里鸡儿屯街。（《秩祀·济南府·长清县》）

贞孝祠：在县城南门东。明嘉靖间为死义生员刘俊及女美玉立，详《列女志》。（《秩祀·东昌府·博平县》）

孝子祠：在州治南，祀孝子郑兴等，明嘉靖中建。（《秩祀·东昌府·临清州》）

博兴县董公庙：在县东北三十里，祀汉孝子董永。（《秩祀·青州府》）

顺德夫人祠：在县（博山）四十五里，祀孝妇颜文姜。（《秩祀·青州府》）

博山县颜文姜祠：在县南五里。祀北齐孝妇颜文姜，事详《列女志》。后周建，唐天宝中重修，宋熙宁中封武安顺德夫人，元封卫国夫人。（《秩祀·青州府》）

招远县孝女祠：在县南二十五里。旧有李氏女恸父为蟒所吞，忽雷震蟒裂露尸，女哭之死，官立祠。（《秩祀·登州府·招远县》）

顺德夫人祠：在县东二十五里，祀齐孝妇颜文姜。（《秩祀·莱州府·昌意县》）

孝女祠：在县西南十八里。相传为汉和帝时人，金姓九女以父母无子终身不嫁，人感其孝祀之。（《秩祀·曹州府·城武县》）

孝感桥：在西门外。（《桥梁·济南府·淄川县》）

孝武渡：在通济闸上流。（《桥梁·东昌府·聊城县》）

孝义桥：在城东八里，一名大石桥。（《桥梁·泰安府·莱芜县》）

王修墓：在县南四十里慈阜。《冢宅记》云："修仕魏，官奉常，至孝，故此丘以慈称。"（《陵墓·青州府·安邱县》）

王裒墓：在县南三十里营丘境内。裒系王仪之子，王修之孙，三代俱以孝称。（《陵墓·莱州府·维县》）

王祥墓：在县北二十五里。官太傅，墓西有戚沟湖、孝感泉，剖冰跃鲤之地。（《陵墓·沂州府·兰山县》）

唐孙应乾墓：在州北一百里太平冈。官骁骑都尉，子既庐于墓旁。醴泉涌

出，名曰"孝源泉"。（《陵墓·沂州府·莒州》）

汉郭巨墓：在县西北六十里孝堂山之阳。（《陵墓·泰安府·泰安县》）

9.《山西通志》[1]

梦感泉：在柴村。孝子梦有水如饴，明日探之果得泉。（《山川二·平阳府·曲沃县》）

黄芦岭：在县西六十里。《石室山碑》："麻衣仙姑西河洪哲里人也，聘魏氏。孝养舅姑五载，嘉遁于汾阳西，岭号黄芦山。"（《山川四·汾州府·汾阳县》）

孝感泉：在西汾村，元杜唐臣王夫人凿。郝天挺《记》曰："泉忽通透，独甘如饴。"（《山川四·汾州府·介休县》）

孝河源：（县西九十里）高唐之山有孝河源，骈于白壁之左右，旁分二水，合流东注。（《山川四·汾州府·孝义县》）

孝河：即胜水也。源出狐岐山麓，径县西十五里杨家庄、杨泉曲等村复合左水、吐京水、曹溪诸流，由县南而东十五里至五楼庄入于汾。《水经注》："胜水出西狐岐之山，东迳六壁城、南义，东合阳泉水，又东迳中阳故城南，又东合文水，文水又东南入于汾水。"《通考》："中阳有胜水。"金张元祐《济民渠记》："孝子河以源孝西山百余里，一水自高唐西北且于白壁之左，次南二水合流四派漾行，绕郭东注入于汾。"（《山川四·汾州府·孝义县》）

孝才河：即月境川河，在县西十五里，发源埋头庄，南流至索达干。（《山川四·汾州府·临县》）

舜井：在东关古城。二井东西相对，有舜祠。皇甫谧曰："河东有舜井。"宋真宗祠汾阴、幸舜泉，下诏曰："朕以省巡蒲坂，历鉴舜泉，钦孝德以升闻，考遗迹而尚在，宜加表称，用表淳风。"乃赐名"广孝泉"。周其垣，墉新其堂，奥广其里，弄谨其扁鐍，复汲泉水，偏颁著位。大中祥符五年命王钦若撰《广孝泉记》。（《山川八·蒲州府·永济县》）

孝子泉：在县西一里，孝子庐墓前涌出。（《山川十一·绛州·垣曲县》）

1．孝义县因前文《清一统志》已录，故此处不录。山西一地北魏孝文帝遗迹颇多，如孝文山、孝文庙等有数百处，因与孝无太多关联，故不录。

净修阁：在高白镇。明成化中乐籍女李氏习禅学于楼上，以处子终，阁东东南有孝感楼。（《古迹一·太原府·清源县》）

元李忠孝感碑：在营田里。忠性孝谨，大德癸卯秋八月河东地震，营田东北山摧阜移，忠宅独完，李宗怀为立孝感碑。（《古迹一·太原府·赵县》）

元靳孝子碑：学士揭傒斯撰文云："孝子名昺，字克昌，兵部尚书西河郡侯德渊之子。天历元年与其兄荣护母丧还河东，过平定之平滩霖雨骤至，兄及旁人皆呼使下车，昺伏柩呼号卒不下，遂溺死。后十年奎章阁大学士实喇巴勒以闻，天子命翰林侍制臣傒斯文其事于碑碑，以为世劝。"（《古迹一·太原府·曲沃县》）

孝弟乡、节义社、敬爱里：唐贞元中永乐姚栖云庐墓，县令苏辙以俸钱地，开阡刻石表之，河中尹浑瑊上其事，诏加优赐表其门，名其乡曰"孝弟社"，曰"节义里"，曰"敬爱"。姚氏自唐讫宋十三世同居。（《古迹三·蒲州府·永济县》）

广孝泉记碑：明张四维跋《广孝泉记》云："宋真宗谒舜庙，名双井，曰'广孝泉'，命枢臣王钦若作《记》，镌碑庙中。嘉靖乙卯地震碑泐裂不可复竖，万历癸未河东道王基令判官严汝聘别砻一石录碑文，镌竖原所。"（《古迹三·蒲州府·永济县》）

孝子原：西一里即孝子冯公遗址。（《古迹四·吉州》）

天经地义庙：在县西下坊，祀孝子郭巨、郑兴。又清义村有郭巨庙。（《祠庙·汾州府·孝义县》）

孟烈孝祠：在东门内。邵氏夫孟端亡，姑母议他适，氏抱幼女投井，长女熙偕死，建坊立祠。（《祠庙·蒲州府·永济县》）

孝女女胜墓：在城东大道北。北魏正光中年十五，母卒不胜哀而殒。太守崔游申请为营墓立碑，自为制文，比之曹娥。（《陵墓一·平阳府·临汾县》）

孝子庞整墓：在县南六十里风陵乡小李村，有《敕赐孝行碑记》。（《陵墓二·蒲州府·永济县》）

申孝子墓：在县北三十里丁庄村。号忠孝将军。（《陵墓二·蒲州府·临晋县》）

10.《陕西通志》

（白鹿原）有孝子岭，在原西北，俗呼𤱿子岭。（《山川二 · 西安府 · 咸宁县》）

蔡泉（一名蔡顺井，又名蔡孝子井）：在县城东亦名蔡顺井，神川原北麓有井，凡九，曰魏王井。相传西魏都长安时所甃者，此特其一，余皆堙塞莫可考（《县志》）。在甘泉东又名"蔡孝子井"。（《县新志》《山川 · 西安府 · 渭南县》）

忠孝井：在府治东文昌宫内（《明一统志》）。今改为分守道，井堙。（《府志》《山川三 · 凤翔府 · 凤翔县》）

孝义川（一作校尉川）：在县西百里（《西安府志》）。源出咸宁县沙岭，一名校尉川。至川口入洵河。（《县册》《山川五 · 兴安州 · 镇安县》）

峰陵山：在县东十里水口之外，奇峰耸秀，山南二里有孝感泉。（《西安府志》《山川五 · 同州 · 洛南县》）

孝感泉：在州南少华山北沟畔，水极清以郡举人张之矩名也。（《州志》《山川六 · 华州》）

孝义镇：在县东北四十里。（《县册》《关梁一 · 西安府 · 渭南县》）

孝同镇：在县南四十里。（《县志》《关梁二 · 华州 · 蒲城县》）

丁兰庙：在县北五里孝子村（《马志》），知县苟汝完重修。本朝康熙三十九年西安别驾摄篆《因废圮重建记》云："孝子河内人，寓居茂陵，人敬之，死则立祠以祀。"（《县志》《祠祀一 · 西安府 · 兴平县》）

蔡孝子祠：在县城东，祀汉孝子蔡顺明。万历间巡按傅振商，汝南人也，与顺同里，过渭展墓，遂令知县徐斗中建祠以妥之。今孝子里有顺墓在焉。（《县志》）（《祠祀一 · 西安府 · 渭南县》）

织女祠：在县东十里董永墓侧。相传董永因贫典身葬父，为人佣比昼夜勤苦，天感其孝，遣仙女配永，机织偿足而去，时人异之，立庙以祀。（《府志》《祠祀一 · 凤翔府 · 麟游县》）

清风祠：在州西七十里殷家坻南五女川。因孝女五人而名，土人凿石肖像为祠。嘉靖辛丑知州郭廷珪扁曰"清风"，并题诗勒于祠崖。（《州志》《祠祀 · 二 · 葭州》）

渭南县东北四十里孝义铺。（《驿传 · 铺司 · 西安府属》）

耀州北十里孝家庄铺。（《驿传·铺司·耀州属》）

孝义铺至醴泉县在城铺五里。（《驿传·铺司·乾州属》）

萧孝子光兰墓：在县东五十里毕郢原下（赵腾撰墓表）。光兰以孝获旌，人皆号其墓为孝子坟。（《艾陵遗稿》《陵墓一·西安府·咸阳县》）

丁孝子兰墓：在县东北一十里。兰，河内人，有孝行，卒葬于此。（《县志》按："《贾志》：兰墓在咸阳县东北一十里。"误。）（《陵墓一·西安府·兴平县》）

唐郭孝子仪墓：在县北十里孝义坊。仪割股奉亲，韩愈有《鄠人对》（《县志》）。仪曾割股医母疾瘵，邑大夫以闻其令尹，令尹闻于上，上俾聚土以旌其门。时昌黎官京师，谓为不可训，曾为《鄠人对》以驳之。而"孝义坊"所传仪冢其高大与公侯等，则当时之褒崇初不因昌黎驳议而止。然此冢当属朝旨旌门之聚土，而土人传讹为仪墓耳！不然，仪庶人也，何得冢墓巍然高大如此哉！（无名氏《郭仪墓辨》《陵墓一·西安府·鄠县》）

汉蔡孝子顺墓：在县东南孝子村。汝南人，西汉末，世乱盗起，避地入长安，遁处此里殁，遂葬焉。有元田远所撰墓碑（《县志》）。顺墓在县东南一十里，有碑在县东关王庙。（《马志》《陵墓一·西安府·渭南县》）

董孝子永墓：在县娄常丰里。常丰里有墓，传为永墓。墓侧有庙，称为织女祠，去庙一里有村，曰"丝家沟"。但《孝顺事实》以永为天长人。《一统志》如皋、孝感俱有永墓，《山东通志》长山、鱼台、博兴亦各有墓。未究其的。（《县志》《陵墓二·凤翔府·麟游县》）

刘孝子故居：在长武县西南现里。成化中旌表，里名"孝村"，其滩曰"孝子滩"。（《长武志》《古迹二·府第》）

杜邮亭：在咸阳县西南三十八里，白起自刎处（《雍胜略》）。杜邮亭今名"孝里亭"，中有白起祠。（《水经注》《古迹二·园林》）

11.《甘肃通志》

忠义桥：在县南门外。又有孝廉桥，在东门外；通川桥，在西门外。（《关梁·直隶秦州·徽县》）

孝子漆金墓：在伏羌县。（《陵墓》）

12.《四川通志》

孝节书院：在叙州府西二里。有孝子陈相、吴审，节士任永、费贻、孙镕像。（《学校·书院》）

孝感桥：在綦江县南六十里东溪小市。（《津梁·重庆府》）

金鱼桥：在南部县。南宋陈尧咨为荆州守，归省母，问尔典名藩有何异政，答云："过客以儿善射母。"怒曰："不能忠孝报国，一夫之技岂父训哉？"击以杖，堕所佩金鱼，后人因以名桥。（《津梁·保宁府》）

忠孝桥：在荣经县东北。（《津梁·雅州府》）

孝女桥：在犍为县南二十里。昔有女子见父溺死随自投入水中，三日抱父尸而出，因名。旁有孝女祠。（《津梁·直隶嘉定州》）

忠孝桥：在彭山县北，旁有汉张纲、晋李密祠，因名。（《津梁·直隶眉州》）

孝弟桥：在潼川州东学宫前。（《津梁·直隶潼川州》）

孝感桥：在合江县北一里，汉孝女先氏旧居，故名。（《津梁·直隶庐州》）

孝子山：即邓宗古故里。（《山川上·成都府·简州》）

新妇水：在县西南二十五里，流合廉江水。昔有新妇事姑负汲远水无倦，忽一夕涌泉成流，人以为诚孝所致。（《山川·成都府·什邡县》）

孝妇泉：《舆地纪胜》："在军南一里，俗称有孝妇感出此泉，极甘而冷。"（《山川上·重庆府·綦江县》）

孝廉山：在县东，旧有文昌祠。（《山川上·顺庆府·西充县》）

孝子石：在县南二里。昔隗叔通之母必得江心水乃食，通每汲苦迅湍，忽涌出一石，汲水甚便，人以为孝感所致。（《山川上·叙州府·庆符县》）

孝感井：在县西门外，孝子王丈义母墓前，四时不竭。（《山川中·夔州府·巫山县》）

清溪水：五在县南二十里，源出叙州府屏山县界，至孝女渡入江，曰"清溪口"。（《山川下·直隶嘉定州·犍为县》）

孝泉、享泉：在县西北，旧曰"姜诗泉"。《元和志》："在德阳县北三十九里。诗母好江水，一旦泉涌舍侧味如江水。"宋治平中诏名曰"孝泉"，在县北一里。宋知县赵圻夫开凿。（《山川下·直隶绵州·德阳县》）

石妇：昔有孝妇守节，孝于舅姑，后人刻石像之。白居易《诗》："至今为

妇者，见此孝心生。不比山头石，空有望夫名。"（《古迹·成都府·成都县》）

《古文孝经》：《旧志》："在北山，凡二十二章，与今文十八章小异。"按：《今文》先出于汉初，而《古文》与《尚书》同出孔子坏宅，《今文》已盛而古文独不得列之学宫，惟孔安国、马融为之传，及明皇注《今文》十八章，《孝经》为古文益徵矣！司马光、范祖禹皆曾缴进。光谓始藏文时，去古未远，其书最真；祖禹又说之说，亦云古文庶得其正。（《古迹·重庆府·荣昌县》）

清义何氏古碑：在剑门登高台有一古碑。唐光宅中建云何氏名慕者，生四子，孝弟义逊，家八十口不异居，仪凤二年敕赐"清义门"。（《古迹·保宁府·剑州》）

陈子昂故居：在岳门镇。相传子昂自射洪迁居于此，七世同居，今有子昂读书台，又有孝义台。（《古迹·顺庆府·广安州》）

十贤堂：在县城内。初名"岁寒"，又名"忠孝"。宋庆历中建，以祀前贤尝至蜀者：屈原、诸葛亮、严挺之、杜甫、陆贽、韦昭范、白居易、柳镇、寇准、唐介，凡十人画像堂中，外栽修竹。王十朋《诗》："六月修筠带雨移，丁宁护取岁寒枝。十贤清节高千古，不是此君谁与宜。"（《古迹·夔州府·奉节县》）

孝女碑：在清溪口杨洪山下。东汉永建初，孝女叔先雄以父泥和坠湍水，尸丧不归，雄于父溺处自投水死，后五日与父尸相附浮江上，郡表言为雄立碑，宋元祐中重立。（《古迹·直隶嘉定州·犍为县》）

孝义台：在县一百三十里。宋邑人冯伯瑜剖腹取肝愈父疾，县令卞诜为筑台，立石旌表之。又蓬溪县西亦有孝义台，蜀孟昶时里人程崇事亲孝，隆冬母病思笋，崇号泣林中，俄生数笋，县令陈元佐《诗》："戢戢笋芽为母生，泪痕落处两三茎。"相传为孟宗，盖崇之字也。（《古迹·进肃潼川州·盐亭县》）

姜诗故宅：在县西四十里。《华阳国志》："雒县汛，乡有孝子姜诗田宅。"《水经注》作沈乡，去江七里。宋郑少微《孝感庙》记："今德阳县西北四十里有姜诗镇，诗故宅在焉。"治平中，知绵竹县事郭震易其名曰"孝泉"，震又白之朝，赐庙号曰"孝感"。（《古迹·直隶绵州·德阳县》）

孝节祠：在府西三里，有孝子隗相、吴顺、吴审，节士任永、费贻、孙钵像。（《祠庙·叙州府·宜宾县》）

孝感祠：在德阳县北。祀汉姜诗、孝妇庞氏，旁祀安安，知县余国㮣建。（《祠庙·直隶绵州》）

孝子墓：在富顺县西五里圣灯山。墓址表云"汉益州刺史广平郡侯罗孝子"。（《陵墓·叙州府》）

牢固冢：在仁寿县东南六十里，高一丈五尺。昔蕳参至孝，葬母于此，修坟牢固，故名。（《陵墓·直隶庐州》）

13.《广东通志》

参里山：在城西北四十里，坐南拱北，方广五里。孝子黄舒居此，故名。（《山川一·广州府·新安县》）

山梅峰：在城西二里。昔孝子温禧居此植梅其上，因名。高三丈二尺，周八十丈，今为民居。（《山川二·潮州府·程乡县》）

广孝桥（《水利志·桥·广州府·顺德县》）

二孝子祠：在城西二里，祀汉孝子罗威、唐颂。（《古迹·广州府·南海县》）

孝义坊：在赤坎村，宋孝子阮与子宅。（《古迹·广州府·香山县》）

黄孝子祠：在三都大钟山下。万历元年建，祀明孝子黄让。（《坛祠·广州府·新安县》）

曾井：在县治西一里。五代时程乡令曾芳所凿，泉清冽可愈病。宋皇祐间枢密使狄青征侬智高，军士疾疠，祷于井，水溢出饮之立愈，凯旋奏于朝。御赐飞白书"曾氏忠孝泉"五大字，今井尚存。（《古迹·潮州府·程乡县》）

孝女祠：在县西五十里。梁大同二年广州刺史萧誉建，祀梁沙河民陈志女，南汉封"昌福夫人"，祷雨有应。明嘉靖四年提学魏校易名曰"孝女祠"，翟宗鲁增廨宇，叶春及复祀田，俱有《记》。（《坛祠·惠州府·博罗县》）

孝子祠：在海岸乡，祀明孝子郑糜，今圮。（《坛祠·廉州府》）

孝古祠：在文庙后，祀明教谕赵谦。（《坛祠·琼州府》）

孝子罗威墓：在番禺东北黄波堡。罗山上有石十余丈，中有岩可坐三五十人。（《茔墓·广州府》）

唐孝子王博武墓：武许州人，会昌中侍母主，广州值暴风，母溺死，博武自投于水。岭南节度使卢真伻人沉水获二尸焉，乃为葬之，表其墓曰"孝子

墓"，诏为刻石。（《茔墓·广州府》）

黄孝子启愚、启鲁墓：在县西林。田让子父子三孝，皆称孝子墓。（《茔墓·惠州府·永安》）

明孝女彭氏墓：在县西杨安都佛子岭。正德二年提学副使张极表之，女名掌珠。（《茔墓·惠州府·海丰县》）

14.《广西通志》

望母岩：在城东南，为孝子唐俨名也。（《山川·全州》）

汉孝子丁密旧居：山麓有丁兰村，建有孝感祠，面临大溪。（《山川·梧州府·岑溪县》）

丁郎井：即孝子养母汲水处。（《山川·梧州府·岑溪县》）

瑞松井：在县东一里。宋孝子梁诏居其旁，庐父母墓侧，树之以松，时有甘露降、瑞草生，故名。后建"甘露亭"。（《山川·浔州府·贵县》）

孝感祠：在县蝴蝶山前，祀汉孝子丁密。元大历二年为贼焚毁，明洪武七年吏部员外郎金文仲建，万历二十五年知县曾莘迁城东，有《碑记》。（《坛庙·梧州府·岑溪县》）

孝诚斋：在州学中。（《古迹·全州》）

孝子碑：在城东十里，汉孝子丁密故居旁。宦游者每过谒其祠，村人苦迎送，沉碑于水，故金吏部有"可惜古碑沉水底"之句。（《古迹·梧州府·岑溪县》）

汉丁郎墓：在蝴蝶山下。案：即孝子丁密，俗旧讹为兰。《汉书》："丁兰，河内人。"《明一统志》误。（《古迹·梧州府·岑溪县》）

15.《云南通志》

见山桥：在城东门外，一名"孝友桥"，明万历间州民翁秀建。（《城池·津梁·大理府·赵州》）

孝节祠：在晋宁州城北关外，祀孝妇任氏，久废。（《祠祀·云南府》）

马夫人庙：在安宁城北门内。夫人晋永嘉二年生于浙江之景宁县，夫亡事姑至孝，后以七月七日白日飞升。明永乐间封"护国夫人"，万历间州守林乔

松素奉祀于家时，天旱祷雨立应，州人群立庙祀之。（《祠祀·云南府》）

惠康庙：在浪穹县城南。后唐明宗时赵善政事亲以孝闻，乡人嘉之，立祠以祀。（《祠祀·大理府》）

孝惠庙：一在府城东南姜营，一在府城北青元洞。（《祠祀·永昌府》）

秀才石：在城西二里。石形如人，相传有孝子在此庐墓，遂化为石。（《古迹·广西府》）

孝子墓：在府北一里。孝子不知何处人，任本府通判，有孝行，天顺庚申卒葬于此，题"临安别驾孝子江惠墓"。（《古迹·冢墓·临安府》）

六、部分史传中有关"孝"的地名

1．《旧唐书》

卢县：汉旧。隋置济北郡。武德四年，改济州，领卢、平阴、长清、东阿、阳谷、范六县。又置昌城、济北、谷城、孝感、冀丘、美政六县。（《志第十八·地理一·河南道》）

孝义：汉中阳县，后魏曰永安。贞观元年，改为孝义。（《志第十九·地理二·河东道》）

清丰：大历七年，割顿丘、昌乐二县界四乡置。以县界有孝子张清丰门阙，魏州田承嗣请为县名。（《志第十九·地理二·河北道》）

孝昌：宋分安陆县置。武德四年，置环州，领孝昌、环阳二县。八年州废，以环阳、孝昌属安州。（《志第二十·地理三·淮南道》）

2．唐·陆广微《吴地记》

百口桥：后汉郡人顾训，家有百口，五世同居，乡人效之，共议近宅造"百口桥"，以彰孝义也。

朱明寺：晋隆安二年，郡人朱明孝义立身，而家大富与弟同居。弟妻言树坏欲弃兄异居，明知弟意乃以金帛余俗尽给与弟唯留空宅。忽一夕狂风骤雨悉吹财帛还归明宅，弟与妻羞见乡里自尽明。乃舍宅为寺，号"朱明寺"。

3. 宋·王存等撰《元丰九域志·卷四》

（望汾州西河郡军事，治西河县）县四。太平兴国元年改孝义县为中阳，后复为孝义。（《卷四》）

4. 宋·欧阳忞《舆地广记》

清丰县，汉顿丘县地。唐大历（唐代宗年号）七年析顿丘、昌乐置清丰县，以孝子张丰为名。（《卷十·河北东路》）

绵竹县，汉属广汉郡，故城在县。东晋属新都郡，后置晋熙郡。隋开皇初郡废为晋熙县，十八年改曰"孝水"，大业三年复曰"绵竹"。唐武德三年属濛州，贞观二年州废属益州，垂拱（唐武则天年号）二年来属。有紫严山，绵水所出，孝泉镇东汉姜诗所居，诗至孝，母好饮江水嗜鱼脍，舍侧忽有酒泉，常出双鲤。（《卷二十·成都府》）

5. 宋·祝穆《方舆胜览》

孝子泉：《九域志》："州民夏孝先丧父，庐于墓侧，尝有野火奄至，俄而火为之灭，录复涌泉出其地。"（《卷五·建德府》）

曹娥墓：在会稽东七十二里。《典录》云："娥，上虞人。父盱，迎江神泝涛为水溺。娥年十二，投江而死，县长度尚怜而葬之，命邯郸子作碑，蔡邕题其后，云：'黄绢幼妇，外孙齑臼。'"后人又为立庙。（《卷六·绍兴府》）

孝仙桥：在城北市。苏子瞻曰："秦少游言：宝应民有以嫁娶会客者，客一人径起出门，至桥下若将赴水者，主人急持之，客曰：'妇人以诗招我'。其诗曰：'长桥直下有兰舟，破月卫烟任意游，金玉满堂何所用，争如年少去来休。仓皇就之。不知其为水也。'然客亦无他。"（《卷四十六·宝应州》）

6. 宋·郑樵《通志》

张楚者，益州梓潼人也。母疾命在属纩，楚祈祷苦至截指，自是精神感悟疾应时得愈。元嘉（南朝宋文帝年号）中诏榜门曰"孝行张氏之闾"，

易其里为"孝行"听蠲租布三世身加旌命。（《卷第一百六十七·孝友传第一·宋·张楚》）

王文殊，字令章，吴郡故鄣人也。父没魏，文殊思慕泣血，终身蔬食，不衣帛服麻缊而已，不婚不交人物。吴兴太守谢瀹聘为功曹，不就。立小屋于县西端拱其中。岁时伏腊月朝十五未尝不望北，长悲如此三十余年。太守孔琇之表其行郁林，诏榜门闾改所居为"孝行里"。（《卷第一百六十七·孝友传第一·宋·王文殊》）

7. 宋·马永易《实宾录》

唐白居易为河州刺史，张择神道碑曰："张为著姓尚矣！自汉太傅良、侍中肱晋司空，华丞相嘉以降，勋贤轩冕历代不乏。肱避地渡江始居于吴，故其子孙称吴郡人，嘉以孝弟闻于郡，故其所居号'孝张里'。"（《卷三》）

8. 宋·叶廷珪《海录碎事》

慈溪在慈溪县南。后孝子董黯母寝疾好饮此溪水，黯遂筑室溪畔，板舆迎就养，因以名溪。（《卷三下·河海门》）

义乌县，本汉乌伤。《异苑》云："东阳颜乌以淳孝称，父死负土成坟，群乌衔土助焉，而乌口皆伤，故名。"（《卷三下·地部下·京都门》）

孝义亭，在丽水县，因孝妇陶氏得名。（《卷三下·地部下·京都门》）

慈溪在慈溪县南后。孝子董黯母寝疾好饮此溪水，黯遂筑室溪畔，板舆迎就养，因以名溪。（《卷三下·慈溪》）

张敷以毁死，孝武改所居为"孝张里"。（《卷七下·忠孝门》）

潘丝，吴兴乌程人，遇贼以死救父，并免。有司奏改其里为"纯孝里"。（《卷八下·孝门》）

巢门，吴顺至孝养母，有赤乌"巢门"。（《卷二十二上·飞鸟门》）

崔氏兄弟六人至三品，宣帝（即北周宣帝）叹曰："卿一门孝友，可为士族法。"题所居曰"德星堂"，京兆民即其里为"德星社"。（《卷七下·相子门》）

第九卷　序传篇

一、正史《孝友》《孝感》《孝行》序、跋

1.《晋书·孝友传》

序：

大矣哉！孝之为德也，分浑元而立体。道贯三灵；资品汇以顺名，功包万象。用之于国，动天地而降休征；行之于家，感鬼神而昭景福。若乃博施备物，尊仁安义，柔色承颜，怡怡尽乐，击鲜就养，亹亹忘劬，集包思艺黍之勤，循陔有采兰之咏，事亲之道也。属属如在，哀哀罔极，聚薪流恸，衔索兴嗟，洒风树以颓心，俯寒泉而昧泣，追远之情也。审德筮仕，正务移官，居高匪危，在丑无争，协修升以匡化，怀履冰而砥节，立身之行也。是以闵、曾翼翼，遵六教而缉贞规；蔡、董蒸蒸，弘七体而垂令迹。亦有至诚上感，明祇下赞，郭巨致锡金之庆，阳雍标蒔玉之祉；乌驯丹羽，巢叔和之室，鹿呈白毳，扰功文之庐。然则因被孝慈而生友悌，理在兼综，义归一揆。夫天伦之重，共气分形，心睽则叶悴荆枝，性合则华承棣萼。乃有推肥代瘦，徇急难之情；让果同衾，尽欢愉之致：缅窥湘素，载流尘躅者欤！

晋氏始自中朝，逮于江左，虽百六之灾遄及，而君子之道未消，孝悌名流，犹为继踵。王伟元之行己，许季义之立节，夏方、盛彦体至性以驰芬，庾衮、颜含笃友于而宣范，自余群士，咸标懿德。采其遗绚，足厉浇风，故著《孝友篇》以续前史云耳。

跋：

史臣曰：尊亲之道，礼经之明训；孝友之义，诗人之美谈，是知人伦之本，罔兹攸尚。盛翁子立行淳至，素蓄异才，流恸致其感通，含哺申其就养，载昌赏其清韵，陆云嘉其茂德。王裒隐居不从其辟，行己莫逾其礼，枯柏以应其诚，惊雷以危其虑。永言董察，异时均美。许孜少而敏学，礼备在三，驯雉栖其梁栋，猛兽扰其庭圃，居丧之礼，实古今之所难焉。庾叔褒不匮表于执勤，则裕存乎敬业，幽显不易其操，疫疠不骇其心，急病让夷之规，有古人之风烈矣。孙晷之匪懈，王谈之复仇，神人惜其亡，良守宥其罪。刘殷幼丁艰酷，柴毁逾制，发三冬之堇，赐七年之粟，至诚之契，义形于兹。王延叩冰而召鳞，扇席而清暑，虽黄香、孟宗，抑为伦辈。其余群子，并孝养可崇，清风

素范，高山景行，会其宗流，同斯志也。

赞曰：德之所届，有感必征。孝哉王、许，永慕蒸蒸。挥泗凋柏，对槛巢鹰。密、彦、夏、庚，夙标至性。文度、弘都，勤修懿行。敦彼孝友，载光谣咏。鸠驯长盛，鱼荐延元。谈、桑义阐，琦、吴道存。专洞之德，咸摛左言。

2.《宋书·孝义传》

序：

《易》曰："立人之道，曰仁与义。"夫仁义者，合君亲之至理，实忠孝之所资，虽义发因心，情非外感，然企及之旨，圣哲诒言。至于风漓化薄，礼违道丧，忠不树国，孝亦愆家，而一世之民，权利相引，仕以势招，荣非行立，乏翱翔之感，弃舍生之分，霜露未改，大痛已忘于心，名节不变，戎车遽为其首，斯并轨训之理未弘，汲引之涂多阙。若夫情发于天，行成乎己，捐躯舍命，济主安亲，虽乖理暗主，匪由劝赏，而宰世之人，曾微诱激。乃至事隐间阎，无闻视听，故可以昭被图篆，百不一焉。今采缀湮落，以备阙文云尔。

跋：

史臣曰：汉世士务治身，故忠孝成俗，至乎乘轩服冕，非此莫由。晋、宋以来，风衰义缺，刻身厉行，事薄膏腴。若夫孝立闺庭，忠被史策，多发沟畎之中，非出衣簪之下。以此而言声教，不亦卿大夫之耻乎。

3.《南齐书·孝义传》

序：

子曰："父子之道，天性也，君臣之义也。"人之含孝禀义，天生所同，淳薄因心，非俟学至。迟遇为用，不谢始庶之法，骄慢之性，多惭水菽之享。夫色养尽力，行义致身，甘心垅亩，不求闻达，斯即孟氏三乐之辞，仲由负米之欢也。通乎神明，理缘感召。情浇世薄，方表孝慈。故非内德者所以寄心，怀仁者所以标物矣。埋名韫节，鲜或昭著，纪夫事行，以列于篇。

跋：

史臣曰：浇风一起，人伦毁薄，抑引之教徒闻，珪璋之璞符罕就。若令事长移忠，傥非行举，姜桂辛酸，容迁本质。而旌闾变里，问饩存牢，不过鳏寡齐矜，力田等劝。其于扶奖名教，未为多也。

赞曰：孝为行首，义实因心。白华秉节，寒木齐心。

4．《梁书·孝行传》

序：

经云："夫孝，德之本也。"此生民之为大，有国之所先欤！高祖创业开基，饬躬化俗，浇弊之风以革，孝治之术斯著。每发丝纶，远加旌表。而淳和比屋，罕要诡俗之誉；潜晦成风，俯列逾群之迹。彰于视听，盖无几焉。今采缀以备遗逸云尔。

跋：

史臣曰：孔子称"毁不灭性"，教民无以死伤生也，故制丧纪，为之节文。高柴、仲由伏膺圣教，曾参、闵损虔恭孝道，或水浆不入口，泣血终年，岂不知创巨痛深，蓼莪慕切，所谓先王制礼，贤者俯就。至如丘、吴，终于毁灭。若刘昙净、何炯、江紑、谢蔺者，亦二子之志欤。

5．《陈书·孝行传》

序：

孔子曰："夫圣人之德，何以加于孝乎！"孝者百行之本，人伦之至极也。凡在性灵，孰不由此？若乃奉生尽养，送终尽哀，或泣血三年，绝浆七日，思《蓼莪》之慕切，追顾复之恩深，或德感乾坤，诚贯幽显，在于历代，盖有人矣。陈承梁室丧乱，风漓化薄，及迹隐阎闾，无闻视听，今之采缀，经备阙云。

跋：

史臣曰：人伦之德，莫大于孝，是以报本反始，尽性穷神，孝乎惟孝，不可不勖矣。故《记》云"塞乎天地"，盛哉!

6.《魏书·孝感传》

序:

《经》云"孝，德之本"，"孝悌之至，通于神明"。此盖生人之大者。淳风既远，世情虽薄，孔门有以责衣锦，诗人所以思素冠。且生尽色养之天，终极哀思之地，若乃诚达泉鱼，感通鸟兽，事匪常伦，斯盖希矣。至如温床扇席，灌树负土，时或加人，咸为度俗，今书赵琰等以《孝感》为目焉。

跋:

史臣曰:塞天地而横四海者，唯孝而已矣。然则始敦孝敬之方，终极哀思之道，厥亦多绪，其心一焉。盖上智禀自然之质，中庸有企及之义，及其成名，其美一也。赵琰等或出公卿之绪，籍礼教以资;或出茅檐之下，非奖劝所得。乃有负土成坟，致毁灭性，虽乖先王之典制，亦观过而知仁矣。

7.《周书·孝义传》

序:

夫塞天地而横四海者，其唯孝乎;奉大功而立显名者，其唯义乎。何则?孝始事亲，惟后资于致治;义在合宜，惟人赖以成德。上智禀自然之性，中庸有企及之美。其大也，则隆家光国，盛烈与河海争流;授命灭亲，峻节与竹柏俱茂。其小也，则温枕扇席，无替于晨昏;损己利物，有助于名教。是以尧舜汤武居帝王之位，垂至德以敦其风;孔墨荀孟禀圣贤之资，弘正道以励其俗。观其所由，在此而已矣。

然而淳源既往，浇风愈扇。礼义不树，廉让莫修。若乃绾银黄，列钟鼎，立于朝廷之间，非一族也，其出忠入孝，轻生蹈节者，则盖寡焉。积龟贝，实仓廪，居于闾巷之内，非一家也，其悦礼敦诗，守死善道者，则又鲜焉。斯固仁人君子所以兴叹，哲后贤宰所宜属心。如令明教化以救其弊，优爵赏以劝其善，布悬诚以诱其进，积岁月以求其终，则今之所谓少者可以为多矣，古之所谓为难者可以为易矣。故博采异闻，网罗遗逸，录其可以垂范方来者，为孝义篇云。

跋：

史臣曰：李棠、柳桧并临危不挠，视死如归，其壮志贞情可与青松白玉比质也。然桧恩隆加等，棠礼阙饰终，有周之政，于是乎偏矣。雄亮衔戴天之痛。叔毗切同气之悲，援白刃而不顾，雪家冤于辇毂。观其志节，处死固为易也。荆可、秦族之徒，生自陇亩，曾无师资之训，因心而成孝友，乘理而蹈礼节。如使举世若兹，则义、农何远之有。若乃诚感天地，孝通神明，见之于张元矣。

8.《隋书·孝义传》

序：

《孝经》云："夫孝，天之经也，地之义也，人之行也。"《论语》云："君子务本，本立而道生。孝悌也者，其为仁之本与！"《吕览》云："夫孝，三皇、五帝之本务，万事之纲纪也。执一术而百善至，百邪去，天下顺者，其唯孝乎！"然则孝之为德至矣，其为道远矣，其化人深矣。故圣帝明王行之于四海，则与天地合其德，与日月齐其明。诸侯卿大夫行之于国家，则永保其宗社，长守其禄位。匹夫匹妇行之于闾阎，则播徽烈于当年，扬休名于千载。此皆资纯至以感物，故圣哲之所重。

跋：

史臣曰：昔者弘爱敬之理，必籍王公大人，近古孰孝友之情，多茅屋之下。而彦师、道赜，或家传缨冕，或身誓山河，遂乃负土成坟，致毁灭性。虽乖先王之制，亦观过以知仁矣。郎贵昆弟，争死而身全，田翼夫妻俱丧而名立，德饶仁怀群盗，侣义感兴王，亦足称也。纽回、刘俊之伦，翟林、华秋之辈，或茂草嘉树荣枯于庭宇，或走兽翔禽驯狎于庐墓，非夫孝悌之至，通于神明者乎！

9.《南史·孝义传》

序：

《易》曰："立人之道，曰仁与义。"夫仁义者，合君亲之至理，实忠孝之所资。虽义发因心，情非外感，然企及之旨，圣哲贻言。至于风离化薄，礼违道丧，忠不树国，孝亦愆家，而一代之甿，权利相引，仕以势招，荣非行立。乏翱翔之感，弃舍生之分，霜露未改，大痛已忘于心，名节不变，戎车遽为其首，斯并轨训之理未弘，汲引之涂多阙。若夫情发于天，行成乎己，捐躯舍命，济主安亲，虽乘理暗至，匪由劝赏，而宰世之人，曾微诱激。乃至事隐闾阎，无闻视听，考于载籍，何代无之。故宜被之图篆，用存旌劝。今搜缀湮落，以备阙文云尔。

跋：

论曰：自浇风一起，人伦毁薄，盖抑引之教，导俗所先，变里旌间，义存劝奖。是以汉世士务修身，故忠孝成俗，至于乘轩服冕，非此莫由。晋、宋以来，风衰义缺，刻身厉行，事薄膏腴。若使孝立闺庭，忠被史策，多发沟畎之中，非出衣簪之下。以此而言声教，不亦卿大夫之耻乎。

10.《北史·孝行传》

序：

《孝经》云："夫孝，天之经也，地之义也，人之行也。"《论语》云："君子务本，本立而道生，孝悌也者，其为仁之本欤。"《吕览》云："夫孝，三皇五帝之本务，万事之纲纪也。执一术而百善至，百邪去，天下顺者，其唯孝乎。"然则孝之为德至矣，其为道远矣，其化人深矣。故圣帝明王行之于四海，则与天地合其德，与日月齐其明，诸侯卿大夫行之于国家，则永保其宗社，长守其禄位；匹夫匹妇行之于闾阎，则播徽烈于当年，扬休名于千载。是以尧、舜、汤、武居帝王之位，垂至德以敦其风；孔、墨、荀、孟禀圣贤之资，弘正道以励其俗。观其所由，在此而已矣。

然而淳源既往，浇风愈扇，礼义不树，廉让莫修。若乃绾银黄，列钟鼎，立于朝廷之间，非一族也；积龟贝，实仓廪，居于闾巷之内，非一家也。其于爱敬之道，则有未能备焉；哀思之节，罕有得其中焉。斯乃诗人所以思素冠，孔门有以责衣锦也。

且生尽色养之方，终极哀思之地，厥迹多绪，其心一焉。若乃诚达泉鱼，感通鸟兽，事匪常伦，斯盖希矣。至如温床、扇席，灌树、负土，苟或加人，咸为疾俗。斯固仁人君子所以兴叹，哲后贤宰所宜属心。如令明教化以救其弊，优爵赏以劝其心，存悬诚以诱其进，积岁月以求其终，则今之所谓少者，可以为多矣，古之所谓难者，可以为易矣。

跋：

论曰：塞天地而横四海者，唯孝而已矣。然则孝始爱敬之方，终极哀思之道，厥亦多绪，其心一焉。若上智禀自然之质，中庸有企及之义，及其成名，其美一也。长孙虑等或出公卿之绪，藉礼教之资；或出茆檐之下，非奖劝所得。并因心乘理，不逾礼教，感通所致，贯之神明。乃有负土成坟，致毁灭性，虽乖先王之典制，亦观过而知仁矣。

11.《旧唐书·孝友传》

序：

善父母为孝，善兄弟为友。夫善于父母，必能陷身锡类，仁惠逮于胤嗣矣；善于兄弟，必能因心广济，德信被于宗族矣。推而言之，可以移于君，施于有政，承上而顺下，令终而善始，虽蛮貊犹行焉，虽窘迫犹享焉。自昔立身扬名，未有不偕孝友而成者也。前代史官，所传孝友传，多录当时旌表之士，人或微细，非众所闻，事出闾里，又难详究。今录衣冠盛德，众所知者，以为称首。至于州县荐饰者，必覆其殊尤，可以劝世者，亦载之。

跋：

赞曰：麒麟凤凰，飞走之类。唯孝与悌，亦为人瑞。表门赐爵，劝乃锡类。彼禽者枭，伤仁害义。

12.《新唐书·孝友传》

序：

唐受命二百八十八年，以孝悌名通朝廷者，多闾巷刺草之民，皆得书于史官。

万年王世贵，长安严待封，泾阳田伯明，华原韩难陀，华州王瞿昙，郑县辛法汪、郭士举、张长、郭士度、郑迪、柳仁忠、能君德、刘崇、甘元爽、韩子尚、韩思约，下邽张万彻，朝邑申屠思恭、吕昂，鹑觚张元亮，灵台孙智和，新平冯猛将，宜川司马芬，洛交周崇俊，洛川何善宜，博陵崔定仁，冀州燕遗倩，贝州马衡，沧州郑士才，清池孙楚信、刘贤，渤海边凤举，瀛州朱宝积，乐陵苏伏念，邯郸章征，鸡泽冯仁海、郭守素，文安董相，武邑王达多、张丘感、张艺朗暨孙师才、张义节，沙河赵君惠，南乐谷感德，魏县毛仁，武城茹智达，历亭王师威、李肆仁，临河李文绸，汤阴后斥奴，鼓城彭思义、陈屺、田堤岳，太原卢遗仁、王知道，薄州贾孝才，解县卫玄表，南岳张利见，安邑曹文行、孙怀应、相里志降、杨王操、邵玄同、张衡、曹存勋、李文褒、董文海、李文秀、张仙儿、张公宪，虞乡董敬直，河东张金城、吕神通、吕云、吕志挺、吕元光、赵举、张祐、姚炽、张师德、冯巨源、杜山藏，河西郭文政，伊阙任仲济、源荣璧，汴州张士岩，陈留家师谅、董允恭，尉氏杨思贞，中牟潘良瑗暨子季通，阳武时惠珣，封丘杨嵩圭，许田李颐道，胙城蔡洪、石善雄暨孙彦威，朗山胡君才，徐州皇甫恒，彭城尹务荣，荆州刘宝，长寿史抟，益州焦怀肃、郭景华，郪县曹少微，涪城赵烟，资阳赵光寓、黄升，梓潼马冬王、秦举、王兴嗣，依政樊漪，巴西韦士宗、文博荣暨子诠，南郑李贞古，巢县张进昭，万载廖洪，南陵苏仲方，鄱阳张赞，乐平谢勤、沈普、姜崛，上饶鲍嘉福、虞镕真，句容张常洧，弋阳张球、李营暨子凝孙楚，贵溪黄舟，建昌熊士赡，临江袁鸣，赣县谢俊，余杭何公弁、章成缅、方宗，建德何起门，桐庐祝希进，诸暨张万和，萧山李渭、许伯会、戴恭、俞仅，信安徐知新、徐惠諲，东阳应先、唐君祐，睦州许利川，建阳刘常，邵武黄亘、张巨钱、吴海，泉山黄嘉猷，永泰王奭，皆事亲居丧著至行者。万年宋兴贵，奉先张郭，沣阳张仁兴，栎阳董思宠，湖城阎旻，高平雍仙高，湖城阎丰，正平周思艺、张子英，曲沃张君密、秦德方、马玄操、李君则，太平赵德俨，陇西陈嗣，北海吕元简，经城宋洗之，单父刘九江，无棣徐文亮，乐陵吴正表，河间刘宣、董永，安邑任君义、卫开，龙门梁神义、贺见涉、张奇异，郑县王元绪、寇元童，舒城徐行周，睦州方良琨，桐庐戴元益，高安宋练，泾县万晏，弋阳李植，繁昌王玉，皆数世同居者。天子皆旌表门闾，赐粟帛，州县存问，复赋税；有授以官者。

唐时陈藏器著《本草拾遗》，谓人肉治羸疾，自是民间以父母疾，多邦股肉而进。又有京兆张阿九、赵言，奉天赵正言、滑清泌，羽林飞骑啖荣禄，郑县吴孝友，华阴尹义华，潞州张光玭，解县南锻，河东李忠孝、韩放，鄢陵任客奴，绛县张子英，平原杨仙朝，乐工段日升，河东将陈涉，襄阳冯子，城固雍孙八，虞乡张抱玉、骨英秀，榆次冯秀诚，封丘杨嵩圭、刘皓，清池朱庭玉、弟庭金，繁昌朱恮，歙县黄芮，左千牛薛锋及河阳刘士约，或给帛，或旌表门闾，皆名在国史。善乎韩愈之论也，曰：“父母疾，亨药饵，以是为孝，未闻毁支体者也。苟不伤义，则圣贤先众而为之。是不幸因而且死，则毁伤灭绝之罪有归矣，安可旌其门以表异之？”虽然，委巷之陋，非有学术礼义之资，能忘身以及其亲，出于诚心，亦足称者。故列十七八焉。广明后，方镇凌法，夸地千里，事不上闻，孝悌笃行之士，旌命所不及。载小说者，名字不参见它书，不可录。若李知本、张志宽之属，承上顺下，有礼让君子之风，故辑而序之。张士岩父病，药须鲤鱼，冬月冰合，有獭衔鱼至前，得以供父，父遂愈。母病痈，士岩吮血。父亡，庐墓，有虎狼依之。焦怀肃母病，每尝其唾，若味异辄悲号几绝。母终，水浆不入口五日，负土成坟，庐守，日一食，杖然后起。继母没，亦如之。张进昭，母患狐刺，左手堕而终。及殡，进昭截左腕庐于墓。张公艺九世同居，北齐东安王永乐、隋大使梁子恭躬慰抚，表其门。高宗有事太山，临幸其居，问本末，书“忍”字以对，天子为流涕，赐缣帛而去。四人名颇著，详见于篇。

跋：

赞曰：圣人治天下有道，曰“要在孝弟而已”。父父也，子子也，兄兄也，弟弟也，推而之国，国而之天下，建一善而百行从，其失则以法绳之。故曰“孝者天下大本，法其末也”。至匹夫单人，行孝一概，而凶盗不敢凌，天子喟而旌之者，以其教孝而求忠也。故哀而著于篇。

13. 《新五代史·一行传》

序：

呜呼！五代之乱极矣！《传》所谓“天地闭，贤人隐”之时欤？当此之时，臣弑其君，子弑其父，而缙绅之士安其禄而立其朝，充然无复廉耻之色者，皆是也。吾以谓自古忠臣义士多出于乱世，而怪当时可道者何少也，岂果无其人哉？虽曰干戈兴，学校废，而礼义衰，风俗隳坏，至于如此，然自古天下未尝无人也，吾意必有洁身自负之士，嫉世远去而不可见者。自古材贤有韫于中而不见于外，或穷居陋巷，委身草莽，虽颜子之行，不遇仲尼而名不彰。况世变多故，而君子道消之时乎！吾又以谓必有负材能、修节义而沉沦于下，泯没而无闻者。求之传记，而乱世崩离，文字残缺，不可复得。然仅得者四五人而已。

处乎山林而群麋鹿，虽不足以为中道，然与其食人之禄，俯首而包羞，孰若无愧于心，放身而自得，吾得二人焉，曰郑遨、张荐明。

势利不屈其心，去就不违其义，吾得一人焉，曰石昂。

苟利于君，以忠获罪，而何必自明，有至死而不言者，此古之义士也，吾得一人焉，曰程福赟。

五代之乱，君不君，臣不臣，父不父，子不子。至于兄弟、夫妇人伦之际，无不大坏，而天理几乎其灭矣。于此之时，能以孝悌自修于一乡，而风行于天下者，犹或有之，然其事迹不著，而无可纪次，独其名氏或因见于书者，吾亦不敢没。而其略可录者，吾得一人焉，曰李自伦。作《一行传》。

14. 《宋史·孝义传》

序：

冠冕百行莫大于孝，范防百为莫大于义。先王兴孝以教民厚，民用不薄；兴义以教民睦，民用不争。率天下而由孝义，非履信思顺之世乎。太祖、太宗以来，子有复父仇而杀人者，壮而释之；刲股割肝，咸见褒赏；至于数世同居，辄复其家。一百余年，孝义所感，醴泉、甘露、芝草、异木之瑞，史不绝书，宋之教化有足观者矣。作《孝义传》。

15. 《辽史·卓行传》

序：

辽之共国任事，耶律、萧二族而已。二族之中，有退然自足，不淫于富贵，不诎于声利，可以振颓风，激薄俗，亦足嘉尚者，得三人焉。作《卓行传》。

跋：

论曰：隐，固未易为也，而亦未可轻以与人。若札剌谢职不谈时务，官奴两辞节镇，蒲离不召而不赴，虽未足谓之隐；然在当时能知内外之分，甘于肥遁，不犹愈于求富贵利达而为妻妾羞者哉？故称卓行可也。

16.《金史·孝友传》

序：

孝友者人之至行也，而恒性存焉。有子者欲其孝，有弟者欲其友，岂非人之恒情乎。为子而孝，为弟而友，又岂非人之恒性乎。以人之恒情责人之恒性，而不副所欲者恒有焉。有竭力于是，岂非难乎。天生五谷以养人，五谷之有恒性也。服田力穑以望有秋，农夫之有恒情也。五谷熟，人民育，岂异事乎。然以唐、虞之世，"黎民阻饥"不免以命稷，"百姓不亲、五品不逊"不免以命契，以是知顺成不可必，犹孝友之不易得也。是故"有年""大有年"以异书于圣人之经，孝友以至行传于历代之史，劝农、兴孝之教不废于历代之政，孝弟、力田自汉以来有其科。章宗尝言："孝义之人，素行已备，虽有希觊犹不失为行善。"庶几帝王之善训矣。夫金世孝友见于旌表、载于史册仅六人焉。作《孝友传》。

跋：

赞曰：金世隐逸不多见，今于简册所有，得十有二人焉。其卓尔不群者三人。褚承亮宋人，勒试进士，主司发策问宋徽、钦之罪，承亮长揖而去之。方金人重举业，杜时升居山中，首以"伊洛之学"教后进。宋可不愿仕，人执其子为质，宁弃而不就，遂以无子。虽制行过中，岂不贤于杀妻以求大将者乎。大夫士见善明、用心刚，故能为人所难为者如此。

17.《元史·孝友传》

序：

世言先王没，民无善俗。元有天下，其教化未必古若也，而民以孝义闻者，盖不乏焉。岂晨天理民彝之存于人心者，终不可泯欤。上之人，苟能因其所泯者，复加劝奖而兴起之，则三代之治，亦可以渐复矣。

今观史氏之所载，其事亲笃孝者，则有临江刘良臣，汴梁陈善，同官强安，沈州高守质，安丰高泽，巩昌王钦，修武员思忠，榆县王士宁，河南朱友谅，泉州叶森，宁陵吕德，汲县刘淇，建昌郑佛生，堂邑张复亨，保定邢政，宁夏赵那海，临潼任居敬，陇西周庆、徐德兴，汝宁李从善，华州要敬，色目氏沙的。

其居丧庐墓者，则有太原王构，莱州任梓，平滦王振，北京张洪范，登封王佐，下蔡许从政、张鏩，富平王贾僧，郑州段好仁、赵璧、薛明善、张齐，汴梁韩荣、刘斌、张裕、何泰、史恪、高成、邓孝祖、李文渊、杜天麟、张显祖，泾阳张国祥，延安王旻，东昌张羣，永平梁讷，高唐郑荣、刘居敬，同州赵良，南阳周郁、陈介、刘权，大同高著、江郁、毛翔，归德葛祥、张德成、张逊、王珪、刘弼，汲县徐昌祖，真定宋贞、王世贤，晋宁史贵，保定耿德温、张行一、贾秉实、张勐，河南王宗道、孙裔，夹谷天祐，赵州赵德隆，安丰王德新、石思让、翼宁、何溥，大都王麟、李简，华阴李宁、屈秀，怀庆侯荣、丁用、郭天一，耀州王思，中牟阎让，曹州邓渊、吕政，徐州胡居仁、张允中，卫辉王庆，福建朱虞龙，随州高可焘，济宁魏铎，武康王子中，淮安翟諟，汶上赵恒，须诚许时中，衡山欧阳诚复，江陵穆坚，蓟州王钦，定陶元显祖，绛州姚好智，宿州孙克忠，集庆傅霖，济南宋怀忠、牟克孝，汝宁张郁，泉州黄道贤、谷城、王福，解州靖与曾，般阳戴贞，兖州王治，沔阳徐胜祖，兴中石抹昌龄，峡州秦桂华，蒙古、色目氏纳鲁丁、赤思马、改住、阿合马、拜住、木八剌、玉龙帖木儿、锁住、唐兀歹、晏只哥、李朵罗歹、塔塔思歹。

其累世同居者，则有休宁朱震雷，池州方时发，河南李福，真定杜良，华州王显政，建宁王贵甫，句容王荣、周成，鄢陵夏全，保定成珪，开平温义，大同王瑞之，平江汤文英，郿州员从政，江州范士奇，泾州李子才，宿州王珍。

其散材周急者，则有河南高颜和，台州程远大，潭州汤居恭、李孔英，建康汤大有，吉州刘如翁、严用父，高唐孟恭，松江管仲德、章梦贤、夏椿，江陵陈一宁，中兴傅文鼎，永州唐必荣，济南李恭，宁夏何惠月。

天子皆尝表其门闾，或复其家。故援唐史之例，具列姓名于篇端。择其事迹尤彰著者，复别为之传云。

18.《明史·孝义传》

序：

孝悌之行，虽曰天性，岂不赖有教化哉。自圣贤之道明，谊辟英君莫不汲汲以厚人伦、敦行义，为正风俗之首务。旌劝之典，贲于闾阎，下逮委巷。布衣之甿、匹夫匹妇、儿童稚弱之微贱，行修于闺闼之中，而名显于朝廷之上。观其至性所激，感天地，动神明，水不能濡，火不能爇，猛兽不能害，山川不能阻，名留天壤，行卓古今，足以扶树道教，敦厉末俗，纲常由之不泯，气化赖以难持。是以君子尚之，王政先焉。至或刑政失平，复仇泄忿，或遭时不造，荒盗流离，誓九死以不回，冒白刃而弗顾。时则有司之辜，民牧之咎，为民上者，当为之恻然动念。故史氏志忠孝义烈之行，如恐弗及，非徒以发侧陋之幽光，亦以觇世变，昭法戒焉。

明太祖诏举孝悌力田之士，又令府州县正官以礼遣孝廉士至京师。百官闻父母丧，不待报，得去官。割股卧冰，伤生有禁。其后遇国家覃恩海内，辄以诏书从事。有司上礼部请旌者，岁不乏人，多者十数。激劝之道，綦云备矣。实录所载，莫可殚述，今采其尤者辑为传。余援《唐书》例，胪其姓氏如左。

19.《清史稿·孝义传》

序：

清兴关外，俗纯朴，爱亲敬长，内恳而外严。既定鼎，礼教益备。定旌格，循明旧。亲存，奉侍竭其力；亲没，善居丧，或庐于墓；亲远行，万里行求，或生还，或以丧归。友于兄弟，同居三五世以上，号义门，及诸义行，皆礼旌。亲病，刮股刲肝；亲丧，以身殉：皆以伤生有禁，有司以事闻，辄破格报可。所以教民者，若是其周其密也。国史承前例，撰次孝友传，亦颇及诸义行。合之方志甄录、文家传述，无虑千百人。采其尤者用沈约宋书例，为孝义传。事亲存没能尽礼；或遭家庭之变，能不失其正；或遇寇难、值水火，能全其亲。若殉亲而死，或为亲复仇，友于兄弟，同居三五世以上，及凡有义行者，各以类聚。事同，以时次，孝为二卷，友与义合一卷。

20.《新元史·笃行传》

序：

《周官》以六行教万民，曰孝、友、睦、鎏、任、恤。后世旌民善行，亦《周官》之遗意。然自三代以下，犯上作乱者日逐，而未有艾。至元之季世，邪慝兴而妖乱作，社稷卒亡于盗贼。呜呼！民之失教久矣。虽有一二敦行之士，有司旌之，以为故事，无当于化民型俗也。然其人，则天理民彝所赖以维系者焉。故采其事实，著于篇。

二、部分《通志》及《孝友传》序

1.《通志·孝友传·序》

《晋史》始立《孝友传》，宋、齐、周、隋曰《孝义》，梁、陈曰《孝行》，后魏曰《孝感》，今总曰《孝友》。东汉虽不标名，然《毛义》一卷而其事已具其中，故取之以冠此篇之首。又自宋以下离其义行者为一宗，以附各代孝友之后，庶有别云。

2. 明·刘文徵《天启滇志·孝义传·序》

孝义以配忠烈、节顺，关切名教，讵可少哉！总两志若而人其为孝者，于家皆色养承欢，附诚于信以其所受于亲者，而始衷终无遗力乎！然于子职不加焉！中有逾礼、灭性、至哀，生而不自知者，虽不执于中道，然天地间自有此一等逾格之人，自出警世之事，不在方所论可矣。其他割股称孝者不胜书，窃意妇人子女偶一为之可也，再斯不可。乃有出于学士、弟子者有至于三、至于四者，后宜去之，有录于志今尚存者，以郡人故知之，其他郡邑不尽识者恐尚多也，去之。至于义林高士原列未多，无容敷矣！

3．清·《钦定续通志·孝友传·序》

孝友立传始自《晋书》，宋、齐、周、隋曰《孝义》，梁陈曰《孝行》，后魏曰《孝感》，通志统名孝友。考唐以后《五代史》曰《一行》，宋史曰《孝义》，今依《通志》之例，统曰《孝友》，《辽史》旧无此传，亦仍其阙焉。

4．清·范承勋《康熙云南通志·孝义志·序》

孝德之隆，通神明而光四海，可谓大矣！然爱、敬、知、能有生同具，滇民质朴，其竭力承顺往往有出于天性者。天子至德超迈千古，圣谕宏敷，首以惇伦为训，亲逊成风，蛮僰且咸知式化，又何论诵法曾闵者哉！《传》云："将为善，思贻父母令名，必果。将为不善，思贻父母羞辱，必不果。"则夫大义所关，虽草野无文之子，有损胠沦渊而不悔者，皆于不敢辱亲之一念始之，其合而志之也。宜作《孝义志》。

5．《雍正浙江通志·孝友传·序》

爱并敬长同此良能，而曾闵之行终为千古所莫及，是知庸行虽本无奇而纯修非可缘饰也。圣朝孝治光昭、敦崇实行，特建孝义祠以阐幽潜、俾闾阎知所观感，吴越之民蒸蒸向化，孝乌慈、水宁独专美于前欤！志《孝友》。

6．《雍正福建通志·孝义传·序》

百行之原万事之纪，君子履之，小人视焉。闾左偏行一介之夫，虽德匪通圆、诣未纯备，良其风轨有足嘉也。汉诏"不举孝是谓不敬"，宋司马光议上十事，首曰"行义"，我皇上孝治天下，义正万民，六合怡怡，比屋为仁，孝义之行古所为难能而仅见者。今有司日以上闻，猗欤休哉！何风之隆欤！真可孕虞育夏甄殷陶周矣！若谓简册所收，无取于微细之事，则古人谓勿以善小而不为者，何以称焉！矧其卓然可纪者，方且感天地动鬼神，虽与日月争光可也。志《孝义》。

7.《雍正湖广通志·孝子传·序》

古今以孝著名者多矣！若老莱子、伯奇、黄香、丁兰、姜诗、董永、孟宗，其人皆楚产，虽妇人孺子莫不知，岂其习闻者熟哉！秉彝之性历数千年如旦暮见也！我皇上至孝格天，瑞芝叠见景陵，凡天下以孝称者春秋祀事，埒于忠臣，风化所蒸无远弗届，为人子者知所以事亲，即知所以事君矣！夫忠孝之理岂不同条而共贯也哉！

8.《雍正河南通志·孝义传·序》

《吕览》云："夫孝三皇五帝之本务，万事之约同纪也。执一术而百善至百邪去，是以圣哲重之。"汉设孝弟、孝廉诸科，士生其间类皆敦至性、饬彝常，行谊之美光于史策，岂非敦本崇实，上以是劝下即以是应欤！我皇上以孝治天下，郊配飨祀而后大普锡类之典，复诏郡县敦举孝义，加之旌赉，大化濯俗两河之间，靡然向风矣！必稽往昔以准将来。因采孝友卓越并睦姻、任邮、义闻表著者附焉。志《孝义》。

9.《雍正山西通志·孝义传·序》

《洪范》以"攸好"德为五福之一，盖好德之人皇则锡之福，惟孝惟义顺德也。我国家敦崇实行，所以牖世觉民者备至。又特著令典忠孝、节义各建专祠，或大节弥昭，或幽光待发，胥受福无艾矣！山西为唐虞旧俗沐化最深，今有履孝秉义可以示劝者，固天性使然，而圣朝敛五福以锡庶民之德，厚泽深仁可想见焉。志《孝义》。

10.《雍正甘肃通志·孝义传·序》

三物六行胶庠训士，首重于孝。纯孝敦伦乡闾矜式，可以风动世俗。至于慷慨仗义，崇尚廉隅，敦重然诺、捐赀恤患，道不拾遗，甘虽边徼民风淳厚，亦时见焉。志《孝义》。

11.《雍正四川通志·孝友传·序》

闻之"立爱惟亲，立敬惟长"，周家六行取士必以孝友为先，《诗》称"张仲书美"《君陈》视此志也。伏读《圣谕广训》首曰"敦孝弟以重人伦"煌煌诰诫灿若日星，以故朔望宣讲，渐渍熏陶，凡兹黎庶莫不翕然从风。而僻在西蜀者，亦咸知敦本重伦、遵道遵路，洵所谓光于四海无所不通者矣！《诗》曰"孝思维则"，又曰"永锡尔类"，然则我朝之孝子悌弟与往代之孝友著称者，其事若相取则而其人亦可以类从也。作《孝友志》。

12.《雍正广西通志·孝友传·序》

爱敬之良因心而发，油然达于至顺，是以其政不严而治，圣人因严因亲，教盖专此。粤西之民朴遫少文，而孝子悌弟汉宋以还接踵相企，率皆敦至性而无所缘假，超卓于服劳、奉养、终事之常，即或毁肌灭性、道异中庸、顾里闾之旌犹为嘉。予所必及者，行非立名则教先风世，诚尚之也。若夫睦姻任恤与孝友同称，六行苟知整躬利物而返淳革，薄于观型胥有助焉。然则兴明发而笃友，恭被诸风俗溢乎纪载，上以徵圣天子孝治之隆，而昭至德于靡涯。《书》曰："若有恒性，惟恒斯道。"达矣！志《孝友》，附《卓行》

13.《雍正钦定八旗通志·孝义传·序》

达拜孝弟皆庸行，又皆良知良能也，而古称孝弟通于神明又何其诚？开金石、精贯三灵欤！盖五常百行之根本，具在于是。人心世道之纲维，亦具在于是，充其虽大圣大贤不敢自谓能无憾！而匹夫匹妇一念之勃发，往往能动天地而感风雷，诸史所录代不数人，明其难也！所录又多闾里微末之人，不必皆出士、大夫、明人，人可以勉而企也。八旗风气淳朴，人敦至性，又涵濡圣朝之化泽，环居辇毂观感尤深，故内行笃修视为恒事，譬诸越无镈、秦无庐，人人能作，转不以是为能。旧志所载寥寥无多良以是也，然幸存什一于千百，岂可复使名侠简牍，竟泯幽光？今一一具录以传不朽。近时潜德外彰，得邀旌表者，亦一一续载，盖惟不近名其名，乃真凡有考者，固不能不郑重而表章之矣！

14. 清·《钦定盛京通志·孝义传·序》

圣王教孝以重伦明义、以训俗,是以表厥宅里树之风声。盛京风俗醇厚声教所先,前史孝义著闻,若魏之王简、辽之耶律安图,其可谓敦行不怠,慕义无穷者欤!金元迄明代有可称,我朝崇起教化扶植纲常,其孝义著称者可以光前、可以动后。谨志。

15.《光绪重修安徽通志·人物志·孝友传·序》

夫孝友虽曰天性,实赖教化焉。淇水平烝民粒烝,使司徒教人伦,厥后周官六行、孔子一经,其教益明于天下。圣教既明,故虽六朝扰攘、五季纷争、明末流寇蔓延,而生人天性终不随世变而漓,况我朝列圣谕训。十六条煌煌昭示,四海风同,岂独安徽一省而!即一省推之天下,则知敷教明伦,其效该可睹矣!往者转徙兵间,多有蹈白刃以卫其亲者,特别于忠节而列诸此篇,以应前志。至前志所载太和杨谪仙,按《明史·孝义传》叙为云南太和人,例得刊误,述《人物志》。志《孝友》。

16.《光绪甘肃新通志·孝义传·序》

移教作忠,故求忠臣者必于孝子之门;好义轻财,故为义行者必非守财之虏。甘省民情朴厚,庸行之修与夫睦姻任恤实能见诸躬行者,所在多有闾里,钦慕日久流传其幸者,曾何旌扬,不幸则并采访所不及,挂漏之讥诚所不免。然凡著于篇者可以风矣!

三、部分地方府、县志《孝友传》序

宋·周应合《景定建康志·古今人物表·序》

"崇厚风俗、表章人才",此南轩先生修志之训也,建康牧守既表于志之前矣!若古今名德生于此、居于此、职于此、墓于此、祠于此、封于此者,皆不容泯也。因思汉史有《古今人表》，润志有《耆旧寓公传》，乃仿斯例表其人于志之后，复传其事于表之后。传凡十：一曰正学、二曰孝悌、三曰节义、四曰忠勋、五曰直臣、六曰治行、七曰耆旧、八曰隐德、九曰儒雅、十曰贞女，表以迹而传以品，有表而不必传者，有传而不必表者，有表传所不及者，见之拾遗，皆以寓崇厚表彰之意云。

宋·史能之《咸淳重修毗陵志·人物传四·旌表·序》

孝悌人心之天，移风易俗莫比焉！急是邦巷，居里处比比以孝义，名表而出之为善者劝晋陵。

宋·胡矩《宝庆四明志·人物志·孝行·序》

韩退之作《鄂人对》以毁伤肢体为害义，而待制仇公悆守四明，录杨庆之事。其说曰："匹夫单人，身隔草莽，执训之理未宏，汲引之徒多阙，而胜出行成于内、情发自天，使稍知诗书礼义之说，推其所存，出身事主、临难伏节死义岂减介之推、安金藏哉！"盖退之所责谓不可以训世，而仇公则嘉其心耳！今得如扬庆者又五人，童、女之孝亦出天性，故附见焉。

明·何东序《嘉靖徽州府志·孝友传·序》

叙曰：孝友之为德也，其极贯三灵、包万象而用之，至近则庸行焉，无取于苟难而袭异也。自宰世者被之图篆、用旌劝，而割肝出髓之，诞梦幻神异之，符书之未易殚焉。然孝足以统百行、厉浇风，因之考行观俗，又何其不尽然也！岂亦有竞名鲜实者乎！爰取诸情无矫饰行称令懿者。作《孝友传》。

明·梁明翰《嘉靖庆阳府志·孝友传·序》

自养志因心之风微，而诤语阋墙之习间炽，父子兄弟有秦越相视者，嗟吁弊也久矣！虽然至人大德固邈不相及，而折节励行者时亦有见，是即不能符节全德，而颓风流俗亦未必不因斯而振起也。姑扩我庆所及见闻之孝友者，大小不遗，以为笃伦理劝。深山穷谷时亦有天性暗合于道德者，特以不能自达于城市，莫的姓名，故不得而尽书也。

明·邹璧《嘉靖太平府志·人物志·孝友传·序》

序曰：幼而知爱其亲，长而知敬其见，人之良心也。及夫私欲弊之、妻子惑之，而此心为之潜夺，乃德色干耰锄，阋阋干墙室，孝友衰而风俗颓！志者将以化民而成俗也！孝友为百行之先，故纪于人物之首，读之者尚有感于斯焉。

明·汪宗伊《万历应天府志·一行传》

序

人含五灵，戴圆履方，方惟孝与义，是维天常是。孝以养亲，义以立节，嗟哉尚矣！名其可灭？作《一行传》。

跋

论曰：昔人言《五代史》似《一行》，非五代之美，惟时鲜之，故传之也，余以为不然。夫君子急于兴善则缓于贬恶，苟有可书方大书特书，又岂以时之所鲜而然哉！是编所载者皆忠孝节义有补于世教，非苟然者。扬邦、义难、死义而制行超卓，故别传云。

明·余之祯《万历吉安府志·孝友传·跋》

按旧《志》述孝友者彬彬然众矣！嘉隆而后益称力践其间，或以刲股疾，或以庐墓著思，居常而服勤，临难而效死，率曕然足楷程后进、顾其大端，总不能越此已书之重、重词之，复使人读之不欲竟卷焉。斯何取于书哉？并列其名而特传其一二事之相类者，要可以概推矣！或曰刲股非孝也，我国空盖有大禁焉，然面遏之不能止，岂其出于计画无所之而为此，申其不容己之情哉！若夫残肤体以为名高，则诚过矣！

明·喻政修《万历福州府志·人文志·孝友传·跋》

论曰：为人臣、为人子者无以有己，是故杀其身焉，有益于君亲，忠臣孝子之所甘心而悔者也。《唐史》所载安金藏自剖以明睿宗，贾直言代其父饮毒，皆自分必死，生者特幸耳！此岂可尝试而漫为之哉。旧《志》孝子剖肝以疗其亲，非必志杀身，而剖肝则杀身之道也，又能疗其亲者何哉？且所谓割肝者使割之邪？自割之邪？其人已死矣，又安能内探五脏，辨其所谓肝者而后割之？传者妄也！出于其人，则其人妄矣！又岂足为孝乎！是故肝不可割，割肝亦何益于亲之病，予故削之，不使诬世。而存其庸行之常者数人焉，其事固人之所能行，而不易得也。呜呼！事亲者，使用法数人，可以无悖德矣！何必行径骇俗，以取名哉！

明·《天启同州志·人物传·孝友·序》

尧舜之道不越孝悌，故亲亲长长而天下平，诗书所以咏张仲、美君陈也。世当叔季，道化衰微，凡董董足以挽颓厉俗，皆为著于篇。

明·黄承昊《崇祯嘉兴府志·孝友传·序》

天之性一非庶顽，谁不自致？何以寥寥菲是！岂秉简者拾，秉德于前人，心知有暗汶未耀者乎！抑妻子之幕布粟之谣，举世皆是，而孝友直等之祥麟威凤乎，是可慨也。

清·张实斗《康熙濮州志·孝友传·序》

郡人周会隆曰：《孝友志》者何《志》？濮人孝友也志。濮人者何志？为濮作也。溯万历以上嘉隆者何所述闻也，缀启祯以下及。我朝者何尊所见也？继名宦、乡贤者何？求忠臣必于孝子也。先明经者何？重明伦也。友不别立传者何？友之与孝性情同也。盖道之庸暗分焉，遇之常变晴。后之君子览斯志者，其亦知所敬也夫，亦有所感也夫。

清·王清贤《康熙武定府志·孝义传·序》

孔子《孝经》成受赤虹，黄王之端亦可见，圣德之无如于孝，而孝之可以格天地矣！《诗》曰"永言孝思""孝思维则"，行一善思贻父母，令名为之必力行；一不善思贻父母，忧辱去之必力孝，子一举念不敢忘父母，大抵然也。我皇上至德纯孝超迈万古，圣谕教民首重孝弟固己六字，向化亲逊成风矣！武淳朴至性所发，与孝最近，故孝友著称，代不乏人。至于利思义、忿思维，见义必为，胥于不敢辱亲一念基之，盖未有孝子而不为义士者。即未有不为义士可称孝子者也。作《孝义志》。

清·管声骏《康熙崇安县志·人才志下·孝友传序》

人有百行，惟孝为首，孝者人人可以自尽。大而尊亲，小而养亲，理皆一致。小人有母之言自然之孝也，岂以小人而不得传乎！故《志》之以为闾书之劝。春友于式、笃于义、行是履，君子也，吾有取焉。

清·杨镳《康熙辽阳州志·孝义传·序》

夫士先行而后文，则行固重于文矣，况孝义又为百行之先乎！往往虚名文雅而贻愧家庭者，乡党鄙之，然则孝义可不举以风世欤！作《孝义志》。

清·王永瑞《新修康熙广州府志·人物志·德行传》

德莫大于孝，莫大于事亲，和风愉色以著其深爱，至于不得已而辱体损躯，圣人不道也。《诗》曰："明寐不寐，有怀二人。"兄弟戒之，诗也！孝也！而交于存焉。《书》曰："于弟弗念天显，乃弗克恭厥兄。兄亦不念鞠子哀，大不友于弟。"行之不减，败类县关。若夫懿范端操、老成典型于以移风易俗，城易易者，今悉著于篇。

清·刘作霖《康熙郧阳府志·忠孝传·序》

在天为日月，在地为山河，在人为忠孝，所以植天彝扶人纪，凛凛万古而俱永也。《郧志》所载，诸君子成勤事报主或殚力承颜，至于执去不得已，而以身殉之。呜呼烈哉！视诗书所载何多让焉。为之《志》。

清·孙居湜《康熙邳州府志·孝子传·序》

圣门设科首重德行，而孝为百行之原，彼七十二子中，淑躬砥行、彬彬质有其文矣！孝哉之称独有闵子，他如守身养志之曾子，亦未之及焉。何以故？盖自用力、用劳极之，显扬横塞其于罔极，未酬毫末也，故事亲若曾子者可也。自汉设孝廉之科而刲股、庐墓之行纷纷藉藉，人且以孝为名矣！夫以孝为名，孝之哀也。苟循名而核其实，未始不可浇风而励末俗也，亦善善欲长之意云尔！

清·刘道《康熙永州府志·孝子传·序》

史传人物则理学、经济各从其类矣！郡志纵一方之善乌能备乎！故类以名贤，至若孝为百行之原，关于风化，非凉德所几，纵古圣帝、明王，非孝无以治天下。家有孝子非一家之瑞也，天下国家之瑞也，景星卿云、祥麟威凤何足当其祥异哉！故别为传以为简册，光永州府。

清·余国檹《康熙滁州志·孝义传·序》

大道明行，人伦纲目。秉常履难，风化攸属。越在童孺，天彝笃。连类陈情，砥砺末俗。作《孝义志》。

清·《乾隆正定府志·人物传七·孝友传》

东坡有云："人无所不至，惟天不容伪"。余论："人于孝友之际，而不禁为之。"三叹也！

人生始孩，继而少长，知爱知敬发于性之固然，以行所无事声色、货利之念，动于中而至性，由之渐薄虽日循夫晨昏定省之节，徐而后长之仪，而爱敬不存，则亦伪焉！尔奚取焉！

今观往牒所载：有生不识父，而音容恍若有所见者；有因父之忠节不得表白于世，而欲赴阙以陈之者；有不惮数千里间关跋涉，负骸骨而归葬者；有庐于墓侧晨夕悲号，三年不笑语者；有事其兄如父，其兄子如子者；有捐身躯以救弟虽羁囹圄，婴棰楚而不顾者。当其任天而动，一意孤行，方且不白知其所以然，而精诚所格，泉可出使出于地，芝可使生于庭，鹊可使绕于庐，蛇可使驯于墓，此中有天焉，非人所能为也！

呜呼！夫天则可伪之，有世尝谓"君子为庸德，不为奇行"，而于刲骨庐墓之事鄙夷之，以为儒者所不屑，道"吾谓骨肉之际，无庸无奇，惟以根于至性为贵耳"。性之所发，往往有愚夫愚妇之所为，而为学生、士大夫所不能者！

呜呼！截裾烯燃豆非素推风流人豪者欤！

清·卫哲治《乾隆淮安府志·人物志·孝行传·序》

孝为庸行，其事起于问寝视膳。先意承志，迄于立身扬名。天察地之大，从未闻刲股剔肝为孝也。昌黎韩子有云："苟不伤于义则圣贤，当先众而为之，倘不幸因而致枸杞子，则毁伤灭绝之罪，为不孝更甚。"而后世乃往往有之，朝廷亦因致旌，是盖匹夫至性发于不容已！

夫圣贤之所制者义也，愚民之所发者性也，盖由不学而致，而其志固可悯，国家用以风厉末俗，或亦大道之所不废欤！

今叙淮郡孝行，以徐节孝为首，有合于圣贤之道，其余以类相从，而刲肝剔股诸畸行则另附一编附其后，俾知孝之所重在此不在彼云。志《孝行》。

清·李斯佺《康熙大理府志·忠义孝义传·序》

君父天下之大伦，忠孝人之大节，忠孝尽斯义烈出焉。君父之前苟有遗行，即令勋业□□□，□天下奚足贵哉！榆郡人士率多崇气节，居恒至恂恂，值祸乱服官则与民效死，处家则誓不与贼俱生，城存与存，城亡与亡，损躯之

勇虽孟贲不能过之。至于事亲多以孝称，行事多以义著，非独山川学问，使
肤盖至性，勃发自有为人所不能为者，斯岂不足嘉也乎！第或以刲股而毁生，
或以断娶而绝后，沿而习之，所损多矣！故凡有裨于纲常者不可不书，不书则
无以为天下劝慕，区区之小节昧圣贤之大道者可以不书，书之则无以为天下训
取。舍予夺君子能无致慎于其间哉！志《忠烈孝义》。

清·佟镇《康熙鹤庆府志·孝行传·序》

孝子视无形而听无声，始终不遗余力，初不披以孝名也，而必徙而旌表
之，是以亲市名也。然而非旌表则湮没不传，实录无自而核，故就其中之名实
相符者著于篇，示劝也！若夫《蓼莪》不念于生存，而风木聊悲于身后，有所
为而为之扶，同附和以至树不足声、赏不足观风，斯下矣！弗敢概收以为清者
之玷，为志《孝行》。

清·鲁铨《嘉庆宁国府志·人物传·孝行·序》

按旧志"孝义"一门特书六邑孝子，旌表、祠祀若于人义则牵连得书耳。
今易其标目，统曰"孝行"，盖孝为百行之源，言孝可以该义，且大孝、中
孝、小孝，道本无尽，量亦不同，敬其一行可称，亦可附名不朽。故于旧载原
文绝不进退一人，亦不增减一字，新增姓氏则详孝而略义云。

清·许绍宗《嘉庆武冈州志·孝行传·序》

呜呼！贤人长者懿德美行湮没多矣！而孝子之名独彰，此岂孝子之心
哉！其爱结于中而痛切于内，至不得已而割股毁形，出于愚孝之为，孝子之
心伤矣！

宋崇宁间有黄达者军市人，割股救父，知军以事闻旌其名，建坊东城朝京
门右，今其遗址历千年，父老犹能称述，盖旧《志》所载十八人，而割股庐墓
者六人。新增十二人而割股庐墓者三。

呜呼！此其足以行道之涕，而汗青史之篇知！然岂孝子之必哉！

明·张宁《万历江都县志·孝义传·跋》

撰曰：孝子、义民邑之所胜国，以前志皆不载，无从考补。惟国朝得若干人，然不能人为之传，姑采其姓名记之如左。匪徒备鉴涉，亦借以维风俗而表人伦焉。

明·魏应时《万历建阳县志·孝义传·序》

潭故多才也，乃孝子、义士如晨星，何哉？将无心、行而名未焯，或邑史家乘阙有遗耶！余观产芝雨钱之瑞，孝能格重、玄施义，才及里间，即皇纶宠褒之，是足以风矣！志《孝义》。

清·李葆贞《顺治浦城县志·人物考·孝友传·序》

守一氏曰：孝悌之至通于神吸，故周礼以为六行之先，典午肇笔晋诏天下，求孝悌之士，盖教之所入席也。俗偷伦薄置、罔极弗问，何有于孔怀，惟孝友于固庸直乎，曾闵以下姜被田荆，不得不矜独美矣！浦邑有肩摩，夫非尽人之子、尽人之弟哉！昔所称仅仅尔，正惟尽人子、人弟，各循子弟之职，无得而称也。古谓自修一乡而风行天下，事迹多不著，虽美弗章也，抑惟尽人子、尽人弟能实循子弟之职，不可无述也。志《孝友》。

清·许来音《顺治深县志·孝子传·序》

予读《侠客传》，稽其慷慨赴死皆由义激，至若父子之道天性也，岂必思义而后动？待激而始奋哉？如王氏子杀贼忘躯、为父纾难，古志编著烈士之林，几失其孝子之心，将古所称"不共戴、不反兵"，仅与要离、庆忌宣日语乎？特表异之与王举并登。然自古及今不可多得，岂中庸易而能耶！

清·张俊哲《顺治祥符县志·孝友志·序》

孝友庸行也，终身不能尽，养家活口终身不可名者。奚志乎？然无以志之，非所以为励俗矣！祥邑上沃，人淳由栗，姜被之风盖有存者，独割股一事，明太祖听其所为，不在旌表之例，盖以为孝之异端不可为训也。其旧《志》所载，不敢擅删，今则概取焉。作《孝友志》。

清·何士锦《康熙丰城县志·孝节传·序》

孝节之于人大矣哉！古有道贤人犹几，其难之人称斯名也，其谓之何与之也，与之则前此者可以慰后，此者可以兴备乎！一行乎！吾传之矣！

清·刘起凡《康熙开原县志·孝义志·序》

古今孝子义夫，观风者得于采访即以上闻，为表厥里以广教化、美风俗，甚盛典也。立言、立功，声施灿然，不如至性所将，可以长存于天地，则史传所纪，何可没欤！作《孝义志》。

清·骆云《康熙盖平县志·孝义志·序》

《志》纪：物华人杰而孝义例得特书，所以重本行也。闾里匹夫皆具至性，而盖邑自辽金以往，史乘阙如，则今日仅存简编，与传诸故老者固急，宜表彰以励风教者也，作《孝义志》。

清·杨周宪《康熙新建县志·孝友传·序》

呜呼！圣人之德何以加于孝乎！大而配天享帝，小而菽水承欢，其尽分也同，其竭力也同，则其格鬼神、贯金石也亦靡弗同。读《君陈》知帝王立教之所重矣！西昌一邑，笃修伦纪者可风，宏纤备书、贵贱具录，惟刲股愚蒙附取焉。今天下日诵诗书，称说仁义，或弁其髦其父母如路人，较凌轹其兄、若弟为寇仇者，闻之亦足生愧心矣！呜呼！可胜叹哉！传《孝友》。

清·吕士鵁《康熙鹿邑县志·孝义传·序》

人子于亲无形、无声有善养焉，口体其末也，况残父母之遗体而尽伤厥心乎！故刲股者例弗旌，且丘墓之制卑高有定，过则邻于僭矣！然世教日衰，俨然名教之家间有私己而遗亲者，则里巷之愚孝亦可取以示劝。必若刘熙之代父，死古今能几人哉！义行一二亦为人所难，故并表而出之。

清·陆文焕《康熙临安县志·孝行传·序》

大孝不区，夫岂易言，而至诚默感、赴难捐躯，实天经地义，所必不可灭没者。至毁伤遗体，例不兴□。自旧《志》之所记载，皆以刲股闻，故仅录一二以附焉。

清·祝元敏《康熙当涂县志·孝义传·序》

孝者顺亲，义者敬长，凡睦姻任恤由此推之，盖义原不专在轻财也。自至德要道以自圣门，而皇上《圣谕十六条》首重孝弟以重人伦，实与往圣同旨。宜俗皆淳笃，户尽可风矣！乃亲长或有违言，间疏多由财贿，义之不明、孝多爽德，而乃博好施之名邀乡曲之誉，非所谓本实先发者欤！苟能重义轻财，有薛包、李充遗风，亟宜表彰以励末俗。此意明而赈饥济物皆引为胞，与中必不可道之，事何至先音色而继德色乎！至于琳宫梵宇，此创彼修，非思解难，释之惩即，意冀非望之福，无关六行。浪掷金钱虽破老悭，事非型俗，君子勿尚也。志《孝义》。

清·郝之芳《雍正瑞昌县志·节孝传·序》

家有纯孝，室有幽贞。为柏为松，为星为日。外无可居之名，中有必行之志。鬼神不得而窥，万物不得而易，是之谓圣。人之大德天地之正气。

清·胡德林《乾隆历城县志·孝义传·序》

历下两寒士箪瓢能悦亲，见于黄鲁直诗，而其名弗传焉。士君子内行纯笃而闻于后者，可胜道哉！旧志载孝子十人，皆尝旌于朝者，其例严矣！予广之以义所收较多，如：何彦先之于师友，刘庭式之于夫妇，殷汝麟之于兄弟，方东省之于乡党。至性所激发，欲其没灭得乎？古人有言："兴孝以教民厚，民用不薄；兴义以教民睦，民用不争。"我国家立教，汲汲以厚人伦、励节行为首务，百余年来以孝义见者多矣！录其卓卓者合之前载，为《孝义传》。

清·许怡《乾隆元和县志·孝义传序》

《吕氏春秋》曰："凡理国家者必先务本，务本莫大乎孝。夫孝三皇五帝之本务，而万事之纲纪也，执一术而百善至。"后世风谊衰薄，士大夫亦有不能尽者，借父耰锄虑有德色，母取箕帚立而诮语，自汉已然矣！□吴为礼让之邦，匹夫坚子皆知竞力庭闱，永怀明□，即有残肢体损躯命过于中道，然至性激发、杀身不悔亦足天地、格鬼神、维教化、励末俗焉。至笃兄弟以任恤，厚宗族以睦姻亲，亲而仁民皆可纪也。志《孝义》。

清·《乾隆献县志·孝友传·序》

闻孝友之风人无不油然生慕，其不慕者不足言也。乃慕矣卒鲜能由之，岂果不可能欤！古今至情至性、卓绝确苦之为，往往出之愚夫愚妇，士大夫或反以文而伪也。而愚夫妇又多过情不中，中庸之德难矣域！

清·钱惟高《乾隆鄞县志·孝义传·序》

富贵而名磨灭者多矣！乡曲之士，内行克敦，不求名而名自归之。圣人在上表厥宅里以示奖励、载笔者其可遗乎！或谓刲股非孝，然则宏演纳肝、金藏剖心，皆可以毁伤遗体责之矣！后儒哆谈节义可以无死而死者，且俎豆祀之。刲股之伤未即死也，而转不免于訾议，所谓责于人终无已也，故为杨庆诸人具列于篇。

清 · 《昌乐县志 · 孝友传 · 序》

孝友庸行也，而圣贤重之诚。以古今来未有天伦未笃，而能推心于物、尽心于国者。夫知爱、知敬本乎天性，而往往物欲夺之。苟其孝称于宗族，友称于乡党，其本端矣！出则为忠，盖处亦为善士也。作《孝友传》。

清 · 《乾隆诸城县志 · 孝义传 · 序》

人之于事亲，生则养、病则求医药、死则葬祭，期于终身，无蹈于恶为亲辱，由是以联兄弟、睦族党、急邻里之患难，而拯其贫乏者，人有生以来所当为焉，与所得为者也，此古之所谓庸行而圣贤之所重也。至汉犹有孝悌力田科，乃庐墓、刲肝股，诸事亦渐见于史，岂非名生于不足，而人好衔奇者多耶！夫大司徒以乡三老救万民，何当求其哉！

今就前后《志》参以采访所及，录其善事父母与惠在乡人者为一卷，虽或至陷胸决脰，要皆变起仓卒之间，非自轻其生者也。前后《志》载王闿数世同居，谓为元密州人，按《魏书》："闿，北海密人。"盖下密县，非密州元魏人也，故删之。作《孝友传》。

清 · 李居颐《乾隆翼城县志 · 孝义志 · 序》

孝通神明，义塞天地，古来圣贤可法可传者尚矣！叔□而降殊难言之，顾割股、庐墓虽古人弗取，而世俗恒纪称焉！其他捐躯赴难、输粟陈书，苟一行可采片长足□。君子与人为善固亦不必刻意求备，□□弗道也。作《孝义志》。

清 · 李升阶《乾隆赵城县志 · 人物志 · 孝友志 · 序》

孝者天之经、地之义、民之行也。圣人因天经地义以兴民行，爰是著为《经》，而不孝有诛，孔子曰："《书云》：'孝乎惟孝，友于兄弟，施于有政，是亦不政，奚其为为政。'"富哉言也！天下能孝其亲必能友其兄，友其不讲而调尽孝子之义，不可也！天下惟能孝友之人恩明谊美推之伦类，而不得故推之寡妻为刑子焉，推于□友为交孚焉，且经此一家之政而献于庭，为忠臣也、为良臣也。

呜呼！孝友之于人大矣哉！赵自医桑、饿人一食不忘其亲，而韩无忌之让弟、赵无恤之立遗，皆在天性天恩缠绵悱恻之意，百世而后开其风者能无兴乎！不可不志也。

清·杨文峰《乾隆新昌县志·人物志·孝友传·序》

闻孝友之风，人无不油然生慕，其不慕者不言也。乃慕矣，卒鲜能由之，岂果不可能欤！古今至情至性、卓绝确苦之为，往往出之愚夫愚妇，而愚夫愚妇又多过情，不中不节，中庸之德，难矣哉！

清·《嘉庆长安县志·孝友传·序》

古者宣贵而磨灭不可胜纪，乡曲之士内行克敦，不求名而名自归之，表厥宅里、树之风声，纲纪之道端也。今叙次自汉石庆以下备《孝友传》。

清·《道光泾阳县志·孝友传·序》

天爵独昂，潜德宜光，史有余香。为仁握本，百行皆准，墨无旁藩。述《孝友传第四》。

清·《道光滕县志·人物志·孝义传·序》

孝者百行之本、万善之源也。孩提所良知圣或未能，盖其道匹夫躬行门内，则宗党交称焉。《记》曰："小孝用力，中孝用劳，大孝不匮。"君子笃于亲而后推之，以及于人，未有本亏源薄而末流盛，未有不可为子弟而犹鳃焉好行其德者也！旧《志》曰："孝行义夫今合之，庶几人伦明、百姓睦，有古学校井田之贵风也夫！"

清·《南城县志·孝友传·序》

孝友本行也。《书》曰"立爱自亲，立敬自长"也，亦庸行也；孟子曰"孩提知爱，及长知敬"也。自人心隐溺，鲜葆厥初，或乃德色诤语矣！或乃相怨相犹矣！然而述庐花之事，妇孺酸心，诵豆箕立之诗，颛愚扼腕。人或未能爱其亲，未有不知亲之当爱，人或不能敬其长，未有不知长之当敬。真心未尝尽泯，特无有以发之者耳！邑中惟孝友于未易，更仆数父兄之教，先乡邻之俗美子若弟，尚其遵而循之。

清·《光绪正定县志·孝友传·序》

孔子曰："孝弟也者，其为人之本欤！"又曰，"唯孝友于兄弟，施于有政，未有其本乱而未治者。"此古人求忠臣必于孝子之门也。正定自元乞明至性过人者，莫不优加旌表，厚风俗，实以正人心也。国朝教化涵濡，行谊敦厚，家不必世族，人不必儒林，而笃天偷念、天显后先如一辙焉，岂非率性之道人所其由乎！汇集成编庶懿行不至湮没云。

清·于万川《光绪镇海县志·孝义传·序》

孝友施于有政以叙天经、修人纪，舍是其奚急哉！世尝以君子惇庸德不尚奇行，讵知骨肉之际无庸无奇，惟根于至性者贵者焉。乌斯终养、大被同温固乐事也，而刲体愈亲、捐□甘殉，且有愚夫庶氓之所为，而学士大夫不能及者，志既可钦，其事岂容没耶！若夫有无相周、缓急相济，不沽名、不伐德，亦庶几有睦姻任恤之道，而仁厚俗以进大同，足徵国家治久化威之效云。

清·《光绪郓城县志·节孝录·序》

且两间正直之气钟于须眉则为孝子、为忠臣、为烈丈夫；钟之于闺阁则为贞女、为淑媛、为节妇。闲尝读群史、考遗篇，见夫高愍捐躯、曹娥投水，共姜之矢以死，唐氏之乳其姑，深闺弱质其行之符乎天经地义，而为学士、文人所未能勉者，盖皆出于性，生非有所矫持于其间也。郓为鲁之西邑，礼教信义虽妇人女子亦知崇重，乃历汉唐及宋，书缺有间无众考稽，惟自前明迄于今，其间行谊卓卓可录以风世者，爰备笔之于书，使闺阃潜德得以大发其幽光焉。作《节孝录》。

清·《光绪瑞金县志·人物志·孝友传·序》

《书》云："孝乎惟教，友于兄弟，施于有政。"宣尼引以对，或人曰："是亦为政，奚其为为政。"旨哉言乎！是固合内圣外王而一之者也，慨自借耰锄而德色，取箕而诟谇，斗米尺布君子伤之，风俗之偷系人心，即以系世道，所关不□重哉！

伏读《圣谕广训》，首曰"敦孝弟以重人伦"，盖深探乎其本也。瑞自明迄今，修门内之行者颇不乏人，吹华黍而亡、辞叶埙篪以如贯和气之祥，徵于有象，是亦乐得而表彰之，以为父子兄弟之法欤！

附录

杜宜孝子传[1]

台之黄岩有至行之士曰杜谊。

谊性敦笃不苟，惟信义所在，事父母极孝。某父刚猖独不良于谊，惴惴忧恐不自容，窃伺颜色更端而进。进则诃逐、笞击而后已，日日如是而日益勤。

康定元年九月丧其母，逾月又丧其父，号恸昼夜不绝，勺水不入者累日。卜葬于仙邨之山下，徒跣负土为坟往来十余里，日渡塘涧，泥冰没于骭，虽大雨雪未尝少止。手足皲裂，血流则以漆涂之，每覆一畚必三坟，绕坟号而后去，如是者三年。既葬，遂筑舍墓旁，人往视之，辄遣去。日一饭不荤，暮夜狼虎之迹交于庐侧，谊独不恐。

明年吴越大水，所在山皆发泽，推巨石走十数里，台山与他山为高，而水又至，并山之民居、庐、田、墓、畜牧，漂坏者从而独不及谊。邑人数千迹谊所为，以诣郡，郡为闻天子，下诏书奖慰，赐帛。

予谓众："父严子孝，人之常理，又乌足道之哉！后世寖薄乃有孝悌之举，又废礼仪之教不施于下，为下者不相师友而道义榛焉！所在泯泯无所取法，率情放俗、荡轶不还，时或有至焉者，则萧然无所依归。朝廷不用，州县忽不为念，不为世人笑且非者，几希矣！非自信至明者故亦自疑其所为而怠焉耳！不若古之士大夫，闻一善则称道而标举之，使为善者不怠，下流耸激而慕向，有所信而取正焉！越俗浮薄，节行不坚，务以华靡相驰逐，谊生于今世，而且又在越，非至性安能趋就此行，故非教之、习之之至者矣！非掌于世尚以酤荣利者矣！使闻而慕效、笃于亲亲者，教自谊始。"

余得实于台人，故为作传，以俟史氏之求。

---

1. 本文采自宋·苏舜钦《苏学士集·卷十三》。苏舜钦（1008—1048），字子美，北宋初汴梁（今河南省开封市）人，北宋词人、文学家。宋仁宗景祐元年（1034）登进士第，曾仕为大理评事、集贤殿校理，监进奏院等职，因支持范仲淹的"庆历新政"，被罢职，贬居苏州。有《苏学士文集》传世。

郭孝子祠记 [1]

表孝行间自唐始，此古明王谊辟因人心以厉风俗焉者也！宋兴三十载，削平僭乱四方无虞，若稽旧典修崇教化，命有司曰："应诸道州县有义夫、节妇、孝子、顺孙，其令转运使采访以闻。"

至道二年，台州黄岩仁风乡士庶陈赞等四十余人诣县，言本乡有孝子郭琮年七十四，事母张氏备极恭顺、勤奉甘旨、寅夕不懈，远妻子，寝处母室，不饮酒茹荤者三十年。诵梵典、礼佛塔，积膜拜之数以七十余万，计甘于勘劳用祝母寿。张氏今已一百四岁，视听不衰，饮食尚强，里党异之。县以闻于郡，郡、闻于转运使，使驰诣其家，召其母与之坐饮以醇，嗟赏良久，遂奏于朝。太宗皇帝览而嘉之，亟诏旌表其闾，复其科役。

呜呼！以一匹夫闺门之行而上动天子褒嘉，下劳部使者临问，筑台植木丹垩烜耀，使穷间陋居突兀改观，邑人仰首瞻敬称叹，啧啧何其盛也！距今二百五十年，时久制坠，地蹙宫痹门不能丈，仅留片石，过者怆然，幸其祠尚存，其像犹旧，七世裔孙孝廉偕其季孝、溥孝、荣孝恭输财，命工整而新之以显先德，以侈旧章。乡之士友属余为之记。

或者曰："古人孝行著于诗书，皆可覆视，未闻疲筋力从事释氏之说，以延其亲之龄者。郭氏之孝亦异乎？古圣贤所谓孝矣！"余应之曰："人性之孝得之于天，古今异时，儒释异教，而此性之真，未尝异也！世之痼于质而气暴牵于情，而爱移性以物离，天以人丧，不顾其养，而遗之忧者，往往而是。如郭君者非得于父师之教训，朋友之切磋，而孝爱笃至。凡可以寿其亲者，固将无所不为，此念一存，天地鬼神临鉴森列感通之道岂不在兹？夫孝心为上，礼次之，使古圣贤复生，亦将与其心而略其礼，岂以诗书所不载而非之哉！今其祠翼然，其像俨然，人之登斯堂也，见斯容也想咏，一时婉愉承颜之意，亦可以消暴厉之萌而长爱敬之端，其有关于风教，岂不大哉！"遂为之记。

---

1. 本文采自宋 · 杜范《清献集 · 卷十六》。杜范（1182—1245），字成之，号立斋，南宋时台州黄岩（今属浙江省台州市黄岩区）人，南宋学者。宋宁宗嘉定元年（1208）登进士第。仕至右丞相兼枢密使，卒谥"清献"。有《清献集》传世。

题倪乐工琼花灯诗卷 [1]

余姚乐工倪昌年事母能尽孝。一日母病甚，昌年祷之神，有应乃手制琼花灯荐之祠下，以昭称神贶。其灯备极诸巧，绵时历月乃成，远近观者咸啧啧叹赏不已。于是县之老儒撄宁滑公、庸庵宋公俱为诗文以宠之，而且请余题其左。

嗟乎！乐工贱伎也，琼花灯淫巧也，二者皆士君子所不道，撄宁、庸庵士君子之标的也，而于昌年顾乃乐道之如此，岂非有取于孝而然乎！

夫孝百行之本，万善之纪也，人而能此虽甚微且陋，亦有足称者焉！唐史所载孝弟事，如万年王世贵等乃多闾巷之民，而《礼记》言"小孝用力"，盖思慈爱以忘劳也。以今昌年观之，乐工之伎诚贱矣！其视闾巷之民庸有间乎！一灯之巧固淫矣，比之忘劳之孝，又岂甚戾乎！撄宁、庸庵所这乐道而不置者，盖亦得夫作史记礼者之遣意矣！余不知昌年，然以二公之言为足信，故申其意题诸后。

浦城孝子诗并序 [2]

祖浩然，浦城人，至元二十年建安政和有黄华之乱。浩然母为官军所掳去之廿有八年，母寄信日在河南，问来人不能名其地，于是浩然之生三十有三年矣！巫告父往求之，往复奔走几遍河南诸州，卒得之唐州境上，奉以来归。杨载以其事与朱寿昌大相类为之求诗以传之，揭傒斯 [3] 诗：

1．本文采自元·戴良《九灵山房集·卷二十九·越游稿第六》。戴良（1317—1383），元浙江行省诸暨人，元末明初著名诗人。仕元曾任淮南、江北等式处行中书省儒学提举，元末曾仕张士诚，明建功立业国后不仕。博通经史，旁及诸子百家，诗文在当时有盛名。有《春秋经传考》《和陶诗》《九灵山房集》等传世。

2．本文采自清·郑方坤《全闽诗话·卷五·祖浩然》。郑方坤：生卒年不详，约生活于清康熙、雍正、乾隆间。字则厚，号荔乡，福建长乐人。清雍正元年（1723）登进士第，曾知景州、兖州。博学有才，有诗名。有《蔗尾诗集》《补五代诗话》《全闽诗话》《国朝诗钞小传》《岭海丛编》等传世。

3．揭傒斯（1274—1344），字曼硕，南宋末龙兴富州（今江西丰城）人。元朝著名史学家、文学家、诗人。元仁宗延祐元年（1314），揭傒斯以李孟等大臣推荐，始仕为翰林国史院编修。元惠帝至正三年（1343）元修宋、辽、金史时，任总载官，三史将竣因积劳卒，谥"文安"，追封豫章郡公。

浦城孝子身姓祖，自怜性命如粪土。生才五岁遭乱难。有母更被官军掳。零丁二十八春秋，母纵得生何处求。天地茫茫明月恨，江山漠漠白云愁。忽得母书惊母在，看书未尽泪先流。书云流落河南县，河南踏遍无由见。唐州境上忽相逢，白发萧萧霜满面。谁知喜极情转悲，旁人更问初别时。千生万死到今日，始为母子东南归。

孝子丘铎传[1]

丘铎，字文振，汴之祥符人，故御史中丞刘基先生弟子也。通儒兼民医家言，流志动一时。至正末父庆为湖广等处儒举，针侍母夫人留吴越，欲御车往从，江右兵大起武昌，陷江浙绎骚，铎忧惧不知所为，急避地四明。暨江南皆归职，方复奉母至南京，每西向翘首曰："武昌有来者庶几知吾父之所在乎？"已而其父果至自武昌，父子相见悲喜交集。

铎卖药市中以自给，亲欢然忘其贫，曾未风何母弟钧擢会稽上虞巡检，铎、与父母皆同赴官，夫人疾铎昼夜泣，祷上下神祇乞以身代，及殁铎哀恸几绝，卜葬鸣凤山之原。哭曰："铎生也，咫尺不离吾母膝下，今逝矣可委体魄于无人之墟乎！"乃结庐墓侧朝夕上食如生时，当寒夜月黑悲风萧飕如临鬼神，铎恐母岑寂也辄巡号曰："铎在斯！铎在斯！"其地多虎，闻铎哭声辄避去，故会稽人异之，称为"真孝子"云。

先是铎在四明从祖父母，居汴者八人贫不能自存，铎咸迎养之，死皆返葬先茔，人以为难。其姑迁河南匡氏者，年十八夫亡，誓不再适，铎义之养其终身，凡二十年如一日。然其制行峻绝它皆类此，文不能尽也。

为说者曰："予闻鸣凤山当白马上妃二湖间，人迹罕至，白昼虎狼旁午，铎茕然独处，心无畏惧者岂不以亲之体重于身乎！然身者亲之枝也可不敬乎！敬其身斯孝其亲矣！铎情固迫切当知以礼自节哉！当知以礼自节哉！

明·宋濂《文宪集·卷十一·孝子丘铎传》。

1．本文采自明·宋濂《文宪集·卷十一》。

危孝子传 [1]

临海孝子危贞昉,字孟阳,事亲以孝闻。其父孝先,洪武辛亥进士,官麟游丞,再迁陵川,坐法谪役浦江县。

贞昉时为郡诸生,闻之奔诉于郡守求代,守以其名隶学籍难其行。贞昉号泣于庭曰:"人孰无父哉!奈何独沮于我也。"左右为之言获如其请,即日上道诣京师,伏阙上疏曰:"臣父临川丞,孝先不幸絓吏,议输作大江之滨,筋力向衰不能执事,大母范氏春秋逾九十,旦旦念之恐染霜露疾,无以遂菽水之,忧天之憾。或及其身臣犬马之齿方殷,愿代父作劳,使其归养,虽即死无恨。圣天子以孝治天下,惟哀矜焉!"疏奏上恻然从之。贞昉乃解儒衣易短制欣然就役,施施无难色。然质体尫弱不胜负任之苦,越七月病卒。

贞昉通《周易》兼能学唐人歌诗,性刚直,读古忠孝事敛衽久之,且曰:"使贞昉生其时亦当若是尔!"遇交友患难蹈汤火赴援不为利害惑。卒时年二十八,闻者皆悲之。为说者曰:"父子体殊而气同者也,故古之孝子不以身,自私非过激也,宜也!有如贞昉者诣阙上疏欲代父受役毅然以死,自誓唯知有父而不知有身,其殆近于古之孝子者非邪!"

呜呼!死生于人大矣!贞昉之死于孝是有益于天衷民彝之重!无愧于俯仰,无慊于神明,奚翅足矣!他尚何说哉!彼悖德犯上者亦曷尝不死其死也!如败豚腐鼠人孰称道之!观吾贞昉则若威凤之翔千仞可望而不可即得,与失又为何如哉!贞昉之名宜登国史,以风厉四方。予旧史官也,特为立传,使秉直笔者他日有采焉!

葛孝子诗序 [2]

清苑葛仲谦先生事母至孝。元末之乱兵蹂燕赵,而先生之母已殁,先生携

---

1. 本文采自明·宋濂《文宪集·卷十一》。
2. 本文采自明·徐一夔《始丰稿·卷八·序》。徐一夔(1319—1398),字惟精,又字大章,号始丰,元中期天台人(今浙江省天台县)。元末战乱隐居嘉兴,与宋濂、王祎、刘基交厚。朱元璋平定江淮后入其幕府撰写诰文,明建国后修《大明集礼》《大明日历》,卒于任。有《始丰稿》、洪武《杭州府志》《艺圃搜奇》等传世。

家居明府山中，一日出山取供具，忽暴风当道起，奋怒簸击，行者飘去，先生曰："不祥，必暴兵至，神告我也！"亟还徙其家匿他处。已而暴兵突至自风所发处，他不避者悉被劫戮，而先生家无恙。翌日有凭于山媪者呼先生来前，告之曰："昨日驱风以报汝者我也，以汝至孝，故阴祐之尔！"于是燕赵之人咸谓先生之行通于神明，而称道先生者喧传于道路，部使者廉得其实，将上于朝，如令旌表，先生闻之曰："孝，实子职，非分外事，何敢贪天之宠！"走谢不敢当，部使者嘉其自抑，则又为本其孝事著为传，一时大夫君子且相率为诗歌以美之，其冢嗣今监察御史师曾。既哀诗成什，授予序之。

嗟乎！孝悌之道通于神明也如是哉！盖先生之孝非世俗之所谓孝，传称先生之母素患痿痹，手足莫能自遂，凡起居食息之节，先生躬左右之日以为常不衰，母或有愠色先生辄不自安，依依然迎母意，所向务愉悦之乃已。母性严一日先生自外归，有酣色，母稍戒之，惶恐谢过，遂绝酒不饮，尝奉母之官，便身之物莫不毕给，如在家庭。然或出遇果瓜异味，母未食必奉以遗母，然后敢食。后母以寿终，恸哭绝而得甦，勺饮不入口者三日，葬之日哀动路人，至禫亦不御酒肉。凡若此类。

夫岂世俗之所谓孝，是宜神明有以阴骘之也。《白华》之诗虽亡，其辞序者以为美孝子而作，诸公发德之什，大篇、短章金鸣石应，其美孝子也，盛矣！播之四方，匪徒曰咏歌之而已？可以移风俗、美教化，《诗》曰："孝子不匮，永锡尔类。"此之谓也！序而传之不亦宜乎！

先生名守德，仲谦字也，世为清苑县人，有文学，用荐为其县之教谕，后调中山、保定两郡教授云。

张孝子传[1]

孝子名毅，字彦刚，姓张氏，扬之泰州人也，清修博学。

元至正末盗起汝颍，蔓及井邑，彦则日夜以父母忧，乃保抱走匿百方，

1．本文采自明·乌斯道《春草斋文集·卷二》。乌斯道：生卒年不详，约生活于元末明初之际。字继善，元末慈溪（今浙江省慈溪市人），明洪武初曾仕为石龙、永新知县，坐事被谪，戍于定远。长于诗文，精于书法，善画山水，苍劲秀远，亦工写竹。有《春草斋文集》《春草斋诗集》传世。

憩大同使母父若不见兵革然者。今天子御极之初大同都指挥使司廉彦则有才略，辟掌史幕下。彦则以屈已也弗起，既而曰："有父母在，得禄逮养亦庶几乎！"因勉以从事。视父母性所嗜者必奉之为谨。洪武五年壬子冬母氏卒，即旋葬于里，越一岁癸丑次直沽父又以病卒，并奉二丧以归，哀毁逾极，葬祭无违礼。久之复事按牍于大都督府，寻补浙江都指挥使司掾史，益以清谨自持。

岁壬戌，彦则念曰："吾有叔父二至贫困，欲迎养不可得，今仲父方卧病乡里，季父又客死瓜州未葬，吾乃远麋利禄于此，何以自安为哉！苟归而葬死慰生则不孝之罪或可免焉。"于请于上官以所赍俸金奉季父枢，归葬外尽以为仲父寿。仲父凡所知必曰："微从子吾其为沟中瘠矣！愿天为报吾从子，使昌其身而大其后。"以是里人相称誉彦则不绝口，彦刚曰："斯毅之分内事也。"今彦则以考满之京师，其行事见之于官府者，一本于孝行云。

论曰：孔子谓伐一木、杀一兽，不以其时非孝也。孝尽于父母也，固宜世道，降在父母者，且弗克尽其孝，况叔父乎！今彦则之孝曲尽于父母、于叔父，他人何与焉！然亦闻而兴起者以秉彝之心终未尝泯也。若彦则者，岂非激颓而振偷者哉！

故处士萨君墓志铭 [1]

闽有纯孝笃行之士萨君，享年六十有六，卒于家。其子翰林编修琦将奔讣南归，乃持翰林修撰陈叔刚所状事行谒予，泣拜求葬铭。予与君同为闽人，琦得同在馆阁不可有辞，遂按状叙次而铭之。

君之先世居今北京宛平县，祖讳野芝，父讳仲礼，仕元为福建行省检校，始家闽县之通贤坊。君讳琅，字用谦，七岁而孤，母沙氏守节不贰，笃意训育之。其舅孟相学行重乡里，君从之学，事若严父。暨长德器成就，得舅氏之教为多焉。

1．本文采自明·杨荣《文敏集·卷二十四·故处士萨君墓志铭》。杨荣（1371—1440），原名道应、子荣，字勉仁，明代建安（今福建省建瓯市）人。明初著名政治家、文学家。明惠帝建文二年登进士第，历建文、永乐、洪熙、宣德、正统五朝，在文渊阁妙品事三十八年，与杨士奇、杨清并称"三杨"。卒赠光禄大夫、左柱国、太师，谥"文敏"。武略见重，好诗文，是明初诗文"台阁体"的代表人物之一。有《后北征记》《杨文敏集》等传世。

君孝事母，家素贫至躬采薪拾穗以资养旨，甘温暖之奉、恒竭力营办，而母不知其劳，乡人以孝子称之。有不善事亲者，闻其风多感激改行，里中旱父老祷于神久弗应，或曰："萨孝子有至行，必能致感。"求之偕祷，果雨。继有火灾，又求君禳之，火随息。

母尝遘疾，更数医弗效，君忧惶无措，每夜露祷北辰祈以身代，时母不粒食七日矣！忽苏曰："适神人语我曰：'而子孝，加尔寿三十四。'自是疾成风痹，卧起须人扶掖，君夫妇日夜不离侧，比母殁时乃三十四月云。君哀毁骨立，杖而后起，服除与人言辄呜咽流涕，遇忌辰、节序哀恸如初丧。"

平生尚义，于财不苟取。里中唐氏女往所亲家，适其家当籍没，女仓促以布囊贮金珠首饰，掷寄邻寓，误落君废圃中，君游圃得焉，访知其为唐物也，悉归之。乡人马某家被火以地售君，君除之得白金一瘗，召还之，马分其半谢君，君曰："汝方值灾，吾忍受此耶！"坚却之。

女弟适福建都司断事周某，周来谒惟语以居官守法，未尝涉私，非岁朔不造其庐。藩臬诸公闻君名或欲致之一见，即深避匿。有白君行义拟荐之者，辄固辞曰："斯人道当然也！若尔是眩名，求售矣！"其他教子处，乡党恤穷匿事，尤累累不可殚纪。

君生以洪武辛亥十一月九日，殁正统丙辰十一月某日。配林氏，子二，长即琦，举宣德庚戌进士，选入翰林为庶吉士，擢编修；璘早世；女三俱适士族。孙男一，文昌。

呜呼！孝百行之本也，君善事于所生，又敦守节义，卓卓可称若此，讵非所谓纯孝笃行之士欤！是宜有铭，铭曰：

人有至行，贵孝其亲。天有显征，匪私其身。

其身不有，庆钟厥后。爰及子孙，奕世悠久。

赠翰林院待诏孝介朱公传[1]

公讳陞宣，字德升，父焘自同里徙郡城遂为吴县诸生。万历壬子举于乡，

---

1. 本文采自清·朱鹤龄《愚庵小集·卷十五·传》。朱鹤龄（1606—1683），字长孺，自号愚庵，明末江苏吴江（今江苏省苏州市吴江区）人。明诸生，明清之际的学者。与顾炎武友善，好诗文、精理学。有《愚庵诗文集》《愚小集》《禹贡长笺》等传世。

时父年已高，公阖门奉养绝迹州府，尝言"士君子当以不贪为宝，能安贫则能不贪。甘食美服、高阁邃宇、娈童艳姬皆败检毁名之具，所谓诱人之穽也。"故登贤书二十年，未尝以竿牍通守令。家益贫，布衣粝食泊如也，惟奉亲则瀡髓裘葛无不赡具，侍养庭闱终身不见疾言厉色。母季氏先亡，父益老病几殆，公昼夜侍寝办护汤剂，唾壶、虎子之属必手承而进之，戊辰当上春官，以父疾不赴。居二亲丧不入内不茹荤者六年，竟以哀毁成疾而卒，年五十有六。

公先与忠介周公（顺昌）同业，后又同举，气谊甚笃，皆以伦纪为己任。天启时魏党煽虐，缇骑逮忠介，亲朋皆走匿，独公经纪其家事，又周旋槛车追送之，人服其义焉！大中丞张公（国维）叹为真孝廉，以银币榜额，命长、吴二邑令往旌之，公竟不上谒也。

没后宫詹姚公（希孟）采邦人之议，私谥之曰"孝介先生"，崇祯丁丑按君祁公（彪佳）以公与同邑张公（基）、昆山归公（子慕）三人行义同表于朝，诏俱赠翰林院待诏，盖异数云。

公门下士多通显，以文章命世其最著者文靖徐公（汧），卒殉国难，称名臣。

子镒，少有隽才，乱后卒。

论曰：孝介与异度张公同里闬、同乡举，名行亦复相次，吴人所称"二孝廉"也。张公清流嚆矢，文藻斐然，而淳心质行则孝介，为不可及矣！

崇明老人记[1]

吾家某于九月廿六日在洙泾周我园，家与云间佳士王庆孙同席。庆孙述曾至崇明县中，见有吴姓老人者，年已九十九岁，其妇亦九十七岁矣！

老人生四子，壮年家贫，鬻子以自给，四子尽为富家奴。及四子长咸能自立，各自赎身娶妇，遂同居而共养父母焉。卜居于县治之西，列肆共五间。伯开花米店，仲开布庄，叔开腌腊，季开南北杂货，四铺并列其中，一间为出入之所。四子奉养父母曲尽孝道，始拟膳每月一轮家，周而复始。其媳曰："翁姑老矣！若一月一轮，则必历三月后方得侍奉颜色，太疏。"复拟每日一家，

1．本文采自清·陆陇其《三鱼堂文集·记》。

周而复始。媳又曰："翁姑老矣！若一日一轮，则历三日后方得侍奉颜色，亦疏。"乃以一餐为率，如早餐伯，则午餐仲晚餐叔，则明日早餐季，周而复始。若逢五及十，则四子共设于中堂，父母南向坐，东则四子及诸孙辈，西则四媳及诸耿媳辈，分昭穆坐定，以次称觞献寿，率以为常。

老人饮食之所，后置一橱，橱中每家各置钱一串，每串五十文，老人每食毕，反手于橱中随意取钱一串，即往市中嬉、卖果饼啖之。橱中钱缺，则其子潜补之，不令老人知也。老人间往知交游，或博弈或樗蒲，四子知其所往，随遣人密持钱二三百文安置所游家，并嘱其家佯输钱于老人，老人胜辄踊跃持钱归，老人亦不知也，亦率以为常，盖数十年无异云。

老人夫妇至今犹无恙，其长子年七十七岁，余子皆颁白，孙与曾孙约共二十余人。崇明总兵刘兆以联表其门，曰，孙绕膝洵不诬也。

康熙二十二年十月十六日，某为余备述庆孙之言，矍然不胜景仰，赞叹因援笔而记之，以告世之为人子者。

按崇明老人壮而鬻子自给，老犹博弈、樗蒲，虽克享大年，不过碌碌庸人耳！所可敬者其子四人，厮养卒也。不读书不知理义，乃父母鬻其身而不怨，及拮据成家惟知孝养，其亲不特能养口体，且能养亲之志焉，盖亦难矣！呜呼！世之有亲不能养，养而不能曲尽其道者，睹此能无愧乎！

卢孝子墓表 [1]

浙之东有卢孝子焉，讳必升，字采臣，号玉茗，世居姚江后迁山阴。祖讳极，生子五人，长讳芳，字南江，孝子之本生父也；次讳茂，字怀江，无子以孝子嗣焉。孝子始生时祖母张太君病甚，本生母朱孺人祷天自代，是夕梦神益算并赐尔孙，及觉而生。

孝子少时知孝敬，有异敏，尝从学舍归，怀江公以"新学生"属对，即应声曰"古君子"，怀江公大奇之。九岁南江公病思得蝤蛑炙，孝子潜携一筐采

1. 本文采自清·蔡世远《二希堂文集·卷九》。蔡世远（1681—1734），字闻之，号梁村，世居漳浦梁山，学者称之为"梁山先生"。清初著名教育家、学者，精于理学，师从李光地。清康熙四十八年（1709）登进士第，仕至礼部侍郎。曾在福建主持鳌峰书院，为福建培养了大量人才，是清代闽学派的主干。有《二希堂文集》等传世。

沙口，为风潮所没，得渔者救以竹筏，筐终不释手，而蟛蜞满贮。

甲申之难，流贼未殄，怀江公负侠气，常仗剑独行不知所往。孝子闻即奔觅诸暨山中，昼循林箐隐，夜则崎岖匍匐而行，失道投僻路，伏屍枕藉警跣疾奔，两足为沙石所啮，血缕缕渍地行迹皆赤，遇一山僧怜之，挟与俱遇虎，匿高树大呼"山神救我"，虎竟去。阅数月得奉父以归。

壬子土寇窃发，怀江公陷贼营，孝子匍匐探其穴，赎以金不应，绕岸哭三昼夜不绝声，贼感动为引至父前。时贼首毛、袁二人欲得怀江公降，胁以刃不从，斩所俘者以示，又不从。贼怒拔刀环向刃欲下数次，孝子冒刃叩头流血大呼丐命。忽狂风四起，大雨如注舟几覆，凶党震骇，乃得释。时贼中有倪姓者，闻而叹曰"真孝子也"，乘间逸之。孝子既奉父生还，逆知贼之必追己也，即遣人驰报张太君，尽室以行。明旦，贼果追之，不及遂至九墩大索，纵火而去。

怀江公既被重伤，病日臻，孝子亦改面失音，恐贻父忧，虽呕血弗以告。日夜侍卧侧，以两手摩患处，怀江公叹曰："人摩我痛，痛在我身；汝摩我痛，痛如在汝身！"其诚孝所感类如此。

先是，孝子为继时，怀江公有女，忌分其赀，百计倾之，孝子处之泰然。至是奉徐孺人命往云间，舟过石门盗击之垂死，盗曰："尔死母我仇，我奉某命来也。"孝子佯死，盗、缚而投之水中，遇富阳支姓者救之得免。人或劝之讼于官，孝子泣曰："吾自出继以来蒙吾母恩育十有余年，且母只此一女，故不忍以女故伤母心。"上书徐孺人前，自谢不谨被盗，不及其他，徐孺人亟召之归，母子相孝爱如初。

以康熙丙戌七月卒，年七十有四，配李氏以孝贤闻。子四贤：需、次州同发国学生；坚，浙江开化训导；睿，山西平阳府经历。孙男几人。

雍正二年浙江巡抚李公请旌于朝，礼部上其议。诏发帑金建坊，入忠孝祠。葬之日，侍讲吴门习君既志而铭之，漳浦蔡世远表于其墓曰：

古之论仁孝者必历之造次，颠沛患难死生之交而纯挚。乃见西铭言仁孝之书也。因舜而及申生、伯奇，推之至于无所逃，而后仁体孝心胶结呈露。孝子觅父于崎岖险阻、从山密箐之中，入贼巢脱父于锋刃鼎镬之下，出万死一生不顾可谓矣！迨嗣父已没，女忌其分赀，使贼之中道得不死，嗣母徐氏未必深责女也，乃能致孝始终，纤微无介。其至性有大过人者哉！

后记

　　四年前，我在北京人民大会堂领到"全国孝亲敬老楷模提名奖"后，全国老龄办的同志说，这些年来我在几次国际会议上宣传中华孝道，出过几本孝文化的书，是国内唯一因研究"孝文化"得奖的人。其实早在2006年下半年，我和次子骆明及学生周海生、王淑臣就开始了从古籍资料中收集有关孝道资料的工作。在中华优秀传统文化重新得到人们重视的今天，尤其是"国学热"的出现，更坚定了我们继续从古籍中广泛收集孝文化的信心。七年来，我们从古代经、史、子、集等著作及丛书中收录了近千万字的资料，本着"去粗存精"的精神，精选了其中近一百五十万字的资料，并分作《孝经》序跋、历代诏令律例、孝论、孝行，以及养老、家训、童蒙、学规中的孝亲敬老资料等几个部分进行了编排。

　　在几年收集资料的工作中，我们发现有关孝道的内容相当丰富。例如，历代有关《孝经》注、疏、序、跋的目录，人们可在"二十五史"中的《艺文志》（《经籍志》）、清代朱彝尊的《经义考》及一些古籍书目中看到，所收录的序、跋大多有十几篇，多者不过几十篇。但我们经过爬梳史料，在历代经籍中却找到了较多有关《孝经》序跋的文章，共搜集到349篇。本想以附录的形式附于书后，因其内容丰富，信息量大，文献价值厚重，只好单独成册。近年来，我们父子、师生及朋友发过一些有关孝道的文章，也单列一册。

　　为使此书方便更多的人阅读，各册所选的古文献资料均予以今译及对作者、书目进行了简介。因为这一项目工程较大，故吸收了曲阜师范大学历史文化学院、孔子研究所的一些青年学者及博士生参加，大家群策群力，共同完成了这项有意义的工作。

　　此书编选的目的是在国内外学习中华传统文化的同时，配合各地倡孝、学孝、行孝活动的开展。工作中承蒙中国孔子文化传播促进会李成俊常务副会长指导，光明日报出版社慧眼决定出版，曲阜师范大学历史文化学院、孔子研究所给予了文献方面的支持，全国敬老爱老助老主题教育活动组委会主任、中国老龄事业发展基金会理事长李宝库指导并撰写"总序"，北京智慧中国科技控股有限公司、北京智慧城市科技发展有限公司对前期工作给予了支持，在此一并致谢。

骆承烈
2013年5月